危险化学品安全丛书
（第二版）

"十三五"
国家重点出版物出版规划项目

NRCC

应急管理部化学品登记中心
中国石油化工股份有限公司青岛安全工程研究院 ｜ 组织编写
清华大学

化工过程安全管理

赵劲松　粟镇宇　贺　丁　袁志涛　等 编著

U0228803

化学工业出版社

·北京·

内 容 简 介

《化工过程安全管理》是"危险化学品安全丛书"（第二版）的一个分册。

化工过程安全管理（PSM）是风险管理在化工企业安全管理领域的最佳实践，是企业安全管理科学化的重要工具，是预防重大化工事故的关键手段。本书的编写努力体现"以案例教学为特点，以描述方法论为重点"的理念，在介绍风险管理相关概念的基础上，以问题为导向，逐步解释了化工过程安全管理的重要性和必要性，厘清了传统的健康、安全和环境（HSE）管理与PSM的区别与联系。本书用十四章的篇幅介绍了PSM要素的内容、相关规定、难点和国内外工程应用实例，包括：绪论，过程安全信息，过程危害分析，变更管理，开车前安全审查，操作规程，培训，机械完整性管理，动火作业管理，承包商管理，应急准备和响应，事故调查，符合性审核，过程安全管理指标。为了充分发挥化工过程安全管理的作用，必须牢固掌握和理解其系统性。为此，本书重点介绍了各个要素之间的内在联系。

《化工过程安全管理》可供化工、材料、制药、食品等流程工业的工程技术人员和安全管理人员阅读，还可作为高等院校化工类、材料类、制药类、环境类、食品类、轻工类、安全科学与工程类及相关专业师生的参考书。

图书在版编目（CIP）数据

化工过程安全管理/应急管理部化学品登记中心，中国石油化工股份有限公司青岛安全工程研究院，清华大学组织编写；赵劲松等编著. —北京：化学工业出版社，2021.6（2024.9重印）
（危险化学品安全丛书：第二版）
"十三五"国家重点出版物出版规划项目
ISBN 978-7-122-38764-6

Ⅰ.①化… Ⅱ.①应…②中…③清…④赵… Ⅲ.①化工过程-安全管理 Ⅳ.①TQ02

中国版本图书馆 CIP 数据核字（2021）第 051784 号

责任编辑：杜进祥　高　震　　　　　文字编辑：段曰超　林　丹
责任校对：赵懿桐　　　　　　　　　　装帧设计：韩　飞

出版发行：化学工业出版社（北京市东城区青年湖南街13号　邮政编码100011）
印　　装：北京建宏印刷有限公司
710mm×1000mm　1/16　印张26　插页1　字数484千字
2024年9月北京第1版第4次印刷

购书咨询：010-64518888　　　　　　　　售后服务：010-64518899
网　　址：http://www.cip.com.cn
凡购买本书，如有缺损质量问题，本社销售中心负责调换。

"危险化学品安全丛书"（第二版）编委会

主　任： 陈丙珍　清华大学，中国工程院院士

曹湘洪　中国石油化工集团有限公司，中国工程院院士

副主任（按姓氏拼音排序）：

陈芬儿　复旦大学，中国工程院院士

段　雪　北京化工大学，中国科学院院士

江桂斌　中国科学院生态环境研究中心，中国科学院院士

钱　锋　华东理工大学，中国工程院院士

孙万付　中国石油化工股份有限公司青岛安全工程研究院/应急管理部
化学品登记中心，教授级高级工程师

赵劲松　清华大学，教授

周伟斌　化学工业出版社，编审

委　员（按姓氏拼音排序）：

曹湘洪　中国石油化工集团有限公司，中国工程院院士

曹永友　中国石油化工股份有限公司青岛安全工程研究院，教授级高级工程师

陈丙珍　清华大学，中国工程院院士

陈芬儿　复旦大学，中国工程院院士

陈冀胜　军事科学研究院防化研究院，中国工程院院士

陈网桦　南京理工大学，教授

程春生　中化集团沈阳化工研究院，教授级高级工程师

董绍华　中国石油大学（北京），教授

段　雪　北京化工大学，中国科学院院士

方国钰　中化国际（控股）股份有限公司，教授级高级工程师

郭秀云　应急管理部化学品登记中心，主任医师

胡　杰　中国石油天然气股份有限公司石油化工研究院，教授级高级工程师

华　炜　中国化工学会，教授级高级工程师

嵇建军　中国石油和化学工业联合会，教授级高级工程师

江桂斌　中国科学院生态环境研究中心，中国科学院院士

姜　威　中南财经政法大学，教授

蒋军成　南京工业大学/常州大学，教授

丛书序言

　　人类的生产和生活离不开化学品（包括医药品、农业杀虫剂、化学肥料、塑料、纺织纤维、电子化学品、家庭装饰材料、日用化学品和食品添加剂等）。化学品的生产和使用极大丰富了人类的物质生活，推进了社会文明的发展。如合成氨技术的发明使世界粮食产量翻倍，基本解决了全球粮食短缺问题；合成染料和纤维、橡胶、树脂三大合成材料的发明，带来了衣料和建材的革命，极大提高了人们生活质量……化学工业是国民经济的支柱产业之一，是美好生活的缔造者。近年来，我国已跃居全球化学品第一生产和消费国。在化学品中，有一大部分是危险化学品，而我国危险化学品安全基础薄弱的现状还没有得到根本改变，危险化学品安全生产形势依然严峻复杂，科技对危险化学品安全的支撑保障作用未得到充分发挥，制约危险化学品安全状况的部分重大共性关键技术尚未突破，化工过程安全管理、安全仪表系统等先进的管理方法和技术手段尚未在企业中得到全面应用。在化学品的生产、使用、储存、销售、运输直至作为废物处置的过程中，由于误用、滥用或处理处置不当，极易造成燃烧、爆炸、中毒、灼伤等事故。特别是天津港危险化学品仓库"8·12"爆炸及江苏响水"3·21"爆炸等一些危险化学品的重大着火爆炸事故，不仅造成了重大人员伤亡和财产损失，还造成了恶劣的社会影响，引起党中央国务院的重视和社会舆论广泛关注，使得"谈化色变""邻避效应"以及"一刀切"等问题日趋严重，严重阻碍了我国化学工业的健康可持续发展。

　　危险化学品的安全管理是当前各国普遍关注的重大国际性问题之一，危险化学品产业安全是政府监管的重点、企业工作的难点、公众关注的焦点。危险化学品的品种数量大，危险性类别多，生产和使用渗透到国民经济各个领域以及社会公众的日常生活中，安全管理范围包括劳动安全、健康安全和环境安全，涉及从"摇篮"到"坟墓"的整个生命周期，即危险化学品生产、储存、销售、运输、使用以及废弃后的处理处置活动。"人民安全是国家安全的基石。"过去十余年来，科技部、国家自然科学基金委员会等围绕危险化学品安全设置了一批重大、重点项目，取得示范性成果，愈来愈多的国内学者投身于危险化学品安全领域，推动了危险化学品安全技术与管理方法的不断创新。

自 2005 年"危险化学品安全丛书"出版以来，经过十余年的发展，危险化学品安全技术、管理方法等取得了诸多成就，为了系统总结、推广普及危险化学品领域的新技术、新方法及工程化成果，由应急管理部化学品登记中心、中国石油化工股份有限公司青岛安全工程研究院、清华大学联合组织编写了"十三五"国家重点出版物出版规划项目"危险化学品安全丛书"（第二版）。

丛书的编写以党的十九大精神为指引，以创新驱动推进我国化学工业高质量发展为目标，紧密围绕安全、环保、可持续发展等迫切需求，对危险化学品安全新技术、新方法进行阐述，为减少事故，践行以人民为中心的发展思想和"创新、协调、绿色、开放、共享"五大发展理念，树立化工（危险化学品）行业正面社会形象意义重大。丛书全面突出了危险化学品安全综合治理，着力解决基础性、源头性、瓶颈性问题，推进危险化学品安全生产治理体系和治理能力现代化，系统论述了危险化学品从"摇篮"到"坟墓"全过程的安全管理与安全技术。丛书包括危险化学品安全总论、化工过程安全管理、化学品环境安全、化学品分类与鉴定、工作场所化学品安全使用、化工过程本质安全化设计、精细化工反应风险与控制、化工过程安全评估、化工过程热风险、化工安全仪表系统、危险化学品储运、危险化学品消防、危险化学品企业事故应急管理、危险化学品污染防治等内容。丛书是众多专家多年潜心研究的结晶，反映了当今国内外危险化学品安全领域新发展和新成果，既有很高的学术价值，又对学术研究及工程实践有很好的指导意义。

相信丛书的出版，将有助于读者了解最新、较全的危险化学品安全技术和管理方法，对减少事故、提高危险化学品安全科技支撑能力、改变人们"谈化色变"的观念、增强社会对化工行业的信心、保护环境、保障人民健康安全、实现化工行业的高质量发展均大有裨益。

中国工程院院士　陈丙珍

中国工程院院士

2020 年 10 月

丛书第一版序言

　　危险化学品，是指那些易燃、易爆、有毒、有害和具有腐蚀性的化学品。危险化学品是一把双刃剑，它一方面在发展生产、改变环境和改善生活中发挥着不可替代的积极作用；另一方面，当我们违背科学规律、疏于管理时，其固有的危险性将对人类生命、物质财产和生态环境的安全构成极大威胁。危险化学品的破坏力和危害性，已经引起世界各国、国际组织的高度重视和密切关注。

　　党中央和国务院对危险化学品的安全工作历来十分重视，全国各地区、各部门和各企事业单位为落实各项安全措施做了大量工作，使危险化学品的安全工作保持着总体稳定，但是安全形势依然十分严峻。近几年，在危险化学品生产、储存、运输、销售、使用和废弃危险化学品处置等环节上，火灾、爆炸、泄漏、中毒事故不断发生，造成了巨大的人员伤亡、财产损失及环境重大污染，危险化学品的安全防范任务仍然相当繁重。

　　安全是和谐社会的重要组成部分。各级领导干部必须树立以人为本的执政理念，树立全面、协调、可持续的科学发展观，把人民的生命财产安全放在第一位，建设安全文化，健全安全法制，强化安全责任，推进安全科技进步，加大安全投入，采取得力的措施，坚决遏制重特大事故，减少一般事故的发生，推动我国安全生产形势的逐步好转。

　　为防止和减少各类危险化学品事故的发生，保障人民群众生命、财产和环境安全，必须充分认识危险化学品安全工作的长期性、艰巨性和复杂性，警钟长鸣，常抓不懈，采取切实有效措施把这项"责任重于泰山"的工作抓紧抓好。必须对危险化学品的生产实行统一规划、合理布局和严格控制，加大危险化学品生产经营单位的安全技术改造力度，严格执行危险化学品生产、经营销售、储存、运输等审批制度。必须对危险化学品的安全工作进行总体部署，健全危险化学品的安全监管体系、法规标准体系、技术支撑体系、应急救援体系和安全监管信息管理系统，在各个环节上加强对危险化学品的管理、指导和监督，把各项安全保障措施落到实处。

　　做好危险化学品的安全工作，是一项关系重大、涉及面广、技术复杂的系统工程。普及危险化学品知识，提高安全意识，搞好科学防范，坚持化害为利，是各级党委、政府和社会各界的共同责任。化学工业出版社组织编写的"危险化学品安全丛书"，围绕危险化学品的生产、包装、运输、储存、营销、使用、消防、事故应急处理等方面，系统、详细地介绍了相关理论知识、先进工艺技术和科学管理制度。相信这套丛书的编辑出版，会对普及危险化学品基本知识、提高从业人员的技术业务素质、加强危险化学品的安全管理、防止和减少危险化学品事故的发生，起到应有的指导和推动作用。

李毅中

2005 年 5 月

· 前 言 ·

化学工业是世界各经济强国的基础性和支柱性行业。进入 21 世纪以来，在有关政府部门、企业、科研院所、工程公司、咨询公司、大专院校等相关单位的共同努力下，我国化工行业安全生产取得了显著进步，但是偶有发生的重大事故给整个行业的可持续发展带来了前所未有的挑战。2013 年 11 月青岛黄岛输油管道泄漏爆炸、2015 年 3 月福建漳州对二甲苯（paraxylene，PX）装置爆炸、2018 年 11 月张家口盛华化工氯乙烯泄漏爆燃、2019 年 3 月江苏盐城响水化工园区爆炸、2019 年 7 月河南省煤气集团有限责任公司义马气化厂空分装置爆炸等事故在不断地向我们提出严峻的问题：如何有效预防重大化工事故？如何让化学工业在服务经济发展的同时，避免对生命、财产和环境的破坏，进而为建设美丽中国做出更大贡献？

除了做好事故应急准备和应急响应，更重要的是做好事故预防工作。但是要做好事故预防工作就需要培养一大批掌握先进的事故预防理论和方法的人才。什么是先进的化工事故预防理论和方法？2013 年 7 月 29 日国家安全生产监督管理总局发布的《关于加强化工过程安全管理的指导意见》给出了很好的回答：加强化工过程安全管理是国际先进的重大工业事故预防和控制方法，是企业及时消除事故隐患、预防事故、构建安全生产长效机制的重要基础性工作。在 2019 年江苏响水"3·21"特别重大爆炸事故后，应急管理部于 2019 年 4 月 19 日召开全国危险化学品安全生产专题视频会议，深入学习贯彻习近平总书记关于安全生产工作的系列重要指示精神和李克强总理等中央同志批示要求，深刻吸取江苏响水"3·21"特别重大爆炸事故和山东济南"4·15"重大着火中毒事故教训，采取有力措施，坚决防范遏制重特大事故。会议强调，要认真做好危险化学品安全专项巡查工作，突出强化重大安全风险防控，全面推进化工过程安全管理，提升企业安全管理科学化水平。可见，化工过程安全管理是企业安全管理科学化的一个重要工具。

经济合作与发展组织（简称经合组织，OECD）在《调整公司治理结构，实现过程安全——高危行业高层领导指南》中对过去几十年发生的重大化工事故进行了总结，指出领导不善和不良的企业文化往往是事故发生的根源，具体表现在：

（1）企业未能识别可能失控的情况；

（2）企业在作出战略决策时所依据的信息缺失或不充分；

（3）企业未能认识到包括组织机构变化在内的变化所导致的全部后果；

（4）未针对过程安全进行有效管理并采取行动。

为此经合组织建议企业领导要将重大事故当作切实的商业风险来认识，给予化工过程安全管理与财务治理、市场和投资决策等其他业务流程同等的重视度。

化工过程安全管理从内容上看并不复杂，由若干要素构成。但实际上，它的理论性、系统性和实践性都很强。参与本书编著工作的人员既有来自大学的学者，也有来自工业界的专家，学术界的参与确保了本书的基本概念和原理的正确性，工业界的参与为本书提供了更切合实际的工业最佳实践和案例。相信这样的组合会让本书的内容为更多的师生和工业界人士所理解和接受。本书的编著者包括赵劲松、粟镇宇、贺丁、袁志涛、鲁毅、袁小军、舒小芹、赵欣等。第一章由清华大学赵劲松教授编著；第四、五、十二、十三章由曾在外企和咨询公司工作过多年的上海云焓科技有限公司粟镇宇先生和清华大学赵劲松教授编著；第二、三、六、七章由中国寰球工程有限公司贺丁先生、舒小芹女士、赵欣先生和清华大学赵劲松教授编著；第十、十四章由亨斯迈化工贸易（上海）有限公司袁志涛先生编著；第八、九、十一章由北京风控工程技术股份有限公司鲁毅先生、袁小军先生和清华大学赵劲松教授编著。全书最后由清华大学赵劲松教授统稿和定稿。此外，清华大学化工系博士生吴昊同学和硕士生向帅宇同学对全书的格式进行了修改，中国石化华南安全仿真与实训基地杨继民先生提供了有关实训基地的资料，在此表示特别感谢！

最后还要特别感谢我们的家人和朋友们，他们在本书编著的过程中给予了我们无私的帮助、理解和支持！

希望本书有助于读者对化工过程安全管理有更深入、更全面、更系统的认识，有助于提升预防重大化工事故的能力，有助于企业建立健全化工事故预防长效机制和安全风险管理体系。由于编著者的知识水平和精力有限，疏漏之处在所难免，我们诚恳地欢迎读者向我们提出批评意见和建议。

本书献给在历次化工事故中失去生命的人们，是他们的生命唤起了人们对化工过程安全和过程安全管理的重视，让后人从那些事故中吸取了宝贵的经验教训！

编著者
2021 年 2 月 1 日

目 录

第十章　承包商管理　　280

第十一章　应急准备和响应 ⟨303⟩

第十四章　过程安全管理指标 375

索　引 391

第一章

绪　论

石油和化学工业在国民经济中占有十分重要的地位[1-3]。从新中国成立初期的保障温饱问题，到改革开放后的生活质量提升问题，石油化工行业一直在努力发展壮大，不断满足着人民日益增长的物质生活需要。在应对新型冠状病毒疫情当中，石油和化学工业仍然发挥了不可替代的作用，不论各类口罩和消毒液、医用防护服、防护眼镜，还是各类药品，都与化学工业息息相关。但是，由于安全管理水平发展欠缺，整个行业给人民群众的生命安全和环境保护带来极大压力。随着我国迈入新时代，社会主要矛盾已经转化为人民日益增长的美好生活需要和不平衡不充分的发展之间的矛盾。因此，进一步提升整个行业的安全生产管理水平，已经迫在眉睫[4-5]。而过程安全管理是国际先进的流程工业事故预防和控制方法，在当前化工行业安全生产背景下，全面提升化工过程安全管理水平，是有效遏制安全生产事故，特别是重特大事故发生的重要抓手。

第一节　概　　述

一、安全生产相关法律法规、标准

重大安全生产事故往往是安全生产立法的触发器（见图 1-1）。1974 年英国弗力克丝波罗（Flixborough）发生的环己烷氧化装置爆炸事故和 1976 年意大利塞维索（Seveso）发生的二噁英化学污染事故，促使欧洲于 1982 年通过了针对特定装置重大事故灾害的 82/501/EEC 指令，通常称为 Seveso Ⅰ 指令。1984 年印度发生了博帕尔灾难后，欧盟又多次修改该指令，并于 1996 年颁布了关于控制重大事故灾害的 Seveso Ⅱ 指令（96/82/EC）。为了进一步强化信息公开和厂外应急准备，于 2012 年颁布了 Seveso Ⅲ 指令（2012/18/EU），并于 2015 年开始实施。根据此指令，只要属于此指令约束范围内的企业，必须

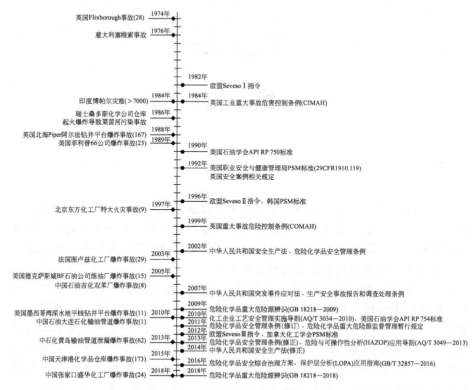

图 1-1　最近 50 年国内外重大化工事故及相关法律法规、标准
（坐标轴左侧括号里的数字代表该事故导致的死亡人数）

上报主管部门企业信息，并制定出重大事故预防对策。此外，如果企业的危险物质在数量上高于指令中规定的上限，那么企业还必须制定安全报告（safety reports）、安全管理制度、应急预案等；同时对厂外应急预案提出了明确要求，对公众赋予了更多的知情权和协商权。该指令规定了成员国有向欧盟委员会报告重大事故的义务，欧盟委员会通过位于意大利伊斯普拉市的联合研究中心（Joint Research Center，JRC）的重大事故灾害管理局，建立了重大事故报告系统（Major Accident Reporting System，MARS）。

为了避免类似印度博帕尔灾难等这类重大事故在美国的重演，美国石油学会（American Petroleum Institute，API）于 1990 年制定了推荐标准 API RP 750《过程危害管理》（Management of Process Hazards）。在此基础上，美国职业安全与健康管理局（Occupational Safety and Health Administration，OSHA）于 1992 年颁布了含有 14 个要素的过程安全管理（Process Safety Management，PSM）标准 29CFR1910.119[6]，要求有关石油、化工企业在工厂的整个生命周期中制定并落实过程安全管理系统。在亚洲，韩国石油和化工行业也认识到预防重大事故的重要性，韩国职业安全与健康管理局以美国 PSM 体系为基础，颁布了韩国版 PSM 体系，并于 1996 年 1 月开始强制执行，它的一个特色就是对企业实行分级管理。由于世界各地化学品重大事故不断发生，经济合作与发展组织（Organization for Economic Co-operation and Development，OECD）于 2012 年 6 月发布了《调整公司治理，实现过程安全——高危行业高层领导指南》。

在国内，我国于 2000 年制定了重大危险源辨识标准 GB 18218—2000（2009 年及 2018 年进行了修订，并将标准名称改为《危险化学品重大危险源辨识》），于 2001 年颁布了《中华人民共和国职业病防治法》（后于 2011 年、2016 年和 2017 年分别进行了三次修订），于 2002 年颁布了《中华人民共和国安全生产法》（后于 2014 年 8 月 31 日修订）和《危险化学品安全管理条例》（后于 2011 年 2 月 16 日修订）。《危险化学品安全管理条例》对危险化学品安全管理提出了明确的要求，例如第二十二条规定："生产、储存危险化学品的企业，应当委托具备国家规定的资质条件的机构，对本企业的安全生产条件每 3 年进行一次安全评价，提出安全评价报告。安全评价报告的内容应当包括对安全生产条件存在的问题进行整改的方案。"为了预防和减少突发事件的发生，控制、减轻和消除突发事件引起的严重社会危害，规范突发事件应对活动，2007 年我国颁布了《中华人民共和国突发事件应对法》。2009～2015 年，国家安全生产监督管理总局（简称国家安全监管总局）先后确定了重点监管的危险化工工艺目录和危险化学品名录，制定了《危险化学品重大危险源监督管理暂行规定》，并要求涉及目录中的危险工艺和危险化学品的化工装置都必须装备自动控制系统和紧急停车系统。2010 年国家安全生产监督管理总局针对石油化工企业颁布了包括 12 个要素的《化工企业工艺安全管理实施导则》（AQ/T 3034—2010），并自 2011 年 5 月 1 日起实施。2012 年 8 月国家安全生产监督管理总局发布《危险化学品企业事故隐患排查治理实施导则》，明确要求涉及重点监管危险化工工艺、重点监管危险化学品和重大危险源的危险化学品生产、储存企业定期开展危险与可操作性分析，用先进科学的管理方法系统排查事故隐患。为了提升应急预案编写质量，国家质量监督检验检疫总局和国家标准化管理委员会于 2013 年发布了国家标准《生产经营单位生产安全事故应急预案编制导则》（GB/T 29639—2013）。2014 年，国家安全生产监督管理总局公布了《危险化学品生产、储存装置个人可接受风险标准和社会可接受风险标准（试行）》。2017 年，国家安全监管总局发布了《关于加强精细化工反应安全风险评估工作的指导意见》。为进一步规范安全生产责任保险工作，切实发挥保险机构参与风险评估管控和事故预防功能，国家安全监管总局、中国银行保险监督管理委员会、财政部制定了《安全生产责任保险实施办法》。同年，为准确判定、及时整改化工和危险化学品生产经营单位及烟花爆竹生产经营单位重大生产安全事故隐患，有效防范遏制重特大生产安全事故，国家安全监管总局制定了《化工和危险化学品生产经营单位重大生产安全事故隐患判定标准（试行）》，组织制定了化工（危险化学品）企业主要负责人安全生产管理知识重点考核内容，其中明确要求企业主要负责人掌握化工过程安全管理（PSM）的主要要素。2018年，为严格落实企业主体责任，强化安全风险防控，提高企业安全生产水平，有效防范遏制危险化学品较大以上事故，全力保障人民群众生命财产安全，新组建的应急管理部要求全面实施危险化学品企业安全风险研判与承诺公告制度。

2020年10月应急管理部发布了《中华人民共和国危险化学品安全法（征求意见稿）》，其中第三十条规定：危险化学品生产、储存企业应当建立包括工艺操作、特殊作业、开停车和检维修等全部生产作业环节在内的过程安全管理制度，明确责任人、岗位职责和操作规程，并组织有效实施，加强过程安全管理。

二、安全生产责任追究

我国安全生产执法日趋规范、日趋严格，发生重大伤亡事故的直接责任人会被追究刑事责任。我国刑法规定：

第一百三十四条 【重大责任事故罪】在生产、作业中违反有关安全管理的规定，因而发生重大伤亡事故或者造成其他严重后果的，处三年以下有期徒刑或者拘役；情节特别恶劣的，处三年以上七年以下有期徒刑。

【强令违章冒险作业罪】强令他人违章冒险作业，或者明知存在重大事故隐患而不排除，仍冒险组织作业，因而发生重大伤亡事故或者造成其他严重后果的，处五年以下有期徒刑或者拘役；情节特别恶劣的，处五年以上有期徒刑。

第一百三十四条之一 在生产、作业中违反有关安全管理的规定，有下列情形之一，具有发生重大伤亡事故或者其他严重后果的现实危险的，处一年以下有期徒刑、拘役或者管制：

（1）关闭、破坏直接关系生产安全的监控、报警、防护、救生设备、设施，或者篡改、隐瞒、销毁其相关数据、信息的；

（2）因存在重大事故隐患被依法责令停产停业、停止施工、停止使用有关设备、设施、场所或者立即采取排除危险的整改措施，而拒不执行的；

（3）涉及安全生产的事项未经依法批准或者许可，擅自从事矿山开采、金属冶炼、建筑施工，以及危险物品生产、经营、储存等高度危险的生产作业活动的。

第一百三十五条 【重大劳动安全事故罪】安全生产设施或者安全生产条件不符合国家规定，因而发生重大伤亡事故或者造成其他严重后果的，对直接负责的主管人员和其他直接责任人员，处三年以下有期徒刑或者拘役；情节特别恶劣的，处三年以上七年以下有期徒刑。

2014 年，为进一步加强对危险化学品和化工企业的安全生产监督管理，国家安全监管总局发布了《关于进一步严格危险化学品和化工企业安全生产监督管理的通知》（安监总管三〔2014〕46 号），从指导和督促企业严格执行安全生产相关法律法规和政策入手，强化严格执法检查，对取得危险化学品安全生产许可证、危险化学品安全使用许可证或危险化学品经营许可证（以下统称安全许可证），且事故调查认定对事故发生负有责任的企业：发生死亡事故的，要依法暂扣其安全许可证 1 个月以上 6 个月以下；在动火、进入受限空间等直接作业环节发生死亡事故的，要依法暂扣其安全许可证 2 个月以上 6 个月以下；发生较大事故或一年内发生 2 次人员死亡事故的，要依法暂扣其安全许可证 3 个月以上 6 个月以下；发生重大以上事故及一年内发生 2 次较大事故的，要依法吊销其安全许可证。对事故调查认定为不具备安全生产条件的危险化学品和化工企业：要责令其停产停业整顿，停产整顿后须经省级安全监管部门验收合格后方可复产。经停产停业整顿仍不具备安全生产条件的，要报请有关地方政府予以关闭，对取得安全许可证的企业还要依法吊销其安全许可证。为进一步规范安全生产执法行为，保障公民、法人或者其他组织的合法权益，2016 年 7 月，国家安全监管总局制定了《安全生产执法程序规定》。

三、企业 HSE 管理

传统的安全管理往往不够规范，企业领导往往是靠发号施令来进行安全管理。有的企业对安全工作"说起来重要、干起来次要、忙起来不要"，没有一个现代化的体制和机制来确保安全生产。

1996 年 1 月，国际标准化组织发布了 ISO/CD 14690《石油天然气工业健康、安全和环境管理体系》标准，得到了世界各大石油公司的认可。随后，职业健康与安全国际标准 OSHAS 18000 和环境管理国际标准 ISO 14000 分别于 1999 年和 2004 年发布。目前健康（health）、安全（safety）与环境（environment）（以下简称为 HSE）管理已经成为企业参与国际竞争的市场准入重要条件之一。2001 年，国家质量监督检验检疫总局正式颁布了《职业健康安全管理体系 规范》（GB/T 28001）。国内石油天然气行业于 1997 年颁布了《石油天然气工业健康、安全与环境管理体系》（SY/T 6276—1997）行业标准文件，该文件于 2010 年和 2014 年修订（SY/T 6276—2010、SY/T 6276—2014）。1999 年，中国石油天然气集团根据有关标准发布了《中国石油天然气集团公司 HSE 管理体系管理手册》，标志着中国石油天然气集团 HSE 管理体系全面推行。中国石油化工集团于 2001 年制定和发布了《中国石油化工集团公司安全、环境与健康（HSE）管理体系》，按照炼油化工企业、油田勘探开发企业、施工企业、勘察设计企业四个不同专业分别制定了 HSE 管理体系实施指南，并要求其所属企业建立和实施 HSE 管理体系。中国海洋石油总公司根据国际海事组织的相关要求，于 1997 年发布了《中国海洋石油总公司安全 (HSE) 管理体系原则及文件编制指南》[7]。

根据《石油天然气工业健康、安全与环境管理体系》(SY/T 6276—2014)，HSE 管理体系的定义如下：

企业管理体系的一部分，用于制定和实施该企业的 HSE 方针，并管理其业务相关的健康、安全和环境风险。包括组织结构、策划活动（例如包括风险评价、目标建立等）、职责、管理、程序、过程和资源。

可见，HSE 管理的核心是风险管理。HSE 体系的总体要求是：企业应该建立、实施、保持和持续改进 HSE 管理体系，通过 HSE 初始评审，明确现有 HSE 状况以及确定改进的机会，在此基础上进行策划和设计，确定如何实现这些要求，并形成文件。类似企业的质量管理，企业的 HSE 管理也遵循著名的质量管理专家戴明 (Deming) 提出的 PDCA 循环法则，即计划 (plan)、执行 (do)、检查 (check)、处理 (act)，如图 1-2 所示为企业 HSE 管理体系模式。HSE 体系的具体要求一共有 30 项。这 30 项要求内部之间存在着千丝万缕的关联，如图 1-3 所示。每一项要求又有很多具体要求，涉及的部门、环节、人员、设备、物质、风险类型、法律法规、标准流程、文档文件众多。因此，HSE 管理是一项复杂的、动态的系统工程。这种复杂性给很多企业，尤其是中小企业带来巨大的挑战。因此，在 HSE 管理实践中，由于资源和能力

图 1-2　企业 HSE 管理体系模式

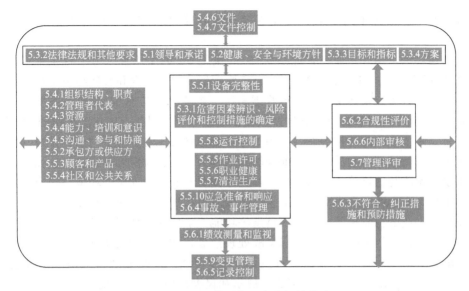

图 1-3 HSE 体系内要素之间的关系

的限制，企业往往更重视相对容易管理的职业健康、职业安全和环保等问题，而对专业性较强的化工生产过程安全管理重视和投入不足，具体表现在过程安全管理深度不够、系统性不强，进而导致了一些重大化工事故，例如发生在 2005 年 3 月的美国德克萨斯城 BP 石油公司炼油厂爆炸事故等。

企业运营的主要目标是盈利，HSE 是企业成功运营所必须遵守的约束条件，即企业利润最大化的前提是在 HSE 方面必须满足国家、行业以及企业自身定制的 HSE 相关标准。值得注意的是，在 HSE 方面增加投入，往往也会提升企业盈利能力。因此，HSE 和企业盈利不是矛盾关系，而是促进关系。当然，HSE 的投入和企业的净利润之间存在一个最优平衡点。表 1-1 列出了企业和政府监管部门在 HSE 管理和监管方面的侧重点和主要方法。

表 1-1 企业和政府监管部门在 HSE 管理和监管方面的侧重点和主要方法[8]

项目	企业	政府监管部门
主要关注点	净利润最大化	最大限度地保护人与环境
约束条件	HSE 相关标准、规范	企业竞争力
方法	运营优化 建立管理系统	加强执法 持续提升 HSE 要求

四、安全生产信息化

由于 HSE 管理系统的复杂性，利用信息技术提升安全生产管理和监管绩效及水平，预防重大事故，已经成为我国政府有关部门和很多石化企业的共识。

实际上，国外企业的管理系统在 20 世纪 80 年代开始应用于石化企业的 HSE 管理中。国外石油化工企业 HSE 管理信息化的建设和发展经历了从工厂级事故报告系统，向工厂级文档管理系统、企业级全功能 HSE 信息系统、动态实时全业务流程的 HSE 管理系统逐步过渡[9,10]。以某石油化工集团的 HSE 管理系统模块功能架构为例（见图 1-4），该系统是基于风险的 HSE 管理的设计理念进行设计开发的，从事前预防与监督入手，以风险管理为核心，强化企业事前预防与监督等业务的管理，其业务按照专业分为安全、环境、健康和日常工作四个方面。事中应急突出了应急响应与指挥、资源综合调度、事故动态模拟、工业电视监控及电子地理信息等功能。事后处理强调对事故的调查、分析与处理，总结事故教训，分享事故处理经验，进一步强化企业 HSE 管理的薄弱环节，从而推动企业创造卓越的 HSE 业绩。业绩是通过关键绩效指标（key performance indicator，KPI）展示和仪表盘功能来显示的。

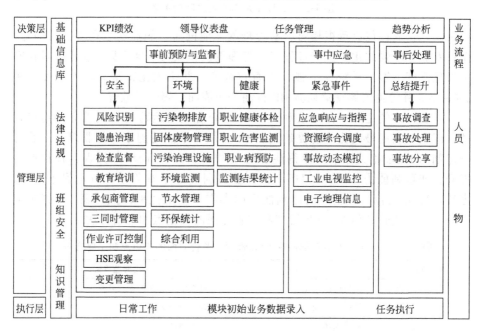

图 1-4　某石油化工集团的 HSE 管理系统模块功能架构[11]

2009 年，国家安全监管总局组织编制了《首批重点监管的危险化工工艺目录》和《首批重点监管的危险化工过程安全控制要求、重点监控参数及推荐的控制方案》，并要求各地安全监管部门对本辖区化工企业采用危险化工工艺的生产装置进行自动化改造工作。

2011 年，国家安全监管总局发布了总局第 40 号令《危险化学品重大危险源监督管理暂行规定》，且 2015 年发布修正本。对重大危险源的信息化监控手段也提出了明确要求：

第十三条　危险化学品单位应当根据构成重大危险源的危险化学品种类、数量、生产、使用工艺（方式）或者相关设备、设施等实际情况，按照下列要求建立健全安全监测监控体系，完善控制措施：

（1）重大危险源配备温度、压力、液位、流量、组分等信息的不间断采集和监测系统以及可燃气体和有毒有害气体泄漏检测报警装置，并具备信息远传、连续记录、事故预警、信息存储等功能；一级或者二级重大危险源，具备紧急停车功能。记录的电子数据的保存时间不少于 30 天。

（2）重大危险源的化工生产装置装备满足安全生产要求的自动化控制系统；一级或者二级重大危险源，装备紧急停车系统。

（3）对重大危险源中的毒性气体、剧毒液体和易燃气体等重点设施，设置紧急切断装置；毒性气体的设施，设置泄漏物紧急处置装置。涉及毒性气体、液化气体、剧毒液体的一级或者二级重大危险源，配备独立的安全仪表系统（safety instrument system，SIS）。

（4）重大危险源中储存剧毒物质的场所或者设施，设置视频监控系统。

（5）安全监测监控系统符合国家标准或者行业标准的规定。

2014 年，国家安全监管总局印发了《关于加强化工安全仪表系统管理的指导意见》，从源头加快规范新建项目安全仪表系统管理工作：从 2016 年 1 月 1 日起，大型和外商独资合资等具备条件的化工企业新建涉及"两重点一重大"的化工装置和危险化学品储存设施，要按照本指导意见的要求设计符合相关标准规定的安全仪表系统；从 2018 年 1 月 1 日起，所有新建涉及"两重点一重大"的化工装置和危险化学品储存设施要设计符合要求的安全仪表系统。其他新建化工装置、危险化学品储存设施安全仪表系统，从 2020 年 1 月 1 日起，应执行功能安全相关标准要求，设计符合要求的安全仪表系统。另外，该指导意见也提出了加强过程报警管理和基本过程控制系统的管理。

五、传统的安全管理中存在的主要问题

综上所述，我国在石油化工领域的立法、责任追究、HSE 管理以及信息化等方面都做了大量的努力，取得了显著的成效。但是，较大事故起数和死亡人数仍居高位，例如 2019 年全国共发生化工事故 164 起、死亡 274 人，死亡人数同比上升 22.9%。

目前整个行业主要存在的安全管理问题如下：

（1）企业安全风险管理水平不高。虽然很多企业建立了 HSE 管理体系，

但是仍然认为人的失误是事故的主要原因，因此，管理的重点往往是职业安全，而不是化工过程安全。因此，大部分企业尚未建立一套完整的、系统的、健全的化工过程安全风险管理体系。具体体现在：对化工过程本身的危害因素辨识、风险评价要求不高，安全培训不到位，过程危害分析能力不足，进而导致对化工过程的风险本质缺乏理解，应急准备和处置能力差[12]。因此，加强过程安全管理也是对 HSE 管理体系薄弱环节的加强。

（2）科技对危险化学品安全的支撑保障作用未得到充分发挥。制约危险化学品安全的部分重大共性关键技术尚未突破，虽然安全生产信息化已经广泛推广，但是对化工过程自身存在风险的研究仍然不够深入，变更管理不够严格，机械完整性相关数据积累不足，定量风险评估[13]、安全完整性等级评估[14,15]、报警管理[16,17]、过程故障诊断[18-22]、过程强化[23]等先进的技术手段尚未在企业中得到广泛应用，进而不掌握风险的动态变化规律。

（3）企业安全文化薄弱。很多化工企业没能"牢固树立发展决不能以牺牲安全为代价的红线意识"，不能把人民的利益摆在至高无上的地位，进而导致安全意识淡薄、安全责任制流于形式、在安全生产方面的资源投入不足等问题。

第二节　风险管理

一、风险管理的目的和重要意义

一个法制社会不能容忍管理层的过失。一旦发生重大安全事故或者环境污染事故，根据我国安全生产法、环境保护法和刑法的有关规定，有关企业负责人还要面临法律责任追究。在企业运营过程中，为了达到商业目标，为了降低承担经济责任或法律责任的可能性，识别和量化风险已经成为现代企业管理的核心内容。这些风险辨识、分析、评估、控制或应对风险的方法已经构成了风险管理的基础。事实上，从 1950 年美国学者格拉尔（Russell B. Gallagher）首次提出风险管理这个概念以来，风险管理已经成为确保核电站安全、飞行器安全等重大工程项目的可靠性不可替代的工具。针对化工过程安全进行的风险管理也成为国际上很多石油、化工企业的最佳实践和有关法律法规的强制性要求。

在 20 世纪很长的一段时间里，化工厂主要依靠事故起数、伤亡人数等指标进行安全管理。化工过程安全研究表明，这些指标属滞后指标，在事故起数和伤亡人数都接近或等于零的情况下，石油、化工企业仍可能在某一时刻突然发生重大安全事故。而事后的调查发现，绝大多数事故是可以避免的。为了避免事故的发生，最好的方法就是在事故发生前建立系统的安全风险管理体系，对可能发生的危害足够重视，识别出可能的风险，并采取适当的安全预防措施，做好应急准备；事故发生后，及时利用所有信息，启用事先准备好的应急响应措施和应急资源，将事故后果降低到最低程度。

随着我国加入世界贸易组织（World Trade Organization，WTO），我国石油、化工企业都面临着激烈竞争。要获得尽可能大的投资回报，一个基本的要求就是这些企业中的化工过程高可靠性地运行。一旦发生意外事故，不仅可能造成供货中断，影响下游工业过程或客户的利润，而且可能影响周边社区的HSE，乃至企业的国内外声誉。因此，我国先后于 2009 年和 2011 年颁布了与国际接轨的《风险管理 原则与实施指南》（GB/T 24353—2009）和《风险管理 风险评估技术》（GB/T 27921—2011）两个国家标准。

化工过程的风险管理的目的是通过对化工过程进行风险辨识、风险分析、风险评价，并在此基础上优化组合各种风险应对方法和技术，对风险实施有效的控制和妥善处理，降低风险，期望达到以最小的成本获得最大安全保障，从而间接创造效益，为企业的安全发展和可持续发展提供重要保障。

二、基本概念

1. 危险

危险（hazard）是指一种可能导致人员伤害、财产损失或环境影响的内在的物理或化学特性，或是某一系统、产品、设备或操作的内部和外部的一种潜在的状态，其发生可能造成人员伤害、职业病、财产损失或作业环境破坏。

2. 风险

风险（risk）是指某一特定危险情况发生的可能性和后果的组合。日常生活中风险无处不在，人们也会经常有意识或下意识地进行风险评估，比如当决定是否过马路、是否吃某种食物，或者在参加某些运动之前会对可能的危害进行判断和风险评估。正如生活中处处存在风险，在公司运营的活动中和产品生产活动中同样也存在风险。

危险是风险的前提，没有危险就无所谓风险。危险客观存在，很难改变。风险可以通过人们的努力而改变。通过采取防范措施，改变危险出现的概率和/或改变后果严重程度和损失的大小，就可以改变风险的大小。这就是风险控制和风险管理的宗旨。

3. 安全

安全（safety）是指免除了不可接受的风险的状态。因此，安全管理的核心是风险管理。

4. 风险管理

风险管理（risk management）是指针对风险而采取的指挥、控制和组织的协调活动。风险管理是一个动态的、循环的、系统的、完整的过程[24]。

通过风险管理的广泛实施，风险管理日趋科学化和规范化。人们不仅研究风险事件发生概率的组合，而且更加深入地研究各种风险产生的根本原因，计算复杂系统中各种风险事件出现的可能性，建立数学模型模拟预测风险事件的最严重的后果，不断强化对风险本身的认知。在企业走向现代化管理的过程中，虽然我们很多人都明白"居安思危""防患于未然"的道理，但是风险管理的科学化和规范化仍然是我国企业与国外先进企业的重要差距之一。2010年以来有详细报告的较大及以上的化工事故原因中，风险管理被列为第二位（见图 1-5），说明风险管理确实是一个明显的短板[1]。

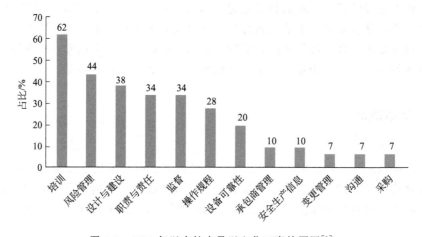

图 1-5　2010 年以来较大及以上化工事故原因[1]

2004 年，联合国发布了《与风险共存：全球减灾情况回顾》（*Living with Risk：A Global Review of Disaster Reduction Initiatives*）和《减少灾害风险：发展面临的挑战》（*Reducing Disaster Risk：A Challenge for Development*）报告，强调要将风险管理战略全面纳入国家可持续发展的主流规划之中[25]。同样，企业风险管理水平的高低，决定了企业的可持续发展能力，决定了企业能走多远。

三、风险管理过程

风险管理过程包括沟通与咨询、建立环境、风险辨识、风险分析、风险评价、风险应对、监测与评审等多个环节（见图 1-6）。风险沟通是利益相关方之间的一个不断提供信息、共享信息和获取信息的动态过程，是风险辨识、分析与评价的基础。比如在开展风险辨识之前,都要首先获得有关化学品的危险性信息。这里所谓的建立环境是指确定风险管理的范围和标准,明确内部和外部有关法律、法规、程序、标准、组织结构、方针、目标等参数的过程。风险管理和控制的本质是预设应急计划,永远为极端风险做好准备。但是,各项工作活动需要的人力、物力和财力各有不同,风险管理的精髓就是通过风险辨识、风险分析和风险评价等整个风险评估过

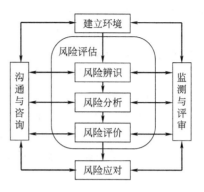

图 1-6 风险管理过程[24]

程,做出比较科学合理的决策和应对,将更多资源投入到那些较大的风险上,以满足各项活动的预期需求。风险监测与评审是风险管理过程不可缺少的一部分,包括日常的检查或监督,其目的是保证风险管理各个环节的设计和运行实施的效率和效力。

四、风险准则

风险准则(risk criteria)是评价风险是否可以接受的参照依据,是风险管理中极为重要的概念,也是一个企业在实施风险评估前必须建立的。企业在建立风险准则之前,应充分考虑自身制定的目标,以及企业所处的内、外部环境。企业的各种目标可以是有形的(如生命、资产等),也可以是无形的(如声誉、品牌等)。风险准则可以是定性的,也可以是定量的。在风险管理实践中,常用后果的严重程度及其发生的可能性这两个因素的组合来表示风险等级,一般采用风险矩阵(risk matrix)的形式来表示风险准则。图 1-7 是美国化学工程师学会(American Institute of Chemical Engineers,AIChE)化工过程安全中心(Center for Chemical Process Safety,CCPS)推荐的一个风险矩

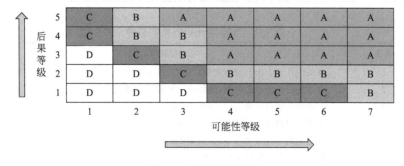

图 1-7 风险矩阵示例

阵示例。矩阵中，后果的严重程度被划分为 5 个等级，最严重的等级是 5，最轻的等级是 1；可能性等级有 7 个，可能性最大的等级是 7，最小的是 1。根据不同的后果等级和可能性等级，该风险矩阵定义了 A、B、C、D 四个风险等级，并分别用了四种不同颜色来区分。A 级为最高的风险等级，D 级为最低的风险等级。

后果严重程度等级的划分可以从人员伤亡、财产损失、环境影响等多个维度来考虑（见表 1-2）。可能性等级的划分可以从事件发生的频繁程度上划分（见表 1-3）。不同企业对不同风险等级有不同的规定（见表 1-4），以便于企业管理层作出决策。

表 1-2　后果严重程度等级的划分示例

等级	人员伤亡	财产损失	环境影响
1	无人受伤和死亡，最多只有轻伤	一次直接经济损失 10 万元以下	事故影响仅限于工厂范围内，没有对周边环境造成影响
2	无人死亡，1～2 人重伤或急性中毒	一次直接经济损失 10 万元以上，30 万元以下	事故造成周边环境轻微污染，没有引起群体性事件；非法排放危险废物 3t 以下；乡镇以上集中式饮用水水源取水中断 12h 以下
3	一次死亡 1～2 人，或者 3～9 人重伤（或中毒）	一次直接经济损失 30 万元以上，100 万元以下	非法排放危险废物 3t 以上；乡镇以上集中式饮用水水源取水中断 12h 以上；疏散、转移群众 5000 人以下
4	一次死亡 3～9 人，或者 10～29 人重伤（或中毒）	一次直接经济损失 100 万元以上，500 万元以下	疏散、转移群众 5000 人以上，15000 人以下；县级以上城区集中式饮用水水源取水中断 12h 以下
5	一次死亡 10 人以上，或者 30 人以上重伤（或中毒）	一次直接经济损失 500 万元以上	疏散、转移群众 15000 人以上；县级以上城区集中式饮用水水源取水中断 12h 以上

表 1-3　可能性等级的划分示例

等级	可能性说明
1	在国内外行业内都没有先例，发生频率小于 10^{-5}
2	在国内行业内没有先例，国外有过先例，发生频率 10^{-5}～10^{-4}
3	国内同行业有过先例，发生频率 10^{-4}～10^{-3}
4	集团公司内部有过先例，发生频率 10^{-3}～10^{-2}
5	在企业内部有过先例，发生频率 10^{-2}～10^{-1}
6	在企业内部平均每年几乎都会发生 1 次
7	在企业内部每年发生大于 1 次

表 1-4　风险等级的划分示例

等级	描述	需要的行动
A	严重风险(绝对不能容忍)	必须通过技术或管理上的专门措施,在一个月以内把风险降低到 C 级以下
B	高风险(难以容忍)	应当在一个具体的时间段(一年)内,通过技术或管理上的专门措施把风险降低到 C 级以下
C	中风险(有条件容忍)	在适当的机会内(检维修期间)通过技术或管理上的专门措施,把风险降低到 D 级
D	低风险(可以容忍)	无须采取进一步措施降低风险

第三节　过程安全管理

一、过程安全管理发展历程

从 1982 年欧洲颁布第一部过程安全法规《危险物质重大事故危害控制》(Seveso Ⅰ指令)开始,国外先后出台多部过程安全法规,如 1992 年美国职业安全与健康管理局(OSHA)发布的 29CFR1910.119《高度危险化学品过程安全管理》、1996 年修订发布的 Seveso Ⅱ指令、1999 年英国颁布的《重大事故危险控制条例》(Control of Major Accident Hazards,COMAH),2012 年欧盟委员会发布的 Seveso Ⅲ指令等,全面推动了化工行业过程安全管理的应用,对于重大事故预防和控制起到了显著作用。以英国为例,Seveso Ⅱ指令实施后,1999～2004 年间发生的需向欧盟报告的重大事故数目逐年降低。1996 年韩国参照美国 OSHA 过程安全管理法案,制定了韩国的过程安全管理法案,即《工业安全和健康法案》。随着该法案的推行,韩国的重大事故发生率逐渐降低[1]。

2010 年 9 月 6 日,国家安全生产监督管理总局发布了 AQ/T 3034—2010《化工企业工艺安全管理实施导则》,于 2011 年 5 月 1 日起实施。该导则把过程安全管理称为"过程安全管理"。随着专家对其内涵的深入理解,认为其涉及安全设计、工艺、设备、仪表自动化、安全仪表操作等多个专业,"过程安全管理"更准确,故除了参考文献以及指导性文件、法律法规等,下文以及本书将统一使用"过程安全管理"的概念。

2013 年,国家安全生产监督管理总局印发《关于加强化工过程安全管理的指导意见》(安监总管三〔2013〕88 号),旨在推动过程安全管理在我国化工企业中的应用。

二、基本概念

通俗地讲，化工过程安全是研究如何把有害物质和能量控制在设计的化工过程边界内的科学。由于化工过程安全是一门新兴学科，尚未有一个普遍认可的定义。

2010 年美国石油学会在其制定的 API RP 754 中给出的化工过程安全（process safety）定义如下[26]：

通过应用良好的设计原理、工程技术、操作经验、维护策略等，保障危险化学品的运行系统和过程完整性的一个规范化的体系架构（原文：A disciplined framework for managing the integrity of hazardous operating systems and processes by applying good design principles，engineering，and operating and maintenance practices.）。

2013 年加拿大学者保罗·埃米尤特（Paul Amyotte）给出的定义如下[27]：

化工过程安全是指预防和减少由于火灾、爆炸、有毒物质泄漏等过程事故导致的伤害和破坏（原文：The prevention and mitigation of process-related injuries and damage arising from process incidents involving fire，explosion and toxic release）。

2015 年国内有关学者给出的定义如下[28]：

化工过程安全（chemical process safety）是安全领域的一个分支，是为了预防和控制化工过程特有的突发事故的系列安全技术及管理手段的总和，它涉及设计、规划、建造、生产、储运、废弃等化工过程全生命周期的各个环节。

2016 年，美国专家丹尼斯·汉德肖特（Dennis Hendershot）认为[29]：

化工过程安全就是通过理解化学品制造过程的物理和化学规律，管理潜在的火灾、爆炸、有毒物质泄漏、环境破坏等意外事故（原文：Process safety is about understanding the chemistry and physics of the manufacturing process to manage the undesirable potential outcomes-fires，explosions，toxic material releases，environmental damages）。

2012 年加拿大化学工程学会给出了化工过程安全管理的定义如下[30]：

应用管理原则和系统，识别、理解和控制化工过程危害，预防过程相关的伤害和事故。

三、过程安全管理系统简介

化工过程安全管理系统是确保化工过程安全得以正确实施的一个风险管理系统。因此，它也必须符合风险管理原则和风险管理过程（见图 1-6），也必须遵循 PDCA 循环法则。

一个企业的安全管理系统的主要目的一般包括：（1）确保组织内部每一个人都能识别和理解现实的或潜在的危险和风险；（2）预防和控制企业运营中可能出现的危险和风险；（3）培训所有层级的员工，让他们都能有能力保护自己和别人，都能证明隐患治理的重要性。而要达到这样的目的，企业的安全管理系统一般都要包括诸多管理要素。不同国家、不同组织规定的过程安全管理系统的要素略有不同，即使是相同的要素，在不同国家和组织的过程安全管理标准或导则里的要求也不尽相同。表 1-5 列出几个国家和组织的过程安全管理标准或指南规定的 PSM 系统要素。

表 1-5　国内外部分 PSM 标准或指南规定的 PSM 系统要素

要素序号	中国 PSM	美国 OSHA PSM	美国 CCPS PSM	加拿大 PSM	韩国 PSM
1	过程安全信息	员工参与	责任:目标	责任:目标	过程安全信息
2	过程危害分析	过程安全信息	过程知识和文档	过程知识和文档	危害分析和风险评估
3	操作规程	过程危害分析	项目审核和设计程序	项目审核和设计程序	操作规程
4	培训	操作规程	过程风险管理	过程风险管理	机械完整性
5	承包商管理	培训	变更管理	变更管理	动火作业许可
6	试生产前安全审查	承包商管理	过程和设备完整性	过程和设备完整性	承包商管理
7	机械完整性	开车前安全审查	人员因素	人员因素	教育与培训
8	作业许可	机械完整性	培训和表现	培训和表现	变更管理
9	变更管理	动火作业管理	事件调查	事件调查	开车前安全审查
10	应急管理	变更管理	标准和法律	企业标准和规定	符合性审核
11	工艺事故、事件管理	事件调查	审核与改进	审核与改进	事件调查
12	符合性审核	应急准备与响应	过程安全知识的强化	过程安全知识的强化	应急计划与响应
13		符合性审核			
14		商业秘密			

在 2005 年美国德克萨斯城 BP 石油公司炼油厂发生爆炸事故之后，美国化学工程师学会化工过程安全中心（CCPS）在原有 PSM 的框架上更新完善，

提出了基于风险的过程安全管理（Risk Based Process Safety，RBPS）框架，共由 20 个要素组成（图 1-8）。

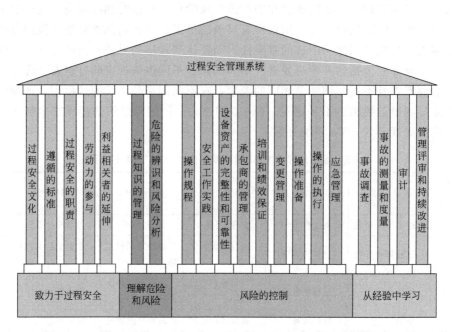

图 1-8　美国 CCPS 提出的基于风险的过程安全管理框架

　　一个 PSM 系统要充分发挥预防化工事故的作用，其规定的管理要素必须密切配合，一旦管理要素之间的关联出现了问题，往往就是埋下了事故隐患。表 1-6 列出了 PSM 系统各个要素之间的内在关系，可见 PSM 系统要素之间存在着紧密的联系（具体的联系在后面的各个相关章节中均有介绍）。根据以往经验，一个化工事故的发生，往往不是由于一个管理要素存在问题，而是由于多个管理要素同时存在问题。例如，2018 年 11 月 28 日发生在河北张家口望山循环经济示范园区的中国化工集团河北盛华化工有限公司的氯乙烯泄漏爆燃事故，导致 24 人死亡、21 人受伤。事故调查表明，该公司在操作规程、机械完整性、培训、应急准备与响应、过程危害分析等方面存在如下问题：

　　（1）操作规程问题：操作规程过于简单，没有详细的操作步骤和调控要求，不具有操作性；

　　（2）机械完整性问题：设备设施管理缺失，违反《气柜维护检修规程》（SHS 01036—2004）第 2.1 条②和《盛华化工公司低压湿式气柜维护检修规程》③的规定，气柜应 1～2 年中修、5～6 年大修，至事故发生，投用 6 年未检修；

表 1-6 PSM 系统各个要素之间的内在关系

项目	员工参与	过程安全信息	过程危害分析	操作规程	培训	承包商管理	开车前安全审查	机械完整性	动火作业管理	变更管理	事件调查	应急准备与响应	符合性审核	商业秘密
员工参与	N/A	√	√	√	√	√	√	√	√	√	√	√	√	√
过程安全信息	√	N/A	√	√	√	√	√	√	√	√	√	√	√	√
过程危害分析	√	√	N/A	√	√	√	√	√	√	√	√	√	√	√
操作规程	√	√	√	N/A	√	√	√	√	√	√	√	√	√	√
培训	√	√	√	√	N/A	√	√	√	√	√	√	√	√	√
承包商管理	√	√	√	√	√	N/A	√	√	√	√	√	√	√	√
开车前安全审查	√	√	√	√	√	√	N/A	√	√	√	√	√	√	
机械完整性	√	√	√	√	√	√	√	N/A	√	√	√	√	√	
动火作业管理	√	√	√	√	√	√	√	√	N/A	√	√	√	√	
变更管理	√	√	√	√	√	√	√	√	√	N/A	√	√	√	√
事件调查	√	√	√	√	√	√	√	√	√	√	N/A	√	√	
应急准备与响应	√	√	√	√	√	√	√	√	√	√	√	N/A	√	√
符合性审核	√	√	√	√	√	√	√	√	√	√	√	√	N/A	√
商业秘密	√	√	√	√	√	√				√		√	√	N/A

注：√ 表示蕴含内在关系；N/A 表示自身关系。

（3）培训问题：安全教育培训走过场，生产操作技能培训不深入，部分操作人员岗位技能差，不了解工艺指标设定的意义，不清楚岗位安全风险，处理异常情况能力差；

（4）应急准备与响应问题：多数人员不了解氯乙烯气柜泄漏的应急救援预案，应急预案如同虚设，应急演练流于形式，操作人员对装置异常工况处置不当，泄漏发生后，企业应对不及时、不科学，没有相应的应急响应能力；

（5）过程危害分析问题：未认真落实隐患排查治理制度，工作开展不到位、不彻底，同类型、重复性隐患长期存在，"大排查、大整治"攻坚行动落实不到位，致使上述问题不能及时发现并消除。

因此，对 PSM 要素之间关系的复杂性、系统性的深刻理解和把握尤其重要。

第四节 安 全 文 化

"安全第一，预防为主"是安全生产的首要原则。但是，要实现安全生产，不是一件简单的事情，相反，是一件复杂的事情，需要长期、持续不懈努力才能实现。尽管过程安全管理是预防重大化工事故的重要手段，但是如何设计、实施、持续改进过程安全管理系统，很大程度上取决于一个企业的安全文化。

安全文化是个人和集体的价值观、态度、想法、能力和行为方式的综合，它取决于健康和安全管理上的承诺、工作作风和精通程度。反映一个企业安全文化是否健康、积极的一个重要的指标就是管理层是否能够始终遵循和落实所有的安全法律法规、规章制度、标准、指南等。管理层对安全的承诺、工作作风和精通程度，可以从如下三个方面进行检验：

（1）建立安全生产责任制，明确所有管理人员、普通员工在安全生产方面的目标和责任；

（2）为所有管理人员、普通员工授权，提供必要的资源、信息、教育和培训，以便他们确实能够负起安全生产风险管理的责任；

（3）及时了解企业安全风险状态，及时开展风险隐患治理。

通过查看近十年发生重特大石油化工事故中的安全文化问题（见表 1-7），不难发现，发生这些事故企业的安全文化都存在较严重的问题。尽管其中的一些企业已经宣贯了 HSE 管理体系，或推行了过程安全管理系统，由于安全文化存在问题，仍然会发生较严重的安全生产事故。因此，建立积极向上而不是消极的企业安全文化（见表 1-8）是推广、落实化工过程安全管理体系的重要基础和长期保证。

表 1-7　最近十年重特大石油化工事故中的安全文化问题

事故名称	发生时间	死亡人数	安全文化问题		
			安全生产责任制问题	提供必要资源问题	隐患治理问题
广维集团爆炸事故	2008 年 8 月 26 日	21		有	有
中石油国际储运公司火灾事故	2010 年 7 月 16 日	1	有		有
山东新泰化工公司爆炸事故	2011 年 11 月 9 日	15	有		有
河北克尔化工爆炸事故	2012 年 2 月 28 日	29	有	有	有
中石化黄岛输油管道泄漏爆炸事故	2013 年 11 月 22 日	62	有	有	有
山东滨源化学公司爆炸事故	2015 年 8 月 31 日	13	有	有	有
江苏连云港聚鑫生物科技公司事故	2017 年 12 月 9 日	10	有	有	有
盛华化工爆燃事故	2018 年 11 月 28 日	24	有	有	有

表 1-8　积极向上和消极的安全文化示例

序号	积极向上的安全文化示例	消极的安全文化示例
1	企业目标中明确考虑安全	企业目标中缺乏社会责任
2	牢记过去的安全生产事故教训	对过去的安全事故淡忘
3	把安全列为一个核心的价值观	没有把安全列入核心价值观
4	对安全生产事故预防有积极的信念	认为事故不可预防,靠运气
5	追求卓越的过程安全管理	接受平庸的安全管理
6	把社区公众的安全放在首位	较少考虑社区公众的安全
7	认为安全是一种职业素养	认为安全是额外的责任
8	积极沟通安全问题	回避或压制对安全问题的讨论
9	管理层的安全生产责任制明确	管理层的安全生产责任制不明确
10	认为安全是企业的生命线,能够促进利润的提升	认为安全是一项比较昂贵的花销

　　强大的领导力至关重要,因为领导力是企业文化的中心,而企业文化影响着员工行为和企业的安全运营。尽管可以将过程安全工作授权给他人完成,但是高层领导应该承担最终责任并接受问责,因此对于他们来说,促进企业安全文化的形成至关重要[31]。

　　通过对过去发生的事故分析,领导不善和不良的企业文化往往是事故发生的重要根源,具体表现在[31]:

　　(1) 企业未能识别失控情况,这往往是由组织内部不同层级能力欠缺和职业伦理素质造成的;

（2）企业在作出战略决策时所依据的信息缺失或不充分，包括董事会层级对安全绩效指标进行的监控；

（3）企业未能认识到包括组织结构变化在内的变化所导致的全部后果；

（4）未针对过程安全进行有效管理并采取必要行动。

因此，需要企业领导[31]：

（1）将重大事故当作切实的商业风险来认识；

（2）认识到很多大型高危企业具有综合性的特点，包括供应链中断的可能性；

（3）认识到应给予过程安全风险管理与财务治理、市场、投资决策等其他业务流程同等的重视度。

针对过程安全进行有效的公司治理是企业获得可持续经营业绩的必由之路。过程安全管理需要从董事会开始，由高管带头自上而下地进行。董事会为整个企业确立过程安全愿景和企业文化，董事会决议对过程安全管理的结果具有直接的影响。正如某著名国际化学公司的首席执行官所言："营造一种全体员工防患于未然，共同努力实现无差错工作的企业文化对于实现过程安全是必不可少的。这种企业文化必须在企业内部各层级领导的正确引导下方能形成"[31]。要牢记"楚王好细腰，宫中多饿死"的历史教训。

参考文献

[1] 王浩水. 过程安全管理在我国化工行业推广应用的思考［J］. 安全、健康和环境, 2018, 18（11）: 1-5.

[2] 李寿生. 改革开放 40 年来我国石油和化工行业发展成就举世瞩目［J］. 化工职业技术教育, 2018,（3）: 3-5.

[3] 李寿生. 开创下一个未来: 中国石油和化学工业 2030 年展望［M］. 北京: 化学工业出版社, 2018.

[4] 吴宗之, 张圣柱, 张悦, 等. 2006—2010 年我国危险化学品事故统计分析研究［J］. 中国安全生产科学技术, 2011, 7（7）: 5-9.

[5] 胡馨升, 多英全, 张圣柱, 等. 2011—2015 年全国危险化学品事故分析［J］. 中国安全生产科学技术, 2018, 14（2）: 180-185.

[6] 粟镇宇. 过程安全管理与事故预防［M］. 北京: 中国石化出版社, 2007.

[7] 李文华, 尤政军, 徐春碧. 石油工程 HSE 风险管理［M］. 北京: 石油工业出版社, 2011.

[8] Duijm N J, Fiévez C, Gerbec M, et al. Management of health, safety and environment in process Industry［J］. Safety Science, 2008, 46: 908-920.

[9] 施红勋, 王秀香, 牟善军, 等. 中国石化 HSE 管理系统建设及应用［J］. 安全、健康和环境, 2011, 11（10）: 10-13.

[10] 杨雷, 李秀敏, 辛华, 等. 石油化工企业 HSE 信息化趋势研究［J］. 安全、健康和环境, 2013, 13（1）: 11-13.

[11] 穆波, 王秀香, 牟善军, 等. 中国石化 HSE 管理系统的设计与实施研究［J］. 工业安全与环

保, 2012, 38 (10): 84-87.

[12] Zhao J, Suikkanen J, Wood M. Lessons learned for process safety management in China [J]. Journal of Loss Prevention in the Process Industries, 2014, 29: 170-176.

[13] 中国石油化工股份有限公司青岛安全工程研究院. 石化装置定量风险评估指南 [M]. 北京: 中国石化出版社, 2007.

[14] 舒逸聃, 赵劲松. 安全仪表系统安全完整性等级验证研究进展 [J]. 计算机与应用化学, 2011, 28 (12): 1585-1588.

[15] Shu Y, Zhao J. A simplified Markov-based approach for safety integrity level verification [J]. Journal of Loss Prevention in the Process Industries, 2014, 29: 262-266.

[16] 赵劲松, 朱剑锋. 基于数据过滤的化工过程重复报警处理策略 [J]. 清华大学学报, 2012, 52 (3): 277-281.

[17] Zhu J, Shu Y, Zhao J, Yang F, et al. A dynamic alarm management strategy for chemical process transitions [J]. Journal of Loss Prevention in the Process Industries, 2014, 30: 207-218.

[18] Dai Y, Zhao J. Fault diagnosis of batch chemical processes using a dynamic time warping-based artificial immune system [J]. Industrial & Engineering Chemistry Research, 2011, 50 (8): 4534-4544.

[19] 贺丁, 赵劲松. 基于 Hopfield 网络的时滞分析故障诊断策略 [J]. 化工学报, 2013, 64 (2): 633-640.

[20] Shu Y, Zhao J. Fault diagnosis of chemical processes using artificial immune system with vaccine transplant [J]. Industrial & Engineering Chemistry Research, 2016, 55 (12): 3360-3371.

[21] Zhang Z, Zhao J. A deep belief network based fault diagnosis model for complex chemical processes [J]. Computers & Chemical Engineering, 2017, 107: 395-407.

[22] Wu H, Zhao J. Deep convolutional neural network model based chemical process fault diagnosis [J]. Computers & Chemical Engineering, 2018, 115: 185-197.

[23] 骆广生, 吕阳成, 王凯, 等. 化工过程强化关键技术丛书-微化工技术 [M]. 北京: 化学工业出版社, 2020.

[24] 李素鹏. ISO 风险管理标准全解 [M]. 北京: 人民邮电出版社, 2012.

[25] 张继权, 刘兴明, 严登华. 综合灾害风险管理导论 [M]. 北京: 北京大学出版社, 2012.

[26] 美国石油学会. Process safety performance indicators for the refining and peotrochemical industries [S]. API RP 754, 2010.

[27] Amyotte P R, Lupien C. Elements of process safety management [J]. Methods in Chemical Process Safety, 2017, 1: 87-148,

[28] 赵劲松, 陈网桦, 鲁毅. 化工过程安全 [M]. 北京: 化学工业出版社, 2015.

[29] Hendershot D. Process safety: More to process safety than regulations [J]. Journal of Chemical Health and Safety, 2016, 23 (2): 37.

[30] CSChE (Canadian Society for Chemical Engineering). Process Safety Management Guide [M]. 4th ed. Ottawa: Canadian Society for Chemical Engineering, 2012.

[31] 经济合作与发展组织 (OECD). 调整公司治理结构, 实现过程安全——高危行业高层领导指南 [M]. 2012.

第二章

过程安全信息

过程安全信息（process safety information，PSI）作为过程安全管理（PSM）的基石，在石油化工设施全生命周期各个阶段发挥着重要作用。过程安全信息是识别和控制危害的依据，也是其他过程安全管理系统要素的基础。过程安全信息的有效性、准确性和完备性，直接决定了过程安全管理效果。其中几个重要的概念定义如下：

（1）过程（process） 是指与危险化学品的使用、储存、生产、处置或运输相关的任何活动或活动的组合[1]。

（2）设施（facility） 是指包含某个过程的建（构）筑物、容器或设备[1]。

（3）全生命周期（full life cycle） 是指设施从研究开发、工程设计、施工建造、生产运行（含检修维护），到最终弃用报废的各阶段。

本章旨在介绍过程安全信息的构成和内容，对过程安全信息的收集、管理与维护要点及其重要性进行了说明，分析了过程安全信息与其他过程安全管理要素的关系，剖析了过程安全信息管理需要特别关注的内容。

第一节　过程安全信息的类别

过程安全信息用于帮助危险化学品单位和从业人员了解与危险化学品相关的过程中可能潜在的危害，是用书面形式反映与过程安全有关的内容。过程安全信息一般包括三大类：危险化学品安全信息、工艺过程技术信息、工艺过程设备信息[1]。

一、危险化学品安全信息

防范石油和化工设施火灾、爆炸、有毒有害物料泄漏或扩散，是石油化工行业安全管理工作的重点，究其原因，是由石油化工过程中所使用、生产、储存、运输、处置的危险化学品的低闪点、宽爆炸极限、低点火能、高燃烧热值等理化特性和毒性、腐蚀性等危险特性所决定的。在开展过程安全管理之初，明确过程中可能产生、接触的危险化学品种类、数量、危害特性等安全信息就显得尤为重要。

危险化学品安全信息应至少包括危险化学品名称、理化数据、危害信息、在过程中的存在方式（相态、操作压力和温度等）、泄漏应急处置建议等内容。其中，危险化学品危害信息至少应包括反应活性、热稳定性和化学稳定性、毒性、允许暴露限值、腐蚀性、与禁配物料或材质接触（混合）后的危害。

危险化学品名称及存在方式与过程密切相关，需要通过工程设计单位设计图纸获得；而其他大多数信息，如理化数据、危害信息和安全处置要求原则上可以通过危险化学品安全技术说明书（material safety data sheet，MSDS）获得。危险化学品制造商应根据 GB/T 17519—2013《化学品安全技术说明书编写指南》编制 MSDS。在收集与危险化学品有关的物理化学性质时，应注意甄别、收集与过程安全相关的理化特性参数。表 2-1 给出了氯的安全技术说明书[2]示例。

表 2-1　氯安全技术说明书

第一部分　化学品标识

化学品中文名　氯；氯气

化学品英文名　chlorine

分子式　Cl_2

相对分子质量　70.90

结构式　Cl—Cl

化学品的推荐及限制用途　用于漂白，制造氯化合物、盐酸、聚氯乙烯等

第二部分　危险性概述

紧急情况概述　吸入致命

GHS 危险性类别　急性毒性-吸入，类别 2；皮肤腐蚀/刺激，类别 2；严重眼损伤/眼刺激，类别 2；特异性靶器官毒性—一次接触，类别 3（呼吸道刺激）；危害水生环境-急性危害，类别 1

标签要素

象形图

警示词　危险

危险性说明　吸入致命，造成皮肤刺激，造成严重眼刺激，可能引起呼吸道刺激，对水生生物毒性非常大

防范说明

预防措施　避免吸入气体。仅在室外或通风良好处操作。戴呼吸防护器具。避免接触眼睛、皮肤，操作后彻底清洗。戴防护手套、防护眼镜、防护面罩。禁止排入环境

事故响应　如吸入：将患者转移到空气新鲜处，休息，保持利于呼吸的体位。立即呼叫中毒控制中心或就医。皮肤接触：用大量肥皂水和水清洗。如发生皮肤刺激，就医。被污染的衣服须洗净后方可重新使用。如接触眼睛：用水细心冲洗数分钟。如戴隐形眼镜并可方便地取出，取出隐形眼镜继续冲洗。如果眼睛刺激持续：就医。收集泄漏物

安全储存　在通风良好处储存。保持容器密闭。上锁保管

废弃处置　本品及内装物、容器依据国家和地方法规处置

物理和化学危险　助燃。与可燃物混合会发生爆炸

健康危害　氯是一种强烈的刺激性气体

急性中毒　轻度者有流泪、咳嗽、咳少量痰、胸闷，出现气管-支气管炎或支气管周围炎的表现；中度中毒发生支气管肺炎、局限性肺泡性肺水肿、间质性肺水肿，或哮喘样发作，病人除有上述症状的加重外，出现呼吸困难、轻度发绀等；重者发生肺泡性水肿、急性呼吸窘迫综合征、严重窒息、昏迷和休克，可出现气胸、纵隔气肿等并发症。吸入极高浓度的氯气，可引起迷走神经反射性心搏骤停或喉头痉挛而发生"电击样"死亡。眼接触可引起急性结膜炎，高浓度造成角膜损伤。皮肤接触液氯或高浓度氯，在暴露部位可有灼伤或急性皮炎

慢性影响　长期低浓度接触，可引起慢性牙龈炎、慢性咽炎、慢性支气管炎、肺气肿、支气管哮喘等。可引起牙齿酸蚀症

环境危害　对水生生物毒性非常大

第三部分　成分/组成信息

√物质　　　　　　　　混合物

组分	浓度	CAS No.
氯		7782-50-5

第四部分　急救措施

吸入　迅速脱离现场至空气新鲜处。保持呼吸道通畅。如呼吸困难，给输氧。如呼吸、心跳停止，立即进行心肺复苏术。就医

皮肤接触　立即脱去污染的衣着，用流动清水彻底冲洗。就医

眼睛接触　立即分开眼睑，用流动清水或生理盐水彻底冲洗。就医

对保护施救者的忠告　根据需要使用个人防护设备

对医生的特别提示　对症处理

第五部分　消防措施

灭火剂　本品不燃。根据着火原因选择适当灭火剂灭火

特别危险性　一般可燃物大都能在氯气中燃烧，一般易燃气体或蒸气也都能与氯气形成爆炸性混合物。氯气能与许多化品如乙炔、松节油、乙醚、氨、燃料气、烃类、氢气、金属粉末等猛烈反应发生爆炸或生成爆炸性物质。它对金属和非金属几乎都有腐蚀作用

灭火注意事项及防护措施　消防人员必须佩戴空气呼吸器、穿全身防火防毒服，在上风向灭火。切断气源。尽可能将容器从火场移至空旷处。喷水保持火场容器冷却，直至灭火结束

第六部分　泄漏应急处理

作业人员防护措施、防护装备和应急处置程序　根据气体扩散的影响区域划定警戒区，无关人员从侧风、上风向撤离至安全区。建议应急处理人员穿内置正压自给式呼吸器的全封闭防化服，戴橡胶手套。如果是液化气体泄漏，还应注意防冻伤。勿使泄漏物与可燃物质（如木材、纸、油等）接触。尽可能切断泄漏源。喷雾状水抑制蒸气或改变蒸气云流向，避免水流接触泄漏物。禁止用水直接冲击泄漏物或泄漏源。若可能翻转容器，使之逸出气体而非液体

环境保护措施　防止气体通过下水道、通风系统和有限空间扩散

泄漏化品的收容、清除方法及所使用的处置材料　构筑围堤堵截液体泄漏物。喷稀碱液中和、稀释。也可将泄漏的储罐或钢瓶浸入石灰乳池中。隔离泄漏区直至气体散尽。泄漏场所保持通风

第七部分　操作处置与储存

操作注意事项　严加密闭，提供充分的局部排风和全面通风。操作人员必须经过专门培训，严格遵守操作规程。建议操作人员佩戴空气呼吸器，穿带面罩式防毒衣，戴橡胶手套。远离火种、热源。工作场所严禁吸烟。远离易燃、可燃物。防止气体泄漏到工作场所空气中。避免与醇类接触。搬运时轻装轻卸，防止钢瓶及附件破损。配备相应品种和数量的消防器材及泄漏应急处理设备

储存注意事项　储存于阴凉、通风的有毒气体专用库房。实行"双人收发、双人保管"制度。远离火种、热源。库温不宜超过30℃。应与易（可）燃物、醇类、食用化学品分开存放，切忌

混储。储区应备有泄漏应急处理设备

第八部分 接触控制/个体防护

职业接触限值

中国 MAC：1mg/m³

美国（ACGIH） TLV-TWA：0.5ppm；TLV-STEL：1ppm

生物接触限值 未制定标准

监测方法 空气中有毒物质测定方法：甲基橙分光光度法。生物监测检验方法：未制定标准

工程控制 严加密闭，提供充分的局部排风和全面通风。提供安全的淋浴和洗眼设备

个体防护装备

呼吸系统防护 空气中浓度超标时，建议佩戴过滤式防毒面具（全面罩）。紧急事态抢救或撤离时，必须佩戴空气呼吸器

眼睛防护 呼吸系统防护中已作防护

皮肤和身体防护 穿隔绝式防毒服

手防护 戴橡胶手套

第九部分 理化特性

外观与性状 黄绿色、有刺激性气味的气体

pH 值 无意义

熔点（℃） −101

沸点（℃） −34.0

相对密度（水＝1） 1.41（20℃）

相对蒸气密度（空气＝1） 2.5

饱和蒸气压（kPa） 673（20℃）

燃烧热（kJ/mol） 无资料

临界温度（℃） 144

临界压力（MPa） 7.71

辛醇/水分配系数 0.85

闪点（℃） 无意义

自燃温度（℃） 无意义

爆炸下限（%） 无意义

爆炸上限（%） 无意义

分解温度（℃） 无资料

黏度（mPa·s） 无资料

溶解性 微溶于冷水，溶于碱、氯化物和醇类

第十部分 稳定性和反应性

稳定性 稳定

危险反应 与易燃或可燃物、烷烃、芳香烃、金属、非金属氧化物等禁配物发生剧烈反应，有发生火灾和爆炸的危险

避免接触的条件 无资料

禁配物 易燃或可燃物、烷烃、炔烃、卤代烷烃、芳香烃、胺类、醇类、乙醚、氢、金属、苛性碱、非金属单质、非金属氧化物、金属氢化物等

危险的分解产物 无资料

第十一部分 毒理学信息

急性毒性

LC₅₀ 850mg/m³（大鼠吸入，1h）

LCLo 2530mg/m³（人吸入 30min），500ppm（人吸入 5min）

皮肤刺激或腐蚀 无资料

眼睛刺激或腐蚀 无资料

呼吸或皮肤过敏 无资料

生殖细胞突变性 细胞遗传学分析：人淋巴细胞 20ppm。精子形态学分析：小鼠经口 20mg/kg（5d）（连续）。微生物致突变：鼠伤寒沙门氏菌 1800μg/L

致癌性 无资料

生殖毒性 无资料

特异性靶器官系统毒性-一次接触 无资料

特异性靶器官系统毒性-反复接触 家兔吸入 2～5mg/m³，每天 5h，1～9 个月，出现消瘦、上呼吸道炎、肺炎、胸膜炎及肺气肿等。大鼠吸入 41～97mg/m³，每天1～2h，3～4 周，引起严重但非致死性的肺气肿与气管病变

吸入危害 无资料

第十二部分 生态学信息

生态毒性 LC₅₀：0.44mg/L（96h）（蓝鳃太阳鱼）；0.49mg/L（96h）（水蚤）

持久性和降解性

生物降解性 无资料

非生物降解性 无资料

潜在的生物累积性 无资料

土壤中的迁移性 无资料

第十三部分 废弃处置

废弃化学品 把废气通入过量的还原性溶液

（亚硫酸氢盐、亚铁盐、硫代亚硫酸钠溶液）中，中和后用水冲入下水道

污染包装物　将容器返还生产商或按照国家和地方法规处置

废弃注意事项　处置前应参阅国家和地方有关法规

第十四部分　运输信息

联合国危险货物编号（UN号）　1017

联合国运输名称　氯

联合国危险性类别　2.3，5.1/8

包装类别　Ⅱ类包装

包装标志

海洋污染物　是

运输注意事项　本品铁路运输时限使用耐压液化气企业自备罐车装运，装运前需报有关部门批准。采用钢瓶运输时必须戴好钢瓶上的安全帽。钢瓶一般平放，并应将瓶口朝同一方向，不可交叉；高度不得超过车辆的防护栏板，并用三角木垫卡牢，防止滚动。严禁与易燃物或可燃物、醇类、食用化学品等混装混运。夏季应早晚运输，防止日光曝晒。运输时运输车辆应配备泄漏应急

处理设备。公路运输时要按规定路线行驶，禁止在居民区和人口稠密区停留。铁路运输时要禁止溜放。每年4～9月使用2包装时，限按冷藏运输

第十五部分　法规信息

下列法律、法规、规章和标准，对该化学品的管理做了相应的规定。

中华人民共和国职业病防治法　职业病分类和目录：氯气中毒

危险化学品安全管理条例　危险化学品目录：列入。作为剧毒化学品进行管理。易制爆危险化学品名录：未列入。重点监管的危险化学品名录：列入。GB 18218—2009《危险化学品重大危险源辨识》（表1）：列入。类别：毒性气体，临界量（t）：5

使用有毒物品作业场所劳动保护条例　高毒物品目录：列入

易制毒化学品管理条例　易制毒化学品的分类和品种目录：未列入

国际公约　斯德哥尔摩公约：未列入。鹿特丹公约：未列入。蒙特利尔议定书：未列入

第十六部分　其他信息

编写和修订信息

缩略语和首字母缩写

培训建议

参考文献

免责声明

1. 燃爆特性

对于单一化学品，其物理化学性质基本数据应包括分子式、分子量、凝固点、沸点、熔点、pH 值、热容、燃烧热、闪点、爆炸极限（有时称燃烧极限）、自燃温度（有时称引燃温度）、饱和蒸气压、黏度、相对蒸气密度、电导率、表面张力、临界温度和压力、汽化热等。对于混合物，需要通过关键组分的比例和相关的物理性质进行计算，或通过实验室测试获得。譬如美国联邦法规第 29 章 CFR OSHA 29 规定，没有明确沸点的物质或混合物，可以按照 ASTM D86[3]试验方法测出的 10％馏出温度作为其沸点。石油化工行业部分常见混合物，如石脑油、汽油、原油、液化石油气等，与过程安全相关的理化数据在公开发布的安全技术说明书中亦可获得。

与过程安全相关的典型理化特性参数有闪点、爆炸极限、饱和蒸气压、燃烧热值、自燃温度（引燃温度）、密度等。

闪点是液态物质被明火点燃的最低温度，用于衡量液体点燃的难易程度，闪点越低，燃爆危险性越大。石油化工行业存在许多闪点低于常温的易燃易爆介质，如原油、汽油、石脑油、乙醇、苯等。

爆炸极限是一个可燃气体、蒸气或粉尘与空气的混合物在常温常压下能够被点燃，发生燃烧、爆炸的最低浓度和最高浓度，是一个可燃物与空气混合物的浓度区间，气体或蒸气用可燃物的体积分数表征（无量纲），可燃粉尘则用粉尘质量与混合物体积的比值表征（单位 mg/m^3）。爆炸下限越低、爆炸极限范围越广，物质的燃爆危险越大。

物质的饱和蒸气压越高，说明其液相在常温常压条件下越易挥发。石油化工企业所涉及的液相易燃易爆烃类物质多易挥发，由于大部分烃类物质比空气密度大，因此泄漏后易挥发的易燃易爆烃类物质随风扩散或滞留于窝风地带，如遇点火源，则可能导致更大范围的火灾、爆炸或人员中毒事故。

物质的自燃温度亦是评估其燃爆特性的重要参数。例如白磷在 40℃ 时自燃，其火灾危险性高于红磷，储存、使用等过程中的安全管控点是对温度的控制和与有氧环境的隔离这两个方面；在石油化工生产过程中，油品处理设备的操作温度通常高于常温，了解油品的自燃点和操作温度之间的差异，采取积极应对措施（垫片材质选择、热紧、蒸汽消防、火灾报警等），可以有效应对由于法兰泄漏、高温油品遗洒等导致的火灾。

部分危险化学品具有高反应活性，譬如过氧化物和氯酸盐等强氧化剂、强还原剂、强碱、强酸、金属形态的碱金属等，即使在低温时也可与其他多种化合物发生反应；酸碱的腐蚀性还可能破坏建筑、设备、管道的完整性，使结构受力构件破损或坍塌、设备或管道外壁穿孔、物料泄漏。

物质间的不相容性（禁配要求）是指某个化学品与其他化学品、杂质、设备设施材料、建造材料以及水、空气等公用工程介质之间接触，可能发生不利反应并引发不期望后果。如易聚合的丁二烯在有铁锈的管线中可能会加速自聚，堵塞管道，引起局部超压；铜质材料在氨气环境中腐蚀速率增加，导致设备壁厚减薄、穿孔，系统物料的意外泄漏等；烷基铝遇水极易发生反应，在潮湿的空气中可能发生自燃。化学反应矩阵或类似工具可以用于识别不同物质发生意外接触或混合所产生的危害。表 2-2 给出了一个禁配物化学反应矩阵的例子。在实际应用中，应根据具体项目涉及物质或材料情况进行编制。

酸-碱、酸-金属、油-氧化剂、自由基引发剂-环氧化物、自由基引发剂-过氧化物、自由基引发剂-不饱和分子这些混合物亦属于禁配物范畴，这些物质一旦接触或混合，也会迅速反应并放热。

1984 年印度博帕尔灾难就是源于异氰酸甲酯（MIC）遇水发生的失控放热

表 2-2 禁配物化学反应矩阵举例

项目	常一线油	常二线油	常三线油	常四线油	常压渣油	含硫污水	电脱盐切水	循环水	新鲜水	……	316L	317L	20钢	中和剂	16MnR
常一线油	N	N	N	N	N	N	N	N	N	……	N	N	N	N	N
常二线油		N	N	N	N	N	N	N	N	……	N	N	N	N	N
常三线油			N	N	N	N	N	N	N	……	Y(3)	Y(3)	Y(3)	N	Y(3)
常四线油				N	N	N	N	N	N	……	Y(3)	Y(3)	Y(3)	N	Y(3)
常压渣油					N	N	N	N	N	……	Y(3)	Y(3)	Y(3)	N	Y(3)
含硫污水						N	N	N	N	……	Y(1)	Y(1)	Y(1)	Y(2)	N
电脱盐切水							N	N	N	……	Y(1)	Y(1)	Y(1)	N	N
循环水								N	N	……	N	N	N	N	N
新鲜水									N	……	N	N	N	N	N
……										……	……	……	……	……	……
316L											N	N	N	N	N
317L												N	N	N	N
20钢													N	N	N
中和剂														N	N
16MnR															N

注：1. 硫化氢存在于不凝气、含硫污水、电脱盐切水、净化水中。
2. 环烷酸集中存在于常三线油、常四线油、常压渣油中。
反应：
(1) 硫化氢与 Fe 发生腐蚀反应；
(2) 酸碱中和反应；
(3) 环烷酸与 Fe 发生腐蚀反应。
3. N 表示不反应；Y(i)(i＝1,2,3) 表示发生上述反应。

反应，因此需要特别关注危险化学品与水的禁配要求。譬如羰基硫（COS）和硫化钙（CaS）与水接触均释放出有毒的硫化氢，氰化钠或氰化钾干粉在潮湿环境中释放出有毒的氰化氢，烷基铝遇水发生剧烈反应而发生火灾、爆炸。在处理和储存此类物质时应特别小心，避免其与水接触。

热力学和反应动力学数据，如反应热、分解热、绝热温升等参数，对研究化学品热稳定性和化学稳定性特点、评估其影响程度、寻求避免或控制失稳异常情况，都是非常关键的基础数据。

与此同时，确定意外混合或失控反应产生的有毒或易燃易爆物质的种类及其生成速率，也是危险化学品化学特性数据的重要内容。

常见危险化学品的热稳定性、化学稳定性、禁配物、反应活性等数据信息可以从安全技术说明书中获得。新的或特别的危险化学品的热稳定性、化学稳定性、反应活性等特性，需要开展专门的实验研究获取。

特别地，在精细化工行业，应急管理部要求开展精细化工反应安全风险评估，涉及的精细化工反应，如格氏反应、金属有机物合成反应的间歇和半间歇反应，需要在工程设计前、项目可行性研究阶段，对反应中涉及的原料、中间体、产品等进行热稳定测试，对反应本身、工艺过程等开展热力学和动力学分析，获得相应技术数据。依据反应热、绝热温升等参数评估反应的危险等级，依据最大反应速率到达时间等参数评估反应失控的可能性，依据相关反应温度参数进行多因素危险度评估，确定反应工艺危险度等级。评估具体要求可参见《精细化工反应安全风险评估导则》。反应安全风险评估过程中获得的以上基础数据，是对危险化学品安全信息的重要补充；同时，在确定了反应工艺危险度等级、明确安全操作条件后，所采取的工艺设计、基本控制、报警与紧急干预等安全保护措施，也是完善工艺过程技术和满足工艺过程设备安全要求的重要基础数据。这三方面数据，最终又成为精细化工设施过程安全信息的重要组成部分。

2. 毒性

石油和化工生产过程中用到的大多数物料在一定程度上都是有毒的，而当人员暴露时间足够长、摄入量足够多时，几乎任何一种化学品都会导致人员中毒。潜在危险性取决于化学品固有的毒性、暴露的频次和时间。

通常用急性毒性和慢性毒性来描述危险化学品的毒性程度。急性毒性症状通常在人员暴露或接触后迅速出现，例如皮肤直接接触导致的灼伤、器官衰竭、心脏停搏、瘫痪等。急性毒性症状通常是短时间暴露于高浓度毒素环境的结果（具体的"高浓度"值取决于毒性大小）。石油化工行业常见的急性毒性物质有光气、氯气、硫化氢、氰化氢、丙烯腈、一氧化碳等。

中毒的慢性症状需要一个较长的发展时间，如与苯长期接触所导致的白血病，症状通常持续出现或频繁复发。慢性影响可能是长期低浓度毒素环境下暴露的结果，但也可能是短时间高浓度毒素暴露后的延迟反应。

通常用50%实验动物经口、经皮肤或经呼吸道吸入而死亡的致死剂量表征化学品的固有毒性，即LD_{50}（经口、经皮肤半数致死剂量）或LC_{50}（经呼吸道半数致死浓度）。该值由动物实验测定，剂量单位用每千克实验动物体重的有毒物质质量（以mg计）表示，浓度单位为mg/m^3。

国家标准GB 30000.18—2013《化学品分类和标签规范 第18部分：急性毒性》对急性毒性的定义是经口或经皮肤给予物质的单次剂量，或在24h内给予多次剂量，或4h的吸入接触发生的急性有害影响。该标准将急性毒性危害分为五个类别，表2-3给出了不同接触途径的急性毒性危害分类和定义各个类别的急性毒性估计值（acute toxicity estimate，ATE）。

表2-3　急性毒性危害分类和定义各个类别的急性毒性估计值（ATE）

接触途径	单位	极毒	高毒	中毒	轻毒	轻微
经口	mg/kg	5	50	300	2000	5000
经皮肤	mg/kg	50	200	1000	2000	GB 30000.18—2013
气体	mL/L	0.1	0.5	2.5	20	
蒸气	mg/L	0.5	2.0	10	20	GB 30000.18—2013
粉尘和烟雾	mg/L	0.05	0.5	1.0	5	

注：对物质进行分类的急性毒性估计值（ATE），可根据已知的LD_{50}/LC_{50}值推算。

国家、行业相关标准规范和国内外研究机构颁布了相关有毒气体或物质控制限值，常用的有职业接触限值（occupational exposure limit，OEL）、立即威胁生命和健康浓度（immediately dangerous to life and health，IDLH）、应急响应计划指南（emergency response planning guidelines，ERPG）、急性暴露指导水平（acute exposure guideline levels，AEGL）等。

立即威胁生命和健康浓度（IDLH），是指环境中空气污染物浓度达到某种危险水平，可致命，或永久损害健康，或可使人立即丧失逃生能力。IDLH客观反映了有毒气体对人体的伤害。IDLH由美国国家职业安全和健康研究所（National Institute for Occupational Safety and Health，NIOSH）提出，目前已经整理出380种常用危险化学品的IDLH值。IDLH常用作佩戴了可靠呼吸器的人员能够暴露（30min）的最高浓度限值；一旦环境中有毒气体的浓度超过IDLH，未佩戴呼吸器的人员必须立即撤出该区域。IDLH数值可以在NIOSH官方网站获取。表2-4给出了常见有毒气体的IDLH数值。

职业接触限值（OEL）是考虑了时间加权的平均浓度，通常该参数用作工作场所职业卫生有毒气体浓度控制指标，即默认工作场所该有毒物质是可能

表 2-4　常见有毒气体的 IDLH 数值

序号	有毒气体	IDLH 浓度（体积分数）/×10⁻⁶
1	丙烯腈	60
2	环氧乙烷	800
3	苯	500
4	苯乙烯	700
5	硫化氢	100
6	氨	300
7	光气	2
8	一氧化碳	1200
9	氯	10

注：数据来源于 NIOSH 官网（http://www.cdc.gov/niosh/idlh/intridl4.html）。

长时间持续存在、容许作业人员长期暴露于某个浓度水平下。OEL 由三个浓度指标表征，分别是时间加权平均容许浓度（permissible concentration-time weighted average，PC-TWA）、短时间接触容许浓度（permissible concentration-short term exposure limit，PC-STEL）和最高容许浓度（MAC）。其中，PC-TWA 指以时间为权数规定的 8h 工作日、40h 工作周的平均容许接触浓度；PC-STEL 指在实际测得的 8h 工作日、40h 工作周平均接触浓度遵守 PC-TWA 的前提下，容许劳动者短时间（15min）接触的加权平均浓度；MAC 指在一个工作日内，任何时间、工作地点的化学有害因素均不应超过的浓度。常见危险化学品的 PC-TWA、PC-STEL、MAC 职业接触限值可以在《工作场所有害因素职业接触限值　第 1 部分：化学有害因素》（GBZ 2.1—2019）中查到。

应急响应计划指南（ERPG）是在紧急情况（有毒有害物质泄漏到环境中）下，人们持续暴露在其中 1h 并完成指定任务所能接受的气体、蒸气或烟雾的浓度（紧急暴露指导标准），共分 3 挡。其中，ERPG-1：人员暴露于含有有毒介质空气环境中约 1h，除了短暂的不良健康反应或不愉快气味之外，不会有其他不良影响的最大容许浓度；ERPG-2：人员暴露于含有有毒介质空气环境中约 1h，不会对身体造成不可恢复伤害的最大容许浓度；ERPG-3：人员暴露于含有有毒介质空气环境中约 1h，不会对生命造成威胁的最大容许浓度。ERPG 是美国工业卫生协会（American Industrial Health Association，AIHA）为应对有毒物料泄漏或其他空气中夹带有毒物料紧急情况，为评估紧急情况预防措施和应急响应计划的充分性而给出的有毒介质空气浓度控制指标。ERPG 反映的是毒性物质暴露 1h 对一般人体（不包括老人、患者及儿童等易受影响的人群）健康的影响。表 2-5 列举了部分有毒气体 ERPG 控制指标。

表 2-5　部分有毒气体 ERPG 值

序号	化学物质名称	ERPG（体积分数）/×10⁻⁶		
		ERPG-1	ERPG-2	ERPG-3
1	醋酸	5	35	250
2	醋酸酐	0.5	15	100

为找到适用于普遍人群（包括老人、患者及儿童等易感人群）的应急响应控制指标，美国国家咨询委员会（National Advisory Committee，NAC）与国家研究委员会（National Research Council，NRC）针对美国国家、地方政府以及个人企业处理包括泄漏、灾难性暴露等紧急情况，制定了急性暴露标准（急性暴露指导水平，AEGL）。表 2-6 列举了部分有毒气体暴露 1h 的 AEGL 指标。

表 2-6　部分有毒气体暴露 1h 的 AEGL 值

序号	化学物质名称	AEGL（体积分数）/×10⁻⁶		
		AEGL-1	AEGL-2	AEGL-3
1	硫化氢	0.51	27	50
2	苯	52	800	4000
3	氨	30	160	1,100
4	氯	0.5	2	20

就应急预案制定而言，在同时具备 AEGL 和 ERPG 数值时，推荐首先选用 AEGL 数值。但由于确定了 AEGL 数值的化学品少，所以在 AEGL 缺失时，应考虑选用 ERPG 数值。AEGL 和 ERPG 数值可以在美国环境署官方网站（http://www.epa.gov/aegl）上获得。

我国 2018 年发布更新的《环境风险评价导则》研究了以上有毒气体泄漏控制指标的不同，在分析 AEGL、ERPG、IDLH 等数据合理性、可用性基础上，参照 AEGL 和 ERPG 等数值，制定了我国大气毒性终点浓度控制指标（参见 HJ 169—2018《建设项目环境风险评价技术导则》附录 H），在开展环境风险评估、模拟有毒气体泄漏扩散、评估有毒气体扩散影响范围、制定有毒气体泄漏事故应急预案时可以参照使用。

在收集、维护危险化学品安全信息，特别是有关危险化学品毒性数据或资料时，应说明数据出处，确保数据来源可靠、有效、详尽。在使用危险化学品毒性数据时，应能够根据工作任务或评估目标的不同，选取适当的毒性数据。譬如在进行有毒气体扩散后果评估时，通常选用 IDLH 作为模拟时的控制落地浓度；在进行工作场所化学职业病危害因素后果预评价时，则通常选用

OEL（职业接触限值）作为评估阈值；而 ERPG 则用作应急响应计划效果评估的参数。

二、工艺过程技术信息

工艺过程技术信息是与工艺技术、工艺过程特点密切相关的信息，至少应包括：

（1）工艺流程图或方框图；

（2）工艺化学原理；

（3）物料最大设计储存量；

（4）温度、压力、流量、液位或浓度等的安全操作上下限值；

（5）偏离正常操作范围的后果，还应评估对员工安全和健康的影响。

工艺过程技术信息与所采用的工艺技术、工艺路线密切相关，在研发阶段确定的基本设计参数要通过工程化设计予以明确，并记录在工程设计文件和过程风险分析报告里，最终体现在装置或设施的技术手册、操作规程或操作法中。

工艺流程图（process flow diagram，PFD）以图表的形式，反映了物料通过工艺设备的顺序和生成物的去向、主要流程控制方案、物流数据等信息。工艺流程图应表示完整的生产过程，其内容包括主要工艺设备及其位号和名称、主要工艺管道、操作条件、控制方案和物流数据、换热设备热负荷等内容。其中，物流数据可以用物料平衡和热量平衡表的形式。

图 2-1 展示了一张典型的精馏塔工艺流程图，轻烃原料通过该精馏塔，进一步分离原料中的轻、重组分，分别自塔顶和塔釜送至下游装置。从图中可看出该精馏塔总塔板数、塔顶回流及采出系统、塔釜加热及外送系统的设备组成、主要控制方案等信息。

除体现流程连接信息外，图 2-1 还给出了主物流的流股信息，该物流的流股号、温度、压力以及不同工况下的流量信息，若需要更详细的物性，可在物料平衡表中依据流股号查询对应的具体物料组成以及其他性质。

精馏、反应、加热、泵送等常规单元操作、常见反应机理可以从参考文献中获取。但针对具体设施，有效的工艺化学原理信息应由工艺技术提供商（如工艺包专利商）文件中获得。物料量和温度、压力、流量、液位等过程参数的安全限值，也应以工艺包专利商或者工程设计单位的最终交付物为准。在开车和试运行生产阶段，温度、压力、流量、液位或浓度等的安全操作上下限值可能会根据实际运行情况进行修正，修正后的重要工艺参数的安全上下限值应记录在案，后期任意参数的调整应经过严格的变更风险控制和审批许可手续。

工艺过程偏离正常操作范围的影响，在工艺包开发、工程建设、开车试运

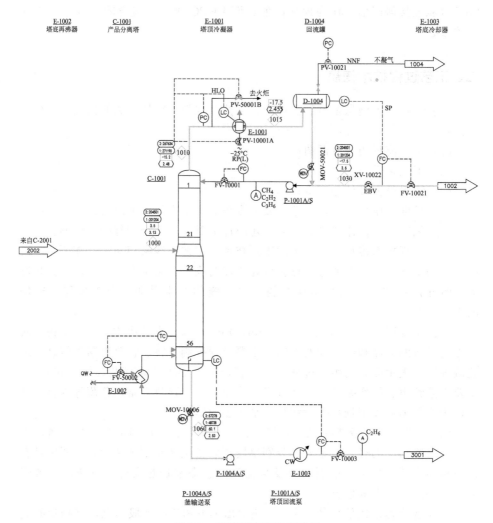

图 2-1　某精馏塔工艺流程图

行等阶段开展的过程危害分析（process hazard analysis，PHA）中应予以评估并记录，同时也要反映在操作规程当中，需要操作人员注意。评估结果作为工艺过程技术信息纳入过程安全信息（PSI）范畴，实现过程安全信息的储备、维护和更新。在工程建设阶段，开展的系列安全评价、安全验收评价、职业病危害评价、安全设施设计、职业病防护设施设计等活动报告或专篇文件中，也同样辨识了生产过程中发生泄漏、火灾、爆炸时可能对人员安全和健康的影响。

　　2010 年 7 月 16 日，大连保税区中石油国际储运有限公司原油储罐的原油泄漏、火灾事故，就是负责罐区运维的承包商擅自修改原油预处理工序，将本应在生产装置执行的脱硫预处理工艺过程改在罐区执行：在罐区通过管道放空阀违规向系统加注脱硫剂（双氧水），而且对注入脱硫剂的危险性、注入过程的危险性、可能发生的异常情况、应采取的应对安全措施的评估，从实际操作、发生火灾爆炸的后果看，均是欠缺的，所以出现了上面所提及的工艺过程偏离了原有设计意图或者安全生产规程要求，过程安全信息未能得到良好的维护、进行了随意改动，最终付出了惨痛代价。

三、工艺过程设备信息

工艺过程设备信息至少应包括：

（1）材质；

（2）管道仪表流程图（piping & instrument diagram，P&ID）；

（3）爆炸危险区划分；

（4）泄压系统设计和设计基础；

（5）通风系统的设计图；

（6）设计标准或规范；

（7）过程设施建成后的物料平衡、能量平衡；

（8）基本过程控制系统（basic process control system，BPCS）功能说明；

（9）安全系统（如：安全仪表系统、自动消防喷淋系统、防爆墙等）功能说明。

需要说明的是，在美国职业安全与健康管理局（Occupational Health and Safety Administration，OHSA）所签发的联邦法规 OHSA29 CFR PART 1910 有关高危化学品过程安全管理中，设备是一个宽泛定义，不仅仅指常规静设备（塔、反应器、换热器、储罐等）和转动设备（机泵、压缩机、风机等），还包括锅炉、工业炉、火炬、管道、阀门等。

所有工艺过程设备信息均可以在工程设计阶段可交付物[4-6]中找到。其中，设备和管道材料设计规定对材质选择的原因和具体选材内容进行了说明，通常材质的选择应根据过程中危险化学品的相态，危险化学品可能承受的温度、压力等参数，外部环境条件（极端气温、盐雾、湿度等），以及危险化学品的理化特性、禁配物等信息确定。通常，设备和管道材质应在设备数据表、设备一览表和管道数据表中有明确说明。良好管理的文件体系对拟建项目所有等级管道的材质、工作温度和压力范围、适用流体介质等信息进行了详细规定，是管道材质管理的重要基础文件。

石油化工行业的管道仪表流程图（P&ID）包括了详细的设备、管道、仪表和特殊信息，典型内容列举如下：

1. 设备

（1）全部编有位号的设备（包括备用设备），设备位号和名称，反应器、塔、容器等要表示其主要规格；

（2）成套供应的机组制造厂的供货范围；

（3）静设备的内件，如塔板形式、与进出口管道有关的塔板序号、折流板、除雾器、加热或冷却盘管等；

（4）如有工艺要求时，应注明设备的安装高度以及设备之间的相对高度；

（5）泵、压缩机、鼓风机等转动设备的驱动形式。

2. 管道

（1）与设备相连接的所有工艺和公用物料管道（包括开、停车及事故处理管道），并在管道上标有管道号（包括物流代号、管道编号、管径、管道等级、绝热要求等）和用箭头表示出流体流动方向。

（2）所有阀门及其类型（仪表阀门除外）。

（3）管道上管道等级变化时，要用分界线标明分界。

（4）容易引起振动的两相流管道上应注明"两相流、易振动"；有特殊要求的重力流管道上应注明"重力流"；有坡向和液封要求的管道应表示出坡度要求和液封高度；如果不能有"袋形"的管道也应注明。

（5）为开车或试运转需要而设置的放空、放净、吹扫及冲洗接头。

（6）蒸汽、热水或其他类型的伴热管、夹套管及其绝热要求。

（7）管道附件，如过滤器、视镜、疏水器、限流孔板、盲板、可拆卸短管、补偿器、挠性软管和其他非标准管件。

（8）取样点的编号、位置、形式和结构。

（9）所有安全泄压设施，如有编号的安全阀、爆破片、呼吸阀和设计要求。

（10）异径管需注明其形式及规格；对改、扩建装置，应表示与已有设备或管道的连接点。

3. 仪表

（1）所有在线仪表、调节阀，包括测量、记录、调节、分析仪表等；

（2）联锁关系；

（3）机组底盘范围以外的随机仪表应在 P&ID 上注明。

4. P&ID 注释和图例说明

（1）设备布置的特殊要求和催化剂、化学品和填料装卸处的空间要求；

（2）工艺、配管方面的特殊要求；

（3）仪表安装、布置方面的特殊要求；

（4）开停工需要处理的设备、管线、仪表的特殊要求；

（5）其他需要注释的内容；

（6）各类标识符号、缩写、代号的用途；

（7）设备、仪表、管线及管件示意及其代号的编写规则。

图 2-2 为图 2-1 工艺流程图中精馏塔对应的管道仪表流程图。从图中可看出板式塔 C-1001 上部为双溢流结构，下部为四溢流结构。塔体上设置温度、压差检测元件（仪表）、放空阀以及多处人孔等信息，相比于 PFD 对塔设备有了更详细的表达。

每一根管线处有管线号，从中可读出管径、压力等级、保温保冷类型以及管线流水号，依据该流水号可在管线表中查询出该管线对应的温度、压力、设计压力、壁厚等管道信息，以供管道工程师进行应力计算、壁厚校核、配管建模等。

P&ID 中显示的各仪表位号，可依据该位号在仪表数据表中进行查询，从而获取对应介质的温度、压力、压降等参数，以便于仪表工程师进行合理的仪表选型与采购。除了各种测量元件外，图中还表达了塔顶压力信号会触发 S-50001 联锁动作，据此联锁逻辑号可根据联锁因果表查阅具体安全联锁动作。

石油化工行业所处理的多是易燃易爆气体，部分装置或设施存在可燃粉尘，在生产装置、储运设施存在气体或粉尘爆炸危险环境，在工程建设阶段，需要根据可能泄漏源情况按国家标准规范要求进行爆炸危险区划分，是点火源控制的有效应对手段。爆炸危险区划分结果体现在粉尘或气体爆炸危险区划分图中，用作防爆电气、仪表设备选型的基础性文件。在粉尘或气体爆炸危险区内的电气设备、电子仪表必须选用满足防爆等级的电气电子产品。

安全阀、爆破片、放空筒、排气筒、火炬等设施是石油化工行业常规的泄压系统（泄压设施）。按照本质安全设计和规范要求设置的安全泄压设施，其泄放介质、泄放工况、泄放量、泄放尺寸、设定压力等数据是安全泄压设施的重要参数，在收集、维护过程安全信息时应尤为注意。

通风系统设计是指为保证密闭空间内有毒有害、易燃易爆介质的浓度在安全和职业卫生控制限值之下（即本节所提到的化学品爆炸极限和职业接触限值等），在封闭建筑物内设置的自然或机械通风设施。可能存在有毒有害或易燃易爆危险环境的封闭建筑物，其应急排风次数应满足国家和行业相关标准规范要求。

在工程设计阶段所采用的设计规范和标准，是判断所设计的设施是否满足基本安全和卫生设防要求的基准。设计规范和标准的名称、标准号、版本号均应有完整而明确的记录。这既是进行后续过程安全管理各阶段（如过程危害分析、变更管理）的依据，也是石化装置或储运设施进行改、扩建的重要依据。

在工艺包开发到工程设计阶段，在编制、完善工艺流程图（PFD）时，本

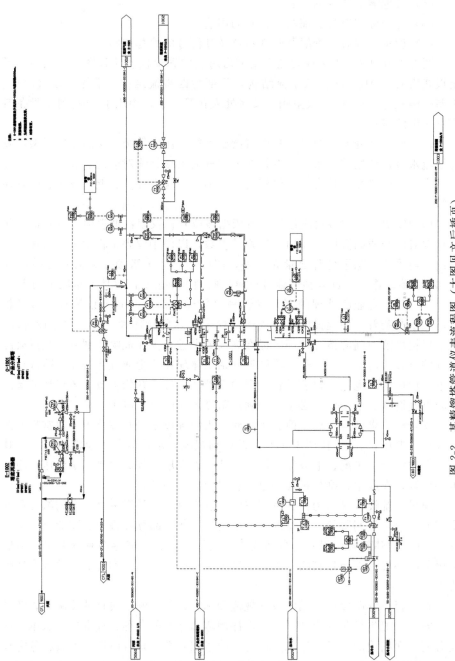

图 2-2 某精馏塔管道仪表流程图（大图见文后插页）

节工艺过程技术信息当中的关键物料和热负荷等信息反映在物料和能量平衡表中。在石化装置、储运设施投入运行后，由于上下游系统匹配、工艺过程设备实际性能表现、员工操作习惯等原因，实际物料和能量平衡与设计阶段的数据不尽相同，需要予以记录、校正，确保变化了的物料和能量平衡在生产或储运设施设计弹性范围内，以此确保生产或储运设施的过程安全。

石油化工是自动控制技术和先进控制技术应用较为广泛的行业。集散控制系统（distributed control system，DCS）和其他安全控制系统（如安全仪表系统、电机控制系统等）的控制回路的设置、系统组成、安全可靠性规定等相关内容，成为石油化工过程安全管理非常重要的基础内容。

为控制、削减石油化工设施在发生泄漏、火灾、爆炸事故后影响范围和影响程度，各种泄漏控制措施（如事故应急池、泄漏检测报警设施等）、消防救援设施（如自动灭火系统、冷却喷淋系统、火灾自动报警系统等）、防火防爆设施（如防雷防静电接地、耐火涂料、抗爆墙或抗爆建筑物、建筑物的泄爆轻质结构等）也是石油化工安全设施的重要设计内容，以上设施的设置情况需要记录到工艺过程设备信息内容中。通常，这些内容会以爆炸危险区划分图、防雷防静电接地图、消防安全设施布置图、消防系统图、火灾自动报警系统图、气体探测器布置图、建筑结构设计图纸等的形式予以体现。

第二节　过程安全信息管理

在危险化学品过程安全管理（PSM）体系中，针对危险化学品设施，至少存在着建设单位和承包商（包括研发单位、设计单位、施工单位、运维单位、供货厂商等）两种角色。建设单位是设施的所有者，属于国家危险化学品法律法规、部门规章中所说的"危险化学品单位"或"危险化学品企业"，而参与了危险化学品设施生命周期各个阶段某些具体活动，提供了技术咨询、工程建设服务或产品服务的单位就是本章所称的承包商（详见第十章）。

根据我国《安全生产法》（2014年修订）、《危险化学品安全管理条例》（国务院591号令重新发布，645号令修正）的规定，危险化学品单位或危险化学品企业的主要负责人对本单位的危险化学品安全管理工作全面负责。因此，危险化学品石油化工设施的所有者对过程安全信息的收集、维护负责，对过程安全信息的完备性和有效性负责。

各承包商在不同阶段参与了危险化学品设施的研发、设计、建造、运营、检修、拆除等活动，在活动中编制或提供各种与过程安全相关的图纸、文件、模型或影像资料等信息，对过程安全信息的准确性负责。譬如专利技术商对所提供工艺包负责，工程设计承包商对其提交的设计文件负责，化学品厂商对其所提供化学品及其化学品安全技术说明书的符合性及准确性负责等。

作为过程安全信息管理的责任单位，危险化学品企业可以通过以下途径获得所需的过程安全信息：

（1）从化学品制造商或供应商处获得化学品安全技术说明书（MSDS）；

（2）从工艺技术提供商或工艺包专利商处获得基础的工艺过程技术信息，包含工艺包过程危害分析报告；

（3）从设计单位获得详细的工艺过程技术信息和工艺过程设备系统信息，体现为各种设计专业的图纸、文件和计算书，与安全相关的专题研究报告等；

（4）从设备供应商处获取主要设备厂家资料，包括设备手册或图纸、维修和操作指南、故障处理等相关的信息；

（5）工程建设阶段开展的与安全和职业卫生相关的专题评估报告、机械完工报告、单机和系统调试报告、监理报告、特种设备检验报告、消防验收报告等文件和资料；

（6）为了防止生产过程中误将不相容的化学品混合，宜将企业范围内涉及的化学品编制成化学品互相反应的矩阵表，通过查阅矩阵表确认化学品之间的相容性。

在设施投产运行前，三大类过程安全信息的主要内容基本包含在工艺包技术文件和基础工程设计、详细工程设计图纸文件中。在投产运行后，企业在建立 PSM 系统的过程安全信息时，应首先确保工艺包技术文件和工程设计文件（含竣工图）的完备和有效，并结合生产运行参数的记录和调整、安全生产操作规程的编制、运行期间开展的过程危害分析（见第三章）、变更单等内容，及时更新过程安全信息，纳入升级版的生产规程、培训材料等相关文件中。

一些老旧石化设施，由于建设阶段的图纸文件入库不及时、不完全或未及时更新等原因，过程安全信息缺失严重。针对此情况，需要结合运行期过程危害分析的开展，有计划、有步骤地按照过程危害分析所需输入或所发现问题，进行 PFD、P&ID、设备数据表等重要过程安全信息的补充、更新和完善，必要时建议寻求有设计资质单位的协助。

第三节　与 PSM 其他要素的关系

过程安全信息是其他所有过程安全管理要素的基础，最典型的是过程危害分析、变更管理、机械完整性管理等要素。

2004 年 4 月 22 日 8 时许，位于浙江宁波的善高化学有限公司双氧水车间发生爆炸火灾事故，造成 1 人死亡、1 人受伤，直接经济损失 302.63 万元。事故的直接原因之一就是工艺设计不合理，对氧化残液分离器的危害认识不足，氧化残液分离器的工艺流程图未设计压力表和泄压装置[7]。2014 年 8 月 2 日 7 时 34 分，位于江苏省苏州市昆山市昆山经济技术开发区的昆山中荣金属制品有限公司抛光二车间发生特别重大铝粉尘爆炸事故，共计造成 146 人死亡、114 人受伤，直接经济损失达 3.51 亿元。该次事故厂房由江苏省淮安市建筑设计研究院设计。该设计研究院在未认真了解各种金属粉尘危险性的情况下，仅凭该公司提供的"金属制品打磨车间"的厂房用途，违规将车间火灾危险性类别确定为戊类（即常温下使用或加工不燃烧物质的生产厂房）（案例详情见江苏省苏州市昆山市中荣金属制品有限公司"8·2"特别重大爆炸事故调查报告）。这两个火灾爆炸事故的根本原因可以归结为对危险化学品危害（氧化残液和金属粉尘的燃爆特性）辨识不充分、相关工艺过程危险性辨识缺失，所以，其工艺技术或工艺设备未能根据其固有的过程危险源设置相应的安全措施，设计存在缺陷。由此可见，过程安全信息的准确性可以说是过程安全管理的基石。

　　过程安全信息的准确性，决定了其他过程安全管理要素执行的质量；反过来，其他过程安全管理要素执行的效果，亦能影响过程安全信息的质量。譬如，危险化学品安全信息不全、对危险化学品危害特性不了解，过程危害分析就不可能正确、过程危害辨识就不可能充分，所采取的安全措施必然欠缺针对性和有效性。在工程设计阶段，这就可能导致其他过程安全信息如工艺技术信息、工艺过程设备信息错误或缺失；在生产运营阶段，则可能导致培训不到位、操作手册安全要求不健全、事故调查分析不充分、应急准备不足和应急预案漏洞等问题，从而影响整个过程安全管理体系运行成效。

　　以过程危害分析（详见第三章）为例，在选用危险与可操作性分析（hazard and operability analysis，HAZOP）方法进行过程危害分析时，当论证压力偏高场景是否已设置了有效的超压保护措施时，安全阀通常是 HAZOP 分析小组迫切希望能够找到的保护措施。但是，确认该安全阀是有效的、可以作为保护措施写入 HAZOP 分析工作清单的首要原则，是分析小组必须确认安全阀设计时计算的泄放工况已考虑了引发超压偏离的场景，譬如高压串低压、下游阀门误关导致的出口堵塞、再沸器热侧热负荷过大等工况，如果安全阀泄放能力不能满足所分析的这些偏离场景要求的泄压能力，则该安全阀就不能作为保护措施写入 HAZOP 分析工作记录表。所以，本章第一节的工艺过程设备信息中，安全阀等泄压设施作为重要的工艺过程设备，保证其泄放能力、泄放工况、设定压力、材质等信息的准确、完备和有效非常重要。

　　在本章第一节所列举的大连原油罐区火灾的事故里，根本原因可以说是由于随意修改工艺技术路线、未保证过程安全信息的准确性，但其中所关联的变更管理问题、承包商管理问题、过程危害分析不完全、未严格执行安全生产规程、员工培训不到位等问题，都反映了过程安全信息与 PSM 其他管理要素之间息息相关的关系。

1944 年，建立于美国俄亥俄州克里夫兰（Cleveland）市西维吉尼亚的液化天然气调峰站发生了一起液化天然气泄漏导致的火灾爆炸事故，其根本原因就是储罐材料采用了 3.5% 低镍合金钢，不能耐受液化天然气 −161℃ 的存储温度，材料发生了低温脆变，储罐失效。

由此可见，在过程危害分析、开展变更管理或者进行机械完整性管理时，应首先确定过程安全信息。其中，工艺过程中生产、使用、处理或储存的危险化学品有关安全信息又是基础中的基础。

过程危害分析需要基于过程安全信息开展，过程安全信息提供了过程危险源（危险化学品或危险工艺过程）的情况，解释了正常操作、开停车或检维修不同工况下系统或工艺过程应有的状态或参数范围。同时，也记录了各类工艺过程设备、管道或仪表等的设计能力。过程危害分析，就是要基于这些过程安全信息，在不同工况下，偏离了正常设计或操作范围时，识别出可能出现的后果或危害，确定其影响程度，评估现有安全措施的充分性，必要时提出改进建议措施。

按照上述逻辑可以发现，过程安全信息的准确、有效和完备，是过程危害分析质量的基本保证。

无论什么时候进行了变更，都必须保持过程安全信息的更新。保持过程安全信息的更新是建立并提升过程安全文化的重要组成部分。过程安全信息的更新通常在装置或设施二次开车投运且操作运行平稳后进行。工期与进度压力可能使工程师由于其他工作而忽视了过程安全信息的更新。如果做不到这一点，就会导致一系列的习惯性违章和失误，例如：

（1）过程危害分析中错误的后果场景分析、错误的风险削减措施；

（2）错误的操作程序；

（3）泄压系统的设计错误，或设定点错误；

（4）错误的隔离与挂牌上锁；

（5）关键设施的检验、维护、测试无效；

（6）符合性审核中无法发现问题；

（7）难于进行事故根本原因分析。

有鉴于此，建议把过程安全信息的更新作为变更管理（见第四章）的最后一个步骤，作为行动项来执行。管理者有责任亲自督导这个关键步骤的完整实施。

当前随着智能工厂建设，为了进一步提升过程安全信息的准确性、完备性和有效性，越来越多的企业已经要求设计单位对设计阶段产生的过程安全信息进行数字化交付[8]。

随着过程安全信息管理水平的提升，PSM 科技水平也将不断提升。例如，依据实际的管道走向以及设备外形尺寸，在设计阶段即实现了工厂实景的建模（见图 2-3）。在此模型上，可进行操作工现场操作的情景再现，进行人机工程学研究。同时模型中嵌入了介质操作信息，可进行事故场景的模拟，进行事故后果模拟以及应急逃生路线的研究[9]。

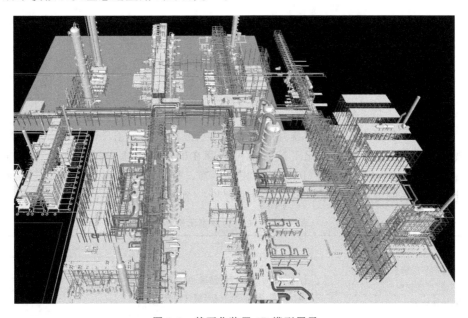

图 2-3　某石化装置 3D 模型展示

参考文献

［1］ Process Safety Management of Highly Hazardous Chemicals, Explosives, and Blasting Agents ［S］. OSHA 29 CFR PART 1910.

［2］ 孙万付. 危险化学品安全技术全书：通用卷 ［M］.3 版. 北京：化学工业出版社，2017.

［3］ Standard Method of Test for Distillation of Petroleum Products ［S］. ASTM D86-62.

［4］ 石油化工装置详细工程设计内容规定 ［S］.SPMP-STD-EM2003—2016.

［5］ 石油化工装置基础工程设计内容规定 ［S］.SPMP-STD-EM2005—2016.

［6］ 液化天然气接收站工程初步设计内容规范 ［S］.SY/T 6935—2019.

［7］ 中国安全生产科学研究院. 危险化学品事故案例 ［M］. 北京：化学工业出版社，2005.

［8］ 覃伟中，谢道雄，赵劲松. 石油化工智能制造 ［M］. 北京：化学工业出版社，2019.

［9］ 翟卓韬，孙洁，赵劲松，等. 基于 MapX 的泄漏事故救援决策系统 ［J］. 计算机与应用化学，2007，24（4）：498-502.

第三章

过程危害分析

在化工装置中，伴随着具有危险性的物料或危险工艺条件的使用，危险客观存在。表 3-1 中列举了化工装置中可能存在的过程危害[1]。过程危害分析（PHA）是过程安全管理（PSM）的核心要素，指通过一系列有组织的、系统性的和彻底的分析活动来发现、估计或评价一个生产过程的潜在危害。

表 3-1　化工过程危害示例[1]

过程危害	初始事件	事故后果
大量的危险物料储存 易燃、可燃物料 不稳定物料 腐蚀物料 易窒息物料 撞击敏感物料 高反应活性物料 毒性物料 惰性气体 可燃粉尘 可自燃物料	机械（管道、导管、储罐、容器短节、视镜、法兰/密封）完整性损失	物料泄漏、扩散
		火灾（池火、喷射火、闪火、火球）
	设备（泵、压缩机、搅拌器、阀门、仪表、传感器控制失效、误跳车、误放空、误泄放等）误动作	爆炸［受限空间爆炸、非受限空间蒸气云爆炸、设备破裂爆炸、沸腾液体爆炸（BLEVE）、粉尘爆炸、爆轰］
	公用工程（电流、氮气、循环水、冷剂、工厂风、导热油、蒸汽、通风）故障	
高温 低温 高压 真空 高低压界面 高低温界面 振动/液击 电离辐射 高电压/电流 相变	人员在生产运行和检维修活动中的误操作	事故影响，包括中毒、腐蚀、烫伤、超压、爆炸抛射物打击等，以及对社区、工人、环境、公司的资产和生产等的影响
	外部事件（车辆撞击、极端气象条件、地震、邻近事故影响、外部暴力事件、原料性质突变等）	

　　图 3-1 刻画了过程装置如何从正常状态开始演变为事故状态。在正常操作状态下，过程中的所有危险特性均得到很好的控制，装置通过已经制定的操作规程运行在正常范围内。这时候的生产运行目标就是维持正常范围的情况进一步优化生产。而维持正常范围往往要依靠设备的监控、检验测试、预防性维护、操作人员培训、变更管理、过程控制等措施。

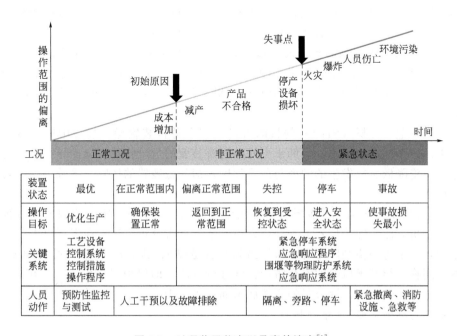

图 3-1　过程装置状态以及事故演变[1]

　　当某个初始原因（这里也叫初始事件）发生时，化工装置的操作状态从正常工况转变为非正常工况，即状态参数偏离了操作规程中定义的安全操作范围（在后续介绍的各种 PHA 方法中，此偏离即定义为"偏差"）。比如说，针对一个放热反应系统，冷却水供应故障是反应飞温事故的初始事件。当冷却水供应（压力或流量）低于可允许的最低限值，即初始事件发生，装置进入"非正常工况"。在这种异常工况被监测到后，装置的操作目标不再是维持正常生产，而是尽可能将过程状态恢复到正常工况范围。若无法回到正常工况范围，那么操作目标转变为在损失事故发生前把装置带入一个安全状态，例如让整个装置进入停止运行状态（停车）。若过程状态一直没有得到有效的控制，最终可能导致反应飞温的出现，物料可能紧急泄放至大气（如果装置是这么设计的话）或反应器因超压而可能出现破裂。此时，系统从非正常工况转变为紧急状态，需启动应急响应程序，此时的目标转变为尽可能把伤害和损失降至最低。

　　在上述事故演变序列过程中，紧急状态的开始代表事故的影响发生，即失事点，此时装置中发生了可能造成损失和伤害的不可逆的物理影响，如泄漏危险物料至环境中、可燃气体或粉尘被点燃、储罐超压破裂等。

通过图 3-1 可知，在事故发生的事件序列中，初始原因导致装置从正常工况转入非正常工况，而失事点意味着装置已经从非正常工况转变为紧急状态。当初始原因出现时，若事件演变序列过程中没有相关的保护措施，或保护措施不足够时，最终会导致事故状态的出现。对于衡量特定事件序列中保护措施是否需要设置或者设置的有效性将在本章第三节中进行介绍。

正如以上所刻画的事故发展过程，由某一特定的初始原因开始，其后发生的事件序列的完整描述，即称为一个事故情景。事故情景定义为一个非预期的事件或事件序列，伴随着中间保护措施的缺失或失效，最终导致事故的发生。

过程危害分析（PHA）的目的就是辨识和分析装置操作过程中所有可能发生的严重的事故情景，有助于更好地理解装置的危险特性，继而寻找有效的保护措施降低事故发生的频率与严重程度，即降低装置的风险，提升装置的安全性。

掌握 PHA 的重点是要掌握其方法论。为此，本章将着重介绍两大类过程危害分析方法，即非情景危害分析方法与情景危害分析方法。在识别出事故情景后，为了进一步判断现有的保护措施是否足以把风险降至可以接受的程度，本章还将介绍基于风险的安全防护程度分析方法，即保护层分析法（LOPA）。本章也将通过两个国际公司的实例展示如何管理 PHA 这一个要素。最后介绍该要素与其他 PSM 要素的联系。

第一节　非情景危害分析方法

过程危害分析方法可分为两大类，即非情景危害分析方法，如检查表法等，以及情景危害分析方法，如故障假设法（What-if）、危险与可操作分析（HAZOP）、失效模式与影响分析（failure mode and effects analysis，FMEA）等。

非情景危害分析方法一般用来在项目早期对装置的固有风险进行总体的评估，这一类方法的执行基于过去相似装置的经验积累，如检查表是基于对相似装置的风险认识，进行针对性的制定。而情景危害分析方法，具有一定的预测性，通过对分析小组成员进行创造性的提问，可能会揭示出未曾考虑过的风险情景。当然，情景危害分析方法对于分析组长以及小组成员的经验有较高的要求，否则可能会导致重要风险情景的疏漏。因此一些公司会进行多种 PHA 方法组合，如首先进行检查表法等非情景危害分析方法，进一步针对发现的重点流程进行情景危害分析方法的头脑风暴，这样既保证了分析的严格与一致性，又具有足够的灵活性与创造性。

检查表法（也叫安全检查表法，SCL）使用一个预先编制的项目检查清单来确认系统中各审查项的状态。一般来说，检查表依据现行的法规、标准、规范和制度等编制而成，检查表上列出的问题一般使用"是""否""不适用"或"需要额外信息"来回答。

检查表法既可快速识别成熟工艺流程或装置的潜在危险源，也可用于新开发的工艺过程（装置），在其早期快速识别重大危险源，还可以对已经运行多年的在役装置进行安全检查。

检查表法适用于过程周期的各个阶段，可以帮助判断系统与法律、法规或行业惯例的符合性。同时，也可以通过分析发现不足来提升装置的安全性。应当注意的是，检查表的制定往往基于当前的相关法规、标准和制度等，因此检查表应随着法律、标准、制度等的变化定期进行审核与更新。

（一）检查表分析流程

检查表分析的执行主要有以下 4 步。

1. 明确分析单元

一般按照分析对象的特征确定检查表的分析单元，例如编制生产企业的安全生产条件检查表时，分析单元可分为安全管理单元、厂址与平面布置单元、生产储存场所建筑单元、生产储存工艺技术与装备单元、电气与配电设施单元、防火防爆防雷防静电单元、公用工程与安全卫生单元、消防设施单元、安全操作与检修作业单元、事故预防与救援处理单元等。

2. 检查表的选择或编制

一旦明确分析范围后，分析小组需从现有资源中选择出有针对性的检查表（如企业的内部标准、行业设计导则等）。若无适宜的检查表可供选择时，分析小组需基于自身的经验认知以及相关项目的检查表作为参考，进行检查表的编制。

编制检查表是检查表法的重点与难点，编制的主要依据包含：

（1）有关标准、规程、规范、规定及良好的作业实践。为了保证生产安全，国家及有关部门发布了各类安全标准及文件，这些是编制检查表的主要依据。编制检查表过程中，检查条款的出处与依据应加以注明。

（2）国内外事故案例。国内外同行业及本单位的事故案例、安全管理及生产中的有关经验。

（3）通过其他过程危害分析手段确定的高风险部位及防范措施。

（4）文献及信息检索。通过文献检索，在编制检查表时应用最新的知识和研究成果。

表 3-2 给出了针对某罐区改造工程，依据《石油化工储运系统罐区设计规范》（SH/T 3007—2014）编制的检查表示例。

表 3-2　针对某罐区改造工程的检查表示例

序号	检查内容	依据标准	检查结果	检查结论
1	采用氮气密封保护的储罐,其操作压力宜为 0.2~0.5kPa。其他设置有呼吸阀的储罐,其操作压力宜为 1~1.5kPa	SH/T 3007—2014 3.5	各储罐压力正常情况下处于 0.3~0.6kPa,满足储罐设计安全压力范围	符合
2	储存Ⅰ、Ⅱ级毒性甲 B、乙 A 类液体储罐不应大于 10000m³,且应设置氮气或其他惰性气体密封保护系统	SH/T 3007—2014 4.2.10	本工程中储存介质苯为Ⅰ级毒性甲 B 类液体,其最大容积为 3000m³,且改造后设置氮气密封保护	符合
3	下列储罐通向大气的通气管上应设呼吸阀： a. 储存甲 B、乙类液体的固定顶储罐和地上卧式储罐； b. 采用氮气或其他惰性气体密封保护系统的储罐	SH/T 3007—2014 5.1.3	本工程改造后对于各储罐均增设了呼吸阀	符合
4	通气管、呼吸阀宜设置在罐顶中央顶板范围内	SH/T 3007—2014 5.2.2	需补充信息	建议下一步设计中明确

3. 检查表分析过程

针对在役装置,检查表分析应针对分析对象进行一次现场的实地调研。分析小组在调研过程中，对工艺设备或实际操作过程与检查表中各项进行逐一比对。当发现分析对象与检查表中所列不一致时，分析小组记录偏差。

针对新建装置的检查表分析，分析小组以会议形式，对装置的流程图、设计文件等进行讨论，记录偏差。许多企业使用标准的检查表分析进行项目的过程控制，当项目从某一状态转移到下一状态时，必须由不同部门的相关人员进行检查表的确认，此时检查表又起到项目内部交流与进度控制的作用。

4. 记录结果

分析小组应当对检查表分析过程中发现的偏差进行汇总整理，并形成报告，检查表的记录结果作为附件，其中针对安全性提升的所有建议应进行相应的解释。每个检查表均需注明检查时间、检查者、责任人等。

（二）检查表分析的优缺点

1. 主要优点

（1）检查表基于以往的经验，在查找危险因素时，能够提示分析人员，避免遗漏、疏忽；检查表体现了法规、标准和规章制度的要求，使检查工作法规化、规范化。

（2）针对不同的检查对象和检查目的，可编制不同的检查表，应用灵活广泛。

（3）检查表易于掌握，检查人员按表逐项检查，能弥补其知识和经验不足的缺陷。

（4）可将检查表与其他 PHA 方法灵活组合使用。

2. 局限性

（1）检查表的编制质量受制于编制者的知识水平及经验积累；

（2）检查表法的实施也可能受分析人员的专业与经验限制，影响分析效果。

（三）法律法规中的检查表

原国家安全生产监督管理总局针对国内频发的安全事故并总结经验，制定出相应的法规标准，其中蕴含着检查表的理念。如《化工和危险化学品生产经营单位重大生产安全事故隐患判定标准（试行）》（安监总管三〔2017〕121号），其中列举了 20 项属于重大安全事故隐患的检查项（见表 3-3），企业或安全管理部门可逐一进行比对以判定装置是否存在隐患。

表 3-3　重大生产安全事故隐患判定检查表

序号	检查项	检查结果
1	危险化学品生产、经营单位主要负责人和安全生产管理人员未依法经考核合格	
2	特种作业人员未持证上岗	
3	涉及"两重点一重大"的生产装置、储存设施外部安全防护距离不符合国家标准要求	
4	涉及重点监管危险化工工艺的装置未实现自动化控制，系统未实现紧急停车功能，装备的自动化控制系统、紧急停车系统未投入使用	
5	构成一级、二级重大危险源的危险化学品罐区未实现紧急切断功能；涉及毒性气体、液化气体、剧毒液体的一级、二级重大危险源的危险化学品罐区未配备独立的安全仪表系统	
6	全压力式液化烃储罐未按国家标准设置注水措施	
7	液化烃、液氨、液氯等易燃易爆、有毒有害液化气体的充装未使用万向管道充装系统	

续表

序号	检查项	检查结果
8	光气、氯气等剧毒气体及硫化氢气体管道穿越厂区(包括化工园区、工业园区)外的公共区域	
9	地区架空电力线路穿越生产区且不符合国家标准要求	
10	在役化工装置未经正规设计且未进行安全设计诊断	
11	使用淘汰落后安全技术工艺、设备目录列出的工艺、设备	
12	涉及可燃和有毒有害气体泄漏的场所未按国家标准设置检测报警装置,爆炸危险场所未按国家标准安装使用防爆电气设备	
13	控制室或机柜间面向具有火灾、爆炸危险性装置一侧不满足国家标准关于防火防爆的要求	
14	化工生产装置未按国家标准要求设置双重电源供电,自动化控制系统未设置不间断电源	
15	安全阀、爆破片等安全附件未正常投用	
16	未建立与岗位相匹配的全员安全生产责任制或者未制定实施生产安全事故隐患排查治理制度	
17	未制定操作规程和工艺控制指标	
18	未按照国家标准制定动火、进入受限空间等特殊作业管理制度,或者制度未有效执行	
19	新开发的危险化学品生产工艺未经小试、中试、工业化试验直接进行工业化生产;国内首次使用的化工工艺未经省级人民政府有关部门组织的安全可靠性论证;新建装置未制定试生产方案投料开车;精细化工企业未按规范性文件要求开展反应安全风险评估	
20	未按国家标准分区分类储存危险化学品,超量、超品种储存危险化学品,相互禁配物质混放混存	

第二节　情景危害分析方法

一、故障假设分析法

1. 方法简介

故障假设分析方法（What-if）是一种定性危险分析方法,通过头脑风暴,对分析小组进行一系列的"如果……怎么样"的提问,以识别可能的危险情况或意想不到的事件。该方法主要依靠直观判断,依靠过去的经验积累,需要参与分析人员对分析对象有充分的了解,才可收到较好的效果。

　　故障假设分析方法通过故障假设，可分析设计、施工、变更、操作等不同阶段出现偏离过程意图后的情景，常见故障假设分析问题举例如下：

　　(1) 如果公用工程系统失效会怎样？如：电力、蒸汽、氮气、水等停止供应。

　　(2) 如果设备设施等失效会怎样？如：控制阀门、泵、搅拌器、压缩机、换热器等故障。

　　(3) 如果在线分析或取样系统出现故障会怎样？

　　(4) 如果某个联锁系统出现故障会怎样？

　　(5) 如果操作人员误操作或操作不当会怎样？

　　(6) 如果某压缩机润滑油系统失效会怎样？

　　(7) 如果遇到了极端天气会怎样？如：极端低温、极端高温、大暴雪、地震、台风、洪水、闪电。

　　(8) 如果温度、压力、速度或者组分偏离原设计正常工况的极限时会发生什么？

　　故障假设分析的结果以表格的形式记录下来，应包含讨论的主要问题、对应的回答（可能的后果）、现有安全措施、可能的降低或削减风险的建议。

　　例如针对图 3-2 所示的磷酸二氢铵连续生产装置，通过对工艺流程图、流程说明、设备数据表等资料的分析，分析小组组长准备一系列的问题，经过讨论后，形成 What-if 分析记录表，如表 3-4 所示（节选）。

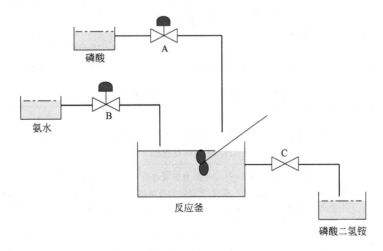

图 3-2　磷酸二氢铵连续生产装置

2. 结构化故障假设分析方法

　　故障假设分析方法优点在于具有较大的灵活性，同时也较简单，便于应用。其缺点在于相比后续介绍的危险与可操作性分析（HAZOP）等方法，其固有的系统性较弱。HAZOP 方法从结构上要求分析小组对于流程中每个节点逐一分析，而故障假设分析方法是目标导向的，若分析小组经验不足，很容易导致分析结果的缺失。因此，为了弥补故障假设分析方法结构性和系统性不足的缺陷，产生了将故障假设分析方法与检查表法相结合的结构化故障假设分析方法（structured what if technique，SWIFT），利用检查表法把常见的分析问题进行分类，然后再围绕每一类问题进行 What if 分析。表 3-5 列举了 SWIFT方法常用的问题分类。

表 3-4　磷酸二氢铵连续生产装置 What-if 分析记录表（节选）

序号	工艺步骤/设备位置	问题	后果	现有保护	风险分析	建议
1	物料投放	磷酸混有杂质	几乎没有危险	操作规程氨浓度检测	IV	
2		磷酸浓度低	氨未完全反应，释放到工作环境中使工作人员中毒		IV	
3	控制系统	控制阀 A 故障关闭或堵塞	氨未反应，释放到工作环境中使工作人员中毒		I	增设磷酸流量低报警
4		控制阀 B 故障全开	氨进料过多，多余的氨释放到工作环境中，使工作人员中毒		I	设置氨流量高位报警，并增设氨进料流量快速切断阀，流量高高时联锁切断
5	设备	搅拌设备停止转动	氨未完全反应，释放到工作环境中使工作人员中毒		I	设置搅拌设备故障与两进料切断阀联锁，紧急关闭

表 3-5　SWIFT 方法常用的问题分类[2]

问题分类	主要内容
材料问题	这类问题分析已知的或有记录的潜在危害，以及需要维持一些条件以确保装置能够安全地存储、处理和加工原料、中间体及成品
外部影响	这类问题是为了帮助识别因外部力量或条件而可能导致的危害场景。包括从火山爆发到地震，或寒冷的天气可能导致化学品单体的聚合反应被抑制等现象。同时还要考虑人为制造的随机事件，如纵火、暴乱，或附近的爆炸可能对所评估单元的影响
操作错误或其他人为因素	SWIFT 分析团队应从操作人员的角度出发，对每一个操作模式分析其可能出现的错误操作。应特别注意的是，有很多的操作错误是由于对员工培训不足，或操作规程编制不当造成的
分析或取样误差	该小组应讨论所有与分析或采样有关的要求及操作问题。这些问题可能包含范围很广，如：控制循环水冷却塔的结垢，到获得的关键流程的控制数据，甚至实验室技术人员在分析热不稳定的中间体时受伤

续表

问题分类	主要内容
设备/仪表故障	该小组应考虑所有与机械和仪表故障相关的问题。其中很多故障非常明显，P&ID上所显示的设备很多已经在操作错误或其他人为因素中讨论，相关讨论可以作为设备/仪表故障的输入条件
公用工程系统故障	这类问题是直接就公用工程系统故障进行提问。应当注意考虑外部影响、分析或取样误差、操作错误和其他人为因素、设备/仪表故障可能引起的公用工程系统失效
完整性失效或泄漏	这类问题是各个类别中最重要的。应关注其他类别的问题所导致的完整性失效或泄漏。完整性失效或泄漏也会引发如正常和紧急放空等相关讨论
应急措施	如果团队已对之前各类别中问题的最终影响都分析透彻了，那么此处对于应急措施的分析发现的新问题较少。但把应急作为单独对象分析仍然非常重要，因为在讨论其他类别问题时，与应急程序相关的错误可能没有那么容易被发现
环境泄漏	最常见的泄漏是由完整性失效或泄漏引起的。紧急放空设施、各种机械故障和操作错误也必须要考虑。通常将泄漏作为故障树或事件树的起点，进一步分析其导致的毒气云扩散、火灾或爆炸等场景
异常工况及其他	这一类别是其他类别的讨论中被忽略或不适合归类的问题

二、危险与可操作性分析

1963～1964 年间，英国帝国化学公司（ICI）在设计一个由异丙基苯生产苯酚和丙酮工厂的过程中，首次提出 HAZOP 分析方法。HAZOP 第一篇公开论文是在 1973 年美国化学工程师学会（AIChE）损失预防会议上发表的。随后，HAZOP 方法作为一种高度系统化的风险分析方法，在国际上得到了非常广泛的应用，成为很多著名石油和化学公司风险分析的最佳实践[3-7]。虽然 HAZOP 的工程应用在我国起步较晚，但是我国是国际上为数不多的对 HAZOP 提出强制性要求的国家之一。

《危险化学品企业事故隐患排查治理实施导则》（安监总管三〔2012〕103 号）中 2.2.5 条要求：涉及重点监管危险化工工艺、重点监管危险化学品和重大危险源（简称"两重点一重大"）的危险化学品生产、储存企业应定期开展危险与可操作性分析（HAZOP），用先进科学的管理方法系统排查事故隐患。

国家安全生产监督管理总局、住房和城乡建设部《关于进一步加强危险化学品建设项目安全设计管理的通知》（安监总管三〔2013〕76 号）要求，涉及"两重点一重大"和首次工业化设计的建设项目，必须在基础设计阶段开展 HAZOP 分析。

《国家安全监管总局关于加强化工过程安全管理的指导意见》（安监总管三〔2013〕88号）更加明确要求："两重点一重大"装置每3年开展一次HAZOP分析；其他装置可每5年采用HAZOP分析一次。

2013年10月，国家安全生产监督管理总局发布并正式实施了《危险与可操作性分析（HAZOP分析）应用导则》（AQ/T 3049—2013），该导则参考国际电工委员会IEC 61882：2001，对于HAZOP的执行方法进行了详细的介绍。2017年，笔者参与编制的HAZOP国家标准GB/T 35320—2017《危险与可操作性分析（HAZOP分析）应用指南》发布。

HAZOP分析跟其他的头脑风暴式分析方法类似，也是由一个多专业背景的人员组成的分析小组完成。不同之处就是该方法有一套引导词，利用引导词产生偏差，确保分析到每一种潜在的事故情景。因此，这种方法结构性、系统性、完备性非常好。

（一）HAZOP主要术语[8]

节点：被分析的系统的一部分，是为了便于进行HAZOP分析而将分析对象划分成的具体逻辑单元，是HAZOP分析的直接目标。对于连续的化工操作过程，HAZOP分析节点通常为单元操作；而对于间歇操作过程来说，分析节点是指具有确定边界的设备单元。

设计意图：设计人员期望或规定的各要素及特性的作用范围。用来说明被分析的系统或单元按设计要求应实现的功能。应当注意的是，设计意图并不一定代表系统的正常操作状态。如系统的安全阀设置，在正常操作状态下几乎不会投用，可是其设计必须满足其泄放工况。

参数：反映工艺过程的因素或描述说明，是单元定性或定量的特征，如流量、压力、温度、液位、相态、组成等。

引导词：一种特定的用于描述设计意图偏离的词或短语，用于引导识别工艺过程的危险（见表3-6）。引导词的作用是激发分析人员的想象性思维，使其专注于分析，提出观点并进行讨论，从而尽可能使分析完整、全面。

表3-6　HAZOP分析引导词[9]

引导词	含义
无(none,no,not)	设计或操作意图的完全否定
过多(more)	同设计值相比,相关参数的量化增加
过少(less)	同设计值相比,相关参数的量化减小
伴随(as well as)	相关参数的定性增加。在完成既定功能的同时,伴随多余事件发生,如物料在输送过程中发生组分及相变化、产生杂质、产生静电等

续表

引导词	含义
部分（part of）	相关性能的定性减少。只完成既定功能的一部分，如组分的比例发生变化、无某些组分
逆向/反向（reverse）	出现和设计意图完全相反的事或物，如流体反向流动、加热而不是冷却、反应向相反的方向进行
异常（other than）	出现和设计意图不相同的事或物，完全替代，如发生异常事件或状态、开停车、维修、改变操作模式
早（early）	相对于给定时间早
晚（late）	相对于给定时间晚
先（before）	相对于顺序或序列提前
后（after）	相对于顺序或序列延后

偏差：对设计意图的偏离。偏差的形式通常是"引导词＋参数"。

原因：发生偏差的原因，如设备故障、操作失误、设备腐蚀等。

后果：偏差所造成的结果。要分析出假定没有安全措施情况下偏差可能导致的后果。

安全措施：为消除偏差发生的原因或减轻其后果，所采取的技术和管理措施（如联锁、报警、操作规程等）。

（二）HAZOP 分析人员组成

HAZOP 分析小组成员应具有足够的知识和经验，能够在 HAZOP 分析会上回答、解决大部分问题。成员来自设计方、业主方、承包商，应包括设计人员、各专业工程师和经验丰富的操作人员。

小组至少包括如下人员：

（1）HAZOP 组长；

（2）HAZOP 秘书；

（3）工艺工程师/设计工程师；

（4）仪表工程师；

（5）设备工程师

（6）安全工程师；

（7）操作/开车人员代表；

（8）其他相关专业工程师/代表。

HAZOP 组长应由过程危险分析专家担任，在 HAZOP 分析中起主导作用。HAZOP 组长在分析中应客观公正，有较高的职业伦理素质，有丰富的 HAZOP 分析经验。在分析过程中，组长要积极鼓励、引导分析小组每位成员参与讨论，引导工作组按照必要的步骤完成分析，而不偏离主题；确保工艺或装置的每个部分、每个方面都得到了考虑；确保所分析的各项内容根据重要程度得到了应有的关注。

HAZOP 秘书负责记录 HAZOP 会议内容，并协助 HAZOP 组长编制 HAZOP 分析报告。秘书要经过 HAZOP 培训，熟悉 HAZOP 工作程序、工作方法、工程术语，能够准确理解、记录会议讨论内容。

其他成员应在其所擅长的领域具有多年的工作经验和较高的技术水平，熟悉所分析的化工过程的设计意图及运行方式，了解 HAZOP 分析方法和流程。成员应跟随 HAZOP 组长的引导，积极参与分析和讨论，利用自己的知识和经验响应每个步骤的分析内容和要求。

（三）HAZOP 分析执行

HAZOP 分析小组在收集完整的过程安全信息（见第二章）后，针对所要分析的工艺过程划分适当的节点，利用引导词引导的方法进行讨论分析，分析流程见图 3-3。下面对各步骤的执行要点逐一介绍：

1. 节点划分

HAZOP 分析要求对分析对象逐节点进行分析。所选节点的大小取决于系统的复杂性和危险的严重程度。节点划分太小或过细，可能影响对被分析对象的整体把握或理解，且导致分析时间的延长；节点划分过大，可能影响分析质量，导致某些问题被遗漏或被忽视。通常，复杂或高危险系统可分成较小的部分，简单或低危险系统可分成较大的部分，以加快分析进程。对于连续工艺，可从工艺流程的进料开始，沿着物流进行直至设计意图的改变，或继续直至工艺条件的改变，或继续直至下一个设备。

HAZOP 分析前，HAZOP 组长应预先对 P&ID 进行节点划分，并在 HAZOP 分析会议前就其预先划分的节点向 HAZOP 分析小组成员进行介绍，必要时可以根据小组成员的建议进行节点调整。HAZOP 分析的节点应取得小组成员的一致认同。

2. 明确设计意图

工艺（或设计）工程师有责任在 HAZOP 分析之前向分析小组成员解释所分析节点的流程和设计意图。只有分析小组成员对设计意图和参数有了清晰准确的理解和把握，才能保证之后 HAZOP 分析的讨论富有成效。建议工艺（或设计）工程师对节点中每条管线的设计意图均予以介绍，以方便小组成员理解流量、温度和压力等相关工艺参数。"设计意图"构成分析的基准，应尽可能准确完整。

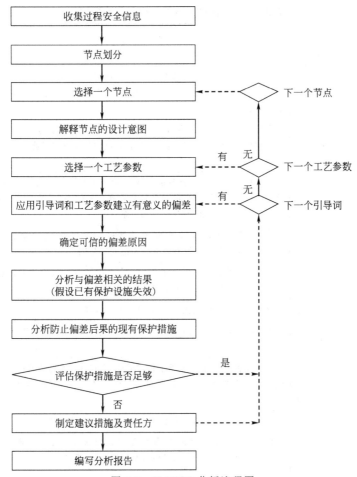

图 3-3　HAZOP 分析流程图

3. 建立偏差、寻找可信的偏差原因

引导词和工艺参数的组合可以得到很多偏差，但 HAZOP 分析只关注并记录那些有意义的偏差，不论这些偏差的分析最后是否会得出相关建议。所谓有意义的偏差是指偏差产生的原因是实际可能发生的，其可能造成的后果会产生危险或带来操作问题。表 3-7 中对典型的偏差及其生成的可能原因进行了介绍。

通常分析原因时仅在本节点内考虑，同时仅考虑单一、独立的故障或失效原因，但应注意共因失效问题。如图 3-4 中所示同一容器中的两块压力传感器，一块用于组态控制，另一块用于指示报

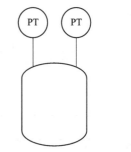

图 3-4　同一容器中的两块
压力传感器的共因失效举例

表 3-7 典型的偏差及其生成的可能原因

偏差		可能原因
引导词	参数	
无	流量	阀门关闭,错误路径,堵塞,盲板法兰遗留,错误的隔离(阀/隔板),爆管,气锁,流量变送器/控制阀误操作,泵或容器失效,伴热失效,泵或容器故障,泄漏等
过多	流量	泵能力增加(泵运转台数错误增加),需要的输送压力降低,入口压力增高,换热器管泄漏高浓度流体,控制阀持续开,流量控制器(限流孔板)误操作
	压力	压力控制失效,安全阀等的故障,从高压连接处泄漏(管线和法兰),压力管道过热,环境辐射热,液封失效导致高压气体冲入,添注时气体/蒸气放空不足,与高压系统的连接,容积式泵
	温度	冷却器管结垢,冷却水故障,换热器故障,热辐射,高环境温度,火灾,加热器/反应器控制失效,加热介质泄漏入工艺侧
	液位	进入容器物料超过了溢流能力,高静压头,液位控制失效,液位测量失效,控制阀持续关闭,下游流股受阻,出口隔断或堵塞
	黏度	材料、规格、温度变化,固体物高浓度或沉降
过少	流量	部分堵塞,容器/阀门/流量控制器故障或污染,泄漏,泵效率低,密度/黏度变化
	压力	压力控制失效,释放阀开启但没回座,容器抽出泵造成真空,蒸气冷凝或气体溶于液体,泵或压缩机入口管线堵塞,倒空时容器排放受阻,泄漏,排放
	温度	结冰,压力降低,加热不足,换热器故障,低环境温度
	液位	相界面的破坏,气体窜漏,泵气蚀,液位控制失效,液位测量失效,控制阀持续开,排放阀持续开,入口流股受阻,出料大于进料
	黏度	材料、规格、温度变化,溶剂冲洗
逆向	流量	参照无流量,外加:下游压力高/上游压力低,虹吸,错误路径,阀故障,事故排放(紧急放空),泵或容器失效,双向流管道,误操作,在线备用设备
部分	组成	换热器内漏,不当的进料,相位改变,原料规格问题
伴随	流量	突然压力释放导致两相混合,过热导致气液混合,换热器破裂导致被换热介质污染,分离效果差,空气/水进入,残留水力测试液体,物料通过隔离
	污染物(杂质)	空气进入,泄漏隔离阀,过滤时效,夹带
除此以外	维修	隔离,排放,清洗,吹扫,干燥,隔板,通道,催化剂更换,基础和支撑
	开、停车	

警。那么当考虑容器中高温的苯乙烯(SM)物料使用时,由于 SM 气相易聚合,若引压管线未设置氮气连续吹扫保护,可能导致引压管线的共同堵塞,此时若分析压力控制回路故障原因时,应同时考虑压力报警失效。

4. 评估后果和安全措施

每个有意义的偏差，分析小组都应对其所有直接和间接的后果进行分析。与分析偏差原因不同，偏差导致的后果应考虑到全装置范围的影响。同样，在全装置范围内有利于削减后果的措施都可以作为该偏差的保护措施。对于新建装置而言，保护措施是指 P&ID 中已体现的措施；对于在役装置，是指那些确实安装在生产装置上并投用的措施。保护措施的有效性判定的原则参见本章第三节中介绍。

应当注意的是，分析过程中讨论确认的安全措施均应进行正确记录，保护措施对应的场景可作为确定安全关键设备（safety critical element，SCE）的依据，为后续的安全措施管理提出要求。在分析后果时如果发现信息缺失，还需要补充其他信息，则应将该情况作为对将来下一步工作的要求，记录在分析报告中，如"进一步核实确认……"等，然后继续 HAZOP 分析。

5. 风险等级评定

HAZOP 作为定性的风险分析方法，对每个偏差所导致的风险进行风险定级的目的，是帮助定性评估事故场景的风险程度，由此评估场景的已有安全措施是否充分；若风险级别不可接受，则需提出建议措施降低风险。同时，风险定级的结果可作为每项建议措施执行优先级别的依据。表 3-8 为某企业制定的 HAZOP 风险等级与建议措施实施优先级的规定。另外，经评定风险级别很高的偏差，可筛选为后续开展进一步定量风险分析的场景。

表 3-8　某企业制定的 HAZOP 风险等级样表

风险等级	描述	应采取的行动/控制措施	实施期限
V	不可容忍	在采取措施降低危害前,不能继续作业,对改进措施进行评估	立刻
Ⅳ	巨大风险	采取紧急措施降低风险,建立运行控制程序,定期检查、测量及评估	立即或近期整改
Ⅲ	中等	可考虑建立目标、建立操作规程,加强培训及沟通	2 年内治理
Ⅱ	可容忍	可考虑建立操作规程、作业指导书,但需定期检查	有条件、有经费时治理
Ⅰ	轻微或可忽略的风险	无须采用控制措施,但需保存记录	

HAZOP 组长和小组成员应在 HAZOP 分析会议前就风险准则（见第一章）对项目 HAZOP 分析的适用性进行确认，必要时可以更新。确定了风险准则后，对每一个有意义的偏差，分析小组应一起判断后果的严重度和偏差发生的可能性等级，根据风险准则确定风险等级。

关于风险评定时是否考虑已有保护措施，这要看评估的是初始风险还是剩余风险（见表 3-9）。一般而言，评定事故场景的初始风险时，该场景的后果评定不考虑现有保护措施，而该场景的发生可能性评定需考虑现有措施，如系统的本质安全设计降低了事故发生的可能性。而剩余风险是考虑现有保护措施作用后的后果严重程度下的风险评定结果。得到风险评级后，用剩余风险与风险可接受准则进行比较，以判定是否需提出额外的建议措施。但判定哪些场景需要进一步做定量/半定量分析时，建议使用初始风险值。具体的 HAZOP 分析执行过程中，并不是一定要求对两种风险类型均进行评定，但是在分析前，小组内应明确风险评级原则。

表 3-9　HAZOP 工作表

偏差	原因	后果	初始风险			保护措施	剩余风险			建议措施	责任方	备注
			S	L	RR		S	L	RR			

6. 建议措施及报告

在已有安全保护措施不足时，分析小组共同提出进一步采取的对策或研究的方向。HAZOP 分析提出的建议措施，其表述应清晰明确，具有可操作性，且要能把剩余风险降低到可以接受的风险水平。HAZOP 分析小组应在分析会议上就提出的建议措施明确具体的责任方（个人或部门），由责任方负责对建议措施进行响应。

（四）HAZOP 分析原则

HAZOP 分析以会议为形式开展，除知识、技术层面上的储备要求之外，良好的会议引导与沟通技巧对于 HAZOP 的高效顺利执行也非常重要。会议中一般应遵循如下原则：

（1）HAZOP 分析一定要由一个高水平的团队完成。一两个人完成的 HAZOP 分析不是真正的 HAZOP 分析。

（2）HAZOP 组长的经验和职业伦理素养尤为重要。这决定了 HAZOP 团队能否严格按照 HAZOP 分析流程和原则开展 HAZOP 分析工作，能否一丝不苟、兢兢业业地分析清楚每一个偏差的原因和后果及其风险等级。

（3）HAZOP 分析不是解决项目执行过程中遇到的问题的方法。HAZOP 分析会议提供了业主、设计方、专利商提供方或成套设备供应商一起交流的机会，应注意一旦进入 HAZOP 分析，大家分析的基础就是现有的设计资料与方案。

（4）HAZOP 分析中所提出的建议措施是方向性的，是提醒管理层需要改善和完善的内容。其具体的实现措施或办法可在 HAZOP 分析之外确定。避免过多的方案讨论影响 HAZOP 分析的进程，如未形成确定的方案时，建议措施可表述为"针对××场景，设置相应的保护措施，如方案 1 或方案 2，可进一步评估其可行性"。

（5）要求每个组员全程参与 HAZOP 分析。HAZOP 组长作为会议方向与进程的把控者，应努力调动每个组员参与思考、讨论，真正形成头脑风暴的意义，一定要避免 HAZOP 组长一个人分析的局面。

（6）每个组员都有表达其意见的权利。HAZOP 小组成员中可能有行政级别的区别，但是进入分析小组后，大家技术层面上应是平等的，避免形成"一言堂"。而 HAZOP 组长注意在会议过程中给每个组员发言以鼓励，如表达"谢谢""您说得对"或以眼神示意、点头等肢体语言给予回馈。

（7）每个组员都应聆听并尊重其他组员的意见或发言。HAZOP 小组成员由多专业背景组成，对待同一问题，设计人员或操作人员可能有不同的见解，此时应抱着互相学习的心态去交流，最终达成一致意见。

（8）HAZOP 分析小组有权利提出修改建议。HAZOP 分析讨论的内容以及达成的一致意见都将记录在 HAZOP 分析工作清单中。在会后，原则上不允许某一方哪怕是 HAZOP 组长独自更改 HAZOP 分析内容。

（9）所有建议措施都要记录下来，并确定落实响应责任方。建议措施的描述语言要简洁和具有逻辑性，内容要做到具体和有针对性，使人不用看 HAZOP 记录表的情况下就能知道该做什么。

（五）HAZOP 分析示例

2018 年 3 月 12 日 14 时 58 分，江西某石化企业 60 万吨/年柴油加氢装置当班人员发现循环氢压缩机润滑油油压低报警，打电话要求操作人员到现场确认。15 时 07 分，润滑油油压进一步降低至 0.27MPa，此时辅油泵启动（自启联锁值 0.27MPa）。随后设备工程师与外操一起到压缩机现场调整，停润滑油辅油泵后油压又开始下降。16 时 04 分，润滑油油压下降至 0.2MPa（达到压缩机联锁停机值），机组联锁停机。加热炉高压瓦斯进炉开关阀联锁关闭停车，加氢反应进料泵联锁停泵。16 时 14 分两名操作工按照工艺员指令，前往加氢反应进料泵，试图关闭泵出口阀时，加氢原料缓冲罐（设计压力 0.38MPa）发生爆炸着火事故（见图 3-5），两名操作工死亡。

经分析，事故直接原因是循环氢压缩机因润滑油压力低而停机，加氢原料进料泵随即联锁停泵，操作人员未能第一时间关闭泵出口手阀，泵出口未设置紧急切断且单向阀功能失效，反应系统内高压介质（压力 5.7MPa）通过原料泵出入口倒窜入加氢原料缓冲罐，导致缓冲罐超压爆炸着火。

本案例中压缩机润滑油油压低低联锁停压缩机、进料泵出口流量低低联锁

图 3-5　柴油加氢装置原料缓冲罐事故照片

停泵等都是针对装置异常工况设置的安全联锁保护动作，而就是这些联锁动作实现后，导致流程中出现典型的高压窜低压事故，我们不该苛求遇难的操作人员应当更快关闭进料泵出口阀门，但需要反思的第一个问题是这些联锁动作触发后，装置中可能出现的事故危害是否得到充分的认识？本案例装置中进料泵出口设置了止回阀（防止逆流），同时原料罐设置了安全阀（防止超压），那么我们要反思的第二个问题是该如何设置才能确保这些安全措施的有效性？

这两个问题的有效回答均需对装置过程风险充分认识与理解，而这就是过程危害分析的意义。

下面让我们看看一个良好的 HAZOP 分析工作如何帮助企业识别装置中的风险隐患。

图 3-6 为典型柴油加氢工艺流程概念图，原料油与氢气混合经加热炉加热至反应温度后，进入加氢反应器进行反应，反应产物回收热量后经空冷后进入低压分离器，液相为产品低分油，气相新氢混合返回反应系统中。

首先进行节点划分，我们选择原料油从缓冲罐到加氢反应器作为一个单独节点，命名为原料油进料系统。与设计人员确认该节点设计意图为："上游装置来的原料油进入原料油缓冲罐（D-1001）缓冲，经反应进料泵（P-1001）加压至 133MPa（表压）后，与循环氢压缩机（K-1002）来的氢气混合，与高温反应产物进行换热升温后，进入反应进料加热炉（F-1001）加热至反应温度后，进入加氢反应器（R-1001）进行加氢精制。"

其中，进料泵 P-1001 关键参数：泵送流量 Q 178m³/h，入口压力 0.3MPa，出口压力 13.3MPa（注意：高低压界面的形成！）。原料油缓冲罐 D-

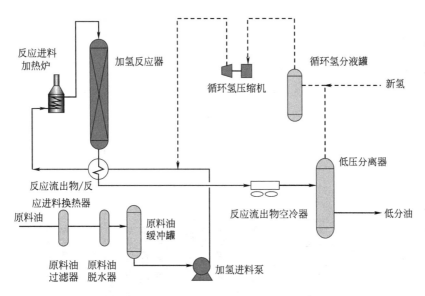

图 3-6　典型柴油加氢工艺流程概念图

1001 关键参数：罐容 V 58m³，操作压力 0.3MPa，设计压力 1.2MPa。

　　对于原料油进料系统节点依次选用流量、温度、压力等参数的偏差进行 HAZOP 分析，节选"流量低"偏离的 HAZOP 分析结果如表 3-10 所示。

　　从表 3-10 中可看出，当进行流量低偏离的 HAZOP 分析时，我们找到了原料进料泵 P-1001 故障跳车作为初始原因的事故场景，与案例中的下游循环氢润滑油故障导致的原料进料泵跳车的场景吻合。而通过 HAZOP 分析，我们发现了 P-1001 跳车后原有工艺流程设计对于下游加热炉、加氢反应器等相关的保护设置了很多，而对于因跳车逆流导致的上游缓冲罐超压风险，之前认识不足。

　　针对该风险提出针对性建议后，项目 HSE 管理部门与设计院沟通，经确认原料缓冲罐 D-1001 罐顶的安全阀未考虑泵出口原料逆流回罐的场景，且由于压差较大（13.3MPa/0.3MPa），一般的安全阀难以满足该泄放工况。因此决定采用建议 2 在原料泵出口增设切断阀进行联锁保护。由于评估出此高风险，经 HSE 部门、生产主管部门共同商议决定，立即停车进行整改。

　　通过此示例，我们可清晰地看到 HAZOP 是如何揭示风险演变的，并帮助我们进行风险控制。然而当我们决定采取措施后，又出现了新的问题，首先面对此类不可接受风险，按照 HAZOP 建议整改后是否就可表明风险得到了有效控制？其次，切断阀的联锁该如何配置？是否可进 DCS 系统或者考虑到经济因素，在现有的出口流量调节阀 FV 气路处增设电磁阀，实现关断功能？而这些问题，均需借助下一节的保护层分析方法回答。

表 3-10　典型柴油加氢工艺 HAZOP 分析表（示例）

偏离	原因	后果	风险等级			保护措施	建议措施	责任方	备注
			S	L	RR				
1. 无流量或流量偏低(no/low flow)	1. 反应进料泵 P-1001 入口过滤器堵塞	1. 可能导致原料油缓冲罐 D-1001 液位上升，严重时可能导致 D-1001 满罐溢流到火炬分液罐	3	3	M	1. 缓冲罐 D-1001 液位高报警			
		2. 可能导致反应进料泵 P-1001 入口压力下降，泵效率下降，严重时可能导致泵抽空、损坏	3	3	M	2. 反应进料泵 P-1001 本体联锁停泵保护			
		3. 导致反应原料进料量减少，导致加热炉 F-1001 出口原料油温度偏高，影响加氢反应器 R-1001 运行(考虑过滤器不会完全堵塞，只会影响流道)	3	3	M	3. 反应进料泵 P-1001 出口流量低报警　4. 反应进料泵 P-1001 出口流量低低联锁停反应进料泵　5. 加热炉 F-1001 出口温度高高联锁切断燃料气进料阀门			
	2. 反应进料泵 P-1001 跳车	1. 可能导致原料油缓冲罐 D-1001 液位上升，严重时可能导致 D-1001 冒罐，原料油溢流至火炬系统，影响系统安全，原料油溢流排放，成为潜在的安全隐患	3	3	M	1. 反应进料泵 P-1001 设有备用泵			

续表

偏离	原因	后果	风险等级 S	L	RR	保护措施	建议措施	责任方	备注
1. 无流量或流量偏低(no/low flow)	2. 反应进料泵 P-1001 跳车	2. 可能导致加热炉 F-1001 进料中断,导致加热炉 F-1001 出口原料油温度偏高,反应器 R-1001/1002 床层温度升高,严重时可能导致反应器床层飞温,催化剂损坏	4	3	H	2. 缓冲罐 D-1001 液位高报警 3. 反应进料泵 P-1001 出口流量低报警 4. 流量低低联锁 FALL1042A~C(三选二)联锁停反应进料泵 5. 反应进料泵 P-1001 出口流量低低联锁停反应料泵 6. 反应器催化剂床层通有冷氢,用于降低床层温度			
		3. 原料油进料泵线系统失压,高压物料逆流至进料泵入口,经泵出口小回流线逆流进入原料缓冲罐 D-1001,严重时导致 D-1001 超压损坏,物料泄漏,成为潜在的火灾爆炸隐患	5	3	H	7. D-1001 设置安全阀(process safety valve,PSV)	1. 评估进料泵跳车后原料逆流工况,核实 D-1001 罐顶安全阀是否可处理此工况 2. 考虑进料泵出口管线最小回流线下游处增设切断阀,并评估设置出口流量低低联锁关切断阀动作的必要性	设计院 设计院与业主	

（六）HAZOP 的局限性

"世界上没有灵丹妙药"这句话同样适合 HAZOP。一般在化学工业中，HAZOP 仅用于发现工艺过程中的事故隐患，不能发现化工厂内的所有事故隐患（例如办公室的事故隐患、叉车作业的事故隐患、高空作业的事故隐患等）。因此，对复杂系统的研究不应完全依赖 HAZOP，而应将 HAZOP 与其他合适的技术联合使用。在有效全面的安全管理系统中，将 HAZOP 与其他相关分析技术进行协调是必要的。对于职业安全问题，作业安全分析（JSA 或 JHA，见第九章）是更适合的一个方法。由于 HAZOP 分析的投入较大，如果一个装置已经进行了 HAZOP 分析，且没有发生变更，那么检查表法更适合日常的安全隐患排查。

由于 HAZOP 是由一个团队完成，且 HAZOP 分析持续时间较长，在 HAZOP 分析会议开始一段时间后，团队成员容易疲劳，疲劳就有可能产生疏漏。另外，不同的团队具有不同水平的知识和经验，而其知识和经验可能会影响偏离的选择、原因分析的深度、后果的判断和风险的评估等。例如，在清华大学化工系开设的 HAZOP 分析课程上，同学们发现了某企业甲醇装置 HAZOP 分析中存在如下问题：

该装置的主要工艺流程如下：原料气通过管网送至甲醇装置，经过尾气及合成气压缩、精脱硫及深度精脱硫进入甲醇合成单元合成粗甲醇，通过膜分离单元回收氢气送回甲醇合成。合成的粗甲醇送往甲醇精馏单元精馏出精甲醇，再经中间罐区、产品罐区等单元，由装车栈台外送。该装置的 HAZOP 会议工作自 2019 年 3 月 3 日开始，至 3 月 9 日结束。P&ID 图纸共计 50 张，划分节点 13 个，讨论分析偏差 200 项，针对工艺设计、生产操作、设备仪表、安全等方面存在的问题共提出 HAZOP 分析建议 81 条。

主持这个 HAZOP 分析工作的 HAZOP 组长从事相关专业工作近 20 年，具有工程师职称，自 2011 年担任 HAZOP 分析师，2012 年取得 HAZOP 分析证书，主持参与了 20 余套煤化工及石油化工 HAZOP 项目。

同学们经过仔细审查该装置的 HAZOP 分析报告，发现的部分问题如下：

（1）HAZOP 分析资料中未包含甲醇装置事故案例，事故案例分析不全面。

（2）节点描述不全面、不详细。

（3）设计意图过于简单。合成气压缩单元，设计意图仅为"合成气压缩"，应注明输入什么、作何处理、输出什么，并用温度、压力、流量、液位、组分等参数的具体数值说明设计意图。

（4）主要设备设计和操作参数、主要联锁回路以及节点内的特殊工况未描述。

（5）节点界限划分未在 P&ID 图中以色笔清晰标识。

（6）节点单元详细偏离描述时，应加上设备名称和位号。整个分析报告均未注明设备名称和位号。

（7）整个分析报告中工艺参数流量偏差基本未见，需重新核实流量不分析的原因。

（8）重要设备的概念性参数偏离，如腐蚀、泄漏等应充分考虑。

（9）个别偏离原因未分析到初始原因或识别不全。

（10）描述初始原因具体化失效事件未带上设备位号或仪表位号。

（11）有些后果识别不完全。例如甲醇合成单元的甲醇合成塔压差过小，原因主要为进料偏流、双塔进料分布不均，后果是"无明显安全后果"。其实应考虑偏流或进料不均导致的催化剂性能变化，产品产量可能受到影响，最终造成经济损失。也要考虑局部过热撤热不及时的安全风险。

（12）建议措施的描述未具体明确设备位号、仪表位号或管线号，同时建议措施未落实责任方。

（13）HAZOP 分析所使用的风险矩阵是另外一家大型企业的风险矩阵。

上述问题会影响到 HAZOP 分析的质量。有的会造成风险场景的疏漏，HAZOP 分析不全面；有的会导致过低或过高估计了风险场景的风险水平；有的会导致整改措施难以落实。总之，会导致隐患排查治理不彻底。

因此，参与 HAZOP 分析的人员要有较高的专业素质和职业伦理道德水准，讨论要在自由、公开、真诚的环境条件下进行。如果 HAZOP 团队不能满足这个条件，其 HAZOP 分析的结果质量将大打折扣，出现 HAZOP 分析"豆腐渣"现象。为避免分析中的疏漏，提高 HAZOP 分析的一致性，企业可以选用具有一定智能水平的 HAZOP 计算机软件[3-6]。

由于 HAZOP 分析耗时较长，如果企业管理人员不尊重 HAZOP 的科学规律，以时间、经费等种种原因强迫 HAZOP 团队缩短 HAZOP 分析时间，这也会影响 HAZOP 分析的质量。

第三节 基于风险的安全防护程度分析

使用上一节中介绍的过程危害辨识方法，对化工过程进行研究，实质上一直在回答两个问题：第一，该过程异常时可能发生什么事故？第二，针对该事故，我们已经采取了哪些保护措施？是否还需要其他保护措施？要回答第二个问题，本节将重点介绍保护层分析（layer of protection analysis，LOPA）方法。

一个典型的化工过程往往包含多个保护层，如本质更安全的过程设计、基本过程控制系统、安全仪表系统、被动防护设施（如防火堤、防爆墙等）、主动防护设施以及人员干预等，典型的化工过程保护层模型如图 3-7 所示。

图 3-7 典型的化工过程保护层模型图

在存在多个保护层的情况下，某一个保护层发生问题，一般不会发生重大事故。多个关键的保护层同时失效，往往会导致重大事故。保护层分析（LO-PA）的一个很重要的假设就是不存在不会失效的保护层。它通过分析已有保护层的保护能力及失效概率，从而定量计算得到相应的风险事故情景的风险。同时，也可以通过反向分析，即根据期望的风险水平来提出新增保护层措施的可靠性要求。目前国内已将 LOPA 分析作为安全仪表系统（SIS）设计的重要支持技术。2015 年 9 月，国家安全生产监督管理总局发布并实施了《保护层分析（LOPA）方法应用导则》（AQ/T 3054—2015）；2017 年 3 月，GB/T 32857—2016《保护层分析（LOPA）应用指南》发布并实施。

一、保护层分析方法[10-13]

在 PHA 的基础上，通过 LOPA 分析进一步量化分析确定 PHA 识别出的事故情景的可能性。一般来讲，LOPA 分析包含以下八个步骤：

（1）从 PHA 分析结果中选取一个事故场景（一般是 PHA 的结果中比较严重的后果），并确定其严重程度 S。

（2）识别其初始事件并确定其发生的频率 f^I。

（3）识别该事故场景的所有独立保护层（independent protection layer,

IPL），确定每个独立保护层的失效频率 PFD_j（$j=1,2,\cdots,N$。N 表示该事故场景的所有独立保护层数）。

（4）用下列公式计算该事故场景的可能性 F。

$$F = f^{I} \prod_{j=1}^{N} PFD_j$$

（5）根据 S 和 F 确定该事故场景的风险等级。

（6）根据企业可接受的风险标准，判断是否可以接受风险。

（7）如不可接受，提出进一步降低风险的等级要求。如果需要设置新的安全仪表系统（SIS），则此等级要求就是该 SIS 系统的安全完整性等级（SIL），见图 3-8[11]。

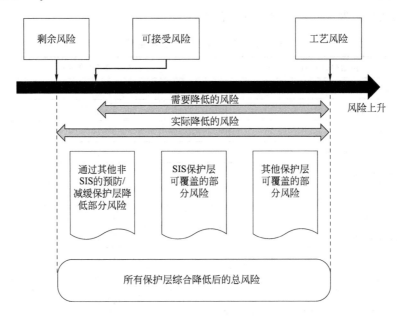

图 3-8 保护层分析应用于 SIS 系统定级原理图

（8）重复上述过程，直到分析完所有事故场景。

一个事故场景可能有很多保护措施，但是不是所有的保护措施都是 IPL，要从这些保护措施当中识别出 IPL。判断一个保护措施是不是该事故场景的 IPL，需要看它是否同时满足以下四个条件。

① 针对性（specific） 该保护层必须是针对所分析的事故事件场景而设置，可预防其发生或降低其后果影响。

② 独立性（independent） 该保护层必须与其他保护层和初始事件完全独立，既不受其他安全措施失效的影响，又不会引起其他安全措施失效。

③ 可靠性（dependable） 该保护层必须能够有效地实现其安全功能，一

般来讲要能够降低风险至少一个等级。

④ 可验证性（auditable） 该保护层必须是可检验确认的，其风险削减作用能得到持续保证。

二、保护层分析中的频率取值

当进行 LOPA 分析时，非常重要的是对于初始事件以及保护层的频率取值。数据可取自工厂自己的机械完整性（见第八章）管理系统（有的也叫资产完整性管理系统），或来自 OREDA（offshore reliability data）或 CCPS 等成熟数据库。

典型初始事件的发生频率参见表 3-11。

表 3-11　典型初始事件的发生频率

初始事件描述	发生频率（每年）
安全阀错误起跳	1×10^{-2}
冷却水供应故障	1×10^{-1}
泵密封失效	1×10^{-1}
泵或风机等转动设备失效	1×10^{-1}
BPCS 控制回路故障	1×10^{-1}
调节器故障	1×10^{-1}
仪表风供应故障	1×10^{-1}
压缩机透平跳车	1×10^{-1}
过滤器堵塞	1×10^{-1}
汽包管程破裂	1×10^{-2}
燃烧炉风机跳车	1×10^{-1}
燃烧器的机械故障	1×10^{-2}
氧气供应故障	1×10^{-2}
控制阀故障关	1×10^{-1}
装卸槽车液位低	1×10^{-1}

典型独立保护层的失效频率取值参见表 3-12。

表 3-12　典型独立保护层的失效频率取值

IPL	PFD	描述
围堰/防火堤	1×10^{-2}	降低储罐溢流、破裂、泄漏等事故形成液池造成严重后果的频率

IPL	PFD	描述
阻火器/避雷器	1×10^{-2}	正确的设计、安装以及良好的维护,方可起到避免管道内回火风险
安全阀	1×10^{-2}	泄放场景满足保护工况,且泄放至火炬/其他收集系统
泄爆片	1×10^{-2}	避免系统超出特定压力,其有效性需结合特定场景进行判断
基本过程控制系统	1×10^{-1}	仅与初始事件独立的控制回路可被认为是保护层
SIL1 SIS 回路	1×10^{-1}	通常由 1 个传感器、1 个逻辑控制器、1 个执行机构组成
SIL2 SIS 回路	1×10^{-2}	通常由多个传感器、多通道的逻辑控制器、冗余的执行机构组成
SIL3 SIS 回路	1×10^{-3}	通常由多个传感器、多通道的逻辑控制器、冗余的执行机构组成。同时要求有明确的行程测试、检修要求等确保低PFD的达到
操作工动作	1×10^{-1}	简单、操作规程明确指示的动作,且具有明确可靠的仪表指示,方可作为保护层

注:SIL 是安全完整性等级,是 safety integrity level 的缩写。

三、保护层风险分析案例

针对第二节中柴油加氢风险分析案例,我们通过 HAZOP 分析发现了其中一个比较严重的事故场景:"反应进料泵 P-1001 跳车导致原料油进料管线系统失压,高压物料逆流至进料泵入口,经泵出口最小回流线逆流进入原料缓冲罐 D-1001,严重时导致 D-1001 超压损坏,物料泄漏,成为潜在的火灾爆炸隐患。"

那么针对此事故场景,我们需评估建议措施中"考虑进料泵出口管线最小回流线下游处增设切断阀,并评估设置出口流量低低联锁关切断阀动作的必要性"是否必须要设置,同时该联锁是否仅需要在 DCS 中实现,还是必须进行 SIS 系统设置。于是针对该场景,我们进行 LOPA 分析。表 3-13 展示了该场景的 LOPA 分析结果。

应当注意的是,虽然原料油缓冲罐 D-1001 罐顶安装了多个安全阀,但由于安全阀的泄放能力不足,不能有效保护逆流场景,不符合保护层中可靠性的原则,因此不能作为独立保护措施。最终经评定后,认为该联锁动作应设置于 SIS 系统,且满足 SIL2 联锁设置要求。

表3-13 柴油加氢装置原料泵跳车事故场景 LOPA 分析示例

初始事件		后果	事故类型	严重性	可容许概率（每年）	使能因子		条件因子[13]		未削减事件频率	独立保护层			削减后事件频率（每年）	LOPA差距			SIL要求
描述	频率					描述	概率	描述	概率		IPL	类型	PFD		类型	PFD	RRF	
反应进料泵 P-1001 跳车	1×10⁻¹	原料油进料管线系统失压，高压物料逆流至进料泵入口，经泵出口最小回流线逆流进入原料缓冲罐 D-1001，严重时导致 D-1001 超压损坏，物料泄漏，成为潜在的火灾爆炸隐患	人员安全	5	1×10⁻⁶	NA	1	1.人员巡检：1班8h两次，停留时间20min	0.083	8.3×10⁻³	D-1001罐顶压力高报警 PHA	报警及人员干预	1×10⁻¹	8.3×10⁻⁴	人员安全	1.2×10⁻³	830	SIL 2

注：表中RRF（risk reduction factor）表示风险削减因子，是LOPA差距PFD的倒数；有关使能因子和条件因子参见文献[13]。

第四节　过程危害分析建议措施的跟踪落实

不论采用何种 PHA 方法，只有当 PHA 分析提出的建议措施得到认真落实、付诸实施后，才能真正发挥其削减风险、控制风险的功效。

当 PHA 分析形成最终的建议项后，项目管理团队中的 HSE 负责人应承担 PHA 的跟踪落实工作，必要时可组织专项的建议跟踪落实技术评估，最终依据风险管理的最低合理可行原则和可接受风险要求，对每条具体建议措施以完全接受、修改后接受或拒绝接受等方式做出书面回复，表 3-14 中给出了 PHA 建议措施响应清单示例。

表 3-14　PHA 建议措施响应清单示例

序号	建议内容	风险等级	责任方	状态及响应日期
1	核实所有安全阀入口管线处是否设置切断阀,并确保所有的切断阀均为锁开形式	Ⅰ	安全监管部	已核实,××/××/××
2	考虑在吸收塔处设置独立的温度高报警,以提示吸收塔处是否发生反应	Ⅱ	设计	拒绝(已增设其他替代保护措施)
3	增设压缩机手动切断阀手轮延长杆,以便于在监测到泄漏发生时,操作人员可在压缩机厂房外实现阀门关闭动作	Ⅱ	设计	在详细设计阶段落实,预期时间××/××/××
4	考虑优化压缩机厂房的通风排气系统设置,使其具备避免厂房内可燃气积累的能力	Ⅲ	设计	需进一步评估,下一阶段答复时间××/××/××

应当注意的是，由于 PHA 建议是经过分析小组共同讨论提出的，因而对于建议的拒绝应当非常慎重，通常对建议拒绝的情况包含：

（1）建议所依据的输入资料或分析过程是错误的；

（2）经评估确认建议对于保护员工和公众的安全和健康以及保护环境不是必需的；

（3）分析后发现有替代的，并且更有效、更经济的方法可供选择；

（4）建议在技术上是不可行的。

同样，对于接受的建议项，若涉及整改活动，应注意要经过变更管理（见第四章）评估，以确保依据建议项整改后不会引入其他的不可接受风险。

有些建议的落实可能短期不具备条件，如在役装置的整改可能需等待装置进行停车检维修，或者新建项目的建议需随着设计阶段的深入进行落实。因而建议跟踪落实的过程可能需要很长的时间。同时，针对不能立即落实的建议，若评估发现未整改可能具备较大的风险时，应要求采取临时风险控制措施，直至最终的风险控制措施实施。如 PHA 过程中发现某设备的安全阀泄放量不满足要求，但是现在不具备更换条件（装置运行，无法在线更换），那么此时可能需要采取临时风险控制措施，如与该设备相连的某阀门要求为锁开状态，确保其他设备上的安全阀可提供一定的泄放量，以补充现有安全阀与所需泄放量的差距。

建议措施的跟踪落实表可作为 PHA 报告的一个附件，或者作为正式文件发布。但无论哪种形式，均需很好地归档，并能定期审阅，跟踪建议措施的落实状态。

需要强调的一点就是：对于那些经过 PHA 分析发现的安全隐患和质量隐患，即使落实了 PHA 团队提出的建议措施，企业管理人员也不能想当然地认为这些隐患就不再存在了，可以高枕无忧了。要确保风险一直处于受控状态，还必须落实过程安全管理的其他要素，比如开车前安全审查、变更管理、机械完整性管理、人员培训、应急准备等，即通过建立、健全过程安全管理整个体系，创建企业安全文化来巩固 PHA 分析的成果，这是至关重要的。令人遗憾的是，在实践中这一点往往容易被企业管理人员遗忘。

第五节　过程安全分析管理示例

本章介绍了不同的过程危害分析方法，实际企业在进行全周期的 PSM 时，该选用哪种方法需考虑的因素较多。在 CCPS 出版的《Guidelines for Hazard Evaluation Procedures》一书中推荐了过程危害分析方法选择时的七个步骤[1]。国内近年来对于石化行业的 HAZOP、LOPA 等分析方法的选用执行提出了法规层面的强制要求。本节以德国巴斯夫（BASF）公司以及美国 DOW 化学公司过程危害分析的应用与管理经验[12]为例，介绍在工程实践中如何做好过程危害分析管理工作。

一、德国 BASF 公司的过程安全分析管理

BASF 的历史上也曾发生过灾难性的事故，比如 1921 年路德维希港发生的氨厂爆炸事故，其后过程安全的理念慢慢得到 BASF 的重视。1980 年，BASF 成立了独立于各个工厂的致力于过程安全的部门，由具有不同专业背景的专业人员组成。

1. BASF 标准的 SHE 管理体系

BASF 为了确保所有的化工厂都可以满足集团的 SHE（safety health environment）理念，过程安全部门制定了集团层面标准的"六步" SHE 保护程序，详见表 3-15。该 SHE 保护程序制定了项目实施不同阶段的 SHE 要求，并把 HAZOP 分析作为其中第四步的基本要求。

表 3-15　BASF 标准的"六步" SHE 保护程序

步骤	执行期	目的	实施范围
1	项目要求明确后，获得正式审批之前	辨识基本的 SHE 相关问题，尤其是与法规、行政批复相关的问题。对于工艺路线、选址、物料走向等做出初步决策	针对"大型"项目，尤其是需要对不同的工艺路线、厂址进行决策时
2	概念设计阶段	审查项目执行过程中工艺、总图、土建、结构、自控等设计与 SHE 有关的内容，识别过程风险，编制初步 SHE 执行程序，并进行基于工艺流程图（PFD）的审查	针对所有项目执行
3	扩展的概念设计阶段	对于 SHE 执行程序实施并确认有效性，进行基于管道及仪表流程图（P&ID）的审查，确保工艺过程在不同操作状态（如正常操作、开停车、非常规操作等）下的安全	针对所有项目执行
4	终版 P&ID 完成（获得"施工许可"）后，机械竣工前	对管道及仪表流程图进行全面的危险与可操作性（HAZOP）审查	项目是否需执行步骤 3 由 SHE 审查小组确定，通常针对涉及危险物质或危险工艺的项目，尤其是毒性物质或易燃液化气存量较大，或包含易失控反应的项目
5	机械竣工后，项目开车前	在开车前确认项目施工过程中充分执行了 SHE 程序	针对所有的项目执行
6	新工艺/技术开车后 6 个月到 1 年	分析自开车后装置发生的变化，与项目人员交流从开车到正常操作期间的经验，安全设施是否充分	仅针对 BASF 涉及新工艺/技术的项目

2. BASF 风险矩阵

除了项目所在地有法规要求如比利时等，通常 BASF 并不采用定量风险评估（QRA），而是选用半定量的风险矩阵法。BASF 采用企业自身制定的统一的 4×5 风险矩阵（见表 3-16）。

表 3-16　BASF 的风险矩阵

频率	后果严重性			
	S1	S2	S3	S4
P0	A	B	D	E
P1	A/B	B	E	E
P2	B	C	E	F
P3	C	D	F	F
P4	E	F	F	F

风险矩阵中事故发生频率等级：

P0：发生过多次，1 年 1 次或更多；

P1：发生过，10 年 1 次；

P2：很少发生，100 年 1 次；

P3：从没发生过，但是理论上有可能，10^3 年 1 次；

P4：理论上不会发生，低于 10^4 年 1 次。

事故后果（健康影响）的等级：

S1 厂内：潜在的一人或多人死亡事故；

S2 厂内：潜在的一人或多人严重受伤（不可逆伤害）；

S3 厂内：潜在的一人或多人误工伤害；

S4 厂内：潜在的小受伤。

不同风险等级对应的最低风险削减要求：

A：极高风险，完全不可接受，重新设计流程或设备；

B：中高风险，不可接受，重新设计流程，或增设具有 SIL3 等级的保护措施（SIS 等）；

C：高风险，不可接受，重新设计流程，或增设具有 SIL2 等级的保护措施（PSV、SIS 等）；

D：中等风险，可接受，增设一个具有良好测试记录的监测设备或管理严格的程序措施；

E：中低风险，增设一个监测设备或程序控制；

F：低风险，无须增设额外保护措施。

二、美国 Dow 化学公司的过程安全分析管理方法

Dow 化学公司致力于过程安全研究，早在 20 世纪 90 年代，就已开发出一系列非常好的过程安全管理工具，如防止损失原则（loss prevention principal，LPP)、火灾爆炸指数（fire & explosion index，F&EI)、化学品暴露指数（chemical exposure index，CEI）等。随着过程安全技术的发展完善，Dow化学公司融合多种 PHA 方法，在 1994 年确立了 Dow 化学公司自有的过程风险管理标准（process risk management standard，PRMS)，基于其自身的风险接受准则，确立了级别逐步升高的四步骤风险评估程序。

第一步(级别 1):PHA

Dow 化学风险管理过程的第一步就是对所有化工过程进行 PHA。通常该步骤采用 Dow 传统的风险识别工具。针对化工过程，主要工具为：

a. Dow 化学反应/过程风险分析问卷；

b. 火灾爆炸指数（F&EI)；

c. 化学品暴露指数（CEI)；

d. 对通过 Dow 化学反应/过程风险分析问卷识别出来的 LOPA 场景进行后果评估（主要考虑可能受到影响的最大人数）。

进行完该过程后，需根据以下准则判断是否需进行更高级别的风险评估：

(1) F&EI≥128；

(2) CEI≥200；

(3) LOPA 场景分析中超出 Dow 化学公司的后果严重度标准；

(4) 被判定为具有显著风险的 Dow 化学公司中的新技术；

(5) 管理层认为有人员伤害或环境污染风险而必须进行更高级别评估；

(6) 地方政府要求使用级别 2 中的风险分析工具；

(7) CEI 识别场景中 ERPG-2 浓度范围超过 Dow 厂界（对于无 ERPG-2 浓度的化学品，采用 AEGL 浓度）。

第二步(级别 2):风险评估

级别 2 的风险评估过程相比于级别 1 包含了更多定量的风险识别和分析，主要方法包含：

(1) 原因-后果分析：用来更好地选取/定义 LOPA 场景。对于 Dow 的新工艺，HAZOP 分析作为 LOPA 分析的场景识别的推荐方法。

(2) LOPA：作为半定量的可能性分析方法，评估特定场景风险可接受度（可以利用在级别 1 PHA 中得到的后果）。

(3) 爆炸后果评估：确定具有潜在爆炸风险的装置周围有人建筑物的抗爆要求。

若 LOPA 分析过程发现某一个或多个场景，其风险在采取措施后仍难以满足 Dow 可接受准则，或管理层认为需进行更深入的评估，则需进行级别 3 的风险评估。若某风险场景（如机械完整性失效）具有很高的风险（如厂址距离居民区很近，同时具有较高的高毒化学品存储量)，认为 LOPA 分析并不是有效的风险分析手段，此时应进行更高级别的风险评估。

第三步(级别 3):强化的风险评估

级别 3 要求对特定事件的潜在后果进行深入的评估，包含 3A 及 3B 两个子步骤。其中，评估场景通常来自前面的 LOPA 分析过程筛选出来的场景，采用化学计量后果分析方法（dose adjusted consequence analysis，DACA）。其中子步骤 3A 基于毒性的影响进行初步场景筛选（例如利用泄漏扩散模拟简单查看是否有人可能受到伤害），子步骤 3B 对于筛选的结果进行精确评估。DACA 方法根据有毒化学品的致死率数据以及该化学品浓度与暴露时间，计算该场景导致人员死亡的概率。级别 3 中的主要工具为 Phast™ 以及 Safeti™ 等定量工具。

当出现以下三种情况时，需进行级别 4 风险评估：

（1）级别 3 的风险评估表明，其风险已超出厂界线，厂外人员承受的风险超出了公司的风险接受准则；

（2）当地政府法规要求进行 QRA 工作；

（3）合作伙伴要求进行 QRA 工作；

（4）公司的管理层认为需要进行 QRA 工作。

第四步(级别 4):定量风险分析

QRA 过程需要使用复杂的、概率学的数学模型进行总体风险评估，Dow 使用的主要的分析工具为 Safeti™。通过对于泄漏场景的逐个评估，得到装置的累积风险分布曲线，并与 Dow 的风险准则比较，判断是否需要采取风险控制措施。

剩余风险

当风险评估的结果未超过级别 2、3 和 4 的风险评估准则时，风险评估的风险分析过程即告一段落。管理程序需确保有效的过程安全管理系统就位，依照风险管理计划时刻监控剩余风险的变化。

第六节　与 PSM 其他要素的关系

过程危害分析是 PSM 管理的重要组成部分，与 PSM 多个要素紧密相连。

在开展 PHA 活动前，需要深入了解装置中的以下信息：

（1）涉及的危险化学品信息　毒性、允许暴露限值、理化数据、反应性、稳定性、腐蚀性、禁配物等。

（2）工艺技术有关的信息　PFD、化学机理、最大存量、温度、压力、流量或组成的安全限值、偏离安全限值的后果等。

（3）与工艺过程设备相关的信息　材质、P&ID、爆炸危险区域划分、泄放系统的设计及设计基础、放空系统的设计、采用的设计标准、物料和能量平衡、联锁、检测或抑制系统等。

而这些都是过程安全信息（PSI）的内容。PSI 既作为 PHA 的输入，同时在 PHA 分析过程中若发现了管道及仪表流程图上的错误或缺失，则需要及时更改有关的 PSI。

通过对类似装置进行事故调查获得的经验，可作为 PHA 分析的重点，有助于更全面地进行场景构建。

机械完整性数据，例如有关设备或仪表的故障率等，可为 PHA 方法设定初始事件频率提供参考，抑或在保护层分析中作为初始事件和独立保护层失效的频率设定。同时通过 PHA 分析，可以识别出涉及安全的关键性设备，可针对性地提出机械完整性要求，机械完整性管理中的基于风险的检验（RBI）的基础正是 PHA。

PHA 过程中若发现了操作规程上的不足，则需要完善操作规程，并给操作人员提供相应的培训。另外，操作规程本身也是 PHA 活动的重要输入，例如对于操作频繁的手阀，需考虑人员误动作作为可能的事故原因。同时对于涉及间歇操作的很多精细化工装置，进行 PHA 分析最重要的对象就是操作规程的安全性。

PHA 分析过程中若发现了高的风险隐患，则需要给出降低风险的建议措施，并完善有关应急预案。若针对此风险隐患需进行整改，则又涉及变更管理。而完善的变更管理程序，对于装置内因工况变化、技术优化等进行的重大变更，均要求首先进行 PHA，确保变更过程及变更后的安全性。变更实施后，在开车前必须进行试生产前安全审查（pre-startup safety review，PSSR），确保 PHA 的所有建议措施都已得到解决，风险得到有效控制。PHA 分析过程中提出的整改措施是否能有效落实，又需要有充分的符合性评审。

而在整个 PHA 活动中，员工参与的要素也格外重要。具备丰富操作经验的员工在分析过程中往往能够凭借实际经验提供许多容易忽视的信息，有些甚至是理论层面上难以预估的。另外，操作人员通过 PHA 的进行，与设计人员、专利商开发商等进行交流，可加深对装置流程的理解，更好认识到过程中存在的危险性。同时，PHA 过程中提出的建议措施又要充分考虑操作人员的操作习惯，否则提出的措施就容易浮于表面。笔者曾在一套煤制氢装置 PHA 分析过程中，发现煤气管道中安装了大量的安全阀，操作工常年进行巡检未佩戴任何安全防护设施。经与专利商工程师讨论分析，此处管道的安全阀为当煤气管道中氧含量超标，管道内爆炸后进行泄压使用，而此时操作工提出发现此处曾有喷火现象，而这些都是企业管理者之前未曾知道的。于是经过商议，大家提出整改建议，涉及此类安全阀的区域需设置可燃有毒气体检测，同时操作工在该区域需佩戴相应的劳保用品。在整改期内，需逐一对此类安全阀进行核实，确保安全阀排放出口处形成的喷射火不会引起周边设备的燃烧而引发二次事故。这一风险得以辨识正是有赖于操作人员对装置的观察，同时 PHA 的结果又直接对操作工的操作提出了要求，提升了自身的安全。

可见，PHA 既需要 PSM 各要素作为输入，同时 PHA 的成果最终也需体现到 PSM 各要素中（见图 3-9）。

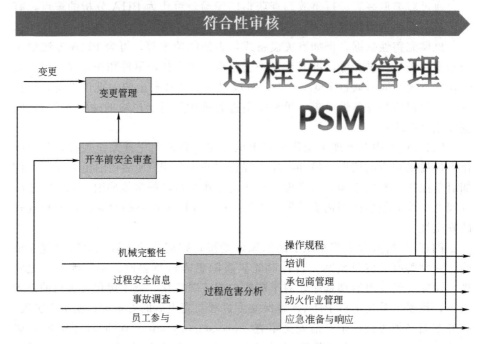

图 3-9　PHA 与 PSM 各要素的关系

参考文献

[1] CCPS. Guidelines For Hazard Evaluation Procedures [M]. 3rd ed. New York: 2008.

[2] 赵劲松，陈网桦，鲁毅，等. 化工过程安全 [M]. 北京：化学工业出版社，2015.

[3] Cui L, Shu Y D, Wang Z H, et al. HASILT: An intelligent software platform for HAZOP, LOPA, SRS and SIL verification [J]. Reliability Engineering & System Safety, 2012, 108: 56-64.

[4] Zhao J S, Cui L, Zhao L H, et al. Learning HAZOP expert system by case based reasoning and ontology [J]. Computers & Chemical Engineering, 2009, 33 (1): 371-378.

[5] Cui L, Zhao J S, Qiu T, et al. Layered digraph model for HAZOP analysis of chemical processes [J]. Process Safety Progress, 2008, 27 (4): 293-305.

[6] 赵劲松，赵利华，崔琳，等. 基于案例推理的 HAZOP 分析自动化框架 [J]. 化工学报，2008，59 (1): 111-117.

［7］ Wu H, Igor P, Cui L, et al. Process safety management consideration for biofuel production ［J］. Frontiers of Engineering Management, 2017, 4（3）: 357-367.

［8］ 危险与可操作性分析（HAZOP 分析）应用导则［S］. AQ/T 3049—2013.

［9］ HAZOP Application Guide［S］. IEC 61882—2001.

［10］ Functional Safety-Safety Instrumented Systems for The Process Industry Sector Edition 2. 0 ［S］. IEC 61511—2016.

［11］ 保护层分析方法应用导则［S］. AQ/T 3054—2015.

［12］ Jerry W C, Paul D, et al. Beyond HAZOP and LOPA: Four Different Company Approaches ［J］. 2016, AIChE.

［13］ CCPS. 保护层分析：使能条件与修正因子导则［M］. 鲁毅，等译. 北京：化学工业出版社，2015.

第四章

变更管理

为了满足市场需要、提高生产效率、节能减排降耗、优化操作条件，甚至为了消除工艺系统的危害，或达到其他目的，化工、制药和石化等流程工厂总是会不断地改进工艺技术、改变工艺设施或参数、修订操作方法等。在从这些改变中受益的同时，也可能因此引入新的风险。虽然某些很不起眼的改变，却可能蕴含不可接受的风险，如果缺乏合理的管控，有可能导致灾难性的过程安全事故，如化学品泄漏、火灾或爆炸等。

工厂里的改变非常多，有些改变属于变更，有些不属于变更。改变是比变更外延更大的一个概念。从过程安全的角度看，我们只关心变更，不关心变更以外的其他改变。譬如，在设计规定的安全操作范围内调整工艺参数是一项改变，这样的改变没有改变设计的原本意图，不会增加新的危害，它是改变但不属于变更，因此这样的改变就不在本章的讨论范畴中。

流程工业中很多灾难性的事故都是由于不恰当的变更所导致的。因此在过程安全管理体系中，无论是美国 OSHA PSM 标准，还是我们国家的《化工企业工艺安全管理实施导则》（AQ/T 3034），都把变更管理作为一个独立的要素。它的根本目的是主动管理和控制风险，预防灾难性的事故[1,2]。

本章先介绍几起与变更相关的事故，然后介绍变更的基本概念、执行变更管理的基本步骤以及一些良好的实践。

第一节　事　故　案　例

一、硬件变更导致的事故

1974 年 6 月 1 日下午，英国弗力克丝波罗（Flixborough）镇的一套环己烷氧化装置发生了易燃液体泄漏，泄漏的易燃液体挥发的蒸气云与空气混合，形成爆炸性的蒸气云团，遇到点火源发生爆炸，导致工厂内 28 人死亡、36 人受伤，周围居民也有几百人受伤。

爆炸摧毁了工厂的控制室，也损坏了工厂附近的 1821 间民房（见图 4-1）。

图 4-1 弗力克丝波罗（Flixborough）事故现场

发生事故的工艺装置是生产尼龙的一个工段，通过氧化环己烷生产环己酮和环己醇的混合物。工艺过程包含六个串联反应器，物料从第 1 级反应器依次流经几个中间反应器，最后进入第 6 级反应器（见图 4-2）。在正常情况下，这些反应器的操作温度是 150℃，操作压力是 0.9MPa（表压）。

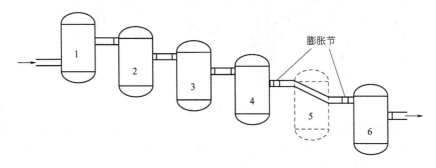

图 4-2 串联的 6 个反应器示意图

在事故发生前，1974 年 3 月 27 日，工厂管理人员发现第 5 级反应器有一道垂直的裂纹，并且有一些渗漏。出于安全的考虑，工厂立即把装置停了下来。

　　调查发现第 5 级反应器的问题比较严重，决定拆除该反应器进行维修。由于维修需要的时间比较长，工厂不愿意因此停产太久。为了维持生产，于是决定用一条直径 0.508m 的临时管道直接串联第 4 级与第 6 级反应器，这样虽然不经过第 5 级反应器，生产还是可以继续进行；等到第 5 级反应器修复后再重新安装回来，所以，这是一起临时的变更。

　　当时，工厂的机械工程师辞职了，接替他的人还没有到位。工厂的维修工人们就在车间地板上用粉笔勾画出了草图，然后根据草图安装了一条临时管道。考虑到管道可能会受热发生伸缩（热胀冷缩），就在临时管道的两端各安装了一段膨胀节，分别与第 4 级反应器及第 6 级反应器相连，并用脚手架支撑起这条临时管道（见图 4-3）。

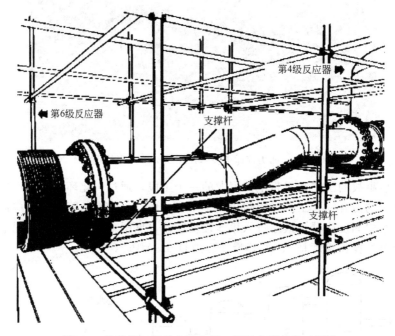

图 4-3　连接第 4 级反应器和第 6 级反应器的临时管道

　　1974 年 6 月 1 日 16 时 53 分，这条临时管道上的膨胀节突然破裂了，在极短时间内就泄漏了大约 40t 易燃液体，这些高温物料进入大气后快速汽化，与空气混合，形成了一个直径大约 200m 的爆炸性蒸气云团，随后，这个蒸气云团被点火源引燃，发生了蒸气云爆炸[3]。

　　爆炸造成了 28 个人死亡，包括附近控制室内的 18 名操作人员、在现场作业的 9 名操作人员和 1 名送货司机。爆炸引发的大火燃烧了 10 天才被扑灭（注：事故案例资料来源于 http://www.hse.gov.uk/comah/sragtech/case-flixboroug74.htm；"Flixborough (Nypro UK) Explosion 1st June 1974"）。

这起事故发生在星期六，当时工厂的人比较少。在平时，有 200 多人在这家工厂内工作。如果这起事故是发生在正常工作日，伤亡的人数会更多，后果不堪设想！

在这起事故发生之前，工厂增加了那条临时管道，用它临时代替第 5 级反应器，今天我们都知道这是工艺系统的变更。但那时的人们还没有变更的概念，工厂没有变更管理制度，没有人想到要对变更过程执行严格的管理，也没有人对变更的方案做危害分析和评估。而且，工厂缺少有经验的工程师，参与这项变更的人缺乏足够的经验，没有认识到膨胀节会受到振动的影响，也没有考虑到膨胀节会因径向受力而破裂。他们一定没有想到对工艺系统的这项变更会导致如此灾难性的后果。

这起事故曾经引起了广泛的社会关注，也间接催生了欧洲第一部过程安全管理法规塞维索指令。著名化工过程安全专家特雷弗·克莱兹（Trevor Kletz）先生曾对这起事故的教训做过深入的总结，并提出了本质安全的概念和在化工行业推行变更管理的倡议。这起事故值得我们深思和吸取教训：

（1）这起爆炸事故表明，工厂需要建立一套管理系统来控制工艺设施的变更，包括临时的变更。对工艺系统变更前，要由有经验的人进行系统的危害分析，确认变更是否符合设计标准、是否会产生不良的后果。

（2）尽量减少物料在工艺系统中的存量。这起事故所涉及的工艺装置里有 400t 环己烷，事故发生时，泄漏了大约 40t。根据本质安全的指导思想，要预防灾难性的火灾、爆炸和有毒物泄漏事故，最好的办法是减少这些危险物料的储存量以及它们在工艺系统中的滞留量。存量越少，能泄漏的量越少；一旦发生泄漏，后果也会相对较轻。

（3）在这起事故中，工厂的控制室被摧毁，导致大量人员伤亡，它提醒我们在工厂平面布置和控制室的设计中，需要充分考虑在灾难性事故发生时如何保护操作人员以减少伤亡。我们在建设新项目或扩建工艺装置时，应该进行设施布置分析来降低人员密集区域的风险，包括控制室的位置和抗爆设计［参见《石油化工控制室抗爆设计规范》（GB 50779—2012）］，以保护操作人员的生命安全。

（4）这项改造任务超出了维修工人们的专业能力和认知水平。在设计和安装这条临时管道的时候，他们没有考虑到物料在管道内流动时所产生的振动以及在压力条件下膨胀节所承受的径向应力。因此，工厂应该聘用有足够经验和能力的工程师，并建立适当的机制以发挥他们的专长，为事故预防提供充分的技术支持。

英国弗力克丝波罗（Flixborough）泄漏爆炸事故是对硬件（工艺设施）变更导致的一起事故。下面是另一起硬件设施变更导致的事故案例[4]。

在某工厂，采用冷冻的方法来低压储存乙烯，为了防止储罐超压，在储罐上设置了一个安全阀，当储罐内压力过高时，安全阀起跳，会有少量低温乙烯气体从储罐的安全阀释放出来。释放点距离地面比较近，这些释放出来的乙烯气体在地面上聚集，有引燃的风险（见图 4-4）。

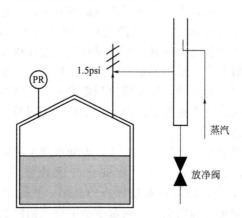

图 4-4　储存乙烯的储罐（1psi＝6.895kPa）

当时不具备条件把这些释放的乙烯气体引到火炬系统去烧掉，为了让释放出来的乙烯气体尽快扩散和避免聚集，有人就建议在直径 200mm 的安全阀的出口管道上连接一条蒸汽管线，往安全阀出口管内通蒸汽，用蒸汽吹散释放出来的乙烯气体。这看起来是一个很不错的主意。但是，在投产以后，安全阀出口管道内的蒸汽遇到了低温的乙烯气体，蒸汽就冷凝下来形成冷凝水，这些冷凝水聚集在安全阀的出口管内，由于低温而结冰，堵塞了安全阀的出口，在乙烯储罐需要泄压时，安全阀失去了应有的功能，导致储罐超压破裂，乙烯泄漏了出来。

在行业里，因为硬件设施变更导致的事故还有很多。例如有的工厂因为改变了易燃液体槽车的装车泵，导致槽车内静电过度累积而释放，发生槽车爆炸事故；也有的工厂为了处理易燃液体储罐的尾气，增设了活性炭吸附装置，结果导致储罐火灾。类似的因为硬件变更导致的事故不胜枚举。

二、操作方法变更导致的事故[3]

除了硬件的变更外，对操作程序的变更和对安全联锁的变更如果失控，同样可能导致严重的后果。

2006 年 1 月 31 日，在美国北卡罗来纳州一家化工厂，出现了反应失控，随后在车间内发生了蒸气云爆炸和火灾（见图 4-5），导致一人死亡。

发生事故的工厂有一个容积为 $6m^3$ 的反应器，在这个反应器内（见图 4-6），通过聚合腈纶单体生产粉末涂料和油漆添加剂。

图 4-5 美国北卡罗来纳州一家化工厂蒸气云爆炸后的现场照片

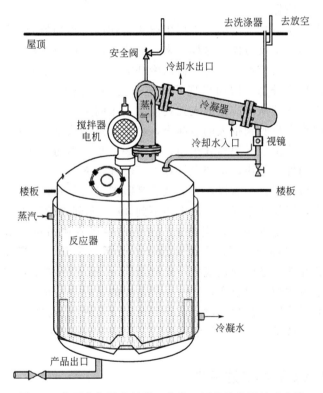

图 4-6 美国北卡罗来纳州一家化工厂事故涉及的反应器

正常操作的时候，操作人员将溶剂和单体的混合物加入反应器内，然后往反应器的夹套通蒸汽加热。通常加热到混合物的沸点后就切断蒸汽，往反应器内加入引发剂，开始聚合反应。聚合反应会放热，溶剂和单体混合物的温度会升高，部分溶剂会汽化成溶剂蒸气，溶剂蒸气流经反应器上方的一个冷凝器，热量被冷却水移走，溶剂蒸气被冷凝下来，生成的冷凝液重新回流到反应器内。冷凝器还有一条很小的气相管道连接大气，在正常情况下，一些不凝气会从这里排放到洗涤器，反应器内接近常压。当反应器内温度过高时，操作人员还可以手动开启应急冷却水，往反应器的夹套供水，以增加反应器的冷却能力。

在事故发生前，这家工厂接到了一张生产订单，订单的产品数量比一个正常批次的操作多了12%。为了节约时间和省去分两批次生产的麻烦，工厂经理没有把它分成两个批次反应，而是通过增加反应的进料配比量，作为一个批次安排生产。

在正常情况下，这项反应的进料分成两步：第一步先往反应器内加入单体和溶剂，加热，然后加入引发剂开始反应；第二步将余下的单体和引发剂混合后，一起加入反应器。

但是，在这次事故发生前，工厂生产主管在第一步加料的时候，就将全部的单体一次性加入了反应器。这样一来，反应器内的反应放热量约相当于平时的2.3倍，超出了反应器上方冷凝器的冷却能力，反应产生的热量不能及时移走，反应器内温度升高，因而出现了反应失控和反应器内压力迅速升高的情况，易燃溶剂蒸气就从反应器的人孔处泄漏到车间里。

当班的操作人员听到很大的泄漏声，也看到蒸气从反应器的人孔处泄漏出来。泄漏的蒸气迫使他尽快离开车间，在同一个车间内的另外三名操作人员也被迫撤离到车间外。很快，生产主管和工厂经理也来到这个车间，他们一起站在车间外的门口，安排一名操作人员戴着呼吸器进入车间，启动了反应器夹套的应急冷却水，但他从车间撤离出来还不到30s，车间内就发生了爆炸。

所有在场的人都受伤了，当时工厂的维修主管在附近的实验室旁边（见图4-7），全身几乎都烧伤了，在医院治疗5天后不幸死亡。爆炸还损毁了工厂的工艺装置和邻近社区的建筑物，距离工厂600m范围内的玻璃都碎了。

导致这起事故的原因很多，其中一项重要的原因是管理人员对于反应进料量变化带来的影响知之甚少，没有认识到改变反应进料步骤的危害，擅自改变了操作的方法，这是一起因操作程序不当变更而导致的事故。

三、安全联锁变更导致的事故[5]

通过前面的章节我们会发现，在 HAZOP 分析和 LOPA 分析过程中，有的时候为了把风险降到可接受的程度，会建议增加安全联锁保护措施。但是，在安全联锁系统安装完成后，工厂需要有严格的管理措施来确保它们处于正常的在用状态并发挥作用。将工艺系统的安全联锁旁路掉或摘除，也是一种变

图 4-7　事故发生时的人员位置

更，它可能导致意想不到的后果。

在某工厂工艺装置开车期间，一台换热器的壳程发生了爆炸，换热器壳体被炸裂开（见图 4-8）。这起爆炸是如何发生的呢?

图 4-8　破裂的换热器壳体

在事故发生之前，操作人员准备启动工艺装置（装置开车），他遇到了一些仪表方面的问题，于是他就把工艺系统的联锁都旁路了，改成完全由手动模式来开车。

开车的工艺系统中有一台燃烧炉，在正常开车时，联锁装置会起作用，如果燃烧炉的点火装置没有点火，供应燃料气管道上的阀门就不能打开。在这起事故发生前，因为切除了联锁，燃烧炉的点火装置即使没有点上火，也可以打开燃料气管道上的阀门往炉膛里进燃料气。实际情况正是如此，燃料气和空气在燃烧炉的炉膛内混合，形成了爆炸性混合物，被引燃后发生爆炸，结果损坏了燃烧炉下游的换热器，还好当时没有人在现场，否则可能会导致人员伤亡。

这起事故中的操作人员认为联锁是可有可无的东西。他把它们摘除原本是为了加快开车的速度，而且他认为只做这么一次，应该没有问题。但他错了，这是化工过程的变更，而且这样的变更显著增加了化工装置开车的风险，即使是偶尔这么做一次，也有可能导致严重后果。

第二节　变更的概念

在石油和化学工业中，唯一不变的是变更[6]。那么什么是变更？根据美国化学工程师学会化工过程安全中心编著的《过程安全管理：变更管理导则》[7]，变更的定义是：任何扩增、过程改造或对人或物的非同类替换。

其中，同类替换是指使用符合某个物体的设计规格（如果有的话）的物体（如：设备、化学品、执行程序、组织结构、人员等）来更换该物体。这是一个等同的更换或符合设计规格的替代，但这个替代物对所替换的物体及其相关的物体的功能或安全性不产生任何不利影响。非硬件类的变更（如执行程序、人员、组织结构等），可能本身就不存在相应规格，在这种情况下，在判断是"同类替换"还是变更时，审查人员应该考虑该变更对象的设计意图和功能要求（即使这些要求并无书面文件）。例如，用相同规格的垫片替换旧的垫片，用相同规格的设备或阀门替换现有的设备或阀门，都属于同类替换。

临时变更是指在一段较短暂的、预先设置的、有限的时间内实施的变更。而紧急变更是指特殊情况下的变更，如果按照正常变更管理审批程序所需要的时间，可能导致不可接受的安全危险、严重的环境或安保事件，或极大的经济损失。

根据 2020 年 10 月 10 日发布的中国化学品安全协会团体标准《化工企业变更管理实施规范》（T/CCSAS 007—2020），变更是指：企业内任何与化工过程相关的改造、停用、拆除或非同类替换的改变，以及对经过评审的管理方式和人员情况等进行的调整。包括企业在工艺、设备、仪表、电气、公用工程、备件、材料、化学品、生产组织方式和人员、组织机构等方面进行的改变。

　　图 4-9 是一个变更的实例，该图中的左图是变更前的系统。对系统的改变是在换热器 E-1 与储罐 V-2 之间增加一个阀门（图 4-9 的右图）。改变后，如果新增加的这个阀门关闭，那么原来的安全阀就不能再为储罐 V-2 提供超压保护了，在对此变更进行分析后，决定在储罐 V-2 上增加一个安全阀以防超压。

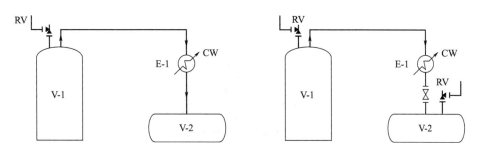

图 4-9　变更举例（左：变更前；右：变更后）

　　需要留意的是，不同的公司对同类替换的定义不完全相同。在有些公司对同类替换的要求很严格，对于设备的替换，不但要求是相同的规格，而且要求是出自同一家制造商才算是同类替换；对于原材料的替换也有类似的要求。这些公司的要求也有其合理的地方，我们举一个例子来说明：某家工厂一直从 A 供应商购买钢瓶装的氮气，用来吹扫某个涉及氢气的工艺单元；现在更换成一家新的 B 供应商，氮气的规格（主要是纯度）还是一样的，看起来没有增加新的危害，可以当作是同类替换。但是，客观的情况是，之前的 A 供应商只生产氮气这一种产品，不可能把其他的气体送到工厂来；而现在的 B 供应商除了生产氮气，还生产氧气等其他气体。换成 B 供应商后，增加了误把氧气通过钢瓶送来工厂的危害（这种风险有多大和 B 供应商的生产管理水平有密切的关系）。

　　"同类替换"不属于变更的范畴，不必遵循变更管理程序，但仍然可能需要遵守相关的维修管理制度和其他安全作业的管理要求。譬如，更换一只规格相同的阀门，需要把原来的阀门拆下来，这里会涉及开管作业等活动，在作业期间需要申请相应的作业许可证。

　　另外，在设计范围内开展日常操作和维护作业不属于变更的范畴，不受变更管理程序的约束。例如：

　　（1）设备和管道的日常检查；

　　（2）换热器或其他工艺设备的清洗；

　　（3）仪表的标定和维修；

　　（4）在设计条件允许的范围内调整工艺参数（如温度、压力和液位等）；

（5）在设计条件允许的范围内调整工厂的产能。

开展上述作业时，不受变更管理制度的约束，但要遵守安全作业的规定，如动火作业许可证、有限空间进入许可证等。

图 4-10 表达了化工企业中"改变"与"变更"的粗略数量关系。在所有的"改变"中，约有 10% 需要遵循变更管理程序，大约 1% 的改变可能带来重大风险。

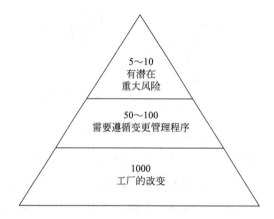

图 4-10　化工企业中"改变"与"变更"的粗略数量关系

第三节　变更的分类

化工、制药和石化等流程工厂涉及过程安全的变更，通常可以分成四类：

（1）工艺技术变更：主要是涉及工艺流程的改变，如原料化学品的改变、工艺操作条件的改变以及操作程序的改变。

（2）设备设施变更：主要是对工厂现场物理条件的改变，包括临时或永久地替换设备（同类替换除外），如改变或拆除现有的工艺设备、改变工艺管道等。

（3）程序变更：主要是操作人员或维修人员更改操作程序、维修程序或其他安全作业指导书。如果作业程序或维修工单等是由管理软件系统产生，那么管理软件系统本身的变更也要加以关注。

（4）组织机构变更：主要是工厂生产、维修和安全等相关人员和岗位的改变，包括人员更替、职位增减等，如减少每个班组的操作人员的数量、减少（或增加）工作岗位等。这些改变可能使从事某项工作的操作人员减少，或某个岗位的操作人员缺乏所需的经验和技能，从而影响过程安全。改变组织机构时，主要关心是否有足够的能够胜任的人承担起事关工厂安全的工作任务，以及分工和责任是否明确、合理。

工艺技术变更、设备设施变更和程序变更通常直接影响过程安全，而组织机构变更是间接地对过程安全造成影响。

不同工厂或公司对变更的定义可能有些许不同，表4-1列出的是化工、石化工厂中常见的一些可能导致风险增加并需要变更管理的示例。

表 4-1　可能导致风险增加并需要变更管理的示例[6,7]

设备设施变更示例
(1)替换设备或阀门(同类替换除外)，设备或阀门材质发生变化，例如将碳钢管道换成不锈钢管道(管道内的介质，如氯化物，会对不锈钢管道造成腐蚀)。
(2)全部或部分改变工艺设备或管道的材质，例如临时将金属垫片换成聚四氟乙烯垫片(新换上的垫片与工艺介质可能不相容，而且若发生外部火灾，更容易出现泄漏)；又如，将金属管换成塑料管(塑料管不能导静电，会产生静电累积甚至导致静电释放，静电释放的能量足以引燃可燃气体、易燃液态蒸气，也可能点燃可燃粉尘与空气形成的爆炸性混合物。此外塑料管道也容易破裂，导致物料泄漏)。
(3)安装临时的设备、管道或阀门(引入新的工艺介质可能会带来某些危害)。
(4)用另一个体积相同但长径比不同的反应器替换原有反应器(反应器内的混合和传热会发生变化，可能给反应过程带来影响)。
(5)改变容器原有用途，存储的物料密度增加(容器支撑结构的负荷会因此增加，甚至出现超负荷的情况)。
(6)增大泵的叶轮直径，以提高泵的能力(会因此增大管道内的流速，加速静电的产生，甚至导致静电累积和释放，引起火灾或爆炸)。
(7)临时把离心泵换成容积泵(泵下游管路上的阀门若意外关闭，可能导致超压，甚至破裂，使得化学品泄漏)。
(8)使用夹具带压堵漏(临时堵漏器具或夹具的承压能力不足，可能导致局部超压破裂甚至泄漏)。
(9)新增反应器时从已建的冷却塔取冷却水(会因此增加冷却水系统的负荷，影响其他工艺系统的正常运行)。
(10)安装或拆除工艺系统的保温层(可能使得工艺介质的温度超出设计所期望的安全范围)。
(11)在设备或管道内增加内衬(如在管道内增加塑料内衬，这么做容易形成静电累积，导致静电释放，例如常见的传播刷形放电)。
(12)增加或拆除设备、管道和阀门(这么做会改变工艺介质的流向)，例如在管道上增加阀门或旁路(新增的阀门可能意外关闭，或有物料从旁路意外流过去)。
(13)迁移设备至新的位置(可能不符合防爆分区的要求，也可能妨碍现有的其他工艺操作或生产活动)。
(14)明显改变设备或管道的辅助设施，如设备的基础和管架(可能导致载荷超限，甚至发生设备或管架倾覆)。
(15)改变仓库的功能，或改变物料的储存方式，例如增加化学品仓库的面积(因此需要扩大原有的喷淋系统，因而要增大消防水用量/管网的压力)。
(16)在工厂范围内增加新的建筑物或构筑物(如增加新的操作间、新的仓库，无论它们是临时的还是永久的)。
(17)改变建筑物的位置、功能或结构(包括明显增加现场控制室的人数)，例如把一个工艺单元的控制室移到较远的位置，以减少操作人员暴露于危险源的时间(这么做可能会降低操作人员执行应急操作的效率，影响应急反应的效率)；又如，改变车间或建筑物的通风系统(包括但不限于通风能力、引风口等的改变)。

过程控制系统变更(属于设备设施变更)示例

(1)在 DCS 系统里增加新的报警(可能导致报警泛滥,过多的报警会分散操作人员的注意力,甚至造成他们忽视其他重要的报警)。

(2)在 DCS 系统里取消现有的报警(如果取消了关键的报警,会增加工艺系统运行的风险)。

(3)修订报警的重要性等级或报警的设定值(可能影响操作人员对报警做出及时的响应)。

(4)改变工艺系统的控制方案,如调整工艺控制的组态(组态改变可能会使得现有的安全防护措施失效)。

(5)变换设备或管道上工艺参数测定点的位置,如改变测温点的位置(读取的工艺参数可能失真,因此影响工艺控制,甚至使得与之相关的安全措施失效)。

(6)改变现有控制阀的故障模式,如将"故障关"变成"故障开"(在故障模式出现时,工艺物料的流动可能不符合原设计的意图)。

(7)切除关键的工艺控制回路,或绕开它使之失效(可能失去原有的安全措施,增加工艺系统的运行风险)。

(8)把原来的三选二表决系统改成二选一(会改变原设计所期望的安全性和生产稳定性之间的平衡)。

(9)把产生模拟信号的变送器换成输出数字信号的变送器(新变送器会有不同的失效模式,因此影响整个控制回路的可靠性)。

安全系统或装置变更(属于设备设施变更)示例

(1)调高激活联锁的设定值(可能超出原设计所确定的安全操作范围)。

(2)摘除联锁(使得某项安全措施失效,增加工艺系统的运行风险)。

(3)把建筑物的喷淋冷却系统换成 CO_2 灭火系统(会带来人员窒息的危害)。

(4)为了防止泄压装置误动作,将现役的泄压装置更换成起跳压力更高的泄压装置(受保护的设备可能因此失去保护,甚至遭受超压损坏)。

(5)在安全阀入口加装手阀,以便于安全阀的定期校验(安全阀入口手阀未打开或自身故障可能会影响安全阀正常发挥作用)。

(6)拆除或更换不同规格的安全阀或爆破片(这些安全装置可能失去保护设备超压的功能)。

(7)改变安全阀、爆破片等泄压装置上下游相连的管道,或改变粉尘系统的泄爆板的泄压导管和泄爆转向板(可能因此增大这些泄压装置的背压,增大粉尘泄压的导管还可能在导管内形成二次爆炸)。

(8)改变安全阀的位置或整定压力(受保护的设备会失去保护,甚至遭受超压损坏)。

(9)隔离安全阀或爆破片,使它们失效,如在入口安装盲板(受保护的设备会因此失去保护,甚至遭受超压损坏)。

(10)把直接排大气的放空阀连接至现役的火炬总管上(可能显著改变火炬总管内某种介质的含量,在总管内形成爆炸性混合物,或者导致火炬异常和排放不达标)。

(11)改变泄压装置出口管的排放点位置(泄压排出的介质可能导致次生的后果,例如将可燃气体排放至相对密闭的区域,与空气混合,容易形成爆炸性混合物)。

(12)更新或重新布置可燃气体、有毒气体监测系统的监测点(监测点改变可能削弱对可燃气体或有毒气体的监测能力)。

续表

化学品相关的变更(属于工艺技术变更)示例

(1)增加新的化学品(引入新的危害)。

(2)更换原料化学品的品种或规格,也包括更换粉尘原料(不同品种或规格的化学品,通常具有不同的危害)。

(3)改变化学品的储存方式或存放地点(储存方式或存放地点改变,可能引入新的危害)。

(4)显著增加危险化学品或油品的储存量(储存量超出设计范围会增加风险,假如发生事故,后果通常会更严重)。

(5)改变化学品加入工艺系统的位置或采用不同的加料方式(加料方式不同,所具有的危害可能迥异,现有的安全措施或许不足以消除这些新引入的危害)。

(6)改变化学溶液的浓度并超出了设计范围(化学溶液浓度改变会影响反应过程或改变工艺物料的特性)。

(7)改变废弃化学品的处理方式(错误处置废弃化学品会导致环境破坏,甚至导致安全事故)。

工厂基础设施变更(属于设备设施变更)示例

(1)由于施工或维修目的,临时封锁厂区内道路(可能影响其他正常操作,在意外情形下会影响救援车辆的驶入)。

(2)更改工厂氮气、蒸汽或工艺水的来源,改成从市政或外部第三方供应(供应不稳定可能影响本工厂的正常运行,甚至增加安全风险)。

操作和技术变更(属于工艺技术变更)示例

(1)增加产量,超出现有工艺单元的能力(可能超出换热器或吸收系统的能力,因此导致质量、环境或安全后果)。

(2)改变工艺参数操作范围的上限或下限(可能超出设备的承受能力,导致设备损坏或产生安全后果)。

(3)在设备的设计能力以外进行操作,如显著改变产能或工艺系统的进料量(可能使得某些设备负荷超限,如超过冷凝器的能力,不足以将蒸气冷凝下来,因此会导致工艺系统超温和超压)。

(4)临时将换热器的旁路切断(对下游设备操作温度可能带来显著的影响,甚至产生安全后果)。

(5)采用临时的管道接收来自罐车的有毒物质(管道连接处发生脱落或出现机械故障,会增加物料泄漏的风险)。

(6)采用活性更强的催化剂(更高的反应速率和短时间内大量放热,可能超出反应器冷却系统的能力,导致反应系统温度异常,甚至导致失控反应)。

检验测试及维护维修变更(属于程序变更)示例

(1)改变设备检验或测试标准(设备的预防性维护可能受到影响,使得设备故障率增高,甚至导致设备损坏和产生安全后果)。

(2)推迟设备的检修时间(超出设计所要求的运行和检修周期,易导致设备损坏)。

(3)改变设备的维修操作程序(不正确的维修操作步骤、不当的工具使用方法和缺少必要的个人防护,可能导致设备损坏或作业人员遭受伤害)。

(4)改变检测方法,例如改变检测管道壁厚的方法(不同测厚方法的测量结果准确性存在差异,在执行测厚时也需要采取不同的安全措施,如射线辐射防护措施)。

续表

程序变更示例

（1）修改操作巡检的规定,减少或取消操作人员巡检(减少操作人员巡检可能延误发现泄漏)。

（2）修改以前操作规程里对安全、质量或操作的要求(可能因此增大操作风险)。

（3）修订 HAZOP 分析组长的资格要求。

（4）改变安全系统和关键设备的维护要求(如改变定期测试和维护的频率)。

（5）放弃原设备生产商的技术手册,用工厂自己的维修程序来代替。组织结构和人员变更,例如减少每班次操作人员数量、更换维修承包商或者改变操作时间。

（6）修改应急预案(可能影响应急的效率)。

（7）改变每个班组操作的时长,例如把每班组 8h 改成每班组 12h(每个班组的工作时间增加会导致疲劳,可能对操作带来某些影响)。

（8）改变或升级企业资源管理(ERP)软件系统(可能会影响作业工单的提交及落实)。

（9）重新规划集团过程安全管理审核的职能,把主要的审核责任放到工厂(工厂审核人员的专业能力可能不足,也缺乏审核所要求的独立性)。

（10）把工厂的技术部门搬迁到距离较远的集团总部(工厂操作人员因此更难获得技术方面的支持)。

（11）改变临时拖车停放地点的规定。

政策变更（属于程序变更）示例

（1）改变政策,放宽加班时间的限制(长时间疲劳工作会导致注意力下降,甚至增大生产操作的安全风险)。

（2）改变政策,允许员工留胡须(如果留胡须员工承担应急反应的职责,胡须会影响呼吸器佩戴时的密合性)。

（3）采用无纸化办公政策(将操作规程都存放在工厂的局域网上,在应急操作的情况下,如果获取操作规程的电脑终端失电,操作人员就无法及时获得所需的操作规程)。

（4）执行新的集团政策,例如集团修订了风险矩阵,对可接受的风险标准做了调整(工厂人员需要通过学习,理解风险标准的修订对本工厂运营的影响)。

组织机构变更示例

（1）增加或减少操作人员的岗位,例如,将两个邻近的操作单元合二为一,去掉其中某个岗位(岗位变化可能影响生产过程的协作和应急反应能力)。

（2）改变生产操作岗位的人数,例如,某工艺单元的 DCS 操作人员从 3 人缩减至 2 人(正常情况下似乎看不出影响,但人数减少可能会减弱总的应急反应的能力)。

　　工厂的变更种类非常多,以上仅举例供参考。在工厂的变更管理制度中,要对变更做清晰的定义。如果遇到改变,难以判断它是一般的改变还是变更,可以向主管或专业工程师咨询;在模棱两可的情况下,应该把它作为变更来对待。

第四节　法规和标准对变更管理要素的要求

　　我国的《化工企业工艺安全管理实施导则》AQ/T 3034 和美国 OSHA

PSM 管理系统，都把变更管理作为一个独立的要素。

OSHA 认为，对工艺系统进行变更时，应该全面评估所提议的变更对于员工安全和健康的影响，并明确需要对操作程序做哪些修改[2]。

工厂需要建立书面的变更管理程序（制度），并在化学品、工艺技术、设备、程序以及设施等发生变更时遵守该程序。变更管理程序应该要求有关人员在执行变更时考虑以下几个方面：

（1）所提议的变更的技术基础；

（2）变更对于员工安全与健康的影响；

（3）对操作程序的修订；

（4）完成变更所需的时间；

（5）对所提议的变更的批准。

在发生变更的系统投入运行之前，要通知受影响的操作人员、维修人员及承包商，或者给予他们必要的培训。

如果变更时要求修改相关的过程安全信息，应及时更新受影响的文件和图纸，包括操作程序或安全作业方法等文件。

AQ/T 3034《化工企业工艺安全管理实施导则》对变更管理要素的要求与 OSHA PSM 的要求基本类似。中国化学品安全协会团体标准《化工企业变更管理实施规范》（T/CCSAS 007—2020）对变更管理的基本要求如下：

（1）企业应建立管理流程，用于实施和控制所策划的、影响过程安全的变更。

（2）企业应建立健全变更管理制度，明确变更管理各个环节的组织方式、人员安排和保障措施。

（3）企业应将所有工艺、设备、仪表、电气、公用工程、备件、材料、化学品、生产组织方式和人员、组织机构等方面发生的变化纳入变更管理范畴。

（4）变更的具体内容应包含但不局限于以下内容：工艺技术变更、设备设施变更、管理变更。

① 工艺技术变更　主要包括生产能力，原辅材料（包括助剂、添加剂、催化剂等）和介质（包括成分比例的变化），工艺路线、流程及操作条件，工艺操作规程或操作方法（包括物料投加顺序），工艺控制参数，仪表控制系统（包括安全报警和联锁值的改变），水、电、汽、风等公用工程等方面的改变。

② 设备设施变更　主要包括设备设施的更新改造，非同类型替换（包括型号、材质、安全设施、设备运行参数的变更），布局改变，备件、材料的改变，监控、测量仪表的变更，计算机及软件的变更，电气设备的变更，增加临时的电气设备等方面的改变。

③ 管理变更　主要包括安全和生产相关的关键岗位人员、供应商和承包商、管理机构、管理职责、管理制度和标准、生产组织方式等方面的改变。

（5）在企业具体的管理系统中，如对上述内容有其他专项管理，如报警管理、联锁管理、承包商管理、关键岗位人员变更管理等，可将该部分内容纳入具体管理内容中，管理流程也应包括风险评估、审批、实施、关闭等工作环节，且需在变更管理制度中进行说明。

（6）企业应根据变更的内容、期限和影响对变更进行分类分级管理：

① 基于变更的内容，企业可将变更区分为工艺技术变更、设备设施变更、管理变更。

② 基于变更的期限，企业可将变更区分为永久性变更、临时性变更；涉及临时变更的还应明确期限要求，届满后应及时恢复原状或要求重新申请变更，改变变更类别。

③ 在变更的风险性影响方面，企业应明确一般变更和重要变更的划分标准和管理要求。

④ 企业应根据变更的重要性及实施后可能存在的影响程度，制定和完善变更的分级标准，明确不同等级变更对应的审批程序和风险评估方法。

（7）企业应明确各种变更的管理权限，按管理权限进行变更审批。

（8）企业应对因变更实施造成的安全生产信息进行调整，及时更新变更管理档案。

（9）企业应将变更带来的操作或管理上的变化对可能受变更影响的单位和人员进行培训和告知。

（10）企业应对变更的实施效果进行评估。

第五节　变更管理要素相关的实践

一、什么是变更管理？

变更管理（management of change，MOC）最早于20世纪60年代应用于核电行业，后来被西方的国防工业采纳，大约在1976年后开始在化工行业获得应用。MOC的定义在不同的行业标准中略有不同：

英国标准局对MOC的定义：在系统生命周期中通过对系统组成部分的变更控制，来维持系统的完整性和满足系统的可跟踪性。

中国石油化工集团公司HSE管理体系中对MOC的定义：对人员、工作过程、工作程序、技术、设施等永久性或暂时性变化进行有计划的控制。

中国化学品安全协会团体标准《化工企业变更管理实施规范》（T/CCSAS 007—2020）对变更管理的定义：针对化工过程中变更，运用有效的资源，进行有关的策划、计划、组织和控制等方面的活动，实现人员、工作过程、工作程序、技术、设施等方面的改变，达到控制变更风险的目的。

为了管理工艺系统的变更，工厂需要建立变更管理制度，包括相关的政策和程序。每家工厂执行变更管理的方法在细节上可能不尽相同，但完善的变更管理制度都应该包括：

（1）变更的定义　工厂应该有书面的文件对"变更"做出清晰的定义，以便识别哪些"改变"属于"变更"。不同的公司确定"变更"的方法不尽相同，有些公司以程序文件的形式对"变更"进行非常仔细的定义，有些公司则将通常可能遇到的"变更"列成详细的清单供员工直观地参考。某些公司还按照变更的风险和复杂程度将它们分成不同的等级，对于不同等级的"变更"，规定了各自的审查和批准要求。

（2）管理变更的办法　公司的变更管理程序需要明确规定完成变更的工作流程，包括如何提出变更、对变更方案进行审查、批准（或否决）变更、跟踪完成变更以及相关人员的职责等。大部分的公司都是采用变更管理工作表来帮助员工履行相关的管理手续，这是管理变更可取的实践方式。

（3）培训要求　不恰当的变更可能导致灾难性的后果，因此所有的员工都需要遵守变更管理程序的要求。公司应该向员工提供必要的培训，帮助他们了解变更管理的政策、工作流程、具体要求和各自的职责。

（4）开展审核（见第十三章）　无论一项管理制度有多好，总有值得改进的地方，开展审核有助于推进变更管理制度的落实和持续改进。通过审核，可以了解所完成的变更是否遵守了变更管理各个环节的要求、在哪些方面可以进一步改进和完善。

二、变更管理的原则

在企业中如果要成功实施变更管理（MOC）系统，需要遵循以下原则：

（1）MOC系统要尽可能简单，但是可以满足基本要求。一个简单但有效的系统比一个精致但是不适用的系统要好。

（2）得到广泛的支持及承诺。设计开发变更管理系统时应征求并考虑所有相关部门或小组的意见及想法。

（3）在全面实施MOC系统前进行试点运行，尽早地调试和修改完善MOC系统。

（4）提供足够的培训。涉及变更的相关人员应当接受变更管理系统的全面培训，清楚他们在系统中的角色和职责。

（5）能够周期性监控变更管理系统的有效性。综合考虑并整合系统绩效度量方法，合理设置关键绩效指标（见第十四章），并在系统内进行实时监控。

（6）定期对MOC系统进行审核及管理层审查。从理论上讲，一个不进行任何审核的管理系统绩效最后一定会下滑。

（7）核心管理层的重视及承诺。当变更管理审核指出某个问题的时候，核心管理层应当适当地展示对 MOC 程序的支持。和大多数 PSM 要素一样，MOC 系统的成功源于核心管理层的重视及支持。

三、执行变更的步骤

根据中国化学品安全协会团体标准《化工企业变更管理实施规范》（T/CCSAS 007—2020），MOC 通常包括下列这几个基本步骤（参考图 4-11）：

（1）变更申请

① 企业应对任何人员或部门提出的变更需求进行预评估，论证变更需求的内容和方案，确认变更需求的必要性。如果变更方案需要改变管道仪表流程图（P&ID），可以在现有的 P&ID 上用红色的笔画出需要变更的内容，目的是清晰表达变更的设计意图。

② 预评估通过后，由变更申请单位申报变更申请单［表格形式参见中国化学品安全协会团体标准《化工企业变更管理实施规范》（T/CCSAS 007—2020)]，写明申请变更的原因、目的、变更类别、预计实施时间、变更内容及实施方案、变更后预期达到的效果、需更新的文件资料等。

③ 企业在生产活动中进行的任何变更都需要办理申请手续。

（2）风险评估

① 企业发起的任何变更均应开展风险评估。

② 变更的风险包括变更实施过程中的风险和变更实施后的风险。

③ 变更实施过程中的风险评估可在作业管理过程中进行辨识和管控。

④ 企业应采用合适的风险评估方法对变更实施后的潜在风险进行辨识和评估，可采用的评估方法包括但不限于：

a. 安全检查表（SCL）；

b. 预先危险性分析（PHA）；

c. 故障类型和影响分析（FMEA）；

d. 危险与可操作性分析（HAZOP）；

e. 多种方法的组合。

变更预评估阶段可采用预先危险性分析方法评估风险。一般变更可采用安全检查表法进行风险辨识。重要变更可采用危险与可操作性分析（HAZOP）或故障类型和影响分析（FMEA），对工艺系统或设备进行系统性的风险辨识。管理变更可采用综合评估法，通过专家的意见确定风险因素，进而获得整体风险程度。

⑤ 变更实施后的风险评估应从变更带来的潜在后果严重性和引发后果的

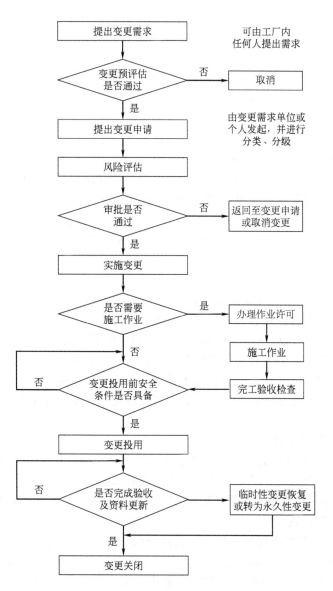

图 4-11 执行变更管理的基本步骤

可能因素两方面开展：

a. 后果的严重性应至少从以下三个因素进行评估：

变更后系统中物质危害特性和数量；

变更后系统内最严苛的工艺运行条件；

变更后对系统运行以及工艺上下游的影响或对相关设备运行的影响。

b. 引发后果的可能因素至少从以下两个方面进行评估：

变更是否增加了设备或系统的故障模式或故障点；

变更是否破坏了原有保护层。

⑥ 进行风险评估的团队成员应包含变更涉及的相关人员，包括但不限于安全、工艺、设备、电仪、应急管理、设计人员，参加评估人员应具备一定风险评估能力和工作经验。确保充分识别变更所带来的危害，充分评估风险，制定有效的风险控制措施，以及论证该变更的可行性。

⑦ 精细化工企业涉及重点监管危险化工工艺和金属有机物合成反应（包括格氏反应）的间歇和半间歇反应的，发生工艺变化、物料变化、操作方式变化、装置能力变化等变更的，需重新开展精细化工反应安全风险评估，确定危险度等级并采取有效管控措施。

⑧ 涉及安全仪表系统的联锁逻辑设定、硬件变更，应对该条安全仪表功能重新开展完整性评估。

（3）审批

① 变更申请表及风险评估材料应按照管理制度要求逐级上报企业主管部门审核，并按管理权限报相应负责人审批。

② 各级审批人应审查变更流程与管理制度的符合性、变更的风险评估的准确性以及措施的有效性。值得注意的是，在设计变更管理制度时，不能将审批的过程设置得过于烦琐，变更的审批（或否决）应该能够在合理的时间内完成；如果审批过于烦琐，在这个要素的实际落实过程中就容易出现走捷径和打折扣的情况。

（4）实施与投用

① 变更经批准后方可实施。企业应根据变更实施过程中的风险分析情况，选择变更的实施方法，确定合适的变更实施时机。

② 变更应严格按照变更审批确定的内容和范围实施，实施过程中要严格落实风险控制措施。

③ 涉及需在生产现场进行施工的设备设施变更或工艺流程变更，企业应根据相关标准组织现场施工作业，并在施工作业结束后组织完工验收。

④ 企业应对变更可能受影响的本企业人员、承包商、供应商及外来参观、学习等相关人员进行相应的培训和告知，培训内容可包括变更目的、作用、内容及操作方法，变更中可能的风险和影响、风险的管控措施，同类事故案例等。

⑤ 变更投用前，企业应当组织开展投用前的安全条件确认（参见第五章），安全条件具备后方可投用。安全条件确认，包括但不限于以下内容：

a. 取得相关法律法规许可，如新增压力容器；

b. 变更按既定方案实施的情况；

c. 风险评估中的安全措施的落实情况；

d. 相关人员接受培训和告知的情况；

e. 现场设备设施安装与相关标准的符合情况。

（5）验收与关闭

① 企业应对投用的变更进行验收，验收包括对变更与预期效果符合性的评估。

② 企业应在变更投用具备验收条件时完成验收工作，验收工作不应超过变更投用后 90 天。

③ 企业应按照过程安全信息（见第二章）相关管理制度要求，及时更新变更涉及的工厂平面布置图、P&ID、设备说明书、操作规程、联锁逻辑图、维修程序、应急预案和培训资料等文件资料，并将变更过程涉及的记录资料归档。变更管理档案至少应包括变更申请审批表、变更方案的图纸、风险评估记录、投产前的安全审查记录表、培训或通知相关人员的书面记录、变更关闭确认记录和与变更相关的其他有关的文件资料等。

④ 在变更验收完毕后，企业应按管理权限报主管负责人审批后关闭变更。

四、临时变更

临时变更也可能导致灾难性的事故，本章中所介绍的发生在英国弗力克丝波罗的泄漏爆炸事故就是一个典型的例子。尽管临时变更不需要像永久变更那样更新图纸和文件，但是仍然应该按照正常变更的步骤完成变更申请、审查、批准、施工安装、投产前检查和培训等步骤。以下是部分临时变更的例子：

（1）临时在工艺系统中增加（或拆除）设备；

（2）使用临时的管道或阀门；

（3）临时绕开或取消关键报警或联锁（开、停车过程中有书面程序规定可以绕开的联锁除外）。

临时变更需要在一段时间后恢复原貌，因此有一定的时间限制。工厂可以自己规定临时变更的期限，期限可以是几天或几周。假如超出期限，也可以延期，延期时应该有书面的批准。即使延期，通常期限也不应该超过 6 个月，否则，需要在当前批准的临时变更到期时重新申请新的临时变更或转为永久性变更。未经审查和批准，任何临时变更都不得超过原批准范围和期限。

五、紧急变更

无论是管理人员还是普通的员工，都需要严格遵守变更管理程序的要求。但是，在某些紧急情况下，如果不立即执行变更就可能带来严重的后果，如：

（1）可能使操作人员或附近的居民处于危险的境地；

（2）极可能造成严重的环境破坏；

（3）极可能严重威胁到当前的持续生产。

在这些情况下，需要立即执行变更，但在短时间内难以按照正常批准流程完全不折不扣地来执行各个步骤，为了满足这些特殊情况的要求，工厂可以明确紧急情况下的变更管理办法。

对于紧急情况下的变更，相关人员需要尽自己的能力，并且充分利用有限的资源完成对变更的审查和批准。有些公司规定，在紧急情况下，生产工程师可以在完成非正式的危害分析后就批准某项紧急变更。在某些情况下，如果必须由某人对变更内容进行审查，可以采取开电话会议、网络会议和发邮件等方式来完成审查。对于紧急变更的审查，重点是放在变更可能带来的短期的、直接的危害上。要采取一切必要的风险控制措施，保护人员、设备、环境不受显著影响。紧急变更应在风险管控措施落实完毕，经现场负责人确认后方可实施。实施期间企业应当做好相关技术记录，并在实施后48h内按永久变更或临时变更流程补办变更手续。

值得一提的是，紧急变更不是执行变更的"捷径"，在工艺系统恢复到正常状况后，应急变更的负责人要及时按照正常的变更管理程序，重新组织人员对所完成的紧急变更的内容再次开展审查，并更新相关的文件资料。

紧急变更可以是永久变更，也可以是临时变更。需要指出的是企业应运筹帷幄，做好机械完整性管理（见第八章），尽可能减少和避免紧急变更。

六、影响变更管理工作的主要因素

有许多因素关系到变更管理工作的成败，以下两个方面尤其重要：

首先，管理层的支持非常重要。落实变更管理制度的一个主要障碍是员工不遵守相关的程序，多数情况是因为他们对变更管理的重要性缺乏充分的理解。管理层的积极支持可以凸显变更管理的重要性，此外，管理层需要认可员工所开展的变更管理工作，及时批复相关的变更项目。

其次，变更管理制度应该简单易行。变更的提出、审查、批准和执行等过程不可太复杂，花在书面文件上的时间也不能太多，否则，员工就会设法回避它，增加实际执行的难度。

七、变更的分级管理

在流程工厂运行过程中，会存在很多变更，其中大部分的变更并不会带来严重的问题，如果我们对每一项变更都赋予相同的精力，一方面会造成不必要的资源浪费，另一方面还可能分散对那些重要变更（潜在危害较大的变更）的注意力。因此，大多数公司都会对变更执行分级管理。有些公司会把变更分成1级、2级和3级，有些公司则分成1级和2级。虽然分级的具体操作方法有差异，本质上都是为了把主要精力放在那些重要变更上。

例如，我们可以把工厂所有的变更都分成1级（风险较低的变更）和2级（风险较高的变更）这两个类别。首先要对1级变更、2级变更有非常明确的定义，甚至可以编制一张表，在其中列出所有属于1级的变更（这张表需要经过严格的批准），其他的就都属于2级变更。

这两级变更的批准流程和执行环节有很大的差异。譬如，可以授权装置经理批准1级变更，不要求走复杂的审查和批准流程，装置经理安排人做好相关的记录，定期向技术部和安全部等职能部门备案即可（备案的目的是把关检查，防止把2级变更当成1级变更来处理）。这样，对于1级变更的管理，可以按简易的流程来处理，因而能节约大量的人力资源，而且也不会带来什么值得关心的风险。相反，对于所有的2级变更，都要严格审查和批准，包括开展细致的过程危害分析。

实践表明，在化工企业中，大部分的变更都是风险相对较低的变更，它们可以归入上述的1级变更，余下大约10％～20％的变更属于2级变更，要把主要精力放在可能带来较高风险的2级变更的审查和批准方面。

第六节　变更管理中的常见问题及对策

变更管理要素的落实对于很多公司都是一项挑战，其中的原因很多。譬如，变更涉及的部门多、经历的时间周期往往比较长、涉及的范围也非常宽泛，对相关负责人的知识、经验和能力要求较高，尤其是在过程危害分析这个环节。

常见问题1：做了变更但未遵守变更管理的程序。有些工厂经历了相当多的变更，但没有遵守变更的流程，随意就更改了。

这种现象在一些过程安全管理体系不够完善的公司比较常见，导致这种情况的原因比较复杂。常见的主要原因有：

（1）变更管理的制度太复杂，严格按照制度来办理路径复杂，执行的人就容易选择走捷径；

（2）建立了变更管理制度，但缺少培训，相关人员对变更重要性的认识不够深刻；

（3）没有分清楚改变和变更，把变更当成了普通的改变。

要解决好这个问题，首先要梳理公司的变更管理制度，让制度的执行简单易行，不能太过于复杂。可以尝试对变更进行分级管理，提高执行变更的工作效率。其次，要给予相关人员充分的培训，帮助他们了解变更的重要性，熟悉本公司的变更执行流程和要求。最后，要明确相关方在变更管理这个要素实施方面的职责。

常见问题 2：重审批，轻危害分析。在执行变更过程中，最有害的一种情形是审批流程很长（需要很多人签字批准），但却没有对变更开展过程危害分析（PHA），或者 PHA 的环节只是走了走过场。

出现这种情况的一种重要原因，是负责或参与变更管理的人员对于 PHA 的重要性认识不足，特别是缺乏开展 PHA 的经验。

要解决这个问题，需要为相关人员提供 PHA 培训，帮助他们加深对 PHA 的认知，掌握 HAZOP 分析等常用的过程危害分析方法。此外，在变更管理程序中，要对如何开展 PHA 做出明确的要求，说明在哪些情况下需要采用 HAZOP 分析这类系统的分析方法来开展过程危害分析。

常见问题 3：没有及时更新图纸和文件。在一些工厂，在变更的工艺部分投入使用后，没有及时更新相关的图纸和文件，或者遗漏了一些图纸和文件，没有对它们更新。

出现这种情况的原因比较复杂，常见的原因包括：

（1）对图纸和文件的更新缺乏足够重视；

（2）缺少人力资源修订图纸和文件；

（3）没有电子版本的图纸和文件，更新的难度比较大；

（4）涉及的文件和图纸种类多，对哪些图纸和文件需要更新缺少经验。

要解决这个问题，可以与过程安全信息要素的执行相结合，在关闭一项变更之前，要求检查确认是否已经更新了相关的图纸和文件。如果缺少合适的人力资源，可以找一些外部资源协助。

为了避免遗漏图纸和文件，可以列出一个较完整的图纸和文件清单，在执行变更过程中，直接从清单中挑选出需要更新的图纸和文件。

第七节　与 PSM 其他要素的关系

变更管理是过程安全管理系统中一个非常重要的要素，它与其他多个要素都有关联。例如：

（1）过程安全信息要素　在执行变更过程中，需要以现有的过程安全信息资料为基础。反过来，在完成变更的时候，需要更新受变更影响的图纸和文件，让它们与现场的安装保持一致。

（2）过程危害分析要素　危害分析是变更管理的重要一环。这一环节的落实要参考过程危害分析要素的相关要求，包括风险矩阵、过程危害分析的具体实施要求等。按照 PSM 的要求，工厂每隔五年需要重新确认以往所完成的过程危害分析的有效性（即过程危害分析的复审）。在复审期间，其中一项重要的工作就是审阅过去五年中所完成的变更，那时需要用到描述变更本身的图纸和文件资料。

（3）应急响应要素　对工艺系统做了变更以后，有时需要相应地修订工厂的应急响应计划。

（4）机械完整性要素　变更过程中有时会增加新的设备、仪表和安全联锁回路，它们可能要纳入机械完整性管理的关键设备仪表清单，接受预防性维护。

（5）动火作业管理要素　如果变更涉及硬件设施的改变，在确定方案后，要在现场实施。有些实施过程需要开展动火作业，要遵守动火作业的管理要求。动火作业前要开展作业安全分析（JSA），而 JSA 也需要及时更新过的 PSI 信息。

（6）培训要素　工厂要向员工提供变更管理要素的基本培训，帮助员工学习变更管理的基本知识，并了解执行变更的要求。在执行具体变更的过程中，要针对具体的变更，为受影响的员工提供培训或告知变更对他们的影响。

（7）承包商要素　如果承包商员工参与工厂的操作和维护，在落实变更过程中，要培训或告知受影响的承包商员工，让他们了解变更对他们的影响。

（8）操作规程要素　有些变更会改变工艺操作方式或方法，因而需要修订相关的操作规程。

（9）开车前安全审查（PSSR）要素　如果 PSSR 发现了问题，需要在开车前对装置进行变更；变更结束后，需要 PSSR 对每一个变更管理相关工作及其文档进行检查，确认 MOC 各项工作已经做得到位。

（10）符合性审核要素　企业应建立变更管理台账，对变更进行记录，及时跟踪检查变更的实施过程。企业应对变更情况进行统计，评估变更效果，定期组织审核、统计分析，持续改进。企业应定期评审修订变更管理制度，负责变更管理、变更事项的日常监督检查和考核。

不适当的变更可能引入新的危害，甚至埋下事故隐患。在工艺技术、设备、程序或组织机构等发生变更时，要严格遵守变更管理制度。

变更管理的根本目的是在实际操作之前确保所有的变更都已被正确评估，变更引入的风险都被识别、分析，并得到控制，以便在变更的同时确保过程安全。工厂应该建立科学、简单易行的变更管理制度（例如对变更进行分级管理），特别是要重视对变更的风险分析。在执行变更过程中，还需要开展启用前的安全检查，培训受影响的员工，以及修订图纸和文件。

参考文献

[1] US Department of Labor and Occupational Safety and Health Administration. Process Safety Management [S], OSHA 3132, 2000.

[2] US Department of Labor and Occupational Safety and Health Administration. Process Safety Management Guidelines for Compliance [S]. OSHA 3133, 1994.

[3] CSB. Case Study No2006-04-I-NC, Runaway Chemical Reaction and Vapor Cloud Explosion [R]. July 31, 2007.

[4] Roy E S. Chemical Process Safety Learning from Case Histories [J]. 3rd ed. Elsevier Butterworth Heinemann, 2005.

[5] 粟镇宇. 过程安全管理与事故预防 [M]. 北京：中国石化出版社，2007

[6] 陈明亮，赵劲松. 化学过程工业变更管理 [J]. 现代化工，2007，27（6）：59-63.

[7] 美国化学工程师学会化工过程安全中心. 过程安全管理：变更管理导则 [M]. 赵劲松，鲁毅，崔琳，等译. 北京：化学工业出版社，2013.

第五章

开车前安全审查

无论是新装置建成后首次投产，还是对现有工艺系统进行重大改变后重新投入运行，都需要在工艺系统中逐步建立起稳定的流量、液位、温度和压力，工艺设备会经历某些常规工况以外的操作条件或过程。而且，在投产期间，有较多的作业或任务在同时进行，某些自动控制的参数还处于手动控制状态，因此，工厂需要在投产阶段特别注意防范过程安全事故。为了确保工艺装置的安全投产和持续运行，必须在正式投料之前确保工艺系统（或装置）已经具备安全投产的各项条件。

从逻辑上讲，要实现工厂运行期间的过程安全，至少要把握好三个环节，即设计、建造和运营：

（1）在设计阶段，主要是通过开展过程危害分析（见第三章）识别设计本身的缺陷，改进设计以消除潜在的事故隐患。

（2）在建造阶段，按照设计规格的要求，完成设备、管道、电气和仪表等系统的制造与安装。开车前安全审查正是确保"安全的设计"转化为"安全的设施"的重要环节。

（3）在运营阶段，严格执行过程安全管理的规定，确保在生产过程中不增加新的危害，这正是执行变更管理（见第四章）的根本出发点。工艺系统的变更与新建工艺装置类似，那些需要修改过程安全信息（见第二章）的变更也经历设计、建造和投产的过程。因此，也需要开展过程危害分析，并且在变更的工艺系统重新投产之前，通常也要经历开车前安全审查。与新建项目相比较，工艺变更的规模一般较小，投入的人力和时间相对较少（大规模的变更往往作为新建投资项目来对待），所以它们的开车前安全审查也较简单。

在投产期间，工艺系统由常压常温达到正常的操作工况（可能是高温或高压），需要经历不稳定的工况，因而，相对于正常生产而言发生事故的概率较大。在投产前开展系统的安全审查，有利于在装置处于安全的状况（还没有引入危险化学品）下排除隐患，有利于预防事故，也有助于顺利投产及在此后较长时间的持续生产运行。

计划性停车也是装置运行状态发生显著变化的特殊阶段。剩余物料的倒空，管线低点的排净，催化剂的置换，转动设备在停车阶段的特殊运行状态，大量异于连续操作工况的报警与联锁摘除，公用工程的负荷显著变化等因素都可能显著增加安全风险。开车前安全审查（pre-startup safety review，PSSR）经过多年的发展完善，已经延伸为行动前安全审查（pre-action safety review，PASR），特别对计划性停车前后应做的安全审查编制了详细的检查清单。

本章将重点讨论如何开展开车前安全审查，包括这项工作的基本过程以及审查的主要内容，还会简单讨论这个要素与其他要素之间的关系。

第一节　事故案例：开车投产期间发生的过程安全事故

一、反应釜爆炸事故

2005 年 2 月 24 日，某化工厂在首次试生产过程中发生了爆炸事故，导致6 人死亡和 11 人受伤。发生爆炸的车间为该工厂新建的乙二醇二甲醚生产车间。

在 2 月 24 日下午首次试生产过程中，由于乙二醇甲醚的滴加速度过快，导致醇钠反应釜内温度和压力急剧上升，于是现场操作人员打开反应釜上用于投放固体原料的闸阀，反应釜内的氢气从闸阀出口高速冲出，短时间就在车间三楼形成了氢气和空气的爆炸性混合物，爆炸性混合物被未知的点火源引燃后发生爆炸。由于爆炸，在车间内引起了火灾，火灾导致醇钠反应釜外部温度升高，加上该反应釜本来就处于失控状态，使得反应釜内的反应更加剧烈，导致反应釜爆炸，酿成了 6 人死亡和 11 人受伤的严重后果。

二、反应塔爆炸事故

2006 年 7 月 28 日 8 时 45 分，某化工厂在首次试生产过程中，氯化反应塔发生爆炸，反应塔所在厂房（2400 m² 钢制框架结构）全部倒塌，导致 22 人死亡和 29 人受伤。

2006 年 7 月 27 日 15 时 10 分，该工厂首次向氯化反应塔塔釜投料。17 时20 分通入导热油加热反应塔使其升温。19 时 10 分，塔釜温度上升至 130℃，开始向氯化反应塔塔釜通入氯气。20 时 15 分，操作人员发现氯化反应塔的塔顶冷凝器没有冷却水，于是停止向反应塔内通氯气，并关闭了导热油阀门。28日 4 时 20 分，在反应塔塔顶冷凝器仍然缺少冷却水的情况下，又重新开始通氯气，并打开导热油阀门继续加热升温。28 日 8 时，反应塔塔釜温度达到了

220℃，8 时 40 分氯化反应塔发生爆炸。

爆炸当量相当于 406kg TNT，造成反应塔所在厂房全部坍塌，周围人员严重伤亡（见图 5-1）。

图 5-1　反应塔爆炸导致车间损毁

三、污水储罐爆炸事故

1990 年 7 月，位于美国德克萨斯州的 A 公司一个污水储罐发生爆炸，导致 17 人死亡，包括 11 名承包商员工。为此，A 公司被美国职业安全与健康管理局（OSHA）罚款 350 万美元。

发生爆炸的工艺系统是一个容积为 3400m³ 的污水储罐，它收集来自工厂各工艺单元的污水。由一台压缩机将储罐内的蒸气送到洗涤塔去处理，压缩机出口有一条连接污水储罐的回流管（见图 5-2）。

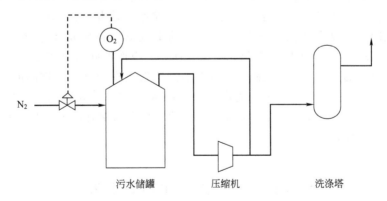

图 5-2　发生爆炸的污水储罐流程简图

由于来自各个工艺单元的污水中含有较高浓度的有机物，在污水储罐的液面上形成了一层有机溶剂。从工艺生产的角度看，这是一台污水储罐；但从安全角度看，它是一个易燃溶剂储罐（在储罐下部是水，水的上面是有机溶剂，在储罐的气相空间中存在易燃的有机溶剂蒸气）。考虑到储罐内存在易燃的溶剂蒸气，设计时采用了氮封，并在储罐上安装了一个在线氧含量分析仪，根据它的输出结果往储罐内补充氮气，以确保储罐内的氧气浓度处于安全水平（低于燃烧的最低需氧浓度）。

在本次事故发生前，工厂刚维修完压缩机并重新启动运行（维修后开车）。在启动之前，操作人员检查了氧含量分析仪，然后启动压缩机，但很快就发生了爆炸，爆炸将整个储罐夷为平地，并损毁了附近的控制室，造成严重的人员伤亡。

事故调查显示，污水储罐上安装的那个氧含量分析仪出了故障，实际上当时储罐内存在空气和易燃蒸气的混合物（氧气浓度足够高），启动压缩机后产生了能引燃这些混合物的点火源。

四、投产期间更容易发生后果严重的事故

以上三起事故例子说明，存在隐患的工艺系统在投产期间容易发生过程安全事故，而且在开车期间发生事故往往会造成严重的人员伤亡。

在流程工业行业，报道过不少发生在投产期间的重大过程安全事故。

据美国化学品安全与危害调查委员会（Chemical Safety and Hazard Investigation Board，CSB）的相关报告，1998～2005 年间，在该委员会调查过的 38 起过程安全事故中，有 3 起灾难性的事故是发生在工艺装置投产期间，共导致 22 人死亡和 170 多人受伤（属于局部数据统计）。在这些统计的事故中，投产期间的过程安全事故数量约占同期过程安全事故总数的 8%，考虑到工艺装置的投产时间占工厂总运行时间的比例非常小，因此，折算在单位时间内，投产期间的事故率远高于正常生产期间的事故率（按照每年平均正常生产 8000h，投产所经历的时间按照 80h 保守计算，投产期间的事故率是正常生产期间事故率的 8 倍以上）。在 CSB 调查的这些发生在装置投产期间的事故中，事故死亡人数平均超过 7 人，受伤人数平均超过 56 人。由此可见，投产期间所发生的过程安全事故后果往往很严重（投产期间通常有较多的人在工艺区域或工厂内工作）[3]。

第二节　开车前安全审查的要求

开车前安全审查（pre-startup safety review，PSSR）是指在新建项目首次投产前或工艺系统变更并重新投入运行之前，开展系统的安全检查，以确保

工艺装置或设施安全投产。

一、OSHA PSM 对开车前安全审查的要求[1,2]

OSHA PSM 将"开车前安全审查"作为过程安全管理体系的一个独立要素，并且做了如下规定：

雇主（工厂）应该对新建项目或工艺设施的重大变更执行开车前安全审查。

在将危险化学品引入工艺装置之前，要确认：

（1）设备及现场安装符合设计规格的要求；

（2）为安全、生产、维修和应急响应编制了适当的程序；

（3）对于新建项目，确认已经完成了过程危害分析，并且在投产之前落实了危害分析所提出的改进措施；

（4）对于改建装置的变更，确认遵守了工厂的变更管理程序；

（5）相关工艺系统的生产操作人员接受了必要的培训。

二、AQ/T 3034 对开车前安全审查的要求

在 AQ/T 3034《化工企业工艺安全管理实施导则》中，使用的要素名称是"试生产前安全审查"，其含义是一样的。该要素要求组建试生产前安全审查小组来完成开车前的安全审查工作，小组成员和规模根据项目的具体情况而定。

要求小组成员熟悉相关的工艺过程，熟悉相关的政策、法规和标准，熟悉相关的设备，能够分辨设备的设计与安装是否符合设计意图，熟悉工厂的生产和维修活动，以及熟悉风险控制的目标。

此导则还对开车前安全审查的准备工作、现场检查和报告编制提出了相关的要求。

（1）准备工作　在准备工作期间，要明确试生产前安全检查的范围、日程安排，还要编制或选择合适的安全检查清单并组建审查小组。

（2）现场检查　此期间，检查小组根据检查清单对现场安装好的设备、管道、仪表及其他辅助设施开展目视检查，确认是否已经按设计要求完成了安装和功能测试。检查小组还应确认过程危害分析报告中的改进措施和安全保障措施（开展危害分析时所识别的现有措施）是否已经按要求予以落实。此外，还要确认是否完成了员工培训，编制了可用的操作程序、维修程序和应急反应程序等。

（3）报告编制　现场检查完成后，检查小组应编制开车前安全审查报

告，记录检查清单中所有要求完成的检查项的状态。在装置投产后，项目经理或工厂负责人还需要完成"试生产后需要完成检查项"。在检查清单中所有的检查项都完成后，对试生产前安全检查报告进行最后更新得到最终版本，并存档。

第三节　开展开车前安全审查的过程

一、什么是开车前安全审查?

"开车前安全审查"不是对工艺装置做进一步的设计审查，也不是要在开车前进行再次的危害辨识。它的主要目的是在新项目投产前，或在工艺系统发生重大变更并重新投入运行之前，通过较系统的审查来确保工艺系统符合设计、安装和测试等相关要求，并满足安全投产的条件。此外，通过开车前安全审查，还可以确认工厂装置的投产是否符合相关法律和法规的要求，包括环保、安全和健康等相关法律和法规的要求。

对于新建项目，开车前安全审查工作通常属于项目执行计划的一个组成部分，在装置投产前必须经历开车前安全审查，这也有助于从项目阶段顺利过渡到工厂运行阶段。

对于现有工艺系统的变更，变更管理程序要求在执行变更的过程中完成过程安全相关的工作，其中就包括在工艺系统投入运行之前执行开车前安全审查。

新建项目和工艺系统变更项目的开车前安全审查，方法基本上是一样的，都是依据事先准备好的检查清单（检查表）开展系统的检查。只是相对而言，新建项目通常规模大、投产准备时间较长，开车前安全审查的时间也较长；相反，针对工艺变更的开车前安全审查（也称作投产前安全审查）所涉及的范围较小，所需的时间相对短暂。

有些公司为新建项目和工艺变更分别编制不同的检查清单，并根据工艺特点，为不同类型的新建工艺装置分别编制有针对性的检查清单，以备选用。

在某些欧、美化工公司，已经将开车前安全审查的范围扩展至"具备投产条件的审查"，即在工艺装置投产之前，不但系统地检查与安全相关的条件和事项，还检查关系到工厂可靠持续运行的其他方面，例如备品备件的准备情况、预防性维护的管理系统和生产物资的供应等。这种做法不但着眼于当前投产过程的安全，还考虑如何确保工艺装置持续可靠地运行。

开车前安全审查与日常安全检查不一样。日常安全检查主要是为了发现存在的隐患，并及时采取措施来纠正。相反，开车前安全审查是在工艺装置或设施现场进行的，是有组织的系统检查与求证过程。它不是对工艺系统可能存在的缺陷及危害的识别或再认识，也不是对工艺系统进行重新设计或试图改变工艺系统的现有设计，它的着眼点是确认当前的安装是否符合设计规格的要求，是否符合安全管理流程，以及是否具备安全投产的条件。

二、执行开车前安全审查的过程

组织和执行开车前安全审查工作通常是项目负责人（项目总监或项目经理）或生产负责人（工厂厂长或装置经理）的职责，当然他们可以将具体的任务委托给其他人去执行。

以下以新建项目为例，说明开车前安全审查的基本步骤。工艺设施变更的开车前安全审查方法也基本类似，不同之处主要是所采用的检查清单相对简单一些，而且通常是在工厂内部完成交接。

新建项目的开车前安全审查（PSSR）的工作流程通常包含以下 6 个步骤（见图 5-3）：

（1）准备工作；

（2）现场检查及会议；

（3）编制开车前安全审查初版报告；

（4）落实"投产前必须完成检查项"及工厂移交；

（5）落实"投产后需要完成检查项"；

（6）编制开车前安全审查报告的最终版并存档。

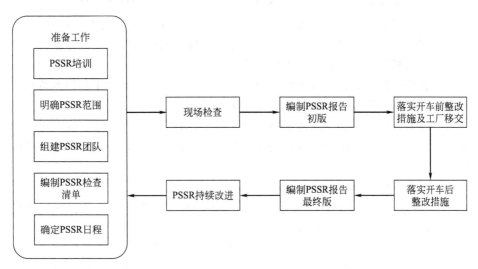

图 5-3　新建项目的开车前安全审查（PSSR）工作流程图

不是每个项目都必须包含这些步骤，可以根据项目的实际情况（如项目的规模和复杂程度等）选择执行全部或部分步骤。

1. 准备工作

在进入施工现场开展开车前安全审查之前，项目经理、工厂经理或被委托人要会同其他相关人员做好准备工作。充分的准备可以提高开车前安全审查的工作效率和质量。准备工作包括：

（1）对全体员工进行与他们各自的 PSSR 责任相关的 PSSR 知识培训　培训内容可能有：

① 基本意识培训（一般作为新员工职前教育期间的 PSM 意识培训模块中的一部分）；

② 管理培训（PSSR 管理人员）；

③ PSSR 工作小组成员培训；

④ PSSR 工作小组组长培训。

（2）明确开车前安全审查的工作范围　在开展开车前安全审查之前，需要明确工作范围，即本次开车前安全审查将要覆盖哪些工艺单元。对于规模不大的项目，可以考虑一次性完成全部的检查；对于规模大、工艺复杂的工艺装置，尤其是各个工艺单元投产时间间隔较长的项目，可以根据工艺系统的投产进度安排，分阶段完成开车前安全审查。

（3）组建开车前安全审查小组　准备工作的一项重要内容是组建开车前安全审查小组，由此我们也可以看出这个小组是临时组成的，工厂并不存在一个永久性的固定的开车前安全审查小组。

这个小组通常由项目负责人负责组建。审查小组要有一名组长，他（她）对开车前安全审查这项任务总体负责，包括明确小组成员的职责，根据检查清单的内容将相关任务分配给小组成员等。

审查小组的成员构成和人数要根据项目规模、复杂程度和工艺技术特点而定，通常包括项目经理、工厂经理及相关专业的工程师（工艺、生产、设备、电气、仪表自控、安全、环境和职业健康等），有时也包括有经验的操作工和承包商的负责人。小组成员可以是几个人也可以是十几人，要根据项目的具体情况而定。

参与开车前安全审查的小组应该：

① 熟悉相关的工艺过程　审查小组中最好有成员具有同类装置的生产经验。可以从类似工艺的工厂临时邀请相关工程师来参与开车前安全审查。

② 熟悉影响项目的政策、法规、标准及本企业的标准　开车前安全审查不但要参照国家相关的法规和标准，也要参考本企业的相关标准（如果有）。审查小组成员要熟悉这些法规和标准的要求。

③ 熟悉相关设备，能够判断设备的制造与安装是否符合设计意图　审查小组中，要有成员具备足够的工程经验，能对设备和设施的安装准确性做出专业的判断。

④ 熟悉工厂的生产和维修活动　审查小组中要有成员熟悉工厂的生产和维修要求及相关的实践。

⑤ 熟悉公司的风险控制目标　审查小组中要有人熟悉工厂（或所属企业）的风险控制目标，如果在小组中有过程安全工程师，则由他（她）提供相关的技术支持。

（4）编制或选择合适的检查清单　开车前安全审查的重要工具是事先准备好的检查清单，该清单列明了需要检查确认的所有检查项。开车前安全审查的一项重要任务，是依据检查清单逐项确认各检查项所列的任务是否已经完成。如果没有完成，需要明确规定计划完成的日期。

检查清单是落实开车前安全审查的重要抓手。它的正确性和完整性直接关系到开车前安全审查的完成质量。在准备工作中，要编制或选择合适的检查清单。

对于不同的工艺系统或装置，检查清单会有所不同，检查清单需要反映不同工艺系统或装置的特点。

在行业里有两种做法：

第一种做法是采用一套完整的检查清单。有些公司编制一套通用的检查清单，它非常完备（通常包含数百个检查项），应用于新项目时，在其基础上进行增补或删除即可。有些公司设计、建造和运行着许多同类的工艺装置，事先针对特定的工艺装置编制了个性化的检查清单，在需要时选用即可。

第二种做法是针对各个专业编制检查清单，这样就有很多张检查清单，每一张检查清单相当篇幅会小一些。例如，土建、工艺设备、电气、仪表、生产维修、安全健康和环保等每个专业各有一份自己的检查清单。

所编制的检查清单，在使用之前应该经过审查和批准，以防遗漏重要的检查项，也可以删除不适用的检查项。

（5）确定开车前安全审查的日程安排　在审查小组进入现场之前，项目负责人、工厂负责人或其委托人要与审查小组成员提前沟通，确定进入现场工作的日程安排。

日程安排要根据项目的具体情况而定，对于新建项目通常需要在现场工作几天甚至几周时间。因为审查小组成员都有自己的本职工作，在实际工作中经常会碰到小组成员的其他工作任务与开车前安全审查工作在时间上互相冲突的情况，因此宜尽早做好时间安排（通常应该提前 1～2 个月就做好日程安排）。

在安排日程时，会碰到这样一个问题："检查小组应该在什么时候进入施工现场？"根据经验，在检查小组进入现场前，应该已经基本完成了机械设备安装，通常在项目进度完成了 90％～95％左右进入现场为宜。一方面，这时候安装工作已基本完成，在现场可以查看工艺设备和设施安装完成后的情况，便于开展各项现场检查工作；另一方面，如果发现需要整改的地方，还有较充足的时间去执行落实，在确保安全的同时也不会影响项目的总体进度。反之，过早或过晚进入现场开展审查工作，都不太合适。譬如，项目才完成 70％就进驻现场，很多管道和阀门都没有安装，还堆在仓库里，不能有效地开展现场检查工作。另一种情形是项目已经接近尾声，在数日内就要投产了，如果此时才进驻现场开展审查，一旦检查发现某个问题必须在开车前解决，但又需要较长的时间来落实，就很可能要延误项目的总体进度；当然还有另外一种可能的结果，就是以牺牲安全为代价，承担一定的风险使项目如期投产，这也是开车期间导致一些事故的重要原因。

对于复杂的项目，在审查小组进驻现场前，可以提前数周甚至数月派遣操作人员进驻现场，让他们参照工艺管道仪表流程图等设计图纸和文件，核对已经安装的设备、管道和仪表，确认它们的安全与设计是否一致。这么安排可以减轻审查小组的工作负担，也有利于操作人员尽早熟悉工艺系统。

2. 现场检查与会议

开车前安全审查的一项重要内容是开展现场检查，主要是根据检查清单中的检查项对现场安装好的设备、管道、仪表及其他辅助设施开展目视检查，确认是否已经按照设计要求完成了安装及功能测试。此外，还需要查阅相关书面文件，如测试记录、培训记录、编制好的操作规程和维修规程等。

在到达现场但开展现场检查工作之前，审查小组可以组织一次动员会，即现场检查的首次会议。会议时间不长，主要是说明日程安排、任务分工及进驻现场的一些注意事项（包括安全注意事项）等。

在完成现场检查后，审查小组组长可以组织所有的成员召开一次会议（现场检查的第二次会议），会议持续时间会比较长，甚至超过一整天。在会上，逐条讨论检查清单中的检查项。对于已经完成的检查项，记录完成的日期和负责人，有时需要核实相关的证明文件；对于那些还没有完成的检查项，要提出来讨论，并明确责任人和完成日期。通常将这些检查项分成不同的优先等级，一般分成"投产前必须完成检查项"和"投产后完成检查项"两类。在投产之前，应该完成所有的"投产前必须完成检查项"，否则不允许往系统投料开车。此外，如果在现场检查过程中发现某处安装与设计有出入，也要在会上提出来讨论，并明确整改的措施。

对于涉及危险化学品的工艺系统，在设计阶段会完成过程危害分析。在开车前安全审查期间，应逐项确认过程危害分析报告中所提出的改进措施和"现有安全措施"（分析时识别出来的现有措施）是否都已经按照要求落实了。如果没有落实，要加入任务清单中继续完成，可以单独列一个任务清单，也可以把这些未完成的任务添加到开车前安全审查的检查清单中。

3. 编制开车前安全审查初版报告

现场检查二次会议后，检查小组组长或受委托人会编制开车前安全审查报告的第一版，在报告中记录检查清单中所有应完成的检查项的状态。填写好的检查清单是上述报告的核心组成部分，对于清单中确认已经完成了的检查项，记录完成日期和负责完成的人员；对于未完成的检查项，记录计划完成的日期和负责人，这些信息是进一步完成项目工作的指导性文件。此外，该报告还需要包括其他信息，例如开车前安全审查所覆盖的范围、审查小组成员、执行开车前安全审查工作的过程说明等。开车前安全审查报告第一版完成后，分发给相关的人员包括项目负责人和工厂负责人等。

4. 落实"投产前必须完成检查项"及工厂移交

完成了审查报告中全部"投产前必须完成检查项"之后，装置才可以投产。项目负责人要根据此报告负责组织人员完成全部"投产前必须完成检查项"，并按照实际进度定期更新审查报告并分发给相关人员，特别是那些承担了任务的人员。项目负责人要不断更新和保留这份审查报告，在将工艺系统移交给工厂时，将审查报告一起移交给工厂负责人。

5. 落实"投产后完成检查项"

在工艺系统投产后，项目负责人或工厂负责人还要完成"投产后完成检查项"，只有所有这些检查项都完成了以后，开车前安全审查工作才算真正结束。对于某些需要长时间才能完成的任务，一般可以由工厂负责人（或工程部门）负责完成。在此期间，工厂负责人要确保定期更新审查报告。

6. 编制开车前安全审查报告的最终版并存档

在完成了检查清单中所有检查项所对应的任务以后，项目负责人（或工厂负责人）对开车前安全审查报告进行最后一次更新，得到最终版本的报告。

此报告可以在工艺系统投产后编制，并一直保存在工厂里。

三、PSSR 的持续改进

学习和总结本单位的或业界的 PSSR 成功经验和失败教训，有助于确定 PSSR 管理系统中哪些环节起了作用，哪些环节没有起到作用，做到持续改进。但是，PSSR 的持续改进很容易被企业忽视。如何做到 PSSR 的持续改进？其实，用于提高产品质量和生产绩效的一些方法，同样适用于持续改进 PSSR。要知道，持续改进 PSSR 的回报是非常大的，因为不仅有利于确保可以更安全地实施变更，而且可以减少重复作业和开车后的问题。

表 5-1 总结了一些在 PSSR 正式审计实施过程中可能出现的典型问题。要鼓励员工发现这类问题，这些都是改进 PSSR 的重要机会[4]。

表 5-1　一些在 PSSR 正式审计中可能出现的典型问题

序号	典型问题
1	缺乏清楚和易于理解的 PSSR 的书面执行程序
2	PSSR 团队负责人没有经过 PSSR 培训
3	PSSR 团队的能力不足
4	PSSR 活动和审查记录不齐备
5	PSSR 记录不容易获取
6	PSSR 审查不是基于风险的审查
7	PSSR 审查的依据不够充分
8	多次发生由于 PSSR 导致的开车延迟
9	PSSR 引起的开车延迟并没有确保长期的安全性
10	PSSR 记录丢失
11	缺乏提升 PSSR 绩效的资源或者工具
12	PSSR 检查表格式不统一
13	PSSR 没有按时完成
14	PSSR 期间没有发现应该发现的问题
15	没有发现和总结好的 PSSR 做法, 好的做法没有得到及时总结和推广
16	PSSR 管理系统不能正常运行
17	PSSR 发现的问题没有及时得到更改和落实

第四节　开车前安全审查的检查内容举例

开车前安全审查依据事先准备好的审查清单来完成审查任务。即使是之前已经运行过的装置，经历了一段时间停车，重新开车也需要有组织、有秩序地进行。操作人员不应该假设在整个停工期间一切都保持不变。流程系统中温度和压力变化可能意味着产生了以前没有的危险条件。

不同的公司所编制的清单差别很大，有些公司的清单只有几十个检查项，而有些公司的清单中则包含数百个检查项。比较重要的是，开车前安全审查的清单应包括投产前所有需要完成的、可能影响安全投产和开车后持续生产的事项，过程安全相关的检查项是其中非常重要的组成部分。

企业可以根据工艺系统的特点编制一套比较完整的开车前安全审查清单，为开车前安全审查工作做好准备。

目前有些跨国的化工和石化公司将开车前安全审查扩展为"具备投产条件的审查"，将开车前安全审查的范围扩大到所有可能影响装置持续运行的方面。

"具备投产条件的审查"通常涉及工厂正常安全运行的各个方面，例如：

(1) 符合安全、健康和环保的要求（包括过程安全要求）；

(2) 满足当地法律和法规的要求；

(3) 建立组织机构和招聘、培训合格的人员；

(4) 编制操作规程；

(5) 建立维修管理制度和计划，并做好各项维修准备工作；

(6) 采购生产所需的各种供应物资（包括备品备件）。

每一个方面都有若干检查项，在投产之前，根据所列的检查项逐条检查相关的设施或文件。"具备投产条件的审查"的工作方法与正常的开车前安全审查没有本质上的区别。

执行"开车前安全审查"时，所审查的对象大都与装置的安全运行密切相关。以下是部分审查的内容的举例。

1. 过程危害分析报告中的安全措施

过程危害分析报告中的安全措施包括所建议的安全措施和现有措施。需要确认这些措施中必须完成的都已经完成了（有些措施可以在投产后再完成，譬如与维护维修相关的建议项），这是一项非常重要也很花费精力的工作。

过程危害分析中所建议的安全措施（建议项），都汇总在建议项汇总表里，在开车前需要逐一检查，以确认它们是否已经完成了（那些可以在投产后完成的建议项除外）。

在开展过程危害分析时，针对各假想的事故情景，一般会识别出一些已有的安全措施，记录在现有措施的栏目里。这里的"已有"是指这些安全措施已经包含在设计文件中了，但它们当时还没有安装在现场，因此需要在开车前安全审查期间予以确认。譬如，开展过程危害分析时，在某个容器上有一只安全阀且有相应的泄放量和尺寸规格计算书，它被作为针对某项事故情景的现有安全措施记录在过程危害分析报告中，这么做所表达的含义是这只安全阀已经包含在设计中了，但只有它已经正确安装在现场以后才能真正成为一项有效的安全措施，所以在开车前需要在现场确认一下它的安装情况。由此可见，确认过程危害分析报告中的"现有措施"是否已经兑现在现场也是开车前安全审查的重要工作内容之一。

2. 工艺管道仪表流程图相关的检查

设备、管道和仪表的安装要符合管道仪表流程图（P&ID）的要求。应依照 P&ID 图纸在现场逐一确认，如果发现安装与 P&ID 图纸有不符的地方，应提出来及时纠正。这项任务通常安排工艺工程师和操作人员来完成，这个过程可以帮助他们提前熟悉工艺系统。

3. 容器、储罐和换热器等静设备的检查

确认现场有压力容器制造商的文件，根据压力容器制造商的文件，对照检查压力容器铭牌上的设计压力和设计温度，看是否与制造商的报告相一致。

检查容器的呼吸阀，确认已经正确安装。

检查所有的容器支架，确认按设计要求用螺栓固定了。确认热膨胀滑动支架能自由活动。检查确认膨胀节和软管都妥善安装了，并有编号。

确认有适当的标志标识，对工艺设备的名称、位号及所涉及的工艺物料做了清晰的标识。

确认已经落实了防腐措施，包括在保温层下刷防腐漆、安装阴极保护装置等。

4. 旋转机械的检查

检查所有的压缩机和泵，确保与它们相连的管线和阀门没有明显的振动和松动。检查确认已经安装了压缩机和泵的联轴器防护罩。

确认在工艺空气压缩机吸入口附近（如 25m 范围内）无污染源。

对旋转设备进行检查，确认旋转方向正确。

对于位号为 A/B 的同类设备，检查确认现场设备位号与电机控制中心（motor control center，MCC）内的标识相一致。

5. 管道系统的检查

管道系统的检查包括一般性的总体检查及对管道附件的详细检查。例如：

（1）是否有与管道内流体对应的标识？

（2）公用工程站的位置是否便于靠近去操作？

（3）公用工程的管道（在使用连接处）是否有适当的标识？

（4）取样点是否方便靠近操作？

（5）蒸汽管道是否有足够的疏水阀？

（6）堵头、放净点和放空点等是否已经按要求堵上（焊死、安装堵头或安装端部盲板）？

（7）是否已经抽除临时盲板？永久盲板是否已经安装就位？

（8）现场确认需要上锁的常开或常关阀门已经锁定在正确的开或关位置上。

（9）检查管道上的垫片，确认已经正确安装了。

（10）检查确认已经正确安装了法兰上的螺栓。

（11）确认在带压的酸、碱管道法兰上加装了法兰保护罩（防止泄漏时喷溅）。

（12）确认对工艺系统的法兰连接处做了泄漏检查。

（13）确认弹簧吊钩和膨胀节已放松、运输包扎物已去除。

（14）确认已经为压缩机和泵安装了必要的滤网（包括开车期间所需的临时滤网）。

此外，按照管道验收所要求的射线探伤百分比对管道焊口进行了检验，并保存了相关的记录（确认那些有缺陷的焊接处已经修复）。确认完成了管道系统的压力试验或密闭性试验，并保存了试验结果。对于一些特殊的管道，确认已经完成了特殊的处理，譬如需要特别干燥、清洗和表面处理的管道。

6. 安全泄压装置和放空点的检查

开车前需要实地检查所有的安全泄压装置和放空点，确认：

（1）在压力试验结束并恢复了管道系统后，按照 P&ID 图进行全面检查，确认已按照 P&ID 图的要求安装了所有的泄压装置。在检查期间，还要确认所有的临时仪表和盲板已被拆除，泄压装置进出口管道上的常开阀已锁定在正确位置。

（2）对所有的泄压装置（安全阀和爆破片）的设定值、孔板类型/尺寸和铭牌标记进行 100% 检查，确认与 P&ID 图及它们的设计规格相一致，并且在最近通过了校验。

（3）对每个泄压装置进行实地检查，确认所有的安全阀和爆破片出口管都通往安全的地方，排放口不对准有人活动的区域、人行通道、构筑物和建筑物；并确认采取了必要的措施防雨水和防止垃圾积聚。

（4）确认泄压装置排放管均已牢靠固定。

（5）对于火炬等可能形成扩散和热辐射的放空点，完成了热辐射和扩散分析（热辐射、窒息物和有毒气体的扩散影响分析），已经识别了相关的限制区域，并已设置警示标志。

7. 保温和伴热系统的检查

（1）现场检查确认在人行通道、操作平台和工作面可以接触到的热表面都已加装了隔热层等防烫保护措施或安装了金属防护网以防烫伤（通常当表面温度达到或超出 60℃ 时应采取防护措施）；

（2）确认那些不应保温的法兰、管道或设备没有被保温层覆盖；

（3）确认伴热控制回路经过了检查测试，并且冗余变送器的供电来自可靠的电源。

8. 电气设备的检查

（1）确认所有的电气设备已按电气施工/投料试车程序完成了测试，包括功能测试。确认已按设计要求安装了设备接地装置并完成了检查，检查结果已存档。

（2）已经安装了电压标志、配电盘标志。现场接线盒、照明等的配电盘已标注了编号和电压。所有的开关设备和电机控制中心（MCC）标牌已正确标注了电压、编号和名称。

（3）确认工厂已在自启动设备和应急响应启动设备/开关装置上安放了警示标志。

（4）已完成了插座的相序测试。

（5）临时用电系统已被切断。

（6）对厂区和建筑物的照明亮度进行目视检查。识别出那些操作、维修和人员出入区域需要改进照明的地方，并加以改进。

（7）对照现场的实际情况和危险区域电气等级划分图，确认按照图中要求完成了电气设备的安装。将可能产生引火源的施工设备从这些区域清理出去。

（8）检查并确认危险区域范围内的所有套管以及连接危险区域内电气装置、配电盘和接线盒的套管的接口处都有适当的密封。

（9）检查并确认所有应保持正压的配电盘或接线盒都已安装了实现正压的供气装置（正压气来自合适的气源）。

（10）应急电源/不间断电源（uninterrupted power system，UPS）/应急照明：检查确认需由 UPS 供电的设备都已经与 UPS 系统妥善连接，确认 UPS 系统功能正常。检查确认已安装了所有必要的应急照明。

（11）检查确认电缆已按电压等级做了正确隔离。

9. 仪表及自控系统的检查

（1）现场检查确认已经按要求安装了所有与工艺相关的仪表；

（2）需要标定的仪表已完成计量标定；

（3）完成了工艺自控回路的功能测试；

（4）安全仪表系统（SIS）通过了功能测试并已将测试记录存档；

（5）就地仪表有适当的通道，可以靠近观察和维护维修；

（6）在一个独立、安全和受控的地方存放了最新版本的软件备份；

（7）确认分析仪与工艺管线已正确连接，分析仪现场的所有分析管线都完成了气密性试验；

（8）确认在制造商工厂安装的仪表管线符合材质规格要求并通过了检验，有压力试验和吹扫的记录文件；

（9）确认检查了分析仪的测量范围，标准气体钢瓶的标准气体有分析合格证；

（10）有文件表明所有的分析仪都完成了标定；

（11）对关键分析仪进行响应试验，以确认有足够的关停响应时间；

（12）确认工厂现场有各分析仪的投料试车标定试验记录；

（13）确认工厂有产品质量保障相关分析仪的方块流程原理图（保存在工厂）；

（14）工艺和产品纯度分析仪的主要（关键）取样开关要有标识，以便与其他非重要开关相区别；

（15）对照关键分析仪的报警和停车设定值，与液体或气体产品的规格要求做对比，以确保产品的稳定性；

（16）确认已按设计要求开发、激活和验证了控制系统的关键锁开/锁闭安全系统；

（17）记录了所有摘除的安全联锁，确认应该恢复的安全联锁都已恢复；

（18）确认操作中需要与其他工厂联络的所有通信方式都经过了检验和功能测试。

10. 消防系统的检查

（1）已有消防系统图，图上标明了消防水系统的组成部分、报警点、灭火器和火焰探测器的位置；

（2）按照消防设计图纸安装了消火栓、消防水带、消防水泵、消防供水系统和消防水喷淋系统等；

（3）已确认在消防水供应系统中无堵塞物；

（4）已按要求（法规和当地消防部门的要求）对消防系统的功能及能力做了检查；

（5）消防水管道有防冻措施（如果在寒冷地区）；

（6）按设计要求安装了消防泡沫系统；

（7）按设计要求安装了消防报警系统并经过了测试；

（8）在需要监控的区域安装了探测系统；

（9）所有的火焰探测器和报警点都已完成测试并正常工作；

（10）已按设计要求布置了灭火器，包括开车期间需要布设的临时灭火器；

（11）按设计要求安装了抑火系统（如果适用），并完成了测试；

（12）已经张贴了消防系统的标志标识。

11. 气体检测系统的检查

（1）编制了描述气体检测仪位置的图纸或文件，明确了有毒、易燃和窒息气体探测仪的安装位置；

（2）按设计要求安装了所有的气体检测仪（包括有毒、易燃和窒息气体探测仪），并现场确认安装的位置是否适当；

（3）确认所有的气体检测仪（包括有毒、易燃和窒息气体探测仪）都经过了测试，包括它们的报警和联锁功能。

12. 其他与安全相关的检查

（1）已经按照设计要求正确安装了氮封及氮气吹扫装置，并可以正常使用；

（2）对工厂交通路线做了实地检查，为行车区域内的重要设施安装了必要的防撞击保护设施；

（3）在可燃粉尘处理系统安装了泄爆板，并释放至安全地点；

（4）处理可燃粉尘的房间安装了泄爆墙或抗爆墙（如果设计有要求）；

（5）全厂的警报系统（全厂范围内的报警、警笛、喇叭系统）已经安装并通过了测试，能正常工作；

（6）按要求安装了安全淋浴/洗眼器，并经过测试可以使用；

（7）对于有通风要求的室内区域，确认已经按照设计安装了通风系统，并完成了测试；

（8）工艺区域的行走面和工作面有适当的防坠落措施。

13. 合规、规程及培训的检查

（1）取得了工厂开车投产所必需的与安全相关的政府许可；

（2）编制了适当的操作规程和维修规程，所有管理层和员工都接受并通过了所需的所有培训和考核；

（3）建立了基本的安全管理制度，包括作业许可、变更管理、应急反应等管理规定。

美国化学工程师学会化工过程安全中心编著的《化工装置开车前安全审查指南》列出了 1000 多项 PSSR 检查项目，有兴趣的读者可以参考这本指南。表 5-2 给出一个 PSSR 检查表示例[4]。

表 5-2　PSSR 检查表示例

开车前安全审查检查表	
检查日期	
部门/区域	
项目号	
标题/设备	
下面的签名表明认可：除了注释外，设备或项目是安全的，并满足开车要求	

续表

工程设计/维修(签名)	日期
环境、健康安全组(签名)	日期
质量保证组(签名)	日期
制造/操作(签名)	日期
项目工程师(签名)	日期
工艺工程组(签名)	日期

检查表序号	详情(参考类别/序号)	责任人	签名和日期
类别 A 措施项:在授权和开车前应完成的任务			
1			
2			
3			
4			
5			
类别 B 措施项:开车后应完成的任务			
1			
2			
3			
4			
5			
6			
7			
8			
9			
10			
11			
12			

只有当"开车前"待完成任务都完成时,请在下面签名:

授权人	装置/设备业主签名:	日期
PSSR 序号	评估的类别/项目	不适用
1.1	总体安全	
1.1.1	所有的相关人员(操作、维修、技术和管理)已接受了有关设备和操作规程方面的足够的和适当的培训吗?	
1.1.2	在作业程序和/或标准操作规程中规定了足够和适当的个人防护设备(personal protection equipments,PPE)吗? 已提供 PPE 了吗? PPE 使用人员已接受 PPE 的使用培训了吗? 有培训记录吗?	
1.1.3	是否已采取足够的措施预防此设备的所有潜在的危险?	
1.1.4	对设备的电气和/或机械隔离做了充分规定吗?	
1.1.5	隔离点已被清楚地加了标记或贴了标签,并易于接近吗?	
1.1.6	已正确地识别并充分标记了碰头/绊倒的危险了吗? 已除去了所有的锐边吗?	
1.1.7	提供适当的防护,用栏杆/栅栏等防止坠落了吗?	
1.1.8	所有的热表面已进行足够防烫伤保护吗? 所有的冷表面已进行足够的防止冷凝液滴落(滑倒危险)的保温吗?	
1.1.9	提供安全喷淋和洗眼设施了吗? 标记充分吗? 定期检查安全喷淋和洗眼设施了吗? 安全喷淋和洗眼设施的位置符合公司的指南吗? 安全喷淋和洗眼设施是否易于看见和接近?	
1.1.10	是否提供了足够的照明,使得装置的操作、服务、维护和维修能安全地进行?	
1.1.11	是否提供了用于提供操作指令、安全警告和紧急信息的注意事项、刻度盘、屏幕显示等? 能清楚地看见和容易地阅读这些信息吗?	
1.1.12	所有可能掉落或移动的高架装置,例如管吊架、管套、管套盖、阀柄、地板开口盖等已适当固定了吗?	
1.1.13	所有适用的作业许可程序(进入密闭空间作业、动火作业、高空作业等)都到位了吗? 对操作、维修和管理人员已进行作业许可程序的正确培训了吗?	
1.1.14	消防系统已由保险公司进行检查了吗? 验收测试已完成并建立了文档吗? 有用于消防系统(包括报警系统)的意见一致的测试和检查程序吗?	
1.2	机器/设备安全	
1.2.1	机器/设备的安装能否保障其在操作期间稳定、可靠地运行?	
1.2.2	是否已通过正确的保护措施,联锁(包括安全和非安全)和/或障碍物预防了接触危险的活动部件或设备造成的危险区域的危险?	
1.2.3	是否已采取正确的安全措施防止来自热/冷表面,材料喷出,部件故障,以及部件飞出、过热/着火等的风险?	

PSSR 序号	评估的类别/项目	不适用
1.2.4	是否已提供操作人员、校准和维修人员用于正常操作、调节、维护、修理的安全通道？是否已将人员的滑倒、绊倒、挤压、缠结、坠落、碰撞和切割等危险减少到最小？	
1.2.5	提供正确标识的设备开始/停止和紧急控制开关了吗？其位置是否便于毫不犹豫、不浪费时间、毫无歧义地进行安全操作？	
1.2.6	提供清楚标识，以确保设备与所有的能源隔离了吗？	
1.3	人体工程学	
1.3.1	所建造的工作站、工作场所或设备是否已消除或最小化了对弯腰、屈伸、勉强拿取、头顶作业等不符合人体工程学的作业需要？	
1.3.2	是否尽可能取消了抬举、携带、推拉重物或部件的作业需要？	
1.3.3	所有显示屏、指示盘和(启动/停止/紧急)按钮的设置易于被操作人员看见和接近吗？	
1.3.4	已设置可视显示屏，使得刺眼强光的干扰降低到最低程度了吗？	
1.3.5	已设计和配备工作站，使得操作人员能采取舒适的位置进行操作(即能够站立，或改变位置和挺直坐立，肘和膝弯曲 90°，双脚着地)？	
1.3.6	重复性的任务，搬运操作，机械性的工作，加班操作等这类操作会增加上肢失调的风险吗？	
1.4	职业健康	
1.4.1	已对设备所使用的、存储的或泄放的气体、液体、灰尘、烟雾、生物危害或蒸气带来的健康风险进行评估了吗？已消除了健康风险了吗？已采用足够的工程控制将此风险降至最小了吗？	
1.4.2	在操作规程中规定了足够的呼吸保护设备吗？	
1.4.3	是否评估了对职业健康监督程序的需求？制订监督程序的计划了吗？	
1.4.4	操作规程审查时，考虑操作或维修此设备时其他的"健康危害"了吗？	
1.4.5	是否已安装、测试、平衡了局部排气通风？在检查进度表中是否填入了检查局部排气通风项？	
1.4.6	管道系统上设置了足够的检查/清洗孔吗？	
1.4.7	泄压设备会把所泄放的物质导向远离工作场所的一个安全地方？	
1.4.8	如果需要，考虑检测噪声了吗？制定噪声达标方案了吗？	
1.4.9	所有的绝缘设施已进行标识了吗？	
1.4.10	含有危害材料的所有的管道、罐和设备已完全标记了吗？	
2.0	过程安全	
2.1	工艺技术	
2.1.1	有最新的材料安全数据表(material safety data sheet，MSDS)吗？	

PSSR 序号	评估的类别/项目	不适用
2.1.2	考虑不同材料意外混合的危害后果了吗？已准备或更新了化学反应矩阵了吗？	
2.1.3	工艺设计基础是否已有文档或更新？是否有控制原理和操作顺序的文档？	
2.1.4	设备设计基础是否已有文档资料（例如 P&ID 图纸）或已经更新？	
2.1.5	来自安全审查、过程危害分析（PHA）的建议措施已实施了吗？记录未完成项	
2.1.6	所有的泄放设备显示在 P&ID 图上了吗？泄放设备上采用标准标记了吗？P&ID 图上包括泄放/爆破压力吗？	
2.1.7	提供泄压设备的计算方法了吗？采用紧急泄放设计协会（Design Institute for Emergency Relief System，DIERS）技术来确定所有压力容器泄压设备的尺寸吗？泄压设备的尺寸与计算尺寸一致吗？计算考虑下游的配管吗？	
2.1.8	泄放设备排空到安全地点吗？为来自泄压设备的液体和固体排放提供容积空间了吗？	
2.1.9	是否有隔离阀，如果关闭，将抑制泄压设备的操作吗？如果是，生产部门必须建立控制方案以确保隔离阀不能抑制泄压设备的操作	
2.1.10	所有的泄压设备都包括在预防性维修程序中了吗？泄放设备的检验和测试符合有关规定吗？	
2.2	变更管理——小变更的技术/管理	
2.2.1	变更管理——细微变更的技术/管理文档（如设计变更）得到批准了吗？	
2.2.2	测试授权得到批准了吗？	
2.2.3	由设计变更引出的开车所必需的措施项都完成了吗？	
2.2.4	施工中出现的所有变更已建立文档和授权了吗？对施工中出现的所有变更已进行危险评价（如 HAZOP 分析）了吗？	
2.3	过程危害分析	
2.3.1	项目的 PHA（过程危害分析）已批准了吗？准备好最终的项目安全报告了吗？	
2.3.2	PHA 团队认为开车必需的所有措施项都完成了吗？	
2.3.3	项目已被 PHA 团队批准为"安全，可以继续进行"了吗？	
2.4	质量保证	
2.4.1	进行确保关键设备已正确安装的检查和检验了吗？安装与设计规范和供应商的建议[例如，报警和联锁（安全和非安全）的测试，设备对中，装置内部连接服务]相一致吗？	

PSSR 序号	评估的类别/项目	不适用
2.4.2	内容包括制造、装配和安装的质量保证检验报告已按照项目质量保证计划以及设备和设计基础文档完成了吗?	
2.4.3	作为开车前安全审查的一部分,列出现场检查项目清单以确保: 施工符合设计规范; 施工与图纸相符	
2.4.4	有下列文档且文档得到批准了吗? 仪表索引和仪表回路图; 包括联锁(安全和非安全)和跳闸(硬件和软件)的设定值,工艺报警和许可说明表格; 竣工图,包括 P&ID、电气、配管和机械; 达到 ASME(American Society of Mechanical Engineers)或同等规范的压力设备数据表; 焊工资格证; 无损测试(NDT)合格证; 分类区域的电气合格证	
2.5	机械完整性	
2.5.1	维修程序已批准了吗?	
2.5.2	维修人员已培训了吗?	
2.5.3	制定备件清单了吗?清单输入到部件采购软件程序了吗?有足够的备件、生产资料和维修材料库存吗?	
2.5.4	用于维修材料和备品备件的质量控制程序已得到批准了吗?	
2.5.5	对于下列设备的检验和测试已包括在一个维修计划中了吗? 压力容器和储罐; 泄压系统、放空系统和设备; 关键控制、联锁(包括安全和非安全)、报警和仪表; 应急设备(包括停车系统和隔离系统); 消防设备; 在关键系统中的配管系统(包括部件,如阀门、过流阀、膨胀节); 关键的装置——公用工程的连接点; 电气接地、连接; 电动机控制中心启动器; 紧急报警和通信系统; 监测设备和传感器; 泵; 起吊设备	

续表

PSSR 序号	评估的类别/项目	不适用
2.5.6	考虑/完成 PSM 关键设备工程设计的可靠性分析了吗?	
2.5.7	设备由外部机构检验了吗? 有证书吗? 例如,CE 认证,吊装设备测试合格证,压力系统的规定,以及其他项	
2.5.8	确定所有要进行的试车测试或检验(如压力或泄漏测试、钝化程序)了吗?	
2.6	操作规程和安全操作准则: 准备或更新了标准操作规程吗? 这些操作规程得到批准了吗? 操作规程是否包括: 初次开车; 正常开车; 正常操作; 正常停车; 紧急停车的紧急操作; 紧急停车后的开车; 大检修/长期停车后的开车; 维修设备的清理和准备的非日常程序; 辅助设备[局部引风系统和通风系统、加热/冷却站、水(软化水等)系统、仪表空气系统、水处理系统、冷却系统(乙二醇制冷)、蒸汽再生等]的操作; 安全和操作的问题; 变更控制程序	
2.7	培训和绩效	
2.7.1	给人员进行专门的工艺(或工作任务)培训了吗?	
2.7.2	培训记录更新了吗?	
2.8	承包商安全: 所有的承包人员进行足够的相应培训(了解化品,维修、操作和疏散程序)了吗?	
2.9	联锁和报警	
2.9.1	报警/联锁(安全和非安全)已由项目组分类和设计了吗? 项目组包括 PHA 小组成员吗?	
2.9.2	确认报警/联锁(安全和非安全)起作用的回路测试在所有可能的故障条件下证明都是故障安全的吗?	
2.9.3	对于每个新的或升级的控制系统,在 PSSR 前,用于测试的联锁/重要报警标准操作规程已制定并由胜任的人员进行审查/授权了吗?	
2.9.4	对于含有一个以上的软件或硬件回路的联锁/报警(安全和非安全),已对所有可能的联锁路线进行测试了吗?	

续表

PSSR 序号	评估的类别/项目	不适用
2.9.5	所有相应的工艺技术已更新(例如联锁清单、P&ID 图、逻辑图等)了吗?	
2.9.6	控制系统文件充分说明下列内容了吗? 所有主要部件及其型号和系列号; 所有通信电缆布置和组态; 任何组态或客户设定值和设定	
2.9.7	对设备考虑适当的火灾检测和消防系统了吗?	
2.9.8	有确保软件得到保护的适当程序(例如,常规的备份,键盘/密码保护等)吗?	
2.9.9	软件已正确在记录和归档(如逻辑图、示意图、顺序/批量说明)了吗?	
2.9.10	所有的软件已通过适当的验证和测试了吗?	
2.9.11	在重新设置保护设备,如联锁(安全和非安全),或在断电后重新供电时,确认设备不自己重新启动了吗?	
3.0	环境	
3.1	所有的二级保护设施是足够的吗?	
3.2	所有的材料储存设施足够并适当地标识了吗?	
3.3	开车前,废物的确认、分类和安全处置是否都已充分地安排好了?	
3.4	系统中使用的所有材料已输入区域化学品库存清单(或等同的其他系统)了吗?	
3.5	区域化学品溢出程序更新了吗?	
3.6	有足够的材料卸载设施吗? 是按照公司安全、健康和环境标准进行建造的吗? 在散装液体化学品的卸载区域有足够的容纳空间(110%的槽车体积)吗?	
3.7	该项目的设计阶段是否遵守了公司环保指南?	
3.8	所有的废物是否已被识别、量化、分析和最小化?	
3.9	所有适用的施工许可证、环境许可证和操作许可都更新并被批准了吗?	
4.0	责任关怀	
4.1	已采取所有必需的谨慎措施,不管易燃物质来自什么地方,确保设备不是点火源?	
4.2	消防设施(例如灭火器、防火墙、喷淋系统和报警等)足够吗?	
4.3	紧急疏散路线,包括梯子,是充分的吗? 路标指示是否适当?	
4.4	紧急照明充足吗?	
4.5	有足够的逃生装备[如自给式正压空气呼吸器(self-contained breathing apparatus,SCBA)]吗?	

PSSR 序号	评估的类别/项目	不适用
4.6	准备好应急程序了吗？培训相关人员了吗？	
4.7	已经告知居委会将要新建的主要项目了吗？	
5.1	已由胜任人员完成电气安全检查表（电气安装验收）了吗？	
5.2	设备已正确地安装，符合公司指南及当地法规，并满足制造商合格证上注明的特殊安装要求吗？	
5.3	是否按照操作条件（例如，危险区域）进行了设备设计和采购吗？	
5.4	所有的活动部件已封闭以防止人员接近了吗？	
5.5	接地和连接符合公司和当地标准/法规吗？	
5.6	提供的熔丝和断路器将自动地断开电源吗？	
5.7	在电机控制中心（MCC）、电气控制室（electric control room，ECR）/配电站有适当的急救站、单线图和 PPE 设备？	
5.8	所有相关的资料和图纸［例如，P&ID 图、单线图（single line diagram，SLD）、示意图、设备布置图、I/O 图、逻辑图、电气分类和配电盘布置图］已更新到能反映目前的安装吗？	
5.9	所有新的配电站断路器、MCC 隔离器、启动器或其他相应的设备已录入到现场检查进度表中了吗？	
5.10	所有的冗余电气线路已经过适当的设计和研究了吗？	
6.0	现场验证	
6.1	普通照明足够用于正常的和检修操作吗？	
6.2	紧急照明充足吗？	
6.3	可能造成烫伤的、在人员附近的所有热和冷表面已加隔热设施了吗？	
6.4	所有的仪器、设备和管线足够标识了吗？	
6.5	有生锈和/或损坏的设备吗？	
6.6	在梯子顶部和/或在通道平台上安装平开门或链子了吗？	
6.7	平台和设备间的距离会对脚部产生危险吗？	
6.8	进入设备和平台的通道足够吗？	
6.9	安全喷淋/洗眼站会对人员产生危险（滑倒），可能污染产品（进入设备）或进入电气设备吗？	
6.10	安全喷淋/洗眼站有足够的标记并容易看见吗？到安全喷淋/洗眼站的通道没有阻碍吗？	
6.11	所有的管线标识了吗？	
6.12	给所有的电气开关、中断器、电机控制中心、控制盘、电缆等加标记了吗？	

续表

PSSR 序号	评估的类别/项目	不适用
6.13	所有的设备都清楚地标识了吗？在必要的地方,把材料和危险标记上了吗？	
6.14	墙壁渗漏已充分地密封了吗？	
6.15	所有的电气线路按照规范要求密封了吗？	
6.16	疏散路线已清楚地标记了吗？	
6.17	灭火器正确地安装了吗？	
6.18	需要的标记已张贴了吗？	
6.19	在人员可能被困或暴露的地方提供紧急停止装置了吗？	
6.20	所有的脚手架和施工设备已拆除了吗？现场清洁可以认可吗？	
6.21	所有需要的防护设备安装了吗？	
6.22	噪声监测评价完成了吗？噪声超过85dB的地方已张贴告示了吗？在超过85dB的地方配有耳塞吗？	

由于市场变化或公共安全卫生事件（例如新型冠状病毒肺炎疫情）等因素需要企业长时间停工（或者停工时间不确定），那么企业需要注意在此期间应该采取必要措施，以保障在此期间有较高的安全性。例如：

（1）一些有害物质会随着时间而降解。需要尽可能减小其库存，并需要对其状态进行监控。

（2）需要保持氮封以避免出现爆炸条件。

（3）在停工期间断电会影响所有需要持续运行的系统（冷却、通风、泵、搅拌等）。

（4）在某些过程中，例如低温气体的存储，需要根据正常的使用消耗速率以维持安全的工作压力［例如液化天然气（LNG）、低温氨］。因此必须评估由于停工而减少的消耗，并采取适当的措施。如果在临时停工期间储存此类气体的储罐被清空并且没有补充低温气体，那么操作人员必须确保在填充储罐之前执行冷却程序。

（5）未定期开放、需要进行通风的仓库，可能会由于外部温度和吸收太阳辐射而变热。这可能会导致释放有害物质，或在仓库内聚集有害气体。

第五节　与 PSM 其他要素的关系

开车前安全审查这个要素是项目阶段到生产运营阶段的重要过渡环节。它与过程安全信息、过程危害分析、变更管理、操作规程、培训及机械完整性等要素密切相关。

（1）与过程安全信息要素的关联　在执行开车前安全审查期间，一方面需要用到各类过程安全信息资料，譬如 P&ID 图纸、操作规程等；另一方面，在审查期间项目团队会把过程安全信息转移给运营团队，交接时会检查确认是否有了必要的过程安全信息（图纸、文件或记录），因而也有助于完善工厂的过程安全信息资料。

（2）与过程危害分析要素的关联　在执行开车前安全审查期间，其中一项重要任务是确认过程危害分析期间识别的"现有措施"和提出的"建议项"都已经落实了（那些可以在开车后完成的安全措施除外）。所以，开车前安全审查是确保过程危害分析工作落地的重要环节。

（3）与变更管理要素的关联　开车前安全审查是工艺系统变更的一个必要环节，也称为"启用前安全审查"。变更相关的开车前安全审查相对比较简单，主要目的是确保现场的安装与批准的变更方案保持一致，确认修订了相关的操作程序，完成了人员培训或知会了相关的操作人员。

（4）与操作规程要素和培训要素的关联　在执行开车前安全审查期间，需要确认已经编制了所需的操作规程，包括首次开车的操作规程，并就操作规程向操作人员提供了培训。

（5）与机械完整性要素的关联　在执行开车前安全审查期间，重点是要确认设备和设施的安装符合设计规格的要求，还会检查设备、管道和仪表的各种检查和验收记录，并收集和移交设备的文件图纸。因此，这个阶段的工作对于运营期间的机械完整性管理有很显著的影响。

参考文献

[1] US Department of Labor and Occupational Safety and Health Administration, Process Safety Management [S]. OSHA 3132, 2000.

[2] US Department of Labor and Occupational Safety and Health Administration, Process Safety Management Guidelines for Compliance [S]. OSHA 3133, 1994.

[3] 粟镇宇. 过程安全管理与事故预防 [M]. 北京：中国石化出版社，2007.

[4] 美国化学工程师学会化工过程安全中心. 化工装置开车前安全审查指南 [M]. 赵劲松，译. 北京：清华大学出版社，2010.

第六章

操作规程

操作规程是指操作人员使用的书面生产操作指南，操作人员依据其各项规定进行工艺系统相关操作。

流程工业中，操作人员可能有多重角色：装置的直接操作者、导致风险场景的原因（人员失误）、出现异常工况后的一个重要保护层，还可能是事故后果的直接受害者。特别是在间歇流程中，操作人员是流程控制的一个组成部分，由操作人员来执行标准操作规程（standard operation procedure，SOP）中所要求的每一个操作步骤及对应的安全措施。

能否可靠有效执行标准操作规程（SOP）依赖于作业人员培训的有效性、作业人员的经验、管理执行的力度和过程的记录与文档管理。而且由于人员更替或设备流程变更等多种因素，对于操作规程的掌握甚至标准操作规程自身都可能会发生重大变化。尤其是在间歇作业流程中，操作人员必须在一个操作循环的多个步骤中执行许多不同的任务，而且这些任务必须依照特定的顺序与时间要求执行。这些都对操作规程的正确执行形成了挑战。

第一节　事　故　案　例

2019 年 7 月 19 日 17 时 43 分，曾多次获评安全生产先进企业的河南省煤气集团有限责任公司义马气化厂 C 套空分装置发生爆炸，造成 15 人遇难、16 人重伤，直接经济损失 8170 万元人民币。

义马气化厂位于义马市煤化工产业集聚区内，主要生产装置包括：煤气化装置、甲醇装置、二甲醚装置、空分装置等。义马气化厂有三套空分装置（见图 6-1），均采用深度冷冻法工艺制取液氧、液氮。

2019 年 6 月 26 日，C 套空分装置冷箱保温层在常规分析（10 天/次）中检测到氧含量上升，7 月 7 日上升至 800～900Pa（正常值为 400～500Pa），氧含量达到 58%（正常值氧含量小于 5%）。经研判后工厂认为不影响生产，决

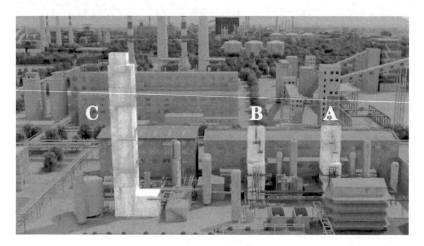

图 6-1 义马气化厂三套空分装置分布

定采取加强监控等措施后继续运行。

7月12日冷箱四层北侧出现250mm的裂纹，并有冷气冒出。工厂决定启用备用空分装置，但是由于备用空分装置设备不完好，临时采购配件周期长等原因，最终决定C套空分装置"带病"生产，未及时采取停产检修措施。

7月19日冷箱内泄漏液体积累到一定程度，体积迅速膨胀导致冷箱超压变形开裂，珠光砂外喷，冷箱构件发生低温脆断，失稳坍塌，砸裂东侧8.5m处500m³的液氧槽，大量液氧外泄，周边可燃物在富氧环境下发生爆炸，造成周边机柜间、消防室破坏，人员伤亡。图6-2为爆炸后的现场实景图。

图 6-2 装置爆炸后实景图片

从该事故发生进程来看，不同于通常事故发生时人员未察觉，发展迅猛，操作人员没有足够的时间应对。义马事故从监测到异常出现至事故发生长达20多天装置人员不断获取装置的信息，并进行着判断，一直有机会人为干预避免事故的发生，然而事故仍旧未能避免。

"7·19"事故调查报告对 C 套空分装置隐患处置过程及相关制度进行了专项描述。其一，《气化分厂空分装置二期分离岗位操作规程》（671♯C）规定：冷箱发现漏点，必须处理（扒珠光砂查漏），以防漏点扩大使珠光砂进入设备。其二，《河南能源化工企业系统检修管理规定》规定：发现隐患扩大，有可能造成事故的，企业可根据具体情况先行停车，同时按计划外停车程序报告。事后来看，义马气化厂在"7.19"事故中的一系列操作必定是违规操作，首先是发现冷箱漏点后，未立即处理，同时采用了常规停车检修审批程序，逐级上报审批，导致设备长时间带病运行。

然而如果我们进一步思考这种违规作业的深层次原因，是什么让一家屡获安全荣誉的企业会出现这种违规作业呢？装置人员不断获得冷箱泄漏的装置异常提示，那么是否具有足够的知识输入，足以让他们将冷箱泄漏、氧含量超标与重大隐患出现进行关联？若操作规程中明确，当保温层中氧含量达到某阈值时，必须立即启动计划外停车程序，装置人员还会因为备用空分装置不能投用而强行生产么？当我们思考至此，就会认识到这更多是技术层面上的问题，操作规程如何编制才能更好得以执行，既在正常状态下给操作人员清晰的操作指导，当异常状态出现时又可给出明确的状态指示，以提示装置人员做出安全合理的人为干预？

第二节　操作规程的重要性

在石油和化学工业，典型的操作任务包括[1]：

（1）设备的接管、连接等；

（2）清洗；

（3）进料；

（4）执行和控制程序；

（5）监控、故障诊断和实施处置措施；

（6）取样、测试和控制；

（7）产品后处理；

（8）中间产品与不合格产品的处理；

（9）维护作业；

（10）应急响应；

（11）记录操作日志、通信记录等。

石油、化工企业装置设备种类众多，处理的危险化学品危险物性千差万别，建立并执行准确的操作规程尤其重要。其重要意义在于：

（1）预防人员失误导致的事故。基于对事故的统计分析，人员操作失误占事故发生总量的 $60\%\sim80\%$，有效的操作规程可最大限度地减少人为因素相关的安全事故[2]。

（2）执行安全、高效的作业和设备维护，提高产品质量、生产效率、盈利能力和控制成本，帮助保持企业竞争优势。使用合适有效的操作规程，有助于提高产品质量和稳定度，减少不必要的非计划停车。

（3）建立并积累作业经验，执行良好作业实践。在编写和修订操作规程的过程中，经过对工艺过程的深入分析和生产经验积累总结，有利于加深对装置的理解和认识，使生产操作更平稳、安全合理。

（4）遵守政府法律法规。我国《安全生产法》规定生产经营单位的主要负责人要组织制定安全生产规章制度和操作规程，从业人员在作业过程中要严格遵守操作规程，确保行为安全[2]。

（5）建立健康的企业安全管理文化。

操作规程作为人员操作行为的指导性文件，必须深入了解具体操作中切实可能出现的人员失误，有针对性地制定准确有效的操作规程。

第三节　人员失误分析

编制准确清晰的操作规程，并持续更新对流程工业来说是一个巨大挑战[3]。装置、设备、工艺流程、物料多种多样，不同的操作工况中的作业也有很大区别，不同能力水平的人员在操作中可能会做出截然不同的动作，这些因素都可能造成操作人员在操作作业时出现失误。事故致因理论研究中，基于人体信息处理的人因失误事故模型，如 1972 年的威格里斯沃斯（Wigglesworth）模型，认为"人的失误构成所有类型事故的基础"。该理论认为：在生产过程中，各种信息不断作用于操作者的感官。如果操作者能对"刺激"做出正确的响应，则事故不会发生；反之，就有可能出现危险。

诚然，随着事故致因理论不断发展完善，把事故完全归于人员失误的观点未必完备，但是从中可看出操作人员作业行为对于过程工业的安全运行的重要性毋庸置疑。操作规程作为操作人员作业行为的指导文件，在制定或修订的过程，必须同时向经验丰富和经验不足的作业人员了解情况，掌握人员可能出现失误的原因与特点[3]。

人员失误包含了多方面的原因，如：员工操作负荷过大、疲劳；程序不当；培训不足；频繁变更工艺或设备；装置的运行过多依靠员工的介入与操作。而精细化工等间歇操作中的作业任务更多样化，会导致人员失误的问题更加严重。

为了能够更好地理解人员为什么会失误，失误的规律是什么，失误的频率是多少，人员可靠性工程的研究已经逐渐成熟，并发展为一个专门的学科。

人员可靠性是指在规定的时间及条件下，人员无差错的完成规定任务的能力。

人员可靠性分析以人因工程、系统分析、认知科学、概率统计、行为科学等学科为理论基础，以对人的可靠性进行定性与定量分析和评价为中心内容，以分析、预测、减少与预防人的失误为研究目标。人员可靠性分析研究起源于20 世纪 50 年代中期，最早由美国能源部的桑迪亚（Sandia）国家实验室开展工作，采用类似硬件可靠性分析方法，估计人员失误对军用系统及装备可靠性的定量影响。

人员可靠性分析通常包含定性辨识可能发生什么人员失误，定量分析人员失误发生的概率[4]，开展敏感性分析以了解如何减少失误率和/或减轻其影响。

以人员可靠性工程的视角，可以将人员行为分为以下这些类型：

A 类（第 1 类行为）：故障发生前的人员行为，即事前人因事件。在维护、校验、测试等系统安全相关的仪器、设备工作时，由于人员错误操作，导致设备或系统处于潜在失效状态的行为。

B 类（第 2 类行为）：导致始发事件的人员行为，即激发初因人因事件。在运行、试验过程中，由于人员错误操作，导致系统或设备故障，乃至设备检修时潜在的不可用等行为。

C 类行为：故障或异常工况发生后的人员行为，即事后人因事件。在故障或异常工况处理过程中发生的人因失误事件，如诊断、决策、操作等；系统化人员行为可靠性分析程序（systematic human action reliability procedure, SHARP）方法[5]将 C 类行为进一步分为第 3、4 和 5 类行为。

第 3 类行为：根据固定规则进行操作执行的人员行为，对解决问题有正面影响。

第 4 类行为：对故障或异常工况的解决有负面影响的人员行为。

第 5 类行为：基于人员的既有知识进行判断与执行的人员行为。如果进行了正确的诊断和完美执行，将对问题的解决产生正面的影响。

本书对人员可靠性分析的具体理论研究不做过多深入介绍。但是借助于其理论我们期望能对于操作人员行为有所理解（基本假设：操作人员的目标都是装置平稳运行，而不是有意破坏），更好地理解编制良好的操作规程如何有效提升作业人员的可靠性。

下面介绍两种经典的人员可靠性分析方法，即 1963 年 Alan Swain 等人提出的人员失误率预测方法（technique for human error rate prediction，THERP），以及人员认知可靠性关联方法（human cognitive reliability correlation，HCR）。

一、人员失误率预测方法

人员失误率预测方法（Technique for Human Error Rate Prediction，THERP）是最早用于研究人员可靠性的模型分析方法。它的基本原理是利用事件树（event tree）分析方法，结合事件树中每个成功或失败事件的概率，估算某个工作任务的失败概率。一般来讲，完成某个工作任务，需要多个工作步骤。而每个工作步骤的失误模式可分为以下四类：

（1）步骤遗漏。例如，进料前未清理反应器。

（2）步骤执行不正确。例如，向反应器加入了错误原料。

（3）步骤的执行顺序错误。例如：在启动冷却水之前向反应器进料。

（4）步骤未按规定的时间执行，执行太快或太慢。例如，向反应器进料太快或太慢。

表 6-1 应用人员可靠性工程的计算方法，定量计算并比对了作业程序的完整性和可读性对人员失误频率与事故风险的影响。能够看出，即使某一项作业任务的操作步骤很少，例如表中的盲板隔离作业，如果预先编制完善的操作规程，员工经充分培训，并有可靠的监管保证时，也能够有效降低安全风险。

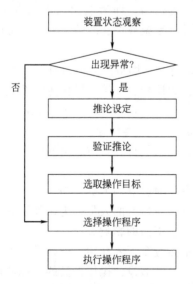

图 6-3　人员处理任务时的认知—决策—执行模型

二、人员认知可靠性方法

人员认知可靠性（Human Cognitive Reliability，HCR）的人员失误分析是按照人员信息处理的流程，依据人员完成各个任务需要的平均时间和各个任务所规定的完成时间，对人员失误概率进行预测[6]。图 6-3 为操作人员在处理任务时信息处理流程。

在正常操作过程中，操作人员信息处理序列为：装置状态观察，选择操作规程，以及执行对应操作规程。此时的操作规程不局限于正式的书面形式，甚至一些操作提示、经验都可以作为选择的程序。

表 6-1 盲板隔离作业 THERP 人员失误率及其风险分析示例

项目	好的例子		不好的例子	
作业任务	单阀隔离时的盲板作业			
作业程序的描述	1. 关闭工艺管线手阀 V-101 2. 拆除盲法兰,连接导流管 3. 打开导淋手阀 V-102 4. 检测工艺管线手阀是否内漏 5. 盲板隔离 注:3、4 步骤中如发现内漏,应关闭 V-102,处理 V-101 内漏 (图示:步骤5、V-101 步骤1、V-102 步骤3、步骤2、步骤4)		关闭工艺管线手阀,直接盲板隔离	
实际作业步骤中可能的错误	人员失误模式	人员失误概率[7]	人员失误模式	人员失误概率[7]
	1. 遗漏步骤 2. 步骤 2 与 3 顺序错误 3. 步骤 2~4 与 5 顺序错误 4. 不遵守步骤 总计	0.001 0.001 0.001 0.05 0.053	1. 遗漏步骤 2. 步骤 2 与 3 顺序错误 3. 步骤 2~4 与 5 顺序错误 4. 习惯性违章(假设:部分操作人员) 总计	0.003 0.003 0.003 0.5 0.509
事故频率计算	V-101 内漏频率(清洁物料,泄漏数据参考)×人员失误概率×点火概率[5]			
	$0.00552 \times 0.053 \times 0.01 = 2.9 \times 10^{-6}$		$0.00552 \times 0.509 \times 0.01 = 2.81 \times 10^{-5}$	
后果严重性	拆除盲板时,阀门内漏,发生法兰泄漏、火灾,严重度极高(人员伤亡,重大财产损失,长时间停产)。 案例:VCM(氯乙烯)装置精馏单元底层氯乙烯输送泵,在维护保养过程中隔离不当发生火灾			
风险	D8,低风险(蓝色)		D12,一般风险(黄色)	

当装置状态变化，一个或多个状态变量波动到正常区间外，甚至触发报警，装置处于非正常状态，操作人员此时需要进行一定程度的故障排查解决。若这种异常在操作过程中频繁遇到，故障原因易于识别，解决方案很好确定，此时操作人员也可直接选择对应的操作规程。然而，当出现的异常变量及报警状态对于操作人员来说不是很熟悉，那么故障的解决某种程度需要对装置现状进行一定的状态识别与判定。

此时操作人员需要进行一定的推论以及验证，以进行故障原因的识别。继而，操作人员需要面临在不同的操作目标（甚至目标之间可能存在冲突）中选择期望的操作目标，例如大量异常出现时，操作人员需要抉择此时应当以维持连续生产为目标，抑或以安全停车，避免设备机械完整性损害导致安全事故为目标。而一旦不同操作目标确立后，那么也将选择不同的操作规程以达到目标。

依据操作人员信息处理过程的模型，将流程工业中操作人员的作业过程分为 6 个步骤，见表 6-2。从表 6-2 可以看到，随着装置的大型化及流程复杂化，要及时准确完成这 6 个信息处理步骤，对操作人员来讲是极大的挑战。因此，利用人工智能深度学习技术辅助操作人员进行化工过程故障监测和诊断是化工过程安全研究的一个国际前沿和热点[8-14]。

针对本章开篇介绍的义马事故，可看出操作人员在事故演变过程中读取了足够的状态参数提示，如保温层的氧含量严重超标，甚至有冷气冒出等。在装置状态推论设定时，操作人员也判断装置出现了问题，所以考虑要进行备用空分装置的投用。然而当备用空分装置无法投用时，此时选择操作目标时出了重大的失误（可能出于经济或生产考核的压力），操作人员希望能够维持生产，因此未选择安全停车操作规程，继续执行正常生产操作规程，最终导致了事故的发生。试想一下，若操作规程中描述了液氧大量泄漏，可能引起爆炸的事故场景，在操作目标选择时还会出现问题么？

表 6-2　人员失误模式：信息流模型

信息处理步骤	失误模式
1. 装置状态观察	读取状态参数不当
	正确读取后解读不当
	未正确读取恰当的状态参数
	未读取足够的状态参数
	读取不适当的状态参数
	未读取任何状态参数
2. 推论设定	推论不能够完全覆盖并解释状态参数变化
	状态参数变化与推论之间的因果关系不成立

续表

信息处理步骤	失误模式
3. 推论验证	在形成结论前验证中止
	形成错误的推论
	经论证后摒弃了正确的推论
	未对推论进行验证
4. 选取操作目标	目标选取不足够明确
	选取了错误的目标
	目标未选取
5. 选择操作规程	选取的操作规程未能充分达成目标
	选取的操作规程达成错误目标
	选取的操作规程对于达成目标不是必需的
	未选取操作规程
6. 操作规程执行	必需的操作步骤遗漏
	操作步骤执行顺序不当
	执行步骤的无必要重复
	增加不必要的执行步骤
	执行步骤过早或过晚
	操作规程未完成即停止操作
	执行错误步骤
	步骤执行控制在错误控制点或区间

第四节 操作规程的编制与管理

操作规程是书面或电子文件，描述了特定任务的步骤及执行方法。对于稳态的连续流程，非稳态的开车、停车、间歇流程都应编制作业程序。

好的操作规程应该包括：流程描述，安全操作的上下限值，不同工况下的操作步骤，涉及安全环境与职业健康的过程危害，防范过程危害的安全措施，异常工况处置要求，应急响应要求。特别应对超出安全操作上下限值可能引起的后果做描述，以提示操作人员对过程中可能出现的隐患保持高度警觉。

操作人员必须在操作前经过操作规程的培训，才能在执行中去遵守规程。操作人员必须了解操作规程中包含的所有内容。除培训之外，还应建立保证机制，以确保操作人员遵守并保持对操作规程的正确理解。好的操作规程培训应该是可以直接使用操作规程进行工作，而不是编制额外的培训材料。当操作规程需要额外的培训材料去说明时，这就传递了一个危险信号，即该操作规程本身是不充分的。

操作规程应与操作人员的实际作业行为相对应，操作规程应以通俗易懂的语言编写，以保证操作人员能够轻松理解。此外，操作规程的文本排版应有适当的行间距，并根据需要提供表格与图示以便于理解。所有这些措施将帮助操作人员避免违反操作规程，避免形成习惯性违章（normalization of deviance）。

一、确定编写哪些作业规程

确定哪些作业需要进行操作规程编制，首先要进行关键任务的识别。假如我们要求启动一个很简单的水泵，可能不需要编制很复杂的操作规程，因为员工可能经过训练后凭借记忆即可完成。然而若要启动一个大型机组，带着润滑油系统、干气密封系统、透平等复杂系统，又或者启动一个对于整个流程的安全性很重要的泵，那么自然要求编制详尽的操作规程，以确保该动设备总是能够正确启动。

识别关键任务[3]的过程需依次回答如下问题。

（1）操作行为中是否直接或间接涉及危险源？此处危险源的定义可参见第三章过程危害分析介绍。

（2）若涉及危险源，是否存在因人员操作不当的行为，导致潜在的危险源不可控释放场景？

此处的操作不当的行为既包含操作人员的直接接触式操作行为，如现场开管道阀门、开反应器检修等，也包含在中控室进行远程 DCS 控制等非接触式操作。操作不当导致的危险源释放，既有瞬时的，如操作人员因管道未正确连接导致的氯气泄漏接触中毒，也有间接累积的，如关键的泵的轴承冷却润滑油长时间未进行更换等。

操作行为是否会导致危险场景可基于工艺包的操作指南进行危害分析，或者由作业危害分析（job hazard analysis，JHA）[6]等类似的分析方法获得。这些操作行为即认为是关键任务（critical tasks）。

（3）若存在操作人员操作不当会导致危险场景，那么操作人员在执行这些关键任务时发生错误的可能性有多大？

针对该问题，需从两个方面进行评估，关键任务需要被执行的频次与操作人员在执行时犯错误的可能性。其中，关键任务执行频次基于装置排产计划、检维修计划等可以较好确定，而员工执行任务犯错误的概率则需结合操作失误模型进行评估。

总之，识别关键任务的过程就是要进行三个评估：

（1）操作任务影响的后果严重度；

（2）任务执行过程中可能导致危险场景的可能性；

（3）任务执行的频次。

对比第三章过程危害分析的内容，可发现本质上我们进行了一次作业程序的风险评估。评估后的作业与企业自身的风险可接受标准进行比对（风险评价），即获得哪些作业程序需要进行操作规程的编制，以降低作业风险。

二、操作规程的主要内容

1. 操作工况

首先应确定操作规程使用范围，以明确识别并理解规程中的要求。范围的良好界定能让管理人员了解是否所有的操作场景都能被覆盖。

（1）正常工况　应指明正常工况下指标的控制范围、偏离正常指标后的后果。

（2）开停车工况　明确开停车（设备的启动和停止）的条件，以及纠正或防止偏离正常工况的操作。

（3）异常工况　明确可能出现的异常或紧急工况（设备的异常运行状况），员工在出现异常工况时应采取的确认和操作步骤。包括借助 DCS 监控、分析取样等信息，判断工艺过程中异常工况产生的根本原因，评估可能产生的不利后果（即操作应对）。

例如在壳牌石油（SHELL）公司对电气安全所进行的电气安全分析中，有一项针对用电设备操作安全的专项分析要求，首先明确操作区域与主要操作设备，如配电间的主配电柜。电气安全分析将分析三种操作模式：正常运行操作，切换操作，紧急工况操作，并分析在不同操作模式下的主要作业任务。

2. 装置(设备)概况

（1）生产设计规模、实际能力、建成时间、改造情况等；

（2）生产原理与主要工艺流程描述；

（3）工艺指标，包括原料和生产辅料指标、过程分析指标、主要操作条件、物料平衡、原材料消耗、公用工程消耗（即能耗）指标等；

（4）设备操作参数，如温度、压力、功率、转速等。

3. 各工况下的操作步骤

（1）首次开车；

（2）正常运行；

（3）临时操作（短时工况或变更时操作）；

（4）紧急停车（需说明什么情况下会执行紧急停车程序，紧急停车程序执行时的责任人，明确如何才能安全、及时地紧急停车）；

（5）应急操作（说明应急的不同情况以及对应的处置措施）；

（6）正常停车；

（7）长时间停运。

4. 安全系统及其功能

安全标识、安全报警、安全联锁等的设置情况及功能。

5. 设备操作规程

操作规程中应描述机泵、换热器、罐、塔等设备的开停和切换规程。主要内容包括：各种机泵和风机的开、停与切换，中、低压换热设备的投用与切除，关键部分取样等操作和注意事项。通常情况下这些规程是基于工艺流程正常操作波动范围以及设备使用说明书完成的。

具体的设备操作规程可放在操作规程中，也可单独成册。一般大型设备或特殊危险设备均应编制单独的操作规程。

6. 操作台账或工艺卡片

操作台账或工艺卡片是将工艺操作中的主要控制参数以台账形式或卡片形式进行记录保存。通过该要求，强调了流程中需要操作人员重点关注的装置或设备参数，便于企业在实际运行中分级控制，修订工艺控制指标，同时便于追溯操作演变历史。

操作台账或工艺卡片应经过正式审批，并定期评审。

7. 异常工况处理措施

异常工况处理措施是指工艺参数发生重大偏离情况下应采取的处理措施，避免进一步演变为事故。操作规程中应明确异常工况处理的基本原则与要求，以及可能出现的事故场景下的处理步骤及上报要求。

8. 管理要求

为了控制操作过程的危害，企业还应制定安全作业行为准则。例如，能量隔离（上锁/挂牌；lockout-tagout，LOTO）规定、受限空间、工艺设备投用规定、特定作业区域的控制等。

三、关键参数的设置与修改

在操作规程内的各类参数是操作台账或工艺卡片的重要内容。在英国 BP 石油公司的管理体系中，将这些操作参数的管理纳入了一个专门的执行程序，称为设计与操作临界值管理导则，其中明确了三种不同的参数临界值（见图 6-4）：

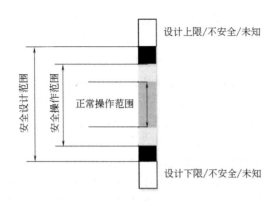

图 6-4　三种不同的参数临界值

正常操作范围（normal operation limit，NOL）确定了工艺参数的最佳操作范围（最大和/或最小），从而保证工艺装置稳定有效运行，并满足长期装置运行目标。期望目标是在要求的正常操作范围内操作能保证工厂在非大修期间安全可靠长期稳定运行。

安全操作范围（safe operation limit，SOL）是工艺操作的上限或下限，工艺参数必须操作在这个范围内，从而避免达到安全设计范围，达到或超出安全操作范围不一定是不安全的，但频繁达到或超出安全操作范围对装置的长期可靠运行会产生影响。

安全设计范围（safe design limit，SDL）由设备制造商制定。工艺参数超出安全设计范围是非常不确定的安全状态，可能会损坏设备，甚至会造成灾难性后果，包括大量泄漏、爆炸、环境灾难及大量人员伤亡等。安全设计范围可能受设备腐蚀疲劳等影响而发生变化。

在企业内通常由生产工程师负责定义和更新设计与操作临界值。与过程危害分析的要求类似，至少每三年应对临界值更新一次，或根据实际需要更新。

当工艺参数超出安全操作范围（SOL）时，必须马上采取措施，这些措施可能是 DCS 操作员根据安全关键报警所采取的相应动作，SIS 紧急联锁停车，压力泄放阀，或其他设计的保护措施。

每个操作班次要对超过 NOL、SOL、SDL 的事件进行汇总统计，且不论装置是正常运行还是停车状态都要完成此工作。

过程安全工程师要定期汇总归档所有超出安全操作范围（SOL）的事件，生产工程师要负责跟踪解决。每个月及每个季度对超出安全操作范围（SOL）的事件进行评估，落实改进行动项（注意：此处采用了过程安全管理的领先指标，详见第十四章介绍）。

任何超出安全设计范围（SOL）的事件，过程安全工程师或生产工程师要调查解决，过程安全工程师要报告并归档。

安全操作范围和安全设计范围应通过变更管理的流程来进行变更。

如果工艺参数超出安全设计范围（SDL），再开车或继续运行前必须进行事件根原因分析（root cause analysis，RCA）。

公司负责安排定期培训，确保操作员清楚一旦工艺参数超出 NOL、SOL、SDL 临界值，操作人员应该如何反应，采取哪些纠正措施避免出现过程安全事故。

对于关键参数的管理，国内化工企业目前普遍欠缺。2020 年 8 月 4 日，黎巴嫩贝鲁特港口区发生硝酸铵爆炸事故，造成 78 人死亡、4000 多人受伤。当月国务院安全委员办公室立即组织了全国范围的硝酸铵生产运输企业的专项检查。同样，在对河南某氯碱化工企业进行检查时，尽管该企业先后获得二级安全标准化企业、省级安全文化示范企业等荣誉，当专家在查阅企业操作规程中发现，普遍的工艺指标一览表中无设计值、报警值、联锁值，而操作台账中也无工艺指标范围，这无疑对操作人员的安全操作带来了隐患。

四、操作规程的管理与控制

企业应确保操作人员在生产操作过程中可以方便地获得操作规程，应有保证工艺和设备操作规程有效的文件控制要求，并将操作规程的有效性作为内部检查或审核的内容之一。通过各种形式的培训（详见第七章），帮助操作人员掌握并正确使用操作规程，并使其认识到操作规程是具有强制性的。

企业应制定操作规程审核的步骤和内容要求，对编制的操作规程进行正式的审核，确保反映当前的操作状况，包括化学品、工艺设备和设施的变更，以及操作的控制要求。表 6-3 为操作规程审核中的关键点检查表。

表 6-3　操作规程审核中的关键点检查表

检查项	是	否/不适用
1. 操作规程是否准确对应作业内容？		
2. 操作规程中是否包含必要的程序控制信息，例如： (1)装置名称或代号； (2)操作规程标题； (3)操作规程编号； (4)编制日期，批准日期，使用有效期； (5)版本号		
3. 操作规程中是否对其目的及意图进行清晰描述？		
4. 对于并行流程，操作规程是否对每一列均完全适用？		
5. 执行操作规程的所有必要信息是否均已包含或可引用？		
6. 操作规程中引用的文件是否均列入了参考清单中？是否在正文中可以明确对应？		

续表

检查项	是	否/不适用
7. 操作规程是否用规范的格式编制？		
8. 执行作业时所应用的提醒、警告、注释等内容在步骤适用处是否明显体现出来？		
9. 若作业程序需涉及多人作业，是否指定人员确认每一步的执行？		
10. 对于关键步骤的执行，是否有线下的签署程序（可选）？		
11. 若作业需要多人协作完成，是否有检查表、签字单或其他程序，确认每一步作业均执行完毕？		
12. 所有的步骤指示是否用简洁明了的语言描述？		
13. 操作或维修限值/规定是否以明确的指标表述？		
14. 操作规程中是否包含所有合理的偶发事件场景？		
15. 是否已列明一些参数指标或判断准则以帮助操作人员判断装置所处的状态？		
16. 若作业行为必须满足一定的条件要求，这些要求是否列出？		
17. 涉及的计算描述是否清晰并易于理解，针对复杂或关键的计算，是否列出了公式或表格？		
18. 图形、表格是否可以准确解读？		
19. 若操作规程中涉及开关阀门、管道连接、软管站连接等，是否满足： (1)每个元件由唯一的编号明确指定； (2)明确了各元件的操作位，并可进行记录		
20. 应急操作规程是否包含： (1)应急操作的触发条件； (2)紧急工况下自动操作； (3)需执行的关键步骤		
21. 维修程序中是否包含下一阶段所需的执行动作或检验？是否列明必须通知的下一阶段负责人？		

　　操作规程一般每三年修订一次，当工艺技术、生产方式、原辅材料、设备设施等发生重大变更时，应及时修订操作规程。企业应明确何种情况下应及时修订操作规程，同时应明确操作规程编写、审查、批准、分发、修改以及废止的程序和职责，确保最新版本操作规程的使用。

第五节　典型实施案例

　　在符合操作规程编制的基本原则下，不同企业根据其工艺特点，员工的技能水平，操作习惯等实际情况编制其适用的操作规程。本节以某合成氨装置为例，体现一个操作规程中的具体内容。所有的参数仅为示例，不可作为实际装置的运行参数。

合成氨装置氨合成工序操作规程

A.1 岗位任务及管辖范围

氨合成工序的主要任务是将压缩机送来的净化氢氮混合气导入合成系统，并经换热后进入合成塔内，在适当的温度、压力条件下通过氨催化剂的作用使氮和氢合成为氨。产品气经水冷、氨冷使混合气中的大部分气氨冷凝为液氨而分离出来，分离出的液氨送往氨储罐。分离出液氨后的氢氮混合气与补充的净化气一起，再送入循环机内循环反应。

氨合成工序包括氨冷器、氨分离器、循环氨冷器、冷热交换器、水冷器、塔前换热器、汽包、氨合成反应器、循环压缩机及其管线与附属设施。

A.2 氨合成工艺原理及工艺流程叙述

氨合成的反应式为：

$$\frac{1}{2}N_2 + \frac{3}{2}H_2 \xrightleftharpoons[]{\text{催化剂}} NH_3(g) \quad \Delta H^{\ominus}_{298} = -46.11kJ/mol$$

从氨合成反应热力学来说，氨合成是放热和物质的量减少的可逆反应，提高平衡氨含量的途径为降低温度、提高压力、保持氢氮比为 3 左右，并减少惰性气体含量。从氨合成反应动力学来说，氨合成反应是多相气体催化反应，提高压力可以加快氨的生成，使气体中氨的含量迅速增加；氨合成反应速率随着温度的升高显著加快。因此从工艺上最好使氨合成反应尽可能在接近最佳反应温度下进行，以获得较大的生产能力和较高的氨合成率。

催化剂的毒物有暂时性毒物（如 CO、CO_2、H_2O）和永久性毒物（如磷、硫、氯等毒物）。暂时性毒物会造成催化剂中起活化作用的 α-Fe 被氧化成氧化亚铁和三氧化二铁，出现催化剂活性降低，床层温度下降，系统压力升高的现象。CO_2 不仅能使催化剂中毒，还能和系统中的氨等物质生成结晶，造成系统管道、设备堵塞。暂时性毒物浓度降至正常后，生成的氧化亚铁和三氧化二铁在合成气中可以还原再生成 α-Fe，但反复的氧化还原会导致 α-Fe 晶粒的重结晶，造成晶粒的不可逆长大，使催化剂的活性逐渐下降。而磷、硫、氯等毒物将会造成不可恢复的中毒。

A.3 氨合成工艺流程叙述

从上游来经压缩的补充气经循环氨冷器换热降温，补充气油分离器分离油水两相后，与循环氨冷器出口的循环气混合进入氨分离器，进行二级分离液氨，分离液氨后的气体进冷热交换器管间进行冷量交换，气体温度升至 38℃左右进入透平循环机加压，温度约 45℃的气体经循环气油分离器分离油水后，气体分两路：一路进氨合成塔外筒与内件之间环隙以冷却合成塔塔壁，出塔的气体（一出）一股用来调节一段催化剂层入口温度，一股与来自循环气油分离器的另一路气体混合进入塔前换热器管间，换热后温度升至200℃出塔前换热器，分成五股进入合成塔，其中四股分别作为合成塔一、二、三、四段催化剂层入口冷激气，第五股气经二进口入合成塔，通过一至四段催化剂层反应生成合成氨，反应后的气体经塔内换热器降温至320℃，二次出合成塔进入汽包，利用热量后再进入塔前换热器管内与二进气体换热，温度降至90℃进入水冷器，冷却后的气体进入冷热交换气管内回收冷量并将冷凝下来的液氨进行一级分离，分离氨后的气体（25℃）进入循环气氨冷，进一步冷却气体后与补充气混合进入氨分离器，二次分离液氨，进入透平循环机进行下一轮循环。

从氨分离器和冷热交换器分离出来的液氨，经减压后汇入液氨总管送往罐区。

从氨液储罐来的液氨经减压后分别送往补充气氨冷和循环气氨冷，在氨冷器蒸发出来的气氨送往冷冻工段。

A.4 氨合成工序正常控制指标

A.4.1 温度

表6-4给出了氨合成工序温度指标。

表6-4 氨合成工序温度指标

序号	仪表位号	测量位置	控制指标/℃	报警值/℃		备注
				高	低	
1	TI3021	合成塔一段催化剂进口	380~440			
2	TI3023	合成塔二段催化剂进口	400~460			
3	TI3026	合成塔三段催化剂进口	400~460			
4	TI3029	合成塔四段催化剂进口	400~460			
5	TI3004	合成塔二进入口	180~220			
6	TI3024	催化剂层热点温度波动范围	460~500			
7	TI3037~3045	合成塔塔壁	≤120			塔壁多组温度探点
8		催化剂升降温速率	≤30℃/h	45℃/h		

A.4.2 压力

表6-5给出了氨合成工序压力指标。

A.4.3 液位

表6-6给出了氨合成工序温度指标。

表 6-5　氨合成工序压力指标

序号	仪表位号	测量位置	控制指标/MPa	报警值/MPa		备 注
				高	低	
1	PI-3017	废锅蒸汽	2.5	2.6	2.2	
2	PI-3015	补充气油分离器出口	≤23			
3	PI-3001	透平机出口	≤25			
4	PI-3021	冷热交换器放氨	2.5～2.8			
5	PI-3022	氨分离器放氨	2.5～2.8			
6	PI-3025	气氨总管	≤0.25			
7	PI-3016	废热锅炉补水	3.0		1.5	

表 6-6　氨合成工序温度指标

序号	仪表位号	测量位置	控制指标/%	报警值/%		备 注
				高	低	
1	LI3001	废热锅炉	75～85	90	50	20%联锁
2	LI3005	氨分离器	10～40	80	20	90%联锁

A.4.4　流量

表 6-7 给出了氨合成工序流量指标。

表 6-7　氨合成工序流量指标

序号	仪表位号	控制项目	控制指标	报警值		备 注
				高	低	
1	FI3001	合成塔总入塔	≤370000Nm³/h			
2	FI3010	塔后放空去氢回收	≤3428Nm³/h			
3	FI3004	二段冷激(f_1)	≤50000Nm³/h			
4	FI3005	三段冷激(f_2)	≤70000Nm³/h			
5	FI3006	四段冷激(f_3)	≤105000Nm³/h			
6	FI3008	废热锅炉上水	25t/h			

A.4.5　分析项目

表 6-8 给出了氨合成工序分析指标。

表 6-8 氨合成工序分析指标

序号	取样点位号/位置	取样介质	分析项目及指标组分		备 注
1	AI3001/合成塔入口	入塔循环气	H_2	55%~65%（质量分数）	
			NH_3	≤3.0%（质量分数）	
			CH_4	15%~19%（质量分数）	
2	AI3005/补充气氨冷器入口	补充气	H_2	70%~74%（质量分数）	
			$CO+CO_2$	≤10×10⁻⁶	
3	A3006/废热锅炉水	炉水	碱度	≤1500mg/L	
			Cl^-	≤300mg/L	

A.5 氨合成工序操作步骤

A.5.1 首次开车

A.5.1.1 开车前准备（略）

A.5.1.2 开车操作步骤

A.5.1.2.1 系统吹扫

（1）吹扫目的

把安装过程中管道内存在的灰尘、焊渣等杂物吹净，避免在运行过程中这些杂物堵塞阀门或带入设备。

（2）吹扫的技术要求

a. 吹扫压力 0.4~0.6MPa，各排放口排放时间不应小于 10min，吹除期间用白布置于排放口，放置 5min，以白布表面无铁锈、尘土或其他脏物为合格；

b. 吹扫前应将所吹管道上的压力表、安全阀拆掉，并在安全阀处加盲板；

c. 吹扫采用分段、间断吹扫法，管线上有阀门的地方要拆开前法兰，待吹完阀前管线后复位，依次往后进行；

d. 设备、阀门入口处加挡板；

e. 吹扫时先吹主管线，再吹支管线；

f. 吹扫前所有阀门应处于关闭状态，需要时打开。

（3）吹扫前应具备条件（略）

（4）吹扫步骤

a. 拆补充气流量计入口法兰，加挡板，用来自净化气压缩机的压缩空气吹扫四出总管，吹净后复位。拆压力表根部阀、补气放空阀前法兰、补气阀前法兰，增加挡板，吹净后复位。拆新鲜气放空第二道阀前法兰，加挡板，吹净后复位，关闭新鲜气放空阀。

b. 拆透平机保护气第一道阀前法兰、补充气氨冷器入口法兰，加挡板，吹净后复位。拆补充气油分入口法兰，加挡板，吹净后复位。拆补充气油分排污阀前法兰，加挡板，吹净后复位。

c. 拆补气油分后去透平机保护气第一道阀前法兰、压力表根部阀，加挡板，吹净后复位。

d. 拆氨分离器进口法兰、循环氨冷器出口法兰，加挡板。吹净后氨分离器进口法兰复位，循环氨冷器出口加盲板，紧固法兰。拆放氨管线手动阀、自调阀阀前法兰，加挡板，吹净后复位。拆冷热交换器放氨阀后法兰、球罐阀架第一道阀前法兰，加挡板，吹除放氨总管，吹净后复位。

e. 拆冷热交换器进口法兰，加挡板，吹净后复位。拆透平机进口第一道阀前法兰，加挡板，吹净后复位。

A.5.1.2.2 系统试压

a. 与压缩工段联系送空气，依次充到试压规定等级，分组仔细检查管道焊缝及密封垫。

b. 管道、阀门、法兰、分析取样点和仪表、电气等接口处及所有焊缝，涂肥皂水进行查漏。

c. 发现漏处，做好标记，卸压处理，直至无泄漏。保压 30min，压力不降为合格。

d. 气密试验合格后，开塔后放空阀卸压，确认卸压结束后（压力表指示为零），拆掉合成塔进出口所加盲板及放氨阀前盲板，同时做好盲板抽堵记录及台账。

e. 第二次气密试验，原料气为新鲜气，在系统置换合格后进行，试压过程同前。

A.5.1.2.3 系统置换

在系统引入原料气之前，必须把系统中空气全部置换干净，避免空气和新鲜气直接接触，混合形成爆炸性气体。

置换步骤：

置换分为两步，第一步用氮气置换空气，从压缩机工段引入氮气；第二步用新鲜气置换氮气，方法步骤相同。

a. 应开阀门：环隙气阀、系统旁路阀、塔前换热器一次入口阀；

b. 应关阀门：各排放阀、导淋、放空、补气阀；

c. 采用新鲜气放空控制置换压力，置换压力控制在 0.3MPa 以下；

d. 通知前工段送气，稍开补气阀，向系统充新鲜气；

e. 置换采用常压置换，边充边放，取样分析，直至合格；

f. 反复数次直至各取样点 O_2 含量＜0.5％为合格，关闭排放；

g. 置换过程中所有压力表、取样点、排放阀、排污阀、放空阀等均应打开进行排放；

h. 置换完毕后，关闭系统所有阀门，保持正压，防止空气漏入系统。

A.5.2　合成氨催化剂升温还原

（1）准备工作

a. 在系统已经试压、置换合格，循环机已试车正常的情况下，认真检查合成系统是否符合开工要求；

b. 准备好分析仪器，水汽浓度分析接气管，催化剂出水计量器具，出水取样点接管，准备好劳动防护用品；

c. 检查电加热器和控制装置，达到开车要求；

d. 检查各仪表和电气装置是否处于正常状态，特别是各测温点是否按要求插入；

e. 制定升温方案，画好理论升温还原曲线；

f. 系统充液氨 $3\sim4m^3$。

（2）催化剂升温还原操作要点

a. 采用分层还原：整个还原过程分为升温期、还原初期、还原主期和还原末期四个阶段完成。对于整个催化剂床层来说，轴向层比径向层早一个阶段进行。轴向层还原时间约占整个还原时间的 $50\%\sim60\%$，径向层还原的要点是充分利用已还原好的轴向层的反应热，进行下层催化剂的还原，必要时应提压、降氢，尽可能加大入塔气量，把大量还原水汽全部带出来。在还原过程中，各层温度的调节要适当缓慢，避免炉温的大幅波动。

b. 升温还原过程补气中 $CO+CO_2\leqslant10\times10^{-6}$。

c. 在还原过程中，确保塔壁温度＜90℃。

d. 操作调节要安全平稳，一切要严格执行催化剂升温还原方案。

e. 测定水汽浓度，防止各层催化剂同时进入出水主期，大量出水，水汽浓度超高。一定要控制在 $3g/m^3$ 以下。水汽浓度分析要及时准确，真正起到指导整个还原过程的作用（每 0.5h 分析一次）。出水应及时排放称量和记录。

f. 还原采用"三高四低法"（即高空速、高氢含量、高电加热器功率，低水汽浓度、低温度多出水、低平面温差、低微量），各层温度通过冷激阀调节控制，在还原过程中，各层温度的调节要缓慢，避免炉温的大幅波动。

A.5.3　正常操作

A.5.3.1　操作要点及注意事项

（1）催化剂床层热点温度的控制

根据合成塔进口气体成分及生产负荷的变化，及时调节各冷激阀、冷副阀、系统近路阀等有关调节阀，稳定催化剂床层热点温度，温度波动范围在

±5℃以内。当催化剂床层温度猛降时，应立即判明原因，采取相应措施，进行调节。

（2）氨冷器温度及液位的调节

及时调节氨冷器液位和液氨蒸发压力：控制循环氨冷器温度在 -10~-5℃范围内，补充气氨冷器温度在 5~10℃范围内，氨冷器气氨压力在 0.15~0.25MPa。

（3）循环气流量及循环气中惰性气体含量的控制

根据催化剂活性及生产负荷的大小，并考虑产量与动力消耗的关系，来确定合理的循环气中惰性气体含量，以达到最好的经济效果。如果氢氮比较长时间不合格或循环气中惰性气体含量高而引起系统压力超指标时，除要求转化岗位调整氢氮比外，还可通过开大合成塔塔后放空阀，使系统压力控制在工艺指标范围内。

（4）氨分离器及冷热交换器液位控制

氨分离器及冷热交换器底部放氨时，应控制好液位，严防液位低时高压气体窜入液氨球罐或液位高使透平机带液。

（5）废热锅炉液位及水质的控制

及时调节废热锅炉补水量，保持液位稳定在工艺指标范围内，减少蒸汽压力波动。液位不能过高或过低，以防引起蒸汽带液或损坏废热锅炉。严格控制废热锅炉补水量，按水质要求及时排污，确保水质符合工艺指标。

（6）氢氮比的控制

氢氮比过高或过低会使催化剂层温度迅速下降，压力升高，因此将氢氮比尽可能维持在 2.2~2.8 之间，甲烷含量根据压力及催化剂活性情况调节，以防系统温度或压力波动过大。

A.5.4 巡检路线及内容

A.5.4.1 巡检路线

图 6-5 给出了巡检路线简图。

图 6-5 巡检路线简图

A.5.4.2 巡检内容

a. 看：现场压力表、温度表数值是否在工艺指标范围内；现场液位是否正常；现场设备、管道、支架等是否完好。

b. 听：静止设备区有无振动等异常声响；运转设备响声是否正常。

c. 摸：常温管道、设备温度是否正常；振动情况有无异常。

d. 闻：现场有无异味。

e. 查：现场有无漏点。

A.5.5 停车（略）

A.6 透平机操作

A.6.1 工作原理

气体进入离心式透平机后，在叶轮叶片的作用下跟着叶轮做高速旋转，通过离心力的作用向叶轮出口流动并受到叶轮的扩压作用。其压力能和动能均得到提高，气体进入扩压器后动能又进一步转化为压力能，再通过弯道回流器，流入下一级叶轮进一步扩压，从而使气体压力达到合成氨工艺所需压力。

A.6.2 透平机岗位任务及职责

将氮氢气加压送入合成塔，提供合成反应需要的循环推动力；反应完毕，经冷却分离液氨后的氮氢气继续进入透平循环机加压循环，反复进行。

A.6.3 透平机流程

（1）透平机气体流程

冷热交换冷器出口气体进入透平机入口，经提压后送往循环气油分器分离油水。

（2）透平机内部流程

从入口阀来的气体，分左右两路进入机身，在高压筒体的环隙内纵向流动，带走机内所散发的热量，气体再经中间接筒的气孔与保护气汇合后进入叶轮，通过各级叶轮压缩提压后，气体以轴向流入高压管。

（3）保护气流程

新鲜气经氨冷器冷却，进入油水分离器，分离气体中的水分和少量油，然后进入硅胶干燥器，吸收气体中残余水分，经干燥后的气体进入透平机的定子与转子的环隙之间，在中间接筒中与循环气汇合进入透平机叶轮，升压后与循环气一块出透平机。

A.6.4 透平机开车

a. 提前30min启动油泵，向透平机四个轴承点注油，直至见到回油方可开车。开车要求每分钟注油量控制在约20～30滴。

b. 打开透平机保护气入口阀，对透平机进行置换。置换合格后，关透平机出口放空阀，给透平机充压，直至透平机压力与系统压力平衡时，打开透平机入口阀。

c. 启动透平机开车按钮，透平机运转后，电流降至正常值时，渐开透平机出口阀。注意流量不得小于透平机公称输气量的70%。

d. 调节保护气流量在 $500\sim700\mathrm{Nm}^3/\mathrm{h}$ 范围内。

A.6.5 透平机停车

透平机只能是在带负荷情况下停车，严禁先卸压后停车，停车顺序为：

a. 当与氨合成塔同时停车时，切断保护气首道阀门；

b. 切断电源，停止透平机运转，关闭进、出口阀；

c. 关闭保护气进口根部阀，缓慢卸压，降压速度为每分钟 0.392MPa；

d. 停车三天以上应通入保护气保护电机线圈绝缘及轴承；

e. 单机停车期间为防止阀门内漏，氨气进入电机，需打开进、出口放空阀，稍开保护气入口阀，通干燥保护气保护电机；

f. 如需交出检修，在置换后切断所有与生产系统连接阀门，并加好盲板。

A.6.6 透平机异常现象及处理（略）

A.7 氨合成过程安全联锁设置

氨合成系统内有 1 个紧急停车联锁系统（emergency shutdown device，ESD）（I-1001）。当氨合成系统汽包（E-1001）液位低低联锁 LALL3001A、LALL3001B、LALL3001C 触发时三选二或氨分液位高高联锁 LAHH3005 触发时，联锁信号 I-1001 启动，氨合成气压缩机停车、透平循环机停车、氨合成系统停车、补充气切断放空。

A.8 氨合成异常现象的原因及处理

表 6-9 给出了氨合成异常现象的原因及处理方法。

表 6-9　氨合成异常现象的原因及处理方法

序号	现象	原因	处理
1	氨冷凝器出口气体温度高	水冷器出口气体温度升高或气量加大，增加了氨冷凝器的负荷	提高水冷器的降温效率，减轻氨冷凝器负荷
		氨冷凝器的液位过低或气氨压力升高，影响氨冷凝器效率	维持氨冷凝器的正常液位，以充分利用其传热面积，但液位也不能过高，以防带液
		液氨纯度低，含水分较多	联系冰机降低氨冷凝器蒸发压力
		氨冷凝器盘管表面有油污	经常排油排水，以提高氨冷凝器中的液氨纯度
			充分利用检修机会，热洗冷凝器，清除盘管壁上的油污，以提高其传热系数
2	催化剂层温度突然下降，系统压力突然升高	进塔气氨含量高	降低氨分离器、冷热交换器液位，加强油分离器排放
		进塔气微量突高	减量或切断气源，开电加热器保温
		内件损坏，冷气进入催化剂层	维持生产或停车检修处理
		氢氮比严重失调	联系净化调节氢氮比

续表

序号	现象	原因	处理
3	催化剂床层温度突然升高	补充气量突然增加	当电加热器送电操作时,应减小电加热器负荷或切电; 加大循环量或开大冷激阀
		循环气量突然减少	适当关小系统近路,加大循环量。当透平机跳车时,倒开备用透平机
		进塔气体成分迅速转好(氢氮比高或低转为适当;进塔气氨含量下降;惰性气含量减少)	开大合成塔冷激阀
		操作不当或调节不及时(冷激阀开度过小;系统近路阀开度过大)	关小系统近路,加大循环量
4	合成塔塔壁温度过高	通过内件与外筒的环隙间气量过小	增加进气量
		内件损坏,气体走近路,使流经内件与外筒的气量减小	停车检修,更换内件
		内件安装与外筒体不同心或内件弯曲变形,使外筒与内件环隙不均匀	校正内件外筒间隙
		内件保温不良或保温层损坏,散热太多	吊出内件对保温进行修复
		上部短中心管填料漏气	拆开小盖检查更换填料
		突然停电停车时塔内反应热带不出去,环隙间冷气层不流动,辐射传热使塔壁温度升高	减少停车次数,停电时加强对塔壁温度的检测,超温严重时要卸压降温
5	催化剂层同平面温差大	内件安装不正,催化剂填装不均匀,松紧不一,气体发生"偏流"现象	不能维持生产时停车检修;降温、降压、再升温,缩小同平面温差。如果调节无效且此种现象又在逐渐扩大时,则必须停车检修或更换内件
		内件损坏造成内部泄漏使泄漏一边的催化剂床层温度偏低,造成同平面温差大	操作力求稳定,适当控制空速,尽量减少温度和压力波动
		热电偶插入深度不准	核准热电偶插入深度
		热电偶外套管漏气	不能维持生产时停车检修

续表

序号	现象	原因	处理
6	催化剂床层温度测不准	塔内测温外套管破裂,使冷气不断从内外套管间隙漏入塔内,使测得温度偏低	外套管破裂,可停车检修;也可暂时参考其他指示正常的温度点维持操作
		测温内套管中有水分	温度计内套管安装前,应用无水乙醇擦拭,如出现温度失灵应及时检查处理
7	系统阻力大	合成催化剂因高温或高压结块或粉化引起阻力逐渐增大	对合成塔引起的阻力大要查明原因,采取相应措施,不能维持生产时更换催化剂
		装填的催化剂颗粒过小或装填过多,引起阻力大	严格制定审核装填方案,认真执行
		内件安装同心度不符合要求;杂物堵塞气道,造成阻力大	严格控制安装质量。对于冷交换器、油分、氨冷凝器及管道因结晶、油污堵塞等造成的阻力大,停车热洗加以清除
		内件设计、制造有缺陷,造成阻力大	设计单位应详细计算、设计,精心制作
		氨冷凝器冷热交换器及部分管线阻力大,净化气中 CO_2 跑高,进入合成系统与循环气中的 NH_3 作用生成氨基甲酸铵结晶堵塞冷交换器的换热部分和合成塔前部分管线,形成阻力大	利用停车或检修机会,停车热洗

第六节　与 PSM 其他要素的关系

　　标准操作规程是过程安全管理的重要环节,完整准确的操作规程是安全操作工艺系统的指导性文件,其与其他的 PSM 要素有着丰富的联系。

　　过程安全信息(PSI)是操作规程编制的基础,只有准确掌握装置流程特性,分析清楚具体作业行为可能涉及的物料性质,以及不同设备的运行特点,才可以有针对性地编制操作规程。比如未获得管道的设计压力、安装位置,就无法制定合理的管道试压程序;不清楚储罐中可能存储的物质,执行进罐清洗作业时对于吹扫、置换、检测的要求就不会有针对性。江苏天嘉宜化工有限公司爆炸事故暴露出对于危险废料的 PSI 掌握不到位,危险废料暂存这样看似很简单的操作作业,亦会引起大的事故。而操作规程作为操作人员作业行为的指导性文件，本身就是 PSI 的一部分，在过程安全信息管理的过程中不断完善、更新。

对于过程危害分析（PHA），我们在本章第六节已经看到，在确定操作规程编制范围时，要借助 PHA 的理念确定关键作业行为。同时，PHA 活动中对于特定危险场景的分析有助于操作规程的完善[15]，比如 PHA 识别出的危险场景的保护措施经常都为报警信息后的操作员工的人为干预，那么操作规程制定中就应当考虑在此危险场景下的操作人员应当做出的操作行为。

对于变更管理（MOC），应当在变更设计时就应当思考变更对于操作人员操作行为的影响。变更完成后更是应当及时更新操作规程。

动火作业管理、机械完整性等的最终落脚点都在编制出针对性的动火作业操作规程、设备维护保养操作规程。操作规程是培训的重要内容，对操作规程的培训考核是流程操作员工作业前的重要环节。操作规程的执行率是过程安全管理指标的重要内容。

良好的承包商管理需要对其承包商的操作规程进行审阅。多次事故调查表明，大量的事故发生诱因都与操作规程制定不当，或执行不到位有关。而事故调查的结果，也为操作规程的完善指明了切入点。

总之，过程安全管理各要素的实施，只要最终联系到人员与过程的作业行为，都需要操作规程作为其具体的执行依据。

参考文献

[1] CCPS. Guideline for Process Safety in Batch Reaction Systems [M]. 1999.

[2] 刘强. 化工过程安全管理实施指南 [M]. 北京：中国石化出版社，2014.

[3] CCPS. Guideline for Writing Effective Operating and Maintenance Procedures [M]. 1996.

[4] CCPS. Guidelines for Initiating Events and Independent Protection Layers in Layer of Protection Analysis [M]. 2015.

[5] Hannaman G W, Spurgin A J. Systematic Human Action Reliability Procedure (SHARP) [R]. United States, 1984.

[6] Sam M. Lees' Loss Prevention in the Process Industries [M]. 3rd ed. Elsevier Butterworth-Heinemann, 2005.

[7] Rouse W B, Rouse S H. Analysis and classification of human error [J]. IEEE transactions on Systems, Man, and Cybernetics, 1983, SMC-13(4), 539-549.

[8] Hao Wu, Jinsong Zhao. Self-adaptive deep learning for multimode process monitoring [J]. Computers & Chemical Engineering, 2020, 141: 107024.

[9] Shaodong Zheng, Jinsong Zhao. A new unsupervised data mining method based on the stacked autoencoder for chemical process fault diagnosis [J]. Computers & Chemical Engineering, 2020, 135: 106755.

[10] Hao Wu, Jinsong Zhao. Fault detection and diagnosis based on transfer learning for multi-

mode chemical Processes [J] . Computers & Chemical Engineering, 2020, 135： 106731.

[11] Feifan Cheng, Peter He Q, Jinsong Zhao. A novel process monitoring approach based on variational recurrent autoencoder [J] . Computers & Chemical Engineering, 2019, 129： 1-13.

[12] Hao Wu, Jinsong Zhao. Deep convolutional neural network model based chemical process fault diagnosis [J] . Computers & Chemical Engineering, 2018, 115： 185-197.

[13] Zhanpeng Zhang, Jinsong Zhao. A deep belief network based fault diagnosis model for complex chemical processes [J] . Computers & Chemical Engineering, 2017, 107： 395-407.

[14] Yiyang Dai, Hangzhou Wang, Faisal Khan, Jinsong Zhao. Abnormal situation management for smart chemical process operation [J] . Current Opinion in Chemical Engineering, 2016, 14： 49-55.

[15] Jinsong Zhao, Venkat Venkatasubramanian. Integrating operating procedure synthesis and hazards analysis automation tools for batch processes [J] . Computers & Chemical Engineering, 1999, 23, S747-750.

第七章

培　训

　　培训是过程安全管理体系的关键要素之一。过程安全管理要求整个组织的个体都理解他们的角色，并具备履行这些职责的知识和技能。过程工业企业，如果没有良好的培训制度和培训管理机制，很难实现有效的安全管理。培训是要让员工了解岗位的任务要求和操作方法等，从而使员工具备上岗执行工作的能力。培训的质量和效率对于员工基础知识、技能及能力起着关键作用。

　　很多事故调查分析报告都会提到企业未对涉事人员培训或培训质量不好是事故的一个间接原因。但是如何做好化工安全培训，如何确保培训质量，是化工企业最迫切需要改进的内容。

　　BP 石油公司德克萨斯炼油厂事故案例[1]。

　　BP（British Petroleum）德克萨斯炼油厂曾发生了火灾和一系列爆炸事故（见图 7-1），造成 15 名工人被当场炸死，170 余人受伤，在周围工作和居住的

图 7-1　BP 石油公司德克萨斯炼油厂爆炸事故

许多人成为爆炸产生的浓烟的受害者。同时，这起事故还导致了近 20 亿美元的经济损失，是过去 20 年间美国作业场所最严重的灾难之一。

2005 年 3 月 23 日上午，BP 德克萨斯炼油厂的一套异构化装置的残液精馏塔在经过 2 周的短暂维修后，重新开车（见图 7-2）。开车过程中，操作人员将可燃的液态烃原料不断抽入残液精馏塔。残液精馏塔是一个垂直的分馏塔，内径 3.8m，高 51.8m，塔内有 70 块蒸馏塔盘，用于将抽余油分离成轻组分和重组分。在 3 个多小时的进料过程中，塔顶馏出物管线上的液位控制阀未开，而报警器和控制系统又发出了错误的指令，使操作者对塔内液位过高毫不知情。液体原料注满分馏塔后，进入塔顶流出管线。塔顶的管线连通距塔顶以下 45.1m 的安全阀。管线中充满液体后，压力迅速从 144.8kPa 上升到 441.3kPa，迫使 3 个安全阀打开了 6min，将大量可燃液体泄放到放空罐内。液体很快充满了 34.4m 高的放空罐，并沿着罐顶的放空罐喷出，像喷泉一样洒落到地面上。泄漏出来的可燃液体蒸发后，形成可燃蒸气云。在距离放空罐 7.6m 的地方，停着一辆没有熄火的汽车，发动机引擎的火花点燃了可燃蒸气云，引发了大爆炸和后续的火灾。

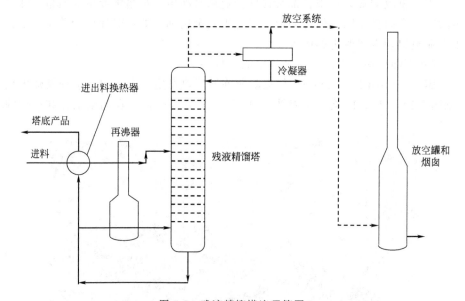

图 7-2 残液精馏塔流程简图

美国化学品安全与危害调查委员会（Chemical Safety Board，CSB）的事故调查人员在 3 月 24 日早上到达事故现场，研究了物证和现场，并采访证人，分析了该事故的主要原因，除塔底未设置冗余的独立液位指示或相应的安全联锁设施、未及时更新已不适用的操作规程、操作工连续倒班导致疲劳操作以外，也指出企业对开车这样的危险操作的培训不够；培训计划不合理；培训部门的员工数量由 28 名降低到 8 名；操作模拟器不能让操作工进行异常情况的模拟训练；培训内容未包括非正常工况的处理、物料平衡计算的重要性以及如何避免塔内液位过高等。

针对该事故，CSB 也给 BP 公司的管理层提出了过程安全管理的培训要求：

（1）在过程安全领域提供有效的领导和培训；

（2）建立和实施持续辨识、降低、管理过程安全风险的管理体系和培训；

（3）在公司内部通过培训建立一个积极的、信任的、开放的过程安全文化；

（4）通过培训建立一个有效的审核系统，以提高过程安全绩效。

第一节　国内外过程安全管理对于培训的要求

许多国家和政府监管机构都对过程安全管理的培训提出了要求。比如《安全生产法》提出生产经营单位应对从业人员进行安全生产教育和培训的要求；国家安全监管总局《关于加强化工过程安全管理的指导意见》（安监总管三〔2013〕88 号）文件指出，化工过程安全管理的主要内容和任务包括开展安全教育和操作技能培训；AQ/T 3034—2010《化工企业工艺安全管理实施导则》对怎样开展培训、培训频次及培训记录的保存提出了要求[2]；美国联邦法规 29CFR1910.119 提出了危险化学品过程安全管理的培训要求；美国职业安全与健康管理局 OSHA 2254[3] "Training Requirementsin OSHA Standards"，给出了 OSHA 对各个行业的详细培训要求。

一、中国对过程安全管理的培训要求

国家安全监管总局为加强和规范非煤矿山、危险化学品、烟花爆竹、金属冶炼等生产经营单位的安全培训工作，提高从业人员安全素质，防范伤亡事故，减轻职业危害，根据《安全生产法》和有关法律、行政法规，在 2005 年发布了《生产经营单位安全培训规定》（国家安监总局第 3 号令），并于 2015 年进行了修订，该导则对需要参加安全培训的人员、安全培训的内容、培训时间、培训的组织实施、监督管理、对培训责任落实不到位单位的处罚机制都做了详细的规定。

AQ/T 3034—2010《化工企业工艺安全管理实施导则》是在借鉴国外石油化工企业生产过程中的工艺过程安全管理模式和管理方法的基础上，结合我国实际情况形成的石油化工企业过程安全管理实施导则，该导则对过程安全管理的培训要求有三个方面：

1. 建立并实施培训管理程序

企业应建立并实施过程安全培训管理程序。根据岗位特点和应具备的技能，明确制定各个岗位的具体培训要求，编制落实相应的培训计划，并定期对培训计划进行审查和演练，确保员工了解工艺的危害，以及这些危害与员工所从事工作的关系，帮助员工采取正确的工作方式，避免过程安全事故。

2. 程序内容和培训频次

培训管理程序应包含培训反馈评估方法和再培训规定。对培训内容、培训方式、培训人员、教师的表现以及培训效果进行评估，并作为改进和优化培训方案的依据。再培训至少每三年举办一次，根据需要可适当增加频次。当工艺技术、工艺设备发生变更时，需要按照变更管理（见第四章）程序的要求，将变更的内容和要求告知或培训操作人员及其他相关人员。

3. 培训记录保存

企业应保存好员工的培训记录，包括员工的姓名、培训时间和培训效果等都要以记录形式保存。

为了保证相关员工接触到必需的过程安全信息和程序，又保护企业利益不受损失，企业可依具体情况与接触商业秘密的员工签订保密协议。

在化工（危险化学品）生产安全事故调查过程中发现，事故企业不同程度地存在企业主要负责人法律意识和安全风险意识淡薄、安全生产管理知识欠缺、安全生产管理能力不能满足安全生产需要等共性问题，企业主要负责人仍然是制约化工（危险化学品）安全生产工作的重要因素。为此，2017年国家安全监管总局办公厅发布了《关于进一步加强化工（危险化学品）生产企业主要负责人安全生产管理知识培训的通知》，有关要求如下：

（1）各地区要高度重视，充分认识开展安全培训工作对于提升化工（危险化学品）生产企业主要负责人安全管理理念能力水平、有效预防遏制重特大生产安全事故的重要意义，以推动企业落实安全生产主体责任为着力点，加强组织领导，确保辖区内化工（危险化学品）生产企业主要负责人参训率达到100%。

（2）注重统筹安排，将安全培训与本地区年度安全培训计划和化工（危险化学品）生产企业主要负责人的再培训有机结合，扎实做好安全培训工作，确保取得实效。

（3）严格标准要求，在安全培训结束后组织测试，对测试不合格的化工（危险化学品）生产企业主要负责人要限期进行补考，补考仍不合格的，所在地省级安全监管局要在政府网站上进行公开通报。

二、美国对过程安全管理的培训要求

美国 OSHA 的任务是通过制定和推行标准以及提供培训、教育和援助确保工人得到保护，防止工伤。许多 OSHA 的标准防止了无数工作场所悲剧的发生，其中就包括明确的安全和健康培训要求，以确保受训人员具备安全工作所需的技能和知识。这些要求反映了 OSHA 的信念，即培训是雇主保护工人免受伤害和疾病危害的安全和健康计划。

美国 OSHA 2254 是美国联邦法规对各个行业的培训要求，其中 29CFR1910.119（g）为高危险化学品的过程安全管理的培训要求。主要有以下三点：

（1）初次培训　参与工艺操作的每位员工以及每位被委派到新的工艺操作岗位的员工，应接受规定的工艺和操作规程培训。培训应强调特定的安全和健康危害，紧急操作，包括停车和适用于员工工作任务的安全工作。针对无须进行初次培训的员工，企业需要书面证明该员工已经具备安全完成操作规程规定的工作职责的知识、技能和能力。

（2）再培训　再培训应至少每三年一次，必要时增加频次，以确保参与工艺操作的员工理解并遵守当前工艺的操作规程。企业应与参与操作的员工确定适当的再培训频率。

（3）培训文件　企业应确定参与工艺操作有关的每位员工都参加培训并理解培训内容。企业应建立培训记录，其中包含员工姓名、培训日期和用于验证员工理解培训的内容。

第二节　培训的关键要素

培训可以在不同场合采取多种形式。企业可以根据需求来确定采用哪种有效的培训形式，安排哪些培训资源来开展培训。比如针对作业安全分析（JSA）的培训可以在培训教室进行。而针对压缩机的维护培训，可以采用现场培训的方式。培训讲师也应是多样化的，可以是有经验的操作人员、工程师、供应商或承包商等。企业可以根据培训的主题和内容，在企业外选择能力可以胜任的培训讲师。

培训的关键要素包括培训需求、需要参与培训的人员、培训方法、培训内容、培训计划、培训频次、培训记录。

一、培训需求

当员工当前的知识、技能以及能力无法达到圆满履行工作职责的要求时，就需要对其进行培训。企业需要根据培训调查结果或培训矩阵分析，结合岗位设置和操作项目，确定培训需求。

培训的需求分析是过程安全管理培训工作的基础。全面、科学的分析，准确的需求定位是避免培训投入浪费，提高培训质量与培训效益的关键环节。

培训需求分析是在广泛、深入调查研究的基础上，找出企业安全生产工作对员工的知识、技术、能力的需求点，确定员工在履行岗位职责，完成安全生产工作任务过程中所必备的基本知识与技能。

培训需求分析的过程是确定培训内容的过程，是培训的第一道关口，切不可图简单省事而马虎对待。

培训需求分析过程主要使用培训需求调查法或培训需求分析矩阵法。

（一）培训需求调查法

培训需求调查可以使用现有资料分析、调查问卷法、访谈法等方法实施，主要通过以下几个方面开展：

（1）法律法规、标准规范、规章制度调查，调查应包括但不限于以下内容：

① 国家、行业、地方政府有关安全生产的法律法规；

② 本企业有关健康安全和员工教育培训规章制度、企业标准规范。

（2）岗位管理单元调查，根据岗位分工结合岗位职责，梳理岗位及与岗位具有关联的工作流程、设备设施，建立岗位管理单元清单。

（3）岗位操作项目调查，确认岗位所有操作项目。岗位操作项目调查一般可按照以下方法进行：

① 将管理单元划分为最基本的操作项目，各操作项目应保持相对独立完整、不重叠和交叉，能辨识操作风险并实施控制；

② 将梳理的操作项目逐一列于管理单元之下，并结合岗位职责确认，将管理单元汇总形成岗位操作项目需求清单。

（4）岗位操作安全隐患调查，在明确操作项目的基础上开展危害分析（见第三章），将每一个操作项目划分成具体的操作步骤，对每个操作步骤中存在的危害因素进行辨识，评估风险。岗位操作风险调查应包括但不限于以下内容：

① 作业场所（现场）和设备设施可能存在的安全隐患；

② 安全防护和尘毒、噪声、辐射控制等，以及环境保护装置和设施可能存在的安全隐患；

③ 不规范操作可能带来的安全隐患；

④ 天气、季节变化可能产生的安全隐患；

⑤ 与相关方（包括承包商、供应商、外来人员、社区等）和周边环境的相互影响、风险应急设施以及应急处置方面可能存在的安全隐患；

⑥ 其他应关注的安全隐患。

（5）培训还应充分考虑生产经营特点，安全工作绩效，未来发展目标，员工基础条件、现有能力和个人愿景等因素。

目前，国内化工行业过程安全培训的需求识别并不充分，很多企业甚至不做任何的需求识别，仅简单规定了入厂、班组、岗位的三级培训要求，或者笼统提出"几会几能"的口号式要求。但对具体的培训课程设置、内容与深度要求等都没有进一步的细则要求。

很多企业编制的安全培训的要求和管理制度对所有岗位是通用的。这些通用性的制度无法对于不同的岗位进行具体的指导，也未建立起行之有效的管理工具。即便是每年一次的培训需求调查也不一定能完全辨识员工岗位的能力需求。如果培训需求调查失准，很难识别出岗位的风险和管控措施，从而无法识别岗位所需要的能力。

（二）培训需求分析矩阵法

培训需求矩阵是运用矩阵图来进行决策与分析的一种方法，它能够展示出员工当前所掌握的技能，便于管理者据此安排工作任务，同时又能显示出员工个人的培训需求。

员工岗位安全培训需求分析矩阵可以帮助企业以岗位安全培训需求为出发点，来制订和完善相应的安全培训计划。安全培训矩阵要求将安全培训的需求与人员岗位关联起来，提出不同岗位不同的能力要求，以及不同的培训计划和形式。矩阵同时可以说明各岗位需要接受培训的内容、掌握程度、培训周期等要求。相比于纯粹文字叙述，矩阵形式可以表达出更为广泛和全面的信息，同时将复杂的信息图形化。

与传统安全培训需求调查相比，安全培训需求分析矩阵以员工岗位风险为核心，根据岗位职责，以培训合规和员工履职能力建设为目的建立。

安全培训矩阵编制过程，既是企业对人员岗位能力梳理的过程，也是培训内容、周期、考核等环节的审查过程。

建立安全培训矩阵首先要确定好准确的培训需求，这就需要将生产岗位的职责及生产任务和工作技能按不同级别分类和列出。通常可根据职责、任务和行为表现进行分类。根据行为结果，推导出态度、知识、技能等训练项目。同时也需要 KSA（knowledge，skill，attention）层面的要素来支撑：根据岗位职责所需的行为要求，确认岗位成员在每个培训要项中要达到的水平，并用符号表示其目标技能程度[4]。

岗位矩阵是由岗位成员直接主管对每个技能项目实际水平进行的一个简单评估,在三个层次上用不同的符号表示:达到的水平、需要提高的技能和技能空白水平。通过对生产岗位人员技能的考核,可以得到生产岗位各项技能提升的需求。根据计算出的岗位现有技能总体现状和技能完成率,从而确定结合生产的具体培训项目。

培训矩阵作为培训管理的一种工具,具体来说就是把岗位职责和相对应的基本技能和要求,分别置于纵列和横行,形成二维的培训需求分析矩阵,并说明各岗位需要接受培训的内容、培训课时、培训周期、培训方式、培训效果等内容。某采油队 HSE 培训矩阵见表 7-1[5]。

表 7-1　某采油队 HSE 培训矩阵

编号	培训内容	培训课时/日	培训周期/年	培训方式	培训效果	培训师资	备注
1	通用安全知识						
1.1	安全用电常识	0.5	3	课堂+现场	掌握	班长或安全员	
1.2	安全用火常识	0.5	3	课堂+现场	掌握	班长或安全员	
1.3	石油安全常识	0.5	1	课堂+现场	掌握	班长或安全员	
1.4	天然气安全常识	0.5	1	课堂+现场	掌握	班长或安全员	
…	略						
2	岗位基本操作技能						
2.1	抽油机运行、调整、维护						
2.1.1	抽油机检查	0.5	3	课堂+现场	掌握	班长或其他培训师	
2.1.2	抽油机启停	0.5	3	课堂+现场	掌握	班长或其他培训师	
2.1.3	抽油机换皮带	0.5	3	课堂+现场	掌握	班长或其他培训师	
2.1.4	抽油机保养(加注润滑油、紧固螺栓)	0.5	3	课堂+现场	掌握	班长或其他培训师	
2.2	油井运行、监测、维护						
2.2.1	油井检查	0.25	3	课堂+现场	掌握	班长或其他培训师	
2.2.2	油井开、停井	0.25	3	课堂+现场	掌握	班长或其他培训师	
…	略						
3	生产受控管理流程						
3.1	作业许可	0.5	3	课堂+现场	了解	班长或安全员	
3.2	工艺、设备设施安全管理	0.5	3	课堂+现场	了解	班长或安全员	
3.3	变更管理	0.5	3	课堂+现场	了解	班长或安全员	

续表

编号	培训内容	培训课时/日	培训周期/年	培训方式	培训效果	培训师资	备注
3.4	上锁挂签	0.5	3	课堂＋现场	了解	班长或安全员	
3.5	承包商监督	0.5	3	课堂＋现场	了解	班长或安全员	
4	HSE知识、方法和工具						
4.1	HSE管理原则	0.25	3	课堂或会议	了解	班长或安全员	
4.2	属地管理	0.25	3	课堂或会议	掌握	班长或安全员	
…	略						

二、需要参与培训的人员

在上岗前需要接受适当安全培训的人员包括：管理人员和技术人员；健康、安全和安保专业人员；工艺设备操作员；仓库管理人员；维修技术工人，如电工；卡车和移动设备司机，以及焊工；紧急情况下有特殊职责的工人，如兼职消防员、急救技术人员等；外部承包商、来企业访问的客人和实习生等[6]。

三、培训方法

安全培训方法有多种，各种培训方法有其自身的优缺点，为了提高培训质量，达到培训目的，往往需要将各种方法配合起来，灵活使用。培训方法的选择需要做到将培训与员工的职能相匹配，并平衡课堂和"实践"培训以获得最佳效果。

（一）传统安全培训方法

团队培训鼓励受训者参与，并互相交流思想和信息。这种教学方法可以是以下任何培训形式的组合：

（1）典型课堂培训 培训讲师通过语言表达，系统地向受训者传授知识，期望受训者能记住其中的重要观念与特定知识。该方法适用于安全类的规范、程序、通用安全知识的培训，如企业核心价值观，HSE方针、政策、目标等的培训。

（2）强化课堂培训 用于在较短时间内，向一个相对较大的群体传授安全相关培训。适用于专业知识的培训。除课堂讲解之外，辅以对应的考试测验。

（3）案例或培训　案例式培训就是把行业内发生过的安全事故进行整理，将各类事故发生的经过、原因和预防方式结合到教学中，进行针对性培训。很多安全事故都是血的教训，在安全培训中需要将这些案例结合进来，一方面是让学员的安全意识更加深刻，明白掌握安全技能的重要性；另一方面则是降低学员学习安全知识的畏难情绪，进入学习状态。案例式培训可以让安全知识普及更有针对性，在日常工作中也能更好地做出预防措施，使教学效率更高。

（4）研讨式培训　参加安全培训的员工，一般已经具有一定的职业经验，因此学员才是培训主体。在教学中，研讨式培训具备研究和讨论两种因素，学员可以对问题进行深入分析，本身也具备一定的学习资源。研讨式培训可以让学员在研究和探讨中摆脱刻板学习，结合自身的经验表达自己的观点，学员之间也可以相互交流、相互启发，也能够在研讨中进行思想上的碰撞，研究出新的方法。研讨式培训可以营造出一种宽松的课堂气氛，加强教师、学员之间的交流和沟通，这种关系让师生关系更加平等，教师更多承担的是对学员安全意识的唤醒。该培训方法适用于工作过程中不同级别、专业和资历的员工之间的安全经验和知识的交流和分享。

（5）岗位实际演练　适用于现场执行的管理规范、程序和操作规程的培训，需在有资质员工的指导和观察下，实际演练培训的内容，掌握必要的技能。

（6）头脑风暴　用于寻找创新性的安全相关问题的解决方法。

（7）问答循环　适用于澄清各种安全问题，有针对性地解决某些集中关注的问题。

（8）学校课程　学校课程可以采取独立学习、研讨会或短期课程的形式。目前有很多大学、学院和企业提供有关安全的研讨会和短期课程。

（9）网络培训　依托网络技术，发挥网络教室的作用，将培训内容和信息实现网络共享，通过仿真模拟和网上教学的方式进行培训，适用于时间、空间难以集中的培训对象的培训。网络学习能够极大提升安全培训的体验，激发员工兴趣，提高互动性，从而提高培训的质量和效率。然而对于安全培训这种需要完成一定质量和数量的培训课程，通过培训讲师的授课，在规定时间内传递大量信息，让员工了解企业安全要求、安全文化，掌握安全技能，网络培训不可能完全替代传统培训。

不同的培训方法在培训进行中，还需要穿插演练、演示、测验、视频、阅读和模拟等手段加强培训效果，使受训人员更易于理解培训内容。演练通常用于培养加强工人在基本工作任务中的技能；演示提供了培训讲师在工作中的第一手的经验；测验用于评估个人对培训主题的掌握程度；视频和阅读被用来拓展和加强培训讲师的介绍材料；模拟通常是在无法使用实际材料或机器时的一种辅助手段。

（二）新型培训方法

安全培训就是让组织中的全体人员掌握一定的安全知识和技能，让企业运行中可以达到安全生产的状态，因此进行安全培训本身是有组织的行为，也是强制性的活动。随着化工企业的行业竞争力不断提升，技术和管理上的要求不断更新，传统的安全管理已经逐渐满足不了企业的实际需求，在这种情况下，提升员工的安全意识，让员工掌握更加成熟先进的安全技能是非常必要的，这就需要创新培训方法。

1. 微型学习

微型学习（micro-learning）这一概念于 2004 年提出，是一种新型学习形态。"micro"有微、小、轻等含义，这不仅体现在微型学习的每一部分内容组块的知识量，还体现在培训与学习的方式、培训参与者的心态。

微型学习的内容组块可以轻易地获取、存储、传播、查找。培训人员可以在轻松的心态中获得不断得到激励的学习体验。微型学习满足了知识经济时代对非正式学习的需求。网络发展和社交媒体的新应用，为培训提供了多种可能的形式，公众号、微信群、直播平台等多种技术的结合，让安全培训可以克服地域和交通的不便，实现在线学习，并且能够将重要的内容保存。

微型学习同样也适用于安全培训，可以作为提高或者补充学习的重要形式之一。微型学习不同于传统培训。对于新员工培训，通常都是采取密集的一次性培训，信息量比较大，有大量的关于安全、职业技能和组织文化的内容。这种以介绍为主的培训形式非常必要，但过程工业也迫切需要一种更有效率的方式对员工进行持续性的培训，强化或调整员工的技能与安全意识。

例如，在线观看安全培训视频已经为安全培训提供极大机遇。网络的便利性，高质量的视频内容，可以带来数字流量，并可以与传统面对面的授课形式无缝衔接，很大程度上改善了安全培训的体验。

移动设备包括智能手机与平板电脑，也改良了安全培训执行的方式。员工可以在任何时间、任何地点获取需要的信息，从而提供极大的便利性。据统计，72%的人使用移动设备在线观看视频，1/3 的人使用移动设备进行某种形式的学习。

微型学习是在数字化学习的基础上发展起来的，是数字化学习的一种拓展和创新，因此，微型学习具有数字化学习的特点：

（1）学习时间、地点的不固定性　学习者可以通过零碎的时间，利用便携式学习工具随时随地学习。

（2）学习内容的模块化　学习者通过媒介学习到的知识是经过处理的。整个学习内容被分解成许多小的学习模块，这些学习模块之间存在着一定的联系，同时又是相互独立的"知识块"。

（3）学习方式的多样化　学习者既可以进行自我发现、自我反思和探索性学习，也可以与他人进行协作和交流，同时还可以利用数字化的学习资源和网络通信进行学习。

微型学习能够带给人们一种短期的爆发式快感。短时间的这种刺激，能够促进认知层面的培训体验，增强相应的专业知识和个人技能。例如可以将操作规程文件提炼成摘要，通过微信和短视频等形式，使员工可以随时接触、学习和重复学习。

奥地利学习研究专家林德纳将微型学习表述为一种存在于新媒体中，基于微型内容的新型学习。林德纳注意到了微型学习背后蕴含的新知识观，他认为微型学习现象背后存在着"松散的分布式知识""速溶知识""联通性知识"这些概念。另一位欧洲学者布鲁克也认同微型学习是一种在数字网络新媒体环境中的学习，其更加关注微型学习所揭示的新型知识组织结构。

微型学习所依托的微型内容具有知识片段的特性，学习的过程是知识的重新联合。微型学习所致力的正是每位员工在新媒体的支持下，不断将不同片段的微型内容进行结构化的联结，即"知识联结和再造的能力"。

过程安全管理涉及多个不同管理要素。支撑过程安全管理体系的，恰恰是大量的来自不同专业技术领域的知识片段。而微型学习的方式非常适合于员工已经建立了过程安全管理的基本知识框架后，了解主要要素的内容后，对自身的知识进行联结与再造。

微型学习已经在一些集团公司内部得到广泛应用。微型学习的方式无法取代传统安全培训，但是可以作为一种有力的培训工具，利用专项技能人员所生成的微型学习内容，鼓励员工自主学习。

2. 游戏化学习

游戏化学习是基于人的行为心理学逐渐建立起来的一种学习方式，即通过通关、积分、晋级的方式，激励员工自主完成培训。安全培训结合游戏化学习的方式，能够激发员工兴趣，完成规定的学习任务。游戏化学习可以提高员工参加培训的兴趣，并通过一些积分等晋级鼓励员工完成培训。

安全培训通常作为硬性规定的学习内容，主要通过培训后的测验等手段帮助员工记忆相关要点，强化记忆。而游戏化学习则让这种测验以积分形式，可以体现个人积分及班组、车间、中心等的积分，通过排名、对比可以了解其他人的培训积分。员工如果获得高分，也可以获得相应的级别，标注培训完成时间或阶段。游戏化学习可以让枯燥的培训及测验变得更吸引人。

3. 数字化学习

数字化学习是指学习者在数字化的培训环境中，利用数字化培训资源，以数字化培训独有的方式和手段接受培训的过程。目前，在数字化培训快速发展的大背景下，很多石化企业均不约而同选择数字化培训模式对员工进行过程安全管理的培训，且取得一定成效。

和其他的培训方法相比，数字化培训不仅可以大大增强培训效果，节省培训费用，缩短培训时间，而且可以降低装置操作的不确定性，减少或避免事故发生，确保安全生产。同时，数字化培训系统可以培养一人多岗、一专多能的高素质人才，能够使受训人员在数周内取得现场 2～3 年才能取得的经验，为企业的长期发展提供人才保障，是国内外公认的石油化工领域最高效的现代化技能培训手段。

中石油兰州石化炼油厂常减压联合车间在 2013 年 5 月开始试点，经过两年多的建设，构建了全装置三维立体模型（见图 7-3），集成了各类技术数据和资料，以基础设备数字化、生产过程数字化、生产管理数字化为基础，实现了资料、生产、设备、安全、培训、大检修、腐蚀监测管理七个方面的应用。在安全培训方面，兰州石化炼油厂常减压联合车间可进行空间数据的处理、存储和共享，提供空间操作、空间分析、数据导航、三维展示、专业应用等多方面的培训支持，可为兰州石化安全管理人员培训等方面带来便利条件。

图 7-3　数字化工厂三维图

4. 操作员仿真培训

根据石化项目建设经验，为更快更好地提高受训人员的技能水平，仿真培训已成为培训的最佳选择之一。仿真培训系统以提升受训人员的技能素质、实际操作经验、处理各种随时可能出现的问题能力为主要目的，可逼真地模拟工厂的开车、停车、正常运行和各种事故过程的现象和操作，而且无须投料，没有危险性。操作员仿真培训系统（operator training system，OTS）的核心是仿真模拟技术，即在计算机上仿真模拟真实生产过程，建立对应的"虚拟工厂"，包含生产过程及其控制逻辑，在此基础上实现对工厂生产过程和控制逻辑的模拟、调整和培训。该培训方法具有以下特点：具备真实的操作环境和实际操作感，与企业真实生产相似度高；化工生产往往具有易燃、易爆、有毒、有害、易腐蚀等特点，存在着诸多不安全因素和危害，比其他行业生产具有更大的危险性，操作员仿真培训系统不需要操作员接触危险化学品和相关的设备，无安全隐患，成本低。

OTS 的主要应用为：操作员仿真培训；工程师对工艺装备设计的再审查；开展优化生产操作的研究以及开发和开展控制系统分析；在模拟器中排除发生在实际工厂控制系统中的故障；在工厂实际运行之前，测试控制系统的设计变更，预先调试控制回路；在对工厂操作无任何风险的情况下，调试紧急控制回路。

中石化广西某分公司 500 万吨炼油联合装置（装置包括：常减压、催化裂化、延迟焦化、连续重整、柴油加氢、聚丙烯 6 套装置）的 OTS 仿真系统见图 7-4。该 OTS 采用仿真操作方式实现，具有准确模拟稳态操作、进料质量和进料量变化对工艺的影响、指定设备跳闸（如压缩机等）和操作条件恢复对工艺的影响、冷进料开工、热进料开工、在设备跳闸后的工况下重新开工、正常停工和紧急停工、正常工况操作、异常工况操作、评分功能等功能。

图 7-4　某石化装置操作员仿真培训系统

5. 安全仿真与实操培训基地

随着培训技术的不断发展，管理机构和企业逐渐意识到传统的培训方式存在一定的局限性，不但受时间、空间的限制，而且在人力、资源、经费、组织实施等方面都存在很大问题，尤其对危险作业或不具备实验条件的操作培训更难以实现。在此背景下许多企业以提高培训质量和培训效果为导向，利用虚拟现实（virtual reality，VR）、人机交互等先进技术，通过体验式、桌面式、沉浸式等多种方式打造安全仿真培训平台（图 7-5）。为员工提供清晰、直观、动态、身临其境的培训环境，可从根本上避免传统安全培训模式存在的不足和缺点，提升了培训质量与效果。

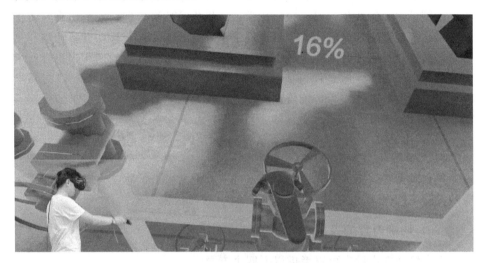

图 7-5　利用 VR 技术进行工厂操作培训

中国石化华南安全仿真与实训基地（见图 7-6）始建于 2016 年 11 月，其核心功能主要包括：危险化学品过程安全、特殊作业安全、工程施工安全、交通安全、消防安全、机械设备与电气安全、公共安全、应急救援、职业技能培训与考核、研学实践教育与事故体验十大功能模块。专业系统的课程内容、流程化的课程设计、实操化的培训方式、可视化的教学模式，将理论知识和实践

图 7-6　中国石化华南安全仿真与实训基地

应用有机结合，使学员在操作、参与过程中认识风险，掌握控制措施、作业流程和安全操作技能，加深了学员对制度的理解，加强了对标准规范、操作要求的掌握，突出解决当前安全培训走形式、培训效果差的痛点，实现从理论到实践、从模糊到清晰、从了解到理解、从会说到会干的转变。

微型学习、游戏化学习、数字化学习、操作员仿真培训、安全仿真与实操培训基地等新型培训方法为安全培训提供了更有效的方式。移动设备让培训更方便，能够让员工随时随地接触所需要的信息。而培训方式的变革，也会让培训变得更加吸引人。但是仅仅依靠新的培训方式是不能满足安全培训的要求的，可以将这些方式作为传统培训的补充，满足企业员工的培训需求。

四、培训内容

过程安全管理应依据安全培训需求调查分析结果，汇总、确定员工需要接受的安全培训内容。

（一）培训内容的设定

安全培训内容设定可以考虑以下四个方面：

（1）通用安全知识，包括安全用电和用火常识、危害因素辨识知识、本专业典型事故案例等；

（2）岗位基本操作技能，包括员工所在岗位各操作项目的操作规程、操作风险、应急处置等；

（3）生产受控管理流程，包括属地管理、作业许可、变更管理、承包商管理等；

（4）安全知识、方法与工具，包括行为安全观察与沟通、目视化管理、工作前安全分析等。

（二）关键岗位的培训内容

对不同岗位的员工，需要根据其岗位特点和培训需求制定其需要的培训内容。针对一些关键岗位和岗位发生变化员工的培训内容建议如下：

1. 新员工和转岗员工

新员工和转岗员工作为一个群体，不熟悉企业或工厂的运营和安全方针，也不熟悉他们在工作中可能遇到的风险。他们的培训应以基础课程为主，并包括公司方针、安全与健康方面的方针、危险信息通报、个人防护设施、应急响应程序、事故报告程序、未遂事故报告、事故调查、停工程序、机械防护、电气安全、受限空间进入许可程序、动火作业许可程序、医疗设施保障、急救/

心肺复苏、人体工程学、事故淋浴洗眼器位置、主动防火及被动防火、医疗记录查询等。

转岗员工可能精通公司方针和一般程序。然而，他们并不一定熟悉其新岗位的具体危险和安全程序。

2. 工艺装置操作员

工艺装置操作员的失误可能会造成灾难性后果。多数操作岗位都需要高水平的技能，恰当的培训是必不可少的。

工艺装置操作员的培训应包括：工艺生产目标、生产制约因素和优先级、工艺流程图、过程危害、工艺单元操作、工艺反应（热效应）、工艺控制系统、工艺操作规程、关键过程安全参数、工艺材料、质量、产量、工艺废水和固废、仪器仪表、工厂设备及标示、设备操作、关键安全设施及控制系统、设备维护和清洁、许可证制度、设备故障、故障管理、应急程序、消防等。

3. 管理人员

生产经营单位主要负责人安全生产培训和安全资格培训的主要内容包括：

（1）国家有关安全生产的方针、政策、法律和法规及有关行业的规章、规程、规范和标准；

（2）安全生产管理的基本知识、方法与安全生产技术，有关行业安全生产管理专业知识；

（3）重大事故防范、应急救援措施及调查处理方法，重大危险源管理与应急救援预案编制原则；

（4）国内外先进的安全生产管理经验；

（5）典型事故案例分析。

生产经营单位安全生产管理人员安全生产培训和安全资格培训的主要内容包括：

（1）国家有关安全生产的法律、法规、政策及有关行业安全生产的规章、规程、规范和标准；

（2）安全生产管理知识、安全生产技术、劳动卫生知识和安全文化知识，有关行业安全生产管理专业知识；

（3）工伤保险的法律、法规、政策；

（4）伤亡事故和职业病统计、报告及调查处理方法；

（5）事故现场勘验技术，以及应急处理措施；

（6）重大危险源管理与应急救援预案编制方法；

（7）国内外先进的安全生产管理经验；

（8）典型事故案例。

具体培训大纲和考核标准可参见 2003 年国家安全生产监督管理局印发的

《危险化学品生产单位主要负责人、安全生产管理人员培训大纲及考核标准（试行）》。

五、培训计划

有条不紊、计划周密的培训有助于提高安全培训的质量，确保培训效率和效果。培训计划可以帮助培训讲师按正确的顺序展示培训材料；根据其重要性来强调某些培训材料；避免遗漏必要的培训材料；确保培训讲师和受训人员按时参加培训；激励学员参与培训。

一般情况下，员工的安全培训计划不得随意取消（受培训员工的工作性质发生改变除外）。如果确因某种客观原因不能按原计划执行培训，相关管理人员应与培训管理部门进行沟通协调，及时调整培训计划。

培训计划应包括以下内容：

(1) 受训人员现有的技能、知识调查；

(2) 确定培训后需要达到的绩效标准；

(3) 培训负责人姓名；

(4) 参加培训的人员；

(5) 培训时间和地点；

(6) 培训主题；

(7) 培训目标；

(8) 培训辅助器材及资料；

(9) 使用的教学方法，如课堂培训、讨论等；

(10) 培训要点总结；

(11) 培训效果测试（如需要）；

(12) 培训结束后作业；

(13) 拟颁发的证书。

六、培训频次

安全培训必须做到及时，并且频次合理，以便及时沟通和加强每位员工所需的安全信息。因为每位员工参加培训的频次不同，所以很难对所有的员工制定标准的培训频次要求。

培训频次需要根据法律法规的更新，行业规范的改版，程序文件及管理文件的修订时间来确定，目的是确保员工能够掌握最新的安全知识和技能。对于变化较快的内容，应缩短培训间隔；对于需要实际演练才能掌握的培训内容，培训周期一般不超过一年。

存在下列情况时，需要进行安全培训或再培训：国家发布有关安全生产方面的新的法律、法规、标准、规范等；企业雇佣新员工；为现有员工分配新任务；引进新设备或新工艺；工作程序发生变更；工作中需要使用新的信息或技能；员工绩效有待提高；企业的安全水平有待提高。

存在以下情况时，需要进行额外的培训：同类行业事故率、致伤率、致死率相对较高的岗位；企业或工厂的事故率明显上升；员工的流动率升高；生产过程产生过量的废物或不达标产品；公司扩张或公司程序变更；政府监管要求发生变化；工作满意度不佳或员工积极性不高。

七、培训记录

近年来，随着安全培训被政府部门和企业持续强调，培训记录作为培训内容、效果、参加人员的记录，可以检查和确保企业或工厂的每位员工都参加了其需要的培训课程，并将该员工需要参与的额外培训内容体现在培训计划内。培训记录也可以帮助企业识别安全培训达到的预期效果和存在的不足。

安全培训记录需要针对每次培训和每位员工记录以下事项：培训名称、培训目标、使用的培训方法、培训辅助工具或课程材料、培训讲师的资格证明、培训的评价方法和培训效果、培训起止日期及培训时间、培训后达到预期效果所用的时间等。

第三节　培训的评估反馈、考核指标与持续改进

培训本身如果不能够做到生动有趣，并结合实践，是无法让员工产生共鸣并积极参与的。应积极辨识培训需求，努力提高培训内容的质量。培训内容不能老生常谈，应当更新案例。一次不好的培训经历，可能使员工产生对于培训的抵触或厌倦心理。将员工积极性调动起来，了解他们的兴趣，才能更好更快地达到培训的目的。

1. 培训的评估反馈

与企业全面质量管理一样，计划、实施、检查和处理的原则也适用于培训质量的评估反馈。评估反馈包括两方面的内容：一是对培训讲师的评估，对于讲师授课的能力、教材内容、培训场所和组织形式进行评估；二是对员工参加培训效果的反馈和培训新需求的识别。培训结束后，通过问卷调查的形式，了解员工掌握程度，通过员工的观察、意见反馈等手段，对于培训进行评分，同时可以对员工的培训需求进行调研，从而识别新的培训需求。通过了解员工在

培训之后行为的改变，综合评估培训结果，并依据评估结果对培训课程的计划组织实施进行调整和改进。

2. 培训的考核指标

企业应当有安全培训管理制度，并有相应的预算。制度是否完善、预算经费的落实与使用情况，应当是符合性审计（见第十三章）中重点关注的内容。

员工岗位能力需要满足规定的培训小时数量，培训人员的参加率，逾期未参加更新培训的人员比例等可以作为过程安全管理的领先指标（见第十四章）。

3. 培训的持续改进

培训需求和培训计划应随着企业和基层组织的业务发展、组织机构的变化，作相应改进完善。改进完善的途径包括：

（1）根据学员反馈和所属部门的意见汇总分析，改进课程设计，包括内容和具体授课方式；

（2）通过持续地沟通和专业训练，提高培训讲师的能力，包括专业知识、现场经验和课堂组织技能；

（3）逐步优化各职能部门间的合作关系，提高培训管理各环节的有效性，包括需求分析、计划制订、资源调配、过程控制及反馈总结等。

培训的持续改进还应关注培训需求识别、培训计划制订、培训实施及培训效果评估等主要环节之间的关联性和协同性。

特别要注意的是授课方式要与时俱进。问题导向的翻转课堂改变了以往培训教师填鸭式授课模式，以实际问题为导向，学员利用所有可以利用的资源，在解决问题过程中能力得到快速提升。据统计，一名新员工一般需要 18～24 个月的传统培训才能在实际的安全操作中发挥作用。如果采用翻转课堂的授课模式，可能仅需要 6 个月时间即达到同样的效果[7]。

第四节　知 识 管 理

组织不良的安全培训，经常是培训讲师在枯燥地讲，参与培训的员工无聊地听，这极大地影响了知识与信息的有效传递，使企业对培训的投入不能达到预期效果。除了提高培训教师能力，改进培训方法外，化工企业应在培训的基础上建立起知识管理的框架和方法。

知识管理就是在知识共享的基础上，通过将个体的碎片化的知识转化为集体的智慧，使企业的应变和创新能力得到有效的提升。化工行业的安全知识管理，能够将知识作为重要资源充分利用起来，从而提高企业的安全风险管控能力。

在互联网过渡到移动互联网的时代，每一个员工都有可能自发加入特定的社交媒体群，或者自发关注某个特定的公众号。往往在一个有着相似从业背景的群里，大家会围绕着某一感兴趣的话题进行讨论。而讨论的内容是一个发散的头脑风暴的思维过程，提出各种问题、激发不同的答案、进一步质疑与讨论。在这样一个讨论过程中，知识标签化，不同员工的碎片化的数据、信息、知识被逐渐构建成关联的知识体系。

对于石油企业建立知识管理体系，可以借鉴国际石油公司的一些做法。过程工业全球化分布，但企业业务的相同要素很多。无论是在石油钻井平台，还是炼厂，或是化工企业，当遇到具体的技术问题时，类似的问题，往往会有类似的解决方案。现在除了商业性的网络技术论坛、微信群等方式，一些大的石油公司（例如雪佛龙公司、BP 石油公司）也在建立内部技术交流平台。这样的学习方式弥补了传统培训方式的单向灌输，有效地提高自发学习和获得答案的能力和途径。

企业还可以对行业内的有针对性的事故案例进行深度思考，对比企业自身的情况，开展讨论性的培训，以期实现经验教训的学习与积累。

第五节　与 PSM 其他要素的关系

几乎每一个事故的调查报告都会指出企业存在培训不足的问题[8]。培训与过程安全管理其他要素几乎都存在界面关系，所有的过程安全管理要素都需要对员工进行培训，例如：

（1）过程安全信息　通过培训，让每一位员工掌握其工作岗位应该熟练掌握的所有过程安全信息（PSI），这不仅有利于提升员工对于生产过程的认知，更有利于提升风险透明度，提升员工的安全意识。

（2）过程危害分析　识别出的岗位危害与风险场景都应作为培训内容，确保相关岗位的操作人员和企业的管理人员了解所面对的危害与风险场景，并熟悉各场景下涉及的关键监控点以及安全措施。员工应当接受各种过程危害分析（PHA）方法（例如 HAZOP、LOPA、JSA 等）的基本培训，掌握其原则与方法，一方面能配合高质量完成 PHA 分析活动，另一方面让员工将 PHA 基本理念运用到日常的生产操作环节中。

（3）操作规程　操作规程作为过程安全管理要素之一，操作人员应当接受操作规程内所有内容的培训与并经考核合格后，才允许上岗操作。

（4）机械完整性管理　机械完整性管理有关的操作人员、维修人员、管理人员应当通过培训，了解设备的失效模式、预防性维修程序的内容，所有维修作业涉及的特种作业，例如焊接，压力容器、储罐及管线的检验、无损探伤及振动检测等作业要求也是培训内容之一。

（5）变更管理　所有变更所涉及的人员，应该在变更关闭、装置投运之前接受相应的培训，让员工理解变更内容、新的操作点以及是否有新的风险出现。

（6）应急准备和响应　所有与应急有关的预案和危险废弃物处置应急预案，应该进行相应的培训和演练，以确保员工在事故场景下做出正确的反应。

（7）事故调查　应当对员工进行事故调查方法的培训，让员工掌握找到事故发生的直接原因与间接原因的方法[9]。

（8）开车前安全审查　作为 PSM 培训内容之一，要对所有新进员工进行开车前安全审查（PSSR）培训。除此之外，要对 PSSR 团队负责人和团队成员进行专门培训，培训的重点是如何设计和执行 PSSR。通过模拟变更，进行沙盘推演，熟悉针对这个变更的 PSSR 过程中的每一个步骤，练习完成 PSSR文档。

参考文献

[1] Lees' Loss Prevention in the Process Industries（Fourth Edition）[M]. Appendix 36-BP America Refinery Explosion, Texas City, Texas, USA, 2007.

[2] 化工企业工艺安全管理实施导则 [S]. AQ/T 3034—2010.

[3] Training Requirements in OSHA Standards [S]. OSHA 2254.

[4] AIChE CCPS. Guideline for Risk Based Process Safety [M]. 2007.

[5] 基层岗位 HSE 培训矩阵编写指南 [S]. Q/SY 08519—2018.

[6] AIChE CCPS. Guideline for Process Safety Fundamentals in General Plant Operations [M]. 1995.

[7] Michael Thompson, Jenna Falco. Leveraging technology to minize operational error and hazards—Rise of the Operator 2.0 [J]. Process Safety Progress, 2019, 39: e12078.

[8] Zhao Jinsong, Johanna Suikkanen, Maureen Wood. Lessons Learned for Process Safety Management in China [J]. Journal of Loss Prevention in the Process Industries, 2014, 29: 170-176.

[9] Qiaoling Chen, Maureen Wood, Jinsong Zhao. Case study of the Tianjin accident: Application of barrier and systems analysis to understand challenges to industry loss prevention in emerging economies [J]. Process Safety and Environmental Protection, 2019, 131: 178-188.

第八章

机械完整性管理

某炼厂轻烃分离装置（图8-1）发生工艺管道破裂引起的爆炸事故。事故当天的上午，装置操作正常，中控的 DCS 系统没有发出报警提示。下午，装置中的塔顶直径 150mm 的压力管道突然破裂，释放出大量可燃物，其中 90% 是乙烷、丙烷和丁烷。约 20min 后，蒸气云被引燃，随即发生强烈爆炸及火灾。首次爆炸 10～15min 后，高温导致多处压力管道破裂，火势越来越大，形成高约 35～45m、宽 30m 的燃烧带，并向稳定塔和周围其他塔器蔓延。总计泄漏了约 180t 易燃物料和 0.5t 硫化氢气体。其中约 80t 易燃物料是从轻烃分离装置泄漏的（包括 65t 气体和 15t 液体），另外的 100t 物料来自被破坏的上下游管道。

事故使轻烃分离装置及邻近生产装置受到了严重损坏，炼厂停产数周才恢复生产。距离爆炸中心约 400m 的建筑物遭到严重破坏，事故还对周围 1km 范围内的居民住房及商业设施造成了大面积的损坏，导致工厂和周边社区 71 人受伤。所幸没有人处在蒸气云扩散范围内，400m 范围建筑物内也没有人，否则会导致更加严重的伤亡。

1. 直接原因

事故的直接原因是连接脱乙烷塔和换热器之间的管道 P4363 靠近注水点的弯头处发生破裂，注水点位于弯头上游 670mm 处。弯头及相邻直管段因冲刷和腐蚀，壁厚由 8mm 变成约 0.3mm，无法承受管道压力而完全破裂，短时间内大量物料泄漏。

2. 损伤机理

通过对破裂管道进行金相分析，发现在没有被腐蚀的管道内壁附着一层黑色硫化亚铁，这层由腐蚀产物形成的致密保护层对碳钢管道起到保护作用。持续向工艺管道注水冲刷掉了管道内壁上的硫化亚铁层，管道的金属本体暴露于腐蚀介质中，在持续冲刷和腐蚀作用下逐渐变薄并最终失效。而管道壁厚变薄与注水点位置及水进入管道后的流动路径有关。这个事故是机械完整性管理不

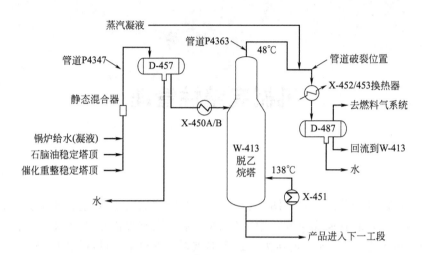

图 8-1　轻烃分离装置

完善所导致的，其中最重要的教训是检验检测管理的不完善，以及变更管理的缺失。

3. 教训一：检验检测的管理

该炼厂没有建立全面的腐蚀控制计划，也没有将其他装置的经验运用到本企业的管道检验检测中。20 年中，此破裂弯头从未接受一次有效检验。如果进行过一次有效检验，就可能发现存在的问题，从而避免此次事故。该炼厂对换热器 X-452 和 X-453 进行过检验，发现换热器顶部存在腐蚀问题，于 1994 年更换了换热器，却没有关注与换热器相连接的工艺管道。

1992 年，总公司技术顾问组建议关注厂内注水位置附近的碳钢管道腐蚀情况。但此注水点被误认为已经停用，未列入检测计划。

1994 年，工厂对管道的注水位置进行过腐蚀检测，但仅检测了管道直管段，未检测发生事故的弯头。检测中发现直管段局部存在腐蚀，建议保留脚手架，增加管道的检测频率并根据腐蚀情况判断是否继续使用该注水点，但此建议被忽视。

1996 年，工厂开展另一次管道检测。此时管道处的脚手架已拆除，检测小组根据当时间断注水的操作情况，误认为此注水点已经停用，不存在腐蚀问题，因此 1996 年后再未对该管道进行检测。

4. 教训二：变更管理

在原设计中工艺管道上无此注水点，为了解决换热器 X-452 和 X-453 的堵塞问题，1981 年在工艺管道上增加注水点，从工艺管道上部的一个放空管接入，注水点的末端没有分散装置，水呈自由流动的状态进入工艺管道（见图 8-2）。此注水点也没有设计文件和安装记录。1980～1995 年，注水为连续操作。1995 年之后，注水改为间断操作。2000～2001 年，注水又恢复了连续操作。

设施上的变更既没有遵守变更管理程序、进行过程危害分析，也没有对水注入管道可能造成的腐蚀情况进行必要的分析。"连续注水"和"间断注水"两种操作方式切换时，没有当作工艺变更对待。遵守变更管理程序是预防重大事故的基础工作。如果当时严格执行变更管理程序，在变更审查时，设备工程师会考虑到注水操作对管道的影响，从而采取必要的措施，避免事故。

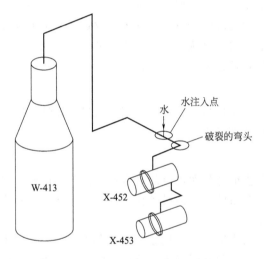

图 8-2　轻烃分离装置注水及泄漏点

对于风险较大的设备与管道，应建立有效的评估机制，来预防事故。可以参考行业标准、实践经验以及以往的检验报告，以风险为衡量依据来确定合理的设备检查频率与手段。安全评估、腐蚀评估所产生的结论、意见等不应被忽视，应落实全面系统的腐蚀控制计划，通过执行该计划收集必要的腐蚀数据，并严格落实适当的措施。

机械完整性（mechanical integrity，MI）[1,2] 是过程安全管理的一个关键的基础性要素，本章介绍了机械完整性与设备管理中的基本术语，并概括了流程工业中的典型设备分类与检测维修方法，重点介绍了经典的完整性评估与完整性管理办法。同时对机械完整性管理与本书其他章节内容（如过程危害分析、变更管理等）的相互影响与关系做了介绍，以期读者能够建立流程工业中机械完整性管理的基本知识体系。

第一节　机械完整性概念及简介

一、设备生命周期的概念

设备生命周期指设备从开始设计时起，到设备功能完全丧失而最终退出使用的总的时间长度。以压力容器为例，其生命周期包括：压力容器的设计、制造、安装、运行、检验、修理和改造，直至报废。

衡量设备最终退出使用的一个重要指标是可靠性。设备的寿命通常是设备进行更新和改造的重要决策依据。设备更新改造通常是为提高产品质量，促进产品升级换代，节约能源而进行的。其中，设备更新也可以是从设备经济寿命来考虑，设备改造有时也是从延长设备的技术寿命、经济寿命的目的出发的。设备的全生命周期管理包括三个阶段：

1. 前期管理

设备的前期管理包括规划决策、计划、调研、设计、制造、购置，直至安装调试、试运转的全部过程。

2. 运行维护

包括防止设备性能劣化而进行的日常维护保养、检查、监测、诊断以及修理、更新等管理，其目的是保证设备在运行过程中处于良好的技术状态，并有效地降低维修费用。

在设备整个生命周期中，运用系统工程的观点，进行严格的监测和管理，对设备在运行过程中的危险因素进行分析，以指导设备的设计、制造、运行管理，确保设备的安全可靠，防止事故的发生。

3. 报废及更新改造

设备的报废、更新改造指依据科学技术迅速发展的客观要求和设备本身的寿命及磨损等因素，用新设备来代替不能继续使用或从经济、环保、安全上衡量不宜继续使用的陈旧设备，或对设备进行技术改造，以提高设备的技术经济性能。

二、机械完整性管理的概念

机械完整性（MI）的概念源自美国职业安全与健康管理局（OSHA）的高度危险性化工过程安全管理办法的第 8 条款。机械完整性管理的目的是保证关键设备在其生命周期内达到预期的应用功能，如缺陷维修、腐蚀监控等。

机械完整性管理涵盖了对设备安装、使用、维护、修理、检验、变更、报废等各个环节的管理。其根据不同的行业规范要求、地理位置和装置特点而异，但是所有成功的机械完整性管理计划都有着共同的特性：

（1）为实现预期应用功能，对设备进行了良好的设计、制造、采购、安装、操作和维修；

（2）根据确定的准则，清晰列出了计划中所包括的设备；

（3）将设备进行了优先等级排序，以利于优化资源分配（如人力、费用、储存空间等）；

（4）帮助企业员工执行计划性维修，减少非计划性维修；

（5）帮助企业员工辨别缺陷并进行控制，以防止设备缺陷引起严重事故；

（6）认识和接受良好的工程经验；

（7）可以确保安排执行工艺设备检验、试验、采购、制造、安装、报废和再用的人员经过相应的培训，并且有相应的执行程序；

（8）包含文件及记录要求，保证机械完整性管理执行的连续性，并为其他用户提供准确的设备信息，包括过程安全和风险管理等。

三、机械完整性管理计划的目标

MI 计划必须能够有效地预防事故，并且成为设施过程安全、环境、风险和可靠性管理系统的必要组成部分。

在制订 MI 计划时，首先应设定目标，一般包括符合法规要求、提高设备可靠性、减少设备因失效而引发安全及环境事故、提高产品一致性、提高维修一致性和有效性、减少非计划维修时间和费用、减少运营费用、提高闲置管理、提高承包商职责等。每项目标都可能产生费用，因此，企业可以根据自己的实际需求和能力对这些目标进行优先级的排序。

MI 具体目标在不同时期是不同的：新设备设计、制造和安装阶段，MI 主要关注点是确认新设备满足其预期的性能要求；在检验和测试阶段，MI 主要关注点是确认设备或安全保障措施功能的专业检验和测试周期；在预防性维修阶段，MI 主要关注点是预防设备及其部件的过早失效，执行维护（如加注润滑油）和/或检验以及更换磨损的部件；修理阶段，MI 主要关注点是对设备失效的响应，修理并恢复设备使用。

第二节　机械完整性管理计划的关键要素

MI 计划中关键要素包括：确定应用对象（即 MI 计划要包括的设备），检

验、测试及预防性维修计划，检验、测试及预防性维修技术，人员培训，MI
计划程序缺陷管理、质量确认和质量控制。

一、确定应用对象

在 MI 计划初期，首先要确定对象，制订计划中所包括的设备清单。本节
将对 MI 计划中的通用设备类型进行简单介绍，并对选择 MI 对象时应考虑的
方面进行举例，这些信息对 MI 计划中包含的特殊设备项的完整性管理也会给
出一定的指导和建议。

确定应用对象通常包括以下步骤：确认机械完整性管理的目标；制定并编
写设备分类实施规则（如包括哪些类型的设备、不包括哪些类型的设备等）；
定义机械完整性所应用的设备层级（如作为一台独立的设备还是作为子系统的
一部分，参见 ISO 14224 的设备层级划分）；进行设备关键性分析；记录已选
择的设备。

（一）确认机械完整性管理的目标

装置人员在确定设备范围前，应先回顾 MI 计划目标。设施是否包含在过
程安全管理（PSM）之中？是否在风险管理计划（risk management plan，
RMP）中？是否涉及锅炉及压力容器相关规定或其他的规范？如果是，这些
设备可以作为专项设备纳入 MI 计划中。法规、规范也可以用来确定 MI 计划
覆盖的范围。但是值得注意的是，法规、规范里有些地方可能比较宽泛，不同
人对其理解也可能有所不同。

企业管理层的积极主动性可以促进 MI 计划，因为这可以将 MI 范围扩展
到非法规强制的对象。MI 计划中的范围扩大，如增加设备，其目标也是减少
过程安全事故、职业安全和环境事故发生的可能性。这个目标可以通过提高产
品的质量、可靠性，如减小报废率、延长设备寿命等来实现，也可以通过建议
额外的检验、测试和质量管理程序（quality assurance，QA）来实现。

MI 计划可以从最初的小范围试点开始，当其逐渐成为企业的良好作业实
践后再进行延伸和扩展。

（二）制定并编写设备分类实施规则

机械完整性管理的对象主要包括固定式设备、泄压和放空系统、仪表和控
制系统、转动设备、消防设备和电力系统。

固定式设备，也称静设备，指没有驱动机带动的非转动或移动的设备。通
常包括炉类、塔类、反应设备类、储罐类、换热器等。

泄压和放空系统，通常包括安全阀、爆破片、放空管等。

　　仪表和控制系统，通过仪表传感器采集现场工艺与设备的参数信号，然后通过控制器（DCS 或 PLC）运算分析后，对相应的执行器进行控制。通常用来实现对温度、压力、液位、容量和配比等参数的测量和显示，并通过各种执行器进行比例积分微分调节和控制（proportional integral derivative，PID）、关断、报警，数据采集和记录。

　　转动设备，也称动设备，指由驱动机带动转动的设备，如泵、压缩机、风机、电机，以及成型机、包装机、搅拌机等。

　　消防设备，指用来预防和削减火灾的设备，如消防水罐、泡沫消火栓箱、消防水带、消防炮、柴油机消防泵组、电动机消防泵组等。

　　电力系统，指由发电、输电、变电、配电和用电等环节组成的电能生产与消费系统。

　　机械完整性管理计划通常包括所有压力容器、常压和低压储罐、管道和管件（包括阀门、管路过滤器、喷射器和喷嘴等）、压力泄放装置（如安全阀、爆破片、真空阀等）和放空系统。确定哪些压力容器、储罐和泄放装置应纳入 MI 计划比较容易。而对于厂内大量的工艺管道，可以根据工艺条件、工艺物料以及其失效后对工艺流程的影响来确定哪些管道应纳入 MI 计划。

　　除了压力容器、储罐和管道，还应考虑是否包含密封组件。通常，出于环境和安全（以及法规）方面的考虑，动设备的密封组件应纳入 MI 计划内。同样，储罐上的防火结构部件和隔离（尤其当泄放设计对隔离有所考虑时）也应纳入 MI 计划内。

　　存有危险化学品的转动设备也应包括在 MI 计划中，以避免泄漏。除此之外，关于转动设备选择还应考虑：

　　(1) 设备是否确保工艺流程的完好性？如果是，则动设备也包含在内。

　　(2) 不接触物料的设备，可以通过识别其在失效状态下对工艺和人员的安全影响来进行选择。

　　(3) 对于非工艺流程设备（如冷却水系统、蒸汽系统、冷冻系统、电力系统等），通过考虑设备失效时对系统的危害来进行选择。

　　管道过滤器、喷射器和喷嘴等管件，同样可以对 MI 的整体效果起作用。

　　仪表在 MI 计划中也应重点考虑。仪表一般对异常事件进行保护、监测和削弱。通常，那些对 MI 目标相关事件有潜在影响的仪表要包含在 MI 计划内。另外，根据保护层分析（LOPA，见第三章）的结果，可以识别对过程安全重要的功能安全仪表系统（SIS），这些 SIS 也将包含在 MI 计划内。

　　在对公用工程设备的选择过程中，对其功能的关注往往高于对物料的关注。首先考虑该系统失效的危害，如氮气中断可以导致某些储罐失去氮封，达到爆炸下限（low explosion level，LEL），然后再考虑其自身特性如氮气泄漏可能导致的窒息危害。

另外，对不间断电源（UPS）、应急通信、接地等系统也应进行评估。这些系统的过程危害分析（PHA，见第三章）报告可以协助识别哪些设备应包括在 MI 计划内。

用于化学物质泄漏、火灾和其他灾难性事故应急的设施，应包含在 MI 计划中，如：固定式和便携式的消防设备、紧急通风系统、紧急停车系统（如急冷、反应紧急中断）、全容式安全壳或紧急泄放系统等。

还有一种特殊情况，即设备或系统由承包商进行运行管理和物料供应，如厂外来的化学原料供应，空分装置的氧气、氮气供应等。企业对因这些设备或系统引起的安全、环境或工厂负荷等方面的事故负责，但是这些设备或系统根据商务合同由负责管理的承包商进行维护，因此应该对这些供应商的设备进行评估。即使供应商执行自己的 MI 计划，企业也应对供应商的 MI 计划进行审核，看其 MI 的执行标准是否满足本企业的 MI 计划要求。如果承包商的设备或系统是在某个工业园区，园区也要加强对承包商的 MI 计划监管。

同样，对于储运设备（如储罐），无论在其使用还是待用时，也应看作是装置工艺系统的一部分。应该了解储运装置的 MI 要求，并确保相关任务落实到位。

MI 计划应考虑为临时设备提供预留，如公用工程软管、泄漏时临时修复设备（如卡箍）等，这些设备往往不在设备清单中，但可以根据实际需要逐一编纂。

对于安全、消防、应急响应、逃生报警、建筑通风、电力输配等设备，虽然由其他专业部门进行采购、检验和测试，如安全部门、消防部门或其他承包商等，但是这些设备的 MI 计划必须符合或高于本装置运行单位的 MI 计划要求，由相应的部门对这些设备的 MI 执行进行归档记录。

最后如土建基础和结构支撑（如设备支撑与裙座、管道支撑、管廊等）等是否应包在 MI 计划内，应考虑结构的使用寿命和使用历史（当然对于新安装的设备也要考虑结构缺陷的检测），考虑其表面状况（如防火涂料状态），以及地理因素（如潜在的地震、飓风破坏等）。

（三）定义机械完整性所应用的设备层级

当设备筛选标准制定完后，可编写设备清单，并明确 MI 计划所应用的设施层级。ISO 14224 中将流程工业设施划分为 9 个级别，见图 8-3。

压力容器，通常包括其内部盘管、衬里和夹套等。要考虑这些部件是否需要特殊的设计。

转动设备的子系统，包括润滑油系统、密封冲洗系统和其他支持大型转动设备运转的部分，可能有管道、泵、压力容器、仪表等，都应包括在 MI 计划内。有时这些成套设备的子系统并没有独立的设备位号，不便于在 MI 计划的

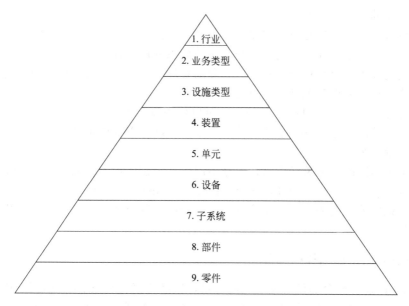

图 8-3　ISO 14224 对流程工业设施级别的 9 个层次划分

编制执行，可逐一给予设备编号，也可以在成套设备编号之下做成组编号。

公用工程，可以将一类公用工程成组罗列，也可以按其中设备逐一罗列。一类公用工程成组罗列应包括其中的子系统与部件的完整描述。

供应商成套设备，可以按成套罗列供应商设备，也可以按单体设备逐一罗列。成套罗列中应包含子系统与部件的描述。

管道通常有完整的编号系统及管道表。膨胀节、观察口、排污线、紧急隔离手动阀以及阴极保护等管道附属设施应考虑在内。

由于 MI 的执行可能由不同的小组进行，而且对于部件测试的频率也不相同，可以将仪表回路中的部件进行分别罗列；也可以按各自的回路进行罗列，但是一定要确保整个回路的功能和相关逻辑得到测试。

大多数泄放装置有独立的位号。但是，有些辅助设备如液封和泄压人孔有时候会作为容器的一部分，要确保这些设备在 MI 范围内。同样，泄放装置的泄放管线经常作为泄放装置的一部分来进行外观检验，这些管线也与泄放设备编组在一起。要确保所有的部件都包含在内，如火炬、泄放分液罐、应急冲洗设备等。

同仪表回路一样，后控制可以作为一个系统或独立的部件进行考虑。其相关的管线系统也应该进行编号，确保性能测试的完整性。

（四）进行设备关键性分析

设备关键性分析能够确定设备的关键性，从而能够更有效地分配与机械完整性有关的人力、物力、财力资源。

设备关键性分析是以设备的失效机理[2]为基础，并进一步分析设备失效可能带来的安全、环境、财产及企业声誉后果的严重性，根据后果的严重性对设备关键性进行等级划分。在有些企业的管理程序中，设备的设计与制造复杂性及难度也作为设备关键性分析的一个依据。

过程危害分析（PHA）的内容，可以作为设备关键性分析的输入文件。

安全关键设施如 SIS 系统、泄压设施、可燃有毒气体报警设施等都应列入最高关键性级别。

根据不同的设备关键性级别实施不同管控级别的检验、测试及预防性维修计划（inspection，test and preventive maintenance，ITPM）。

辨识出关键设备，应开展第三节中所介绍的各类评估与管理手段，开展完整性管理。

（五）记录已选择的设备

MI 计划所包含的设备应该形成记录，这样可以有利于清晰交流和理解 MI 具体范围。文件可以包括设备编号、设备名称，也可以包括 MI 计划相关的其他信息。MI 计划中设备的选择过程以及设备的选择原则（如设备选择标准）也应形成文件，可以作为备注存储。

同其他文件一样，设备清单应进行更新，设备的增加、删除和重大修改都应有记录和跟踪，如 MOC 或其他计划等。另外，当设备清单进行更新时，与之相关联的其他文件，如检验计划、QA 计划等，也应及时得到相应的更新。

二、检验、测试及预防性维修计划

机械完整性管理计划的范围一经确定之后，工作重点将转移至如何制定并执行检验、测试及预防性维修计划（ITPM）。

这里的预防性维修计划是指针对 MI 计划中的设备，进行预先性的主动维修任务。预防性维修通过对设备的系统性检查、检测和（或）定期更换以防止功能故障发生，使其在规定状态运行。它可以包括调整、润滑、定期检查等。预防性维修的目的是发现设备故障征兆、降低设备失效的概率或防止功能退化、延长设备的使用寿命，以提高生产效率、降低生产成本。通俗讲，预防性维修就是对设备的异状进行早期发现和早期预防。

因此，很多情况下，ITPM 是 MI 计划的核心。

ITPM 的目标是认知并执行为保障设备的完整性而必需的维修。采用 ITPM 可以将设备设施的故障性维修理念提高到更积极的完整性维护理念。

ITPM 的制定和执行包含以下阶段：

（1）制订 ITPM 任务计划　首先识别并归档为保持设备完好性所必需的

ITPM 任务，确定任务执行的频率。然后将任务转化为时间表。ITPM 行为包含检验、测试或其他的预防性行为，均为有一定时间间隔的维护设备完整性的行为。

（2）ITPM 任务的执行和监督 为了有助于目标的达成，ITPM 需要实施对时间表、任务结果及总体执行的过程监控。

（一）制定 ITPM

任务选择过程中所涉及设备包含 MI 计划范围内的每一台设备。任务选择步骤如下：

第一步：设备分类。设备分类（如压力容器、离心泵等）可以减少任务选择所需的时间，有益于计划的一致性。另外，应考虑设备的特性和不同的服役工况（如不同的化学品物料、较高的压力等），如所需的 ITPM 任务和时间间隔不同，则需对设备分类进行子类的划分。

第二步：设备数据收集。为了有效制定 ITPM 任务和时间间隔，需要收集以下数据：

（1）设计数据，如设计说明和竣工图。

（2）操作数据，如操作参数、操作规程等。

（3）维修和检验历史，包含现有的 ITPM 任务和时间计划，以及检验和维修历史。

（4）安全和可靠性分析［如过程危害分析、以可靠性为中心的维修（reliability centered maintenance，RCM[3]）等］可提供失效类型及失效影响等信息的文件。这类文件可能已经识别出需要维护的设备的保护措施（如报警、联锁、应急响应等）。

（5）现场或企业的环境、健康和安全政策。

（6）如果 ITPM 任务的选择和时间间隔的确定需要基于风险，则需要基于风险的分析报告，如包含定量风险分析（QRA）、保护层分析（LOPA）、基于风险的检验（RBI)[4,5]等。

第三步：组建 ITPM 任务选择小组。组成人员应是各专业有经验的人员，包含：

（1）设计人员，可以提供设备设计相关知识和经验，如应用标准、规范等；

（2）操作人员，可以提供设备操作和故障历史的相关经验和知识；

（3）维修人员，可以提供现有维修实践和维修历史相关的经验和知识；

（4）检验人员，可以提供检验和测试标准、规范、推荐做法、潜在的损伤机理和检验历史等相关经验和知识；

（5）可靠性和维修工程师，可以提供检验、预防性维修、潜在故障机理和设备维修历史等相关经验和知识；

（6）腐蚀工程师，可以提供腐蚀和损伤机理（如应力腐蚀开裂等）、防腐措施和腐蚀监控等相关的经验和知识；

（7）工艺工程师，可以提供工艺设备设计和操作、设备运行历史、适用规范和标准以及推荐做法等相关的经验和知识；

（8）检验和维修承包商，如果设备的检维修等管理任务外委，则其承包商可以提供检验和无损探伤等相关经验和知识；

（9）设备制造厂家及供应商，在ITPM对新设备进行选择时，设备制造厂家及供应商可以提供操作、维修等相关经验和知识。

第四步：选择ITPM任务，确定任务时间间隔。该步由组建的ITPM任务选择小组共同讨论执行。在ITPM任务选择时，要考虑各种失效模式[6]（如均匀腐蚀、安全仪表系统故障等），要考虑检测和预防失效的最佳方法（同时也是最有效的任务）。因此，ITPM小组可能要考虑非常多的失效，并且需要对任务选择的过程有充分理解并进行确认：

（1）如何预防物料泄漏；

（2）如何预防或检测控制系统、安全系统、应急响应设备等的功能失效；

（3）如何预防不必要的设备误动作停车，或者在危险工况下需要关闭/启动时不能够正确执行安全功能。

第五步：文件化。将任务选择的成果、依据或过程形成归档文件。

（二）执行和监督

当ITPM及相应的时间表制定完毕后，人员执行是保证ITPM落实的关键。人员培训和执行程序是ITPM落实的保障。

ITPM的执行包含以下关键点：

（1）确定可接受标准　可接受标准是评估设备完好性的重要依据，可对采纳何种应对方案提供判定依据[7,8]。可接受标准可以是定性的，也可以是定量的。例如"管道支撑不能缺失，不能弯曲"是定性的可接受标准；"壁厚减薄不能超过3mm的腐蚀余量"是定量的可接受标准。

（2）记录设备信息　在设备选择时用到的信息需要记录，其中有些信息对ITPM任务的执行同样有用。比如历史执行的ITPM信息，可以记录有问题的区域，在本次ITPM任务执行中可以重点关注；以前测厚的位置，本次同样在该点测厚，可以对比以前的和现在的壁厚变化，对壁厚变化有一个持续性的监测，更好地掌握腐蚀速率等。

（3）记录ITPM任务结果　ITPM结果的记录，可以用来确定设备的完好性，或者指出缺陷位置，可以协助计算或评估剩余寿命，可以进一步指导后面的检维修周期等。

（4）ITPM 任务执行 为了确保任务执行正确，在 ITPM 执行前，应确认有相应的程序，执行人员经过相应的培训，相关的资源已经配备。

（5）ITPM 结果管理 根据 ITPM 的结果，进行结果的分析和判定。例如发现某处有点蚀坑存在，则需进一步分析并确定是否要修理，或者要继续监控（采用测厚手段），并进一步制定下一次的测厚时间等。

（6）任务时间计划管理 对时间表进行管理，目的是确保所有计划按照原定时间按时完成，避免遗漏或拖延。

（7）ITPM 计划的监督 包含执行方法、执行时间、执行对象、缺陷记录等。

三、检验、测试及预防性维修技术

（一）静设备检验方法

静设备无损检测方法可分为 6 大类约 70 种。比较常见的无损检测方法有以下几种：目视检测（visual testing，VT）；射线检测（radiographic testing，RT）；超声波检测（ultrasonic testing，UT）；磁粉检测（magnetic particle testing，MT）；渗透检测（penetrant testing，PT）；涡流检测（eddy current testing，ET）；声发射（acoustic emission，AE）。

1. 目视检测

在设备检测过程中，目视检测（VT）是首先使用的，再接着做其他常规检验。目视检测是非常有价值的一种检测方法，通过目视检测，可以检查出设备的腐蚀、冲蚀、变形、破损、鼓泡、错位等缺陷的大致情况，也可以为详细检查时判断需何种手段以及何种类型的工具和仪器等提出具体的要求。

例如英国无损检测学会（The British Institute of Non-Destructive Testing，BINDT）的 PCN（Personnel Certification in Non-Destructive Testing）认证，就有专门的 VT 1、2、3 级考核，更有专门的持证要求。

VT 常用于目视检查焊缝。焊缝本身有工艺评定标准，可以通过目测和直接测量尺寸进行初步检验，如发现咬边等不合格的外观缺陷，就要先打磨或者修整，之后才做其他深入的仪器检测。通常焊接件表面和铸件表面的 VT 做得比较多，而锻件就很少，并且其检查标准是基本一致的。

实施目视检测时，通常使用两类目视检测辅助工具。一类是用于表面清洁工作的工具，如锉刀、钢丝刷、打磨机、喷砂机，以及砂布、砂纸、表面化学清洁剂等。通过表面清洁、清洗，可以扩大表面缺陷，使之容易看见。另一类是观测辅助工具，当不能直接清楚地看到所检测设备的缺陷时，通常采用以下辅助观测工具。

（1）放大镜　可以有助于发现用肉眼直接观察不清楚、可能被忽视的小缺陷。

（2）平面镜和反射镜　可用来检查隐蔽的表面，常用的有手持式反射镜、容器反射镜观测器等。还可用平面镜和反射镜为隐蔽部位提供充足的照明。

（3）内窥视镜　可用来检查小孔、深孔、换热器换热管、不可接近的设备内部和焊缝根部的内表面，以及其他从外部无法观察到的内部缺陷。

（4）显微镜　对检查肉眼难以直接观察到的微小的焊缝裂纹或其他缺陷非常有效。还可以用来观测金属的金相结构。一些金属长期经受高温或高压，内部金相结构会发生变化，在操作运行中可能迅速劣化和失效，当怀疑某一设备的某一部位有可能发生这种变化时，或已经发生了失效，常通过显微镜检查。

（5）望远镜　可使检查人员远离设备进行肉眼观察。如检查在用火炬末端的损坏情况或限制人员入内无法靠近的其他设备。

2. 射线检测

射线检测（RT）是指用 X 射线或 γ 射线穿透试件，以胶片作为记录信息的器材的无损检测方法。射线检测可以探测出材料的内部缺陷，应用最广泛。

当 X 射线或 γ 射线照射肉眼无法穿透的物质时，不同密度的物质对射线的吸收系数不同，不同厚度的材料吸收射线的数量也不同，射线穿透材料后照射到胶片各处的射线能量也就会产生差异，这些差异导致胶片的曝光量也不同，可根据暗室处理后的底片各处黑度差来判别缺陷。图 8-4 为 X 射线照相法示意图。

射线照相检查技术对石油化工设备来说，主要有两种用途：一是确定焊缝及铸件的质量；二是检测设备及管子的壁厚。

鉴于射线检测的特点和原理，主要存在以下的一些优点和局限性：

（1）可以获得缺陷的直观图像，定性准确，对长度、宽度等尺寸的定量也比较准确；

（2）检测结果有直接记录，可长期保存；

（3）对体积型缺陷（气孔、夹渣、夹钨、烧穿、咬边、焊瘤、凹坑等）检出率很高，对面积型缺陷（未焊透、未熔合、裂纹等），如果照相角度不适当，容易漏检；

（4）适宜检验厚度较薄的工件，因为检验厚工件需要高能量的射线设备，而且随着厚度的增加，其检验灵敏度会下降；

（5）适宜检验对接焊缝，不适宜检验角焊缝以及板材、棒材、锻件等；

（6）对工件中缺陷在厚度方向的位置、尺寸（高度）的确定比较困难；

（7）检测成本高、速度慢；

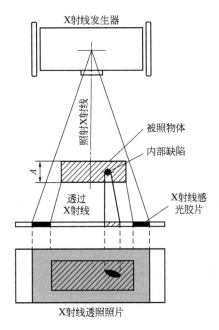

图 8-4 X 射线照相法示意图

（8）具有辐射生物效应，能够杀伤生物细胞，损害生物组织，危及生物器官的正常功能。

总的来说，射线检测更准确，有可供长期保存的直观图像；但总体成本相对较高，而且射线对人体有害，检验速度较慢。

3. 超声波检测

超声波检测（UT）是基于超声波在试件中的传播特性，超声波频率愈高，指向性愈好。超声波在介质中传播时，与试件相互作用，遇到缺陷所形成的材料界面时其传播方向或特征被改变，发生反射、透射和散射。改变后的超声波被检测设备接收并处理；根据所接收超声波的特征，对试件的宏观缺陷、几何特性、组织结构和力学性能变化进行评估，并进而对其特定应用性进行评价。图 8-5 为超声波检测示意图，图 8-6 为超声波探伤仪原理示意图。

超声波检测的优点：

（1）适用于金属、非金属和复合材料等多种制件的无损检测。

（2）穿透能力强，可对较大厚度范围内的试件内部缺陷进行检测。如对金属材料，可检测厚度为 1～2mm 的薄壁管材和板材，也可检测几米长的钢锻件。

（3）缺陷定位较准确。

（4）对面积型缺陷的检出率较高。

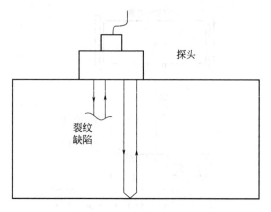

图 8-5 超声波检测示意图

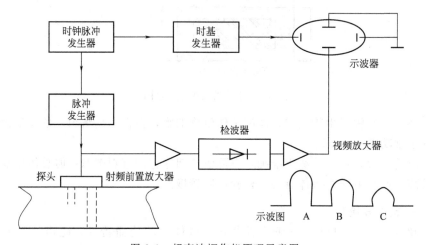

图 8-6 超声波探伤仪原理示意图

（5）灵敏度高，可检测试件内部尺寸很小的缺陷。

（6）检测成本低、速度快，设备轻便，对人体及环境无害，现场使用较方便。

超声波检测的局限性：

（1）对试件中的缺陷进行精确的定性、定量仍需做深入研究；

（2）对具有复杂形状或不规则外形的试件进行超声波检测有困难；

（3）缺陷的位置、取向和形状对检测结果有一定影响；

（4）材质、晶粒度等对检测有较大影响；

（5）以常用的手工 A 型脉冲反射法检测时结果显示不直观，且检测结果无直接见证记录。

超声波检测方法适用于金属、非金属和复合材料，可用于锻件、铸件、焊接件、胶结件等不同加工工艺；从检测对象的形状来说，可用于板材、棒材、管材等；从检测对象的尺寸来说，厚度可从 1mm 至几米；既可以检测表面缺陷，也可以检测内部缺陷。超声波检查可用以测量厚度，也可以检查材料及焊缝的裂纹等缺陷。超声波检查仪器可以根据其应用范围区分为测量厚度的"超声波厚度计"、探测焊缝缺陷的"超声波缺陷探测仪"以及探测材料性能的仪器等。

（1）超声波厚度计　超声波厚度计是利用精确测量返回波时间的能力来测量部件的厚度。根据大部分被检验材料的弹性和密度，即可知道其传声的速度，把这种材料的弹性和密度两个因素结合起来，乘以传递的时间和速度，即可得出到缺陷位置的距离或部件的厚度数值。图 8-7（a）即为超声波厚度计。

（2）超声波缺陷探测仪　超声波缺陷探测仪用以探测试件中不连续性的缺陷，提供不连续三维位置的信息，并给出可用来评估产品的数据。声波进入怀疑有缺陷的区域，引导声波射向垂直于可疑缺陷的缺陷平面，或贯穿缺陷几何表面形成的夹角，把大部分声波返回到发射和接收的发送器上来。使用超声波探伤仪需要选择好适当的耦合剂，使声音可以连续地从发射器传送到试件并返回。图 8-7（b）即为超声波探伤仪。

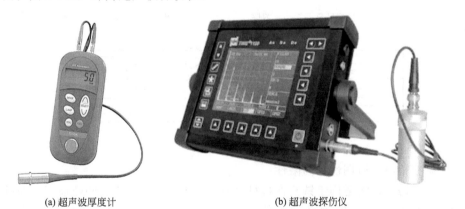

(a) 超声波厚度计　　　　　　　　　　(b) 超声波探伤仪

图 8-7　超声波厚度计及超声波探伤仪

超声波探伤仪通常用于探测焊接部位的裂纹，以及零部件的疲劳裂纹。焊接裂纹通常平行于焊缝的中心方向，疲劳裂纹常常位于横截面变化处的高应力区。

（3）检测材料性能的仪器　超声波技术正在用于一些预测性能变化的特殊场合，这些应用是由材料传声的速度或衰减性能的变化来确定。在一些类型的钢和铸件中，以及在一些塑料和复合材料中，其传声速度大体上会随材料的化学、金相或其他性能的变化而变化。声波通过材料时能量消耗所表示的性能衰减变化，将会表征材料性能的变化状况。

4. 磁粉检测

磁粉检测（MT）的原理：铁磁性材料和工件被磁化后，由于不连续性，使工件表面和近表面的磁力线发生局部畸变而产生漏磁场，吸附施加在工件表面的磁粉形成在合适光照下目视可见的磁痕，从而显示出不连续性的位置、形状和大小。

应用磁粉检测时，先将工件的表面磁化，然后用磁粉覆盖在检查区的表面。在有裂纹等缺陷处，因磁场破坏，磁力线会使磁粉堆积，进而显现缺陷位置。但如果裂纹平行于磁力线则显示不出来，因此，须改变磁力线方向，以探测出不同走向的裂纹。由于用这种方法会产生残余磁力，对某些设备可能会有不利影响，因而，有些情况下在检查完后还应进行消磁。

用于磁粉检测的磁粉有多种颜色，一般应比照被检查的部件来选择。对于比较重要的检查、在暗处或作业空间狭窄部位的磁粉探伤，可使用荧光染色磁粉，磁粉在水基或油基液体中形成悬浮液，配以紫外线，其分析结果的对比度很高。

图 8-8 为磁粉检测原理示意图。

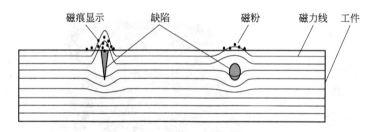

图 8-8　磁粉检测原理示意图

磁粉检测的适用性和局限性：

（1）磁粉检测适用于铁磁性材料表面和近表面尺寸很小、间隙极窄（如可检测出长 0.1mm、宽为微米级的裂纹），目视难以看出的不连续性的缺陷检测。

（2）磁粉检测可对原材料、半成品、成品工件和在役的零部件检测，还可对板材、型材、管材、棒材、焊接件、铸钢件及锻钢件进行检测。

（3）可发现裂纹、夹杂、发纹、白点、折叠、冷隔和疏松等缺陷。

（4）不能检测奥氏体不锈钢材料和用奥氏体不锈钢焊条焊接的焊缝，也不能检测铜、铝、镁、钛等非磁性材料。对于表面浅的划伤、埋藏较深的孔洞和与工件表面夹角小于 20° 的分层和折叠难以发现。

（5）能探知缺陷，但无法检测出缺陷的深度。在确定有缺陷存在后，需要通过刨削、磨削等手段做进一步检查，在缺陷所有可见部分全部去除后应再做磁粉检测，以确定在任何修复之前所有缺陷已全部除掉。

5. 渗透检测

渗透检测（PT）的基本原理：零件表面被施涂含有荧光染料或着色染料的渗透剂，在毛细管作用下，渗透剂可以渗透进表面开口缺陷中；去除零件表面多余的渗透剂后，再在零件表面施涂显像剂。在毛细管作用下，显像剂将吸引缺陷中保留的渗透剂，渗透剂回渗到显像剂中，在一定的光源下（紫外光或白光），缺陷处的渗透剂痕迹被显示（黄绿色荧光或鲜艳红色）出来，从而探测出缺陷的形貌及分布状态。

图 8-9 为渗透检测原理及步骤示意图。

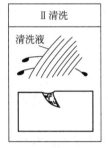

图 8-9　渗透检测原理及步骤示意图

渗透检测的优点：

（1）可检测各种材料（金属、非金属材料，磁性、非磁性材料，焊接、锻造、轧制等加工后的材料）；

（2）具有较高的灵敏度（可发现 0.1μm 宽缺陷）；

（3）显示直观、操作方便、检测费用低。

渗透检测的缺点及局限性：

（1）只能检出表面开口的缺陷。

（2）不适于检查多孔性疏松材料制成的工件和表面粗糙的工件。

（3）渗透检测只能检出缺陷的表面分布，难以确定缺陷的实际深度，因而很难对缺陷做出定量评价。检出结果受操作者的影响也较大。

6. 涡流检测

涡流检测（ET）的基本原理：将通有交流电的线圈置于待测的金属板上或套在待测的金属管外，这时线圈内及其附近将产生交变磁场，使试件中产生呈旋涡状的感应交变电流，称为涡流。涡流的分布和大小与线圈的形状和尺寸、交流电流的大小和频率、电导率、磁导率、形状和尺寸、与线圈的距离以及表面有无裂纹缺陷等有关。因而，在保持其他因素相对不变的条件下，探测线圈测量涡流所引起的磁场变化，可推知试件中涡流的大小和相位变化，进而获得有关电导率、缺陷、材质状况和其他物理量（如形状、尺寸等）的变化或缺陷。但由于涡流是交变电流，具有集肤效应，所检测到的信息仅能反映试件表面或近表面处的情况。

图 8-10 为涡流检测原理示意图。

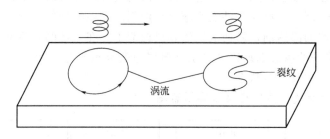

图 8-10 涡流检测原理示意图

按试件的形状和检测目的的不同，可采用不同形式的线圈，通常有穿过式、探头式和插入式 3 种线圈。穿过式线圈用来检测管材、棒材和线材，它的内径略大于被检物件，使用时使被检物件以一定的速度在线圈内通过，可发现裂纹、夹杂、凹坑等缺陷。探头式线圈适用于对试件进行局部探测，应用时线圈置于金属板、管或其他零件上，可检查飞机起落撑杆内筒上和涡轮叶片上的疲劳裂纹等。插入式线圈也称内部探头，放在管子或零件的孔内用来做内壁检测，可用于检查各种管道内壁的腐蚀程度等。为了提高检测灵敏度，探头式和插入式线圈大多装有磁芯。涡流仪器与自动装卸和传送的机械装置配合，可用于金属管、棒、线的快速检测，以及大批量零件的探伤、材质分选和硬度测量，也可用来测量镀层和涂膜的厚度。

涡流检测的优点是检测时线圈无须与被测物直接接触，可进行高速检测，易于实现自动化。涡流检测的局限性是不适用于形状复杂的零件，而且只能检测导电材料的表面和近表面缺陷，检测结果也易于受到材料本身及其他因素的干扰。

7. 声发射

声发射（AE）通过材料内部的裂纹扩张等发出的声音进行检测。主要用于检测在用设备、器件的缺陷及缺陷发展情况，以判断其完好性。当设备承受压力时，设备缺陷会以高频声波的形式发射出能量，裂纹始发和增长是声发射的重要能源，高频声波传送到设置在设备上的变送器，由变送器将其转变成电子信号；通过测定声音到达特定变送器上的时间，即可确定出裂纹的位置。

声发射并不能发现缺陷的类型，但可以根据计算的结果和电子信号的各种特征（如大小、增大时间和脉冲周期等）判断缺陷的严重性。所有这些特征都与压力、负荷和时间等外部因素相关，需进一步通过超声波检测、磁粉检测或其他手段来确定缺陷的性质和大小。

图 8-11 为声发射原理示意图。

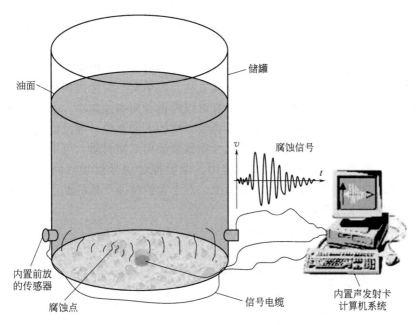

储罐

油面

腐蚀信号

内置前放
的传感器

腐蚀点

信号电缆

内置声发射卡
计算机系统

图 8-11　声发射原理示意图

无损检测方法还包含：泄漏检测（leak testing，LT）、衍射波时差法超声检测技术（time of flight diffraction，ToFD）、导波检测（guided wave testing，GWT）等。

（二）在线设备监测手段

为实时掌握生产设备的运行状况，还应用在线监测手段对设备进行腐蚀监测。

腐蚀监测是利用在线腐蚀监测手段（电阻探针、电感探针等）测量即时腐蚀速率以及能影响腐蚀速率的各种工艺参数（pH 值、水质、温度等），掌握腐蚀动态，测定有关设备及管线腐蚀速率等数据，并据此来调整工艺参数，预防和控制腐蚀的发生与发展，使设备处于良好的可控运行状态。腐蚀监测主要方法有腐蚀挂片法、电阻探针法、电化学法、电感法等。

腐蚀挂片法是将挂片（标准金属试片）悬挂于容器或管道重点腐蚀部位的工艺介质内，定期取出，测量挂片腐蚀失重情况，计算腐蚀速率。腐蚀挂片法操作简单、数据可靠性高，可作为设备和管道选材的很重要的依据。其局限性是称重试验周期受生产条件和维修计划（两次停车检修之间的时间间隔）限定；只能给出两次时间间隔的总腐蚀量，监测操作周期比较长，所测得的数据为装置设备在一段时间内的平均腐蚀速率，不能反映设备在某一点的腐蚀速率，因此无法用于实时在线分析。另外，腐蚀挂片的数据除受介质影响外，还与挂片表面处理、放置位置、暴露时间长短以及金属试片冶金方式等因素有关。

电阻探针法是通过测量金属元件在工艺介质腐蚀时的电阻值变化，计算金属在工艺介质中的腐蚀速率。当金属在工艺介质中发生腐蚀损耗时，金属横截面积会减小，电阻相应增大，通过计算可以得出金属腐蚀速率。电阻探针法为在线监测技术，将多个探头安装在设备或管线的不同部位，通过监测仪器显示腐蚀速率的变化。探针测量元件可以根据需要采用不同材质，可用于气相、液相、固相、流动颗粒等所有工作环境中。电阻探针信号反馈时间短、测量迅速，能及时反映设备、管道的腐蚀情况，对于监控腐蚀严重的部位和短时间内突发严重腐蚀十分有效。

图 8-12 为电阻探针法原理示意图。

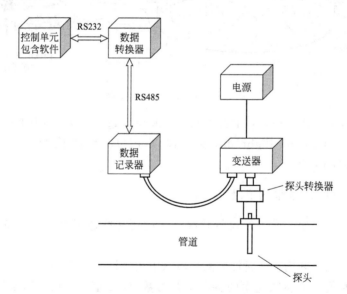

图 8-12 电阻探针法原理示意图

电化学法是通过测量流过探针电极表面的电流指标来确定腐蚀速率，其原理是电化学 Stern& Geary 定律，即在腐蚀点位附近电流的变化和电位的变化之间呈直线关系，此斜率与腐蚀速率呈反比。电化学法测量迅速，可以测得瞬时腐蚀速率，及时反映设备操作条件的变化。但只适用于电解质溶液，因此，通常用在循环水系统的腐蚀监控上。

图 8-13 为电化学法腐蚀监测原理示意图。

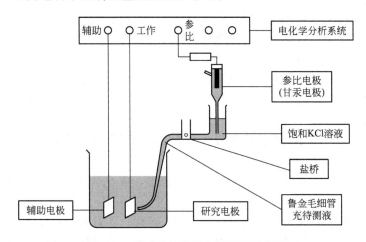

图 8-13　电化学法腐蚀监测原理示意图

电感法测量原理是金属试件减薄时在线仪器监测到电磁感应信号的变化，通过两次测量可以得出腐蚀速率。电感探针可根据不同管径采用片状结构或管状结构。由于激励信号为高频信号，电感探针的抗干扰性好，测量灵敏度较高。

（三）动设备检验、维修方法

流程工业中动设备一般比静设备故障率高，为了保证生产系统的可靠性和安全性，须深入研究动设备的故障机理，掌握故障发生的规律，采取适当的维修方式。动设备的预防性维修方式一般包括巡回检查、状态监测和故障诊断、定期维修等。

1. 巡回检查

在正常情况下，设备突然损坏的情况比较少，大部分故障都是由于零部件轻微磨损逐渐发展而形成的。如果能在零件磨损或劣化的早期就发现故障征兆并加以消除，就可以防止劣化的发展和故障的发生。而对设备的巡回检查就是早期发现征兆并能事先察觉隐患的一种有效的手段。

生产操作人员和维修人员定时巡回检查是设备预防性维修的一种最基本方式，利用视觉、听觉、嗅觉和触觉等感官及功能齐全的便携式测量仪器对设备运行状态进行检查。巡回检查过程中，通过擦拭、清扫、润滑、调整等一般方法对设备进行护理，以维持和保护设备的性能和技术状况，以及对设备进行维护保养。

日常管理中，对流程工业总结了"清洁、润滑、调整、紧固、防腐"设备维护保养十字作业法。设备维护保养的要求主要有四项：

（1）清洁　设备内外整洁，各运动部位、丝杠、齿轮齿条、齿轮箱、润滑处等无油污，各部位不漏油、不漏气，设备周围清扫干净，无杂物、脏物等。

（2）整齐　工具、附件、备件等要放置整齐，管道、线路等有条理。

（3）润滑良好　按时添加或更换润滑油，无干摩、断油现象，润滑油无变质、乳化等现象，油压正常，油标明亮，油路通畅，油质符合要求，油枪、油杯等清洁。

（4）安全　遵守安全操作规程，设备运行不超负荷，设备的安全防护装置齐全可靠，及时消除不安全因素。

生产操作人员及维修人员巡回检查过程中，重点对设备运行参数和设备状况进行检查。

（1）运行参数检查　与动设备有关的工艺运行参数可以表征机泵的整体运行状况，如设备各段进出口的压力、温度、流量，机组的密封系统、润滑油系统、冷却系统的油压、油温、水压、水温、水质、液位等。运行参数还包括动设备的控制系统、联锁保护系统的输入输出信号，进出口阀门、防喘振阀门等关键阀门的阀位情况，动设备转子的轴向位移及径向振动情况。对蒸汽透平、烟气轮机等高温设备，还要检查其缸体的膨胀是否均匀、猫爪是否能伸缩自如。

（2）运行状况检查　动设备的辅助设施、安全设施及所有附属的电气、仪表设备和阀门、管线等与动设备本体一样重要，这些设施状况直接影响着动设备的技术性能。状态检查应包括：有无杂声；设备的保温是否完好，油漆有无脱落；动静密封垫是否有泄漏；管线是否有不正常的振动；地脚螺栓是否松动、断裂；节流较大的调节阀、控制阀、调速阀是否有严重的振动、波动以及基础是否有裂纹等。

2. 状态监测和故障诊断

状态监测（condition monitoring）是指通过一定途径了解和掌握设备的运行状态，包括利用监测与分析仪器（在线的或离线的），采用各种检测、监视、分析和判别方法，对设备当前的运行状态做出评估，对异常状态及时做出报警，预测其劣化趋势，确定其劣化及磨损程度，并为进一步进行的故障分析、性能评估等提供信息和数据。

状态监测的目的在于掌握设备发生故障之前的异常征兆和劣化信息，以便事前采取针对性措施控制和防止故障的发生。对各种泵、压缩机、风机等转动设备，利用在线或离线监测仪器，通过轴承振动、轴位移及润滑油温度等在线监测工作及时掌握机泵的运行状况，做好故障诊断及趋势分析，针对问题采取对策，从而降低维修费用和提高设备有效利用率，确保机泵安全、稳定、长周期运行。

运用现代电子技术、信息工程和多学科技术成果开发出的设备状态监测、故障诊断技术为预知设备劣化趋势，探测深层次故障和隐患，从而为实现状态监测维修提供了可能。设备状态监测是一种掌握设备动态特性的检查技术，包含了各种主要的非破坏性检查技术，如振动监测、腐蚀监测、泄漏监测、温度监测、磨粒测试（铁谱技术）、光谱分析及其他各种物理监测技术等。

设备故障诊断技术，如小波分析、傅里叶变换、人工神经网络、人工免疫系统等，人工智能技术的发展趋势是依靠设备与工艺流程的传感器参数，通过算法与算力的不断发展，做到低成本、在线、连续地掌握设备运行现状，定量地检测和评价设备的以下状态：

（1）设备所承受的应力；

（2）设备的强度和性能；

（3）设备故障和劣化的机理；

（4）预测设备的可靠性；

（5）在设备发生故障的情况下，对故障原因、故障部位、危险程度进行评定，并确定正确的修复方法。

根据设备故障诊断技术的基本原理，其工作程序包括信息库和知识库的建立，以及信号检测、特征提取、状态识别等。

① 信号检测　按照不同诊断目的和对象，选择最便于诊断的状态信号，使用传感器、数据采集器等技术手段，加以监测和采集。由此建立起来的是状态信号的数据库，属于初始模式。

② 特征提取　将初始模式的状态信号通过信号处理，进行放大或压缩、形式变换、去除噪声干扰，以提取故障特征，形成待检模式。

③ 状态识别　经过算法判别，对属于正常状态的可继续监测，重复以上程序；对属于异常状态的，则要查明故障情况，做出趋势分析，估计后续发展和可继续运行的时间，以及根据问题所在提出控制措施和维修决策。

对于设备的全生命周期而言，不仅要在设备运行阶段进行故障诊断，实施状态维修，还须在设备的设计、制造阶段进行故障模式及影响分析（failure mode and effects analysis，FMEA[6]），评价设备是否达到了设计技术要求、精度标准和预定功能。通过在设计、制造阶段进行故障模式分析，在设备运行发生故障后分析故障发生的原因，经这三个相互联系的阶段和技术数据的积累，必然有助于提高设备的设计、制造质量，提高设备的可靠性，延长设备的使用寿命。

3. 润滑及润滑油分析

设备润滑就是在设备相对运动的摩擦面间加入润滑剂以形成润滑膜，将直接接触的两摩擦面分隔开来，以达到减少磨损、降低摩擦面温度、防止摩擦面锈蚀，以及通过润滑剂传递动力，并起密封减振作用。对设备的可靠性都具有重要意义。

润滑管理工作须达到以下几个要求：

（1）使设备得到正确合理的润滑，保证设备正常运转；

（2）延长设备使用寿命，减少事故与故障的发生；

（3）降低摩擦阻力、机件磨损和能量消耗；

（4）防止设备的跑、冒、滴、漏，采取一系列措施。

设备润滑管理的基本任务是做到"五定三过滤"。"五定"即定点、定时、定质、定量、定期清洗换油；"三过滤"即一级过滤（从领油大桶到岗位储油桶）、二级过滤（从岗位储油桶到油壶）、三级过滤（从油壶到加油点）。

润滑油监测分析综合运用理化分析、光谱分析、铁谱分析三种技术，使润滑管理由定性向定量转变、由经验判断向仪器监测转变。

理化分析润滑油的黏度、闪点、水分、总酸值、总碱值、腐蚀、不溶物等指标，为油品选型及按质换油提供了依据。

光谱分析是对润滑油中金属元素进行的。分析方法有原子吸收光谱技术、原子发射光谱技术和等离子体发射光谱技术。通过分析润滑油中金属磨损微粒的材料成分和数量，能快速反映各种磨粒浓度及掌握设备劣化趋势。

铁谱分析是利用高梯度强磁场将润滑油中所含机械磨损颗粒和污染杂质有序地分离出来，再借助显微镜对分离出的微粒和杂质进行形貌、尺寸、密度、成分及分布的定性定量观测，确定异常磨粒的特征，判断机械设备的磨损状况，预报零部件的故障。

三种润滑油监测分析技术的有机结合，有助于判断设备的润滑状态，确定机械磨损形式、部位，故障发生时间、故障原因等，进而指导设备的主动性维护，降低故障损失。

4. 定期维修

定期维修（periodic maintenance）是以时间为基础的预防性维修方式，具有对设备进行周期性修理的特点，根据设备的磨损规律，预先确定修理类别、修理间隔期及工作量，修理计划的确定以设备的实际运行时间为依据。定期维修适用于已掌握设备磨损规律和在生产过程中平时难以停机维修的主要设备。典型的失效类型如图8-14所示。

定期维修的理论依据是浴盆曲线。使用经验及试验结果表明，设备在刚投入使用时，由于设备未经磨合，故障率很高；随着运行时间的增加，故障率渐渐趋于稳定；在使用寿命期终了的时候，故障率又逐渐增加。其故障率随时间变化的关系如图8-15所示。

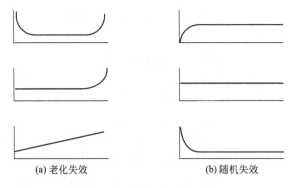

(a) 老化失效   (b) 随机失效

图 8-14 典型的失效类型

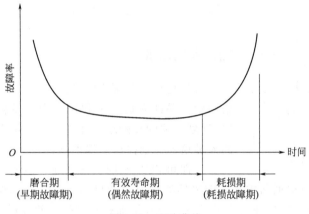

图 8-15 浴盆曲线

从浴盆曲线可以看出，设备的故障率随时间的变化可以分为三个阶段：早期故障期、偶然故障期和耗损故障期，也有人称其为磨合期、有效寿命期、耗损期。以前普遍认为如果在耗损故障期到来之前对设备进行拆检，更换磨损的零部件，就能防止其功能故障发生。

定期维修的优点：

（1）可以防止和减少突发故障。

（2）可以预防隐蔽故障（不拆开就难以发现和预防的故障）。

（3）适用于已知设备寿命分布规律而且有明显耗损期的设备，这种设备故障的发生、发展和使用时间有明确的关系。

（4）使生产和维修均能有计划地进行。定期维修便于预计所需要的备件和材料，安排维修人员制订设备使用计划和维修计划，其可操作性强。

定期维修能够在预防设备故障和事故方面起到作用，保证设备在一定的技术状态下运行，但其计划性太强，遵循固定的检修周期，不管设备实际技术状态如何，到期就修。随着设计的日趋完善和制造水平的不断提高，设备的固有

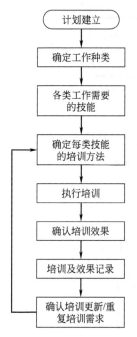

图 8-16 人员培训计划
执行流程

可靠性越来越高，定期维修方式显得过于保守。并且每台设备的具体技术状况不同，操作人员操作水平不同，维修保养程度不同，以及使用环境不同，导致设备在实际运行过程中主要机件的磨损情况和性能变化发生明显的差异。而定期维修没有考虑上述因素，不管设备具体的技术状况和实际运用状态的好坏，也不管设备是否有必要检修，只根据修理规程的规定，到期就进行维修。这种"一刀切"式做法的后果，可能造成过度维修或维修不足。过度维修则限制了装置产能的发挥，维修不足则失去了预防性维修的意义，都会影响到企业的经济效益。

四、人员培训

人员是机械完整性计划有效执行的重要保障。培训则是保证人员水平和执行力的重要手段。对于 MI 计划相关的技能培训计划，通常可以按照图 8-16 的人员培训计划执行流程来制订。

培训可以在不同场合采取多种形式（见第七章）。企业可以根据需求来确定采用哪种有效的培训形式、安排哪些资源来开展培训。比如针对作业安全的培训可以在培训教室进行，而针对压缩机的维护培训可以采用现场培训的方式。培训的讲师也可以是多样化的，可以是有经验的员工、工程师、供应商或承包商等。企业可以根据培训的主题和内容，来选择可以胜任的培训讲师。

五、MI 计划程序

一个有效的 MI 计划，需要编制 MI 计划的执行程序和任务说明（如检验、测试和预防性维修任务）。依据编制的程序，MI 计划和任务执行的充足性、一致性、安全性都会得到保障。

为确保编制程序的有效，企业员工要认识到所有程序除了要符合标准规范，还要提供更多的价值：

（1）作为机械完整性人员培训的一部分培训资料；

（2）减少人员误操作；

（3）有助于管理，确保执行达到了预期；

（4）在组织机构或人员发生变动时，可以使得 MI 计划得以延续。

1. 程序的种类

机械完整性管理经常包含各种类型的程序，比如下述类型的程序：

（1）MI 计划程序　这类程序描述了 MI 计划各要素的职责和行为，给出了 MI 行为的导则或遵循的标准。比如 MI 计划描述、设备选择方法、ITPM 计划的制订、检验标准等。

（2）管理程序　这类程序提供 MI 计划相关的管理程序，比如任务的下达等。

（3）质量确认程序　质量确认程序中将指出质量确认工作的具体任务、如何执行等。比如承包商的选择与审核、材料识别与确认、维护工作的监督与审核、设备驻场检验等。

（4）维护程序　维护程序中将给出如何进行设备维护保养、修理、更替、发现并处理设备缺陷等工作的说明。比如爆破片更换、氢气压缩机机械密封的更换、离心泵的拆卸与安装等。

（5）ITPM 程序　说明了 ITPM 任务执行、任务记录以及针对 ITPM 结果的处理等。比如压力容器外部和内部检验、泵密封的外观检查、仪表测试、离心泵振动分析、传感器校对等。

（6）安全程序　与安全作业相关的程序，比如热工作业许可程序、动火作业程序、高处作业程序、人员劳动保护用品使用程序等。

2. 程序的制定流程

程序中描述的信息必须准确、完整，信息的描述方式应容易理解且容易使用。至少保证初次涉及该任务的工程师可以通过阅读程序来获得足够的信息，并能掌握细节，成功完成任务的执行。当然，程序也不是越细越好，与任务相关的信息必须列明，无关的信息则不需要，因为过多的与本任务无关的信息会使得程序文件太长，或者信息量太多，对程序阅读者是不利的。

程序制定的基本流程参见图 8-17。

3. 程序的执行和维护

成功执行程序需要做到：

（1）文件控制　要对程序本身实行文件控制。比如新的程序文件发布时，旧的或者过期的程序文件如何处理等。

（2）可读性　程序文件对于员工来讲应易取、易读。如果程序文件保存在领导办公室，员工需要到领导办公室借阅，那么很多员工会散失阅读的积极性，这使得程序文件的可读性和可用性大大降低。

（3）培训　应对程序文件的使用者进行培训，使其充分理解和消化程序文件。同时，在培训的过程中，也展示了程序文件所描述的具体工作是如何执行的。

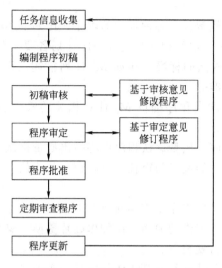

图 8-17 程序制定的基本流程

（4）维护 程序文件也会随着时间而落后，因此，程序文件需要持续维护，保持更新。

（5）变更管理（MOC，见第四章） 当程序文件中所涵盖的任务范围发生变更时，比如工作任务执行方式的变化、新设备的增加或老设备报废等导致的设备变化、组织机构发生变化等，都需要对程序文件进行更新，以匹配现状的需求。

（6）定期审核 定期对 MI 执行程序进行审核，检查和核实程序文件是否正确、是否准确以及是否适用。

六、缺陷管理

成功的 MI 计划应能有效地识别并处理设备缺陷。缺陷管理的一般流程如下：

（1）确定设备可接受标准，即设备正常工况下的性能指标或性能参数等。在制定设备可接受标准时，需综合考虑设备可能发生的缺陷类型。比如管道壁厚减薄，应考虑承压能力来将最小允许壁厚作为可接受标准；压力容器的状况可接受标准可参考建造图纸、技术规格书、检验标准、容规、定检规等；旋转类设备的性能可接受标准通常表现为最低性能指标，可参考制造手册、装配图、设备说明书等。可接受标准可以是定性的，也可以是定量的。有时，还需重新核定可接受标准，比如储罐地板有大片密集的腐蚀坑，按整块区域腐蚀来判定过于保守，而按单个腐蚀坑对壁厚的影响来判定过于乐观，需综合考虑整体腐蚀面积、每个腐蚀坑的面积和深度、各腐蚀坑间的距离等因素，进一步确定其是否满足服役要求。

（2）识别缺陷，评估设备状况。缺陷的发现途径很多，比如在新设备组装或安装过程中，在设备修理时，在设备性能参数不能满足要求时（即设备有异常时），或者在检验、试验和预防性维修时等。

（3）缺陷响应。当发现设备有缺陷时，响应处理方式一般包括继续使用（含降级使用）或者立即停车修理。可以采取 API 579[7] 适用性评估（fitness-for-service，FFS）的方法对发现缺陷的设备进行评估。当决定继续使用时，必须确保该工况下不会发生危险。另外，还需要进一步采取措施确保使用期间设备操作的安全性和可靠性，直到设备缺陷得到永久性的修理或更换。

（4）调整 ITPM 计划，比如增加测厚点的数量、缩短检验周期等，并严格执行。

（5）采取临时措施补充损失的功能或提高完整性，或者降低操作工况来降低失效速率。通知所有相关人员。将缺陷情况通知所有相关人员，可以有效避免事故的发生。

① 直接危害和最初的响应　缺陷发现者应立即警告所有可能受危害的人员，并采取行动改变或降低危害影响。

② 含缺陷设备的状态　含缺陷设备已停机或者仍然运行的状态以及应注意的防护措施应及时与相关人员沟通。

③ 含缺陷设备的恢复使用　当设备缺陷被永久性修复后，恢复使用时应及时通知相关人员。

（6）缺陷处理的告知　含缺陷设备得到的最终处理是对缺陷设备进行永久性维修、部分更换或者整体更换。当然也有一些临时性维修一直持续下去。无论是永久性还是临时性，含缺陷设备的处理情况应记录在案，并遵循变更管理。

七、质量确认和质量控制

设备整个生命周期的质量确认和质量控制关注的是自设备设计开始至设备报废的所有阶段的质量是否满足要求。有效的质量确认和质量控制工作可以很大程度提高机械完整性管理水平。质量确认和质量控制贯穿了设备全生命周期各个阶段：

（1）设计　设备设计通常遵循相应的标准、规范，或者技术规程。比如，压力容器的设计可参考 GB 150《压力容器》，消防控制系统的设计参考 GB 16806《消防联动控制系统》等。设计阶段的质量确认和质量控制任务，确保设计按照相应的标准并正确地实施。设计院等设计单位一般在设计阶段设置多级审查制度，比如审核、校核、批准、设计审查等，都是质量确认和质量控制措施。

（2）采购 该阶段的质量确认和质量控制为了确保采购的设备符合设计说明书。采购前对设备供应商的审查可以筛选有资质、有能力、有良好的管理制度以及有良好口碑的供应商，是很好的质量确认和质量控制措施之一。

（3）制造 该阶段的质量确认和质量控制为了确保制造过程遵循了技术说明书。常见的措施是工厂检验，即采购方派遣专门的质量工程师，或者委托第三方质量检验工程师，在设备制造现场，对制造过程进行监督、检验及质量确认，并出具相应的质量报告。

（4）交货 交货阶段的质量确认和质量控制措施，可分为制造期间的质量检验（inspection and test plan，ITP）、出厂验收（factory accept test，FAT）及到货验收（site accept test，SAT）。通常采用验货形式的检查来确认收到的货物是否同设计、采购要求一致。验货时还会做外观检查，比如检查有无明显的损坏等；还会按照供应商提供的交付清单进行核查，避免缺失等。

（5）存储与检索 存储的质量确认和质量控制措施，通常会考虑设备对存储的特殊要求，比如温度、湿度、通风等环境要求，或者垂直、悬挂等放置要求。检索的质量确认和质量控制，是为了确保所有物品处于可用状态，易调取、易分辨，不会混淆。装箱、分区域管理、贴标签、做记录等都是可采取的良好做法。

（6）建造和安装 建造和安装阶段的错误对于设备以及装置来说是致命的。该阶段的质量确认和质量控制，应确保用于预防和发现安装错误的措施、方法到位，保障建造和安装正确，比如怎样控制和预防低温阀门和普通碳钢阀门被混淆、怎样预防转动设备进出口装反等。检查建造和安装人员是否经过培训且具有相关资质、建造和安装过程是否严格按照安装说明等都是有效的质量确认和质量控制措施。还有一些常规的做法，是在建造和安装过程中的一些关键节点设置单独的检验环节来进行质量确认和质量控制，比如焊接前的预热、压力容器水压试验的现场见证等。在投产前进行开车前安全审查，也是非常有效的质量确认和质量控制措施。

（7）在线修理、改造和降级使用 当设备有缺陷时，可以进行在线修理、改造或降级使用。修理是使设备恢复到设计工况下的状态；改造是基于现有的设备本体重新设计规划，比如三相分离器通过增加水区隔板高度，延长物料在分离器内沉降区的停留时间，从而提高水分离的效果等；降级使用是降低设备设计允许的最大许用工况，比如降低压力容器的操作压力、温度等。该阶段的质量确认和质量控制措施，关注的是方案是否合理可行、执行是否满足预定方案等。

（8）临时安装和临时修理 在一些特殊情况下，需要对设备进行临时的安装和修理，比如低压管线出现的小孔泄漏，可以采用堵漏胶临时封堵，待停车时再采取永久性维修。这时的质量确认和质量控制首要的是保证该种情况不会导致事故。另外，还需关注是否进行了变更管理，并记录在案，保证当后期有人员变动时该问题仍可以追溯并得到永久的解决。

（9）退役/重复利用　MI 计划并不关注退役的设备，而是关注退役但重复利用的设备。所有退役的但并未拆除和报废的设备都应视为可重复利用的设备。这类设备的质量确认和质量控制应遵循退役程序和再启用程序。退役程序重点关注设备是否降压泄压、排空、清理，是否有持续的检维修计划以及预防性维修计划，文件档案是否保留等。再启用程序关注的是设备是否能够继续服役，比如设备的使用年限是否超过了设计寿命、设备的情况是否能够满足再次服役的要求等。

第三节　典型机械完整性管理技术方法介绍

本节简要介绍典型的机械完整性管理技术，可以用于制定检验、测试及预防性维修（ITPM）计划，包括实施的任务、频率，更好地控制风险。

一、压力容器与管道基于风险的检验

基于风险的检验（risk-based inspection，RBI）技术是通过分析压力容器失效模式和失效原因进而制定检验方案的一种方法。

RBI 方法起源于 1995 年 5 月启动的美国石油协会（API）RBI 项目，该项目由工业协会资助，对 RBI 应用方法进行开发，并于 2002 年 5 月提出了 RBI 的推荐做法（API RP 580[4]）。2000 年美国石油协会发布了 RBI 的源文件 API 581[5]第一版，用来指导 RBI 的执行，在 2007 年更新为第二版。

RBI 方法在 20 世纪 90 年代开始引入中国，并在石油、石化行业得到了良好的检验指导效果。

运行的经济性要求延长每次停机检验的间隔周期。相对于传统的定期检验来说，RBI 更好地将经济性和安全性以及可能存在的失效风险有机结合起来。检验的频率和程度依据受检设备的风险而确定，系统地针对高风险设备进行加密加强检验。对企业而言，进行 RBI 工作的主要意义体现在以下几方面：

（1）确保设备本质安全。

（2）提供优化的检验策略　识别可能的潜在高风险的设备，采用针对性的检验技术来进行检验，编制与风险相适应的检验规程。

（3）降低在役运行费用　根据不同设备的危险程度来确定检验周期，检验费用重点投入于装置中高风险设备，根据风险来确定停机范围。

（4）延长设备有效运行时间　减少停工时间，通过延长检验周期来减少停机检验次数，缩小停机检验的范围，提高检验的效率，优化检验计划和检验策略，减少可靠设备不必要的例行检验内容，实施针对性的检验。

（5）判定和管理装置的安全水平，定义出风险大小、性质及实施的风险消除手段和验收准则。

（一）什么是 RBI

在一套操作装置中，往往大部分的风险集中于少量设备上，控制好这部分高风险设备，即削减了装置大部分的风险。RBI 就是基于风险来优化检验方案（划分检验计划优先次序和管理投入）的方法。

RBI 关注承压设备项的机械完整性，通过风险检验来削减由机械性能退化导致物料泄漏所带来的风险。而过程危害分析如 HAZOP 则关注工艺装置设计和操作实践的风险，因此 RBI 不能代替过程危害分析或 HAZOP。

RBI 方法首先基于对工艺设备泄漏的可能性和后果进行评估，根据设备风险的排序对削减措施的执行进行优先级划分。对高风险设备，可优先使用高有效性的检验和维修/维护资源；而对于低风险项目，可以适当降低检验和维护/维修资源的投入。

RBI 方法除了对高风险设备提供更多关注外，还通过对设备进行系统的腐蚀机理分析提供更有效的检验技术选择，比如对于减薄腐蚀机理下的设备采用测厚手段进行检验，而对于有开裂倾向的设备采用 UT 或 RT 方法来检验。

执行 RBI 还可以在至少维持现有设施风险的情况下间接提高设施的操作时间，进而延长运行周期。

（二）RBI 适用范围

RBI 方法适用于承压设备及相关组件/内件，通常包含：压力容器（全部的内部承压部件）、工艺管道（管道和管件）、储罐（常压储罐和承压储罐）、转动设备（承受内压的部件）、锅炉和加热器（承压部件）、换热器（壳体、封头、隔板和管束）、泄压装置。

RBI 方法不适用于如下非承压设备：仪表和控制系统、电气系统、结构系统、机械组件（泵和压缩机外壳除外）。

（三）风险

API 581 中将 RBI 的风险分析结果（失效可能性、失效后果、风险等级）定性到一个 5×5 风险矩阵上，如图 8-18 所示。

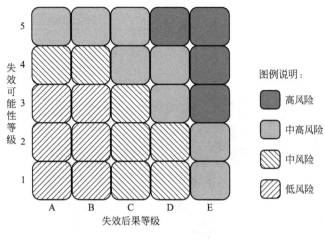

图 8-18　RBI 风险矩阵

(四) 损伤机理分析

RBI 方法中需要对设备的损伤机理进行分析，并因此获知失效的形态，进而选择合适的检验技术。

损伤机理分析需要综合考虑材料、所接触的物流组分及腐蚀性物质、温度、压力、分压、pH 值等因素。

RBI 方法考虑到的损伤机理基本可以概括为 4 种形式：厚度上的均匀或局部损失、环境腐蚀开裂、冶金学上的失效、机械失效。

1. 厚度上的均匀或局部损失

厚度上的均匀或局部损失，也可理解为均匀或局部的壁厚减薄，可以发生在容器、管道等外壁，也可以发生在容器、管道等的内壁。

图 8-19 为典型的碳钢外壁发生大气腐蚀造成厚度上的局部损失。

造成厚度损失的具体腐蚀机理通常包含大气腐蚀、保温层下腐蚀、土壤腐蚀、CO_2 腐蚀、微生物腐蚀、HCl 腐蚀、H_2SO_4 腐蚀、磷酸腐蚀、HF 腐蚀、胺腐蚀、硫化物腐蚀、酸性水腐蚀、二硫化铵腐蚀、苯酚（石炭酸）腐蚀、高温氧化腐蚀、高温硫腐蚀等。

下面介绍几种常见的腐蚀机理，以及易发生该种腐蚀的敏感性材料和敏感性环境。

(1) 大气腐蚀　大气腐蚀是指与大气条件有关的潮湿环境中的腐蚀形式。其在海岸环境和空气中含有杂质的湿气污染工业环境下腐蚀更为严重，而在干燥的农业环境中腐蚀却十分轻微。

碳钢、低合金钢和铜铝合金常发生大气腐蚀。大气腐蚀对材料的侵蚀可能

图 8-19 典型的碳钢外壁发生大气腐蚀造成厚度上的局部损失

是均匀的或局部的，取决于是否有湿气截留。

（2）保温层下腐蚀 保温层下腐蚀（corrosion under insulation，CUI）是由于水进入保温层或耐火材料中后导致的管线、压力容器和结构部件的腐蚀，通常发生在碳钢、低合金钢、300 系列不锈钢和双相不锈钢中。常见部位为高湿度部位，如冷却塔的下风向位置、靠近蒸汽排放口的位置或靠近喷水的辅助冷却设备等。

保温层下腐蚀通常集中在局部，对于碳钢通常表现为痛状点蚀（通常在受损涂料、涂层下面可发现）。对于 300 系列不锈钢，尤其是采用老的硅酸钙保温（含氯化物），会发生局部的点蚀和氯化物应力腐蚀开裂。

（3）土壤腐蚀 暴露在土壤中的金属的腐蚀称为土壤腐蚀，通常发生在土壤中的碳钢、铸铁和球墨铸铁上。

土壤腐蚀的严重性是由许多参数决定的，包括操作温度、湿度、氧、土壤电阻率（土壤状况和特性）、土壤类型（水的排放）、均匀性（土壤类型的变化）、阴极保护、杂散电流排出、涂层类型、年限和状态。

（4）CO_2 腐蚀 当 CO_2 溶于水形成碳酸（H_2CO_3）时会发生 CO_2 腐蚀。碳酸会降低 pH 值，导致碳钢的均匀腐蚀或点蚀。其他如 HCl、H_2SO_4、HF、磷酸等对金属材料的腐蚀也是较低 pH 值环境下的酸性腐蚀。

CO_2 腐蚀通常发生在碳钢和低合金钢上。腐蚀的影响因素包括 CO_2 的分压、pH 值和温度。CO_2 分压的增加会导致较低的 pH 值，进而加速腐蚀。腐蚀通常发生在液相，也会发生在 CO_2 从汽相中凝结出来的部位，如气液界面位置。在 CO_2 汽化温度以下，较高的温度会增加腐蚀速率。

碳钢发生 CO_2 腐蚀通常表现为局部减薄和/或点蚀，腐蚀通常发生在湍流和冲击区，有时在管道焊缝的根部。在湍流区域会表现为深的点蚀和沟槽。

（5）微生物腐蚀　微生物腐蚀（microbiological induced corrosion，MIC）是一种由于微生物如细菌、藻类或真菌引起的腐蚀。通常与锈瘤或黏性有机物的存在有关。微生物腐蚀可发生在大多数常见材料中，包括碳钢、低合金钢、300 系列不锈钢、400 系列不锈钢、铝、铜、一些镍基合金。

MIC 通常发生在水环境或有水存在（暂时或永久）的环境中，尤其是在允许或促进微生物生长的停滞或流速低的条件。MIC 通常发生在换热器、储罐底部、静止或低流速的管线、与土壤接触的管线等中。

MIC 腐蚀通常表现为局部的垢下腐蚀或有机物遮盖的瘤、对碳钢的杯状点蚀或不锈钢的表面下空洞。

（6）高温硫腐蚀　碳钢和其他合金钢在高温环境下与硫化合物发生反应造成腐蚀。氢的存在会加速腐蚀。受影响的材料为所有铁基材料，包括碳钢、低合金钢、300 系列不锈钢和 400 系列不锈钢。镍基合金也会不同程度发生硫化，取决于组成，尤其是 Cr 含量。和碳钢相比，铜基合金在较低的温度下更易形成硫化物。

影响硫化的主要因素包括合金成分、温度和腐蚀性硫化合物的浓度。合金发生硫化的敏感性取决于生成保护性硫化物膜的能力。铁基合金的硫化通常在金属温度超过 260℃时开始发生。

硫化主要是由 H_2S 和其他活性硫化合物引起的，这些活性硫是硫化合物在高温下分解产生的。一些硫化合物容易反应生成 H_2S。

高温硫腐蚀通常是均匀减薄，但有时也表现为局部腐蚀或高流速的磨蚀-腐蚀损伤。部件表面通常覆盖硫化物膜。根据合金、物流的腐蚀性、流体速度和杂质的存在，沉积物可能厚薄不一。

2. 环境腐蚀开裂

环境腐蚀开裂是指材料在腐蚀环境中发生开裂。图 8-20 为典型的环境腐蚀开裂。

造成环境腐蚀开裂的具体腐蚀机理通常包含碱性应力腐蚀开裂（碱脆）、胺应力腐蚀开裂、氢应力腐蚀开裂、碳酸盐应力腐蚀开裂、连多硫酸应力腐蚀开裂、硫化物应力腐蚀开裂、氯化物应力腐蚀开裂、H_2S 环境下氢致开裂和应力导向氢致开裂、氰化氢应力腐蚀开裂、氢鼓包等。

（1）氯化物应力腐蚀开裂　氯化物应力腐蚀开裂（chloride stress corrosion cracking，Cl-SCC）是 300 系列不锈钢和一些镍基合金在拉伸应力、温度和含

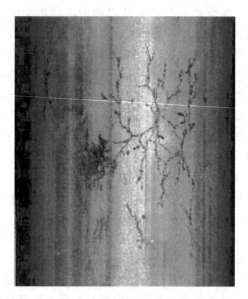

图 8-20 典型的环境腐蚀开裂

氯化物水溶液的共同作用下的环境腐蚀开裂，属表面起始的裂纹。所有 300 系列不锈钢对氯化物应力腐蚀开裂都十分敏感，双相钢和镍基合金比较不敏感。

氯化物应力腐蚀开裂的敏感性与氯离子含量、pH 值、温度、应力、氧的存在和合金成分有关。温度增加，开裂的敏感性增加。氯离子含量增加，开裂的可能性增加。该损伤机理通常发生在 pH 值高于 2 的环境，在低 pH 值通常以均匀腐蚀为主。在碱性 pH 值区域，应力腐蚀开裂（stress corrosion cracking，SCC）的倾向降低。开裂通常发生在金属温度高于 60℃ 的条件，尽管在更低的温度下也有发生。应力可以是外加的，也可以是残余应力。高应力或冷加工的部件，如膨胀波纹管，开裂的可能性十分大。

合金的镍含量是影响耐蚀性的主要因素。敏感性最高的镍含量是 8% ～ 12%。镍含量高于 35% 时，其耐蚀性十分高，高于 45% 时基本不被腐蚀。

氯化物应力腐蚀开裂通常为表面开裂裂纹，开裂试样的金相显示分支的穿晶裂纹，有时还会发现晶间裂纹，破裂的表面通常有一个脆性的外观。

（2）碱脆 碱脆是一种表面起始开裂的应力腐蚀开裂形式，发生在暴露在碱中的设备管道上，尤其是靠近未经焊后热处理（post weld heat treatment，PWHT）的焊缝附近。碳钢、低合金钢、300 系列不锈钢最容易发生，镍基合金比较耐蚀。

在 NaOH 和 KOH 溶液中的碱脆敏感性与碱强度、温度和应力状况有关。碱浓度和温度的增加会增加开裂的严重程度。促进开裂的应力可以是焊接或冷加工（如弯曲和成型）导致的残余应力，或者是外加应力。裂纹扩展随温度增

第八章　机械完整性管理　**227**

加变快。

如果存在浓缩，10～20mg/L 的碱浓度也足以引起开裂。浓缩发生的条件有：干湿交替、局部热点或高温吹汽。如未经热处理的碳钢设备碱液管线的蒸汽吹扫，碱液浓缩，发生开裂的可能性很大。

碱脆通常发生在并行于焊缝的相邻基体金属，但也可以发生在焊缝沉积区和热影响区。钢铁表面开裂的模式有时是蜘蛛网状的小裂纹，通常裂纹是从制造阶段形成的焊接缺陷即局部应力集中点开始。

裂纹需要通过金相检验来确定，因为表面开裂缺陷主要是晶间的。开裂通常发生在焊接的碳钢部件上，是由非常细小的充满氧化物的裂纹组成的网络。

300 系列不锈钢的开裂主要是穿晶的，很难和 Cl-SCC 区别开来。

（3）氨应力腐蚀开裂　含有氨的水蒸气会造成一些铜合金的应力腐蚀开裂（SCC）。

对于铜合金，敏感合金会在残余应力和化合物的联合作用下发生开裂。铜锌合金（黄铜），包括海军黄铜和铝黄铜，容易发生开裂。黄铜中的锌含量影响开裂的敏感性，尤其是当锌含量超过 15% 时。造成氨应力腐蚀开裂的环境中必须存在氧及氨或铵化合物的水溶液，但是痕量浓度就可能导致开裂。当 pH 值高于 8.5 时，在任何温度下都会发生开裂，制造或轧管过程中产生的残余应力可能促进开裂。铜合金表面开裂裂纹会有浅蓝色的腐蚀产物。换热器管束表面有单一或高度分支的裂纹。裂纹可以是穿晶或晶间型，取决于环境和应力水平。

对于钢铁，含水率小于 0.2% 的氨会造成碳钢的开裂。焊后热处理 PWHT 会消除多数普通钢材的敏感性 [<70ksi（1ksi=6.895MPa）的拉伸强度]。含有空气或氧的杂质会增加开裂的倾向性。对于碳钢裂纹会发生在暴露的未经热处理的焊缝和热影响区上。

3. 冶金学上的失效

冶金学上的失效通常是不可逆的材料退化，如材料的蠕变、疲劳、高温氢损伤、热振动、金属粉化、石墨化、脱碳、渗碳、脆断、δ 相脆化、选择性析出、回火催化等。

（1）蠕变和应力开裂　在高温环境中，所有的金属和合金部件会在屈服应力的负荷作用下缓慢连续地变形。这种受压部件随时间的变形被称为蠕变。蠕变造成的损伤最终会导致开裂。

蠕变变形的速度是材料、负荷和温度的函数。损伤的速度（应变速度）对负荷和温度敏感。通常，温度增加 12℃ 或应力增加 15%，对于不同的合金，剩余寿命会减半或更多。

蠕变损伤通常发生在操作温度接近或高于蠕变范围（见表 8-1 蠕变的极限

温度）的设备和管道中，如加热炉炉管、管托、吊架或其他加热炉部件，热壁催化重整反应器、高温管线的焊缝处，催化裂化装置的主分馏塔和再生塔内件等。

表 8-1　蠕变的极限温度

材料	极限温度/℃
碳钢	370
C-0.5Mo	400
1.25Cr-0.5Mo	425
2.25Cr-1Mo	425
5Cr-0.5Mo	425
9Cr-1Mo	425
304H 不锈钢	480
347H 不锈钢	540

　　蠕变损伤的初级阶段只能通过扫描电子显微镜金相照片来确定。在晶界通常会发现蠕变孔隙，在后期会形成微裂纹，然后开裂。在温度正好超过极限限制，会发现明显的变形。例如，加热炉炉管会遭受长期蠕变损伤，在最终开裂前会有明显的膨胀（见图 8-21）。变形的量主要取决于材料，以及温度和应力水平的联合作用。对于容器和管线，在高的金属温度和应力浓度的地方会发生蠕变开裂（见图 8-22），如靠近结构的不连续处，包括管线 T 形接头、管嘴或缺陷处的焊缝。蠕变开裂一旦发生，进展十分迅速。

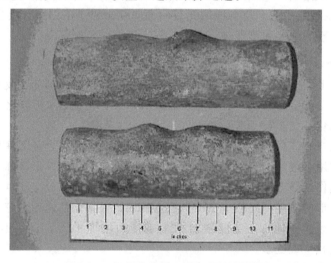

图 8-21　加热炉炉管遭受长期蠕变损伤

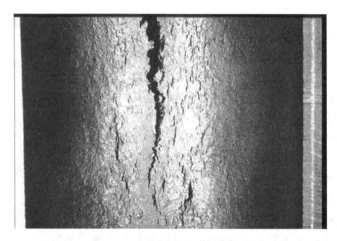

图 8-22　加热炉炉管的蠕变开裂

（2）应变老化　是一种常发现在老旧碳钢和 C-0.5Mo 低合金钢上的损伤，是中间温度变形和老化共同作用的结果。这导致硬度和强度增加，延展性和韧性降低。可能产生应变老化的材料通常含有大晶粒尺寸的老旧碳钢（20 世纪 80 年代以前）和 C-0.5Mo 低合金钢。应变老化最容易发生在用敏感材料制造且未经过应力释放的容器器壁上。应变老化可以导致脆性裂纹的形成，可以通过细致的金相分析发现，但是损伤通常不会被认为是应变老化，直到断裂发生。

4. 机械失效

机械失效是指外力导致的金属失效，如气蚀、机械损伤、超压、超载荷、热冲击等。

（五）检验策略

检验策略包括检验部位、检验方法和检验周期三方面。

1. 检验部位和检验方法

检验部位和检验方法可以通过对设备、管道等部件的损伤机理的分析来确定和选择。

基于前面各类腐蚀机理的腐蚀形态，针对不同的腐蚀形式，可以有针对性地采用不同的检验技术来查找和发现腐蚀。这是采用 RBI 方法来优化检验方案的技术核心之一。

（1）厚度上的均匀或局部损失　厚度上的损失可以通过厚度测量来发现，因此，超声波测厚是非常有效的检验方法。另外，不均匀的厚度损失，尤其是点蚀坑，可以直接通过 VT 发现。

容器或管道的外壁腐蚀，可以人工目测检查。对于内部，如换热管内壁，则可以借助内窥视镜等仪器辅助进行 VT 检查。

（2）环境辅助开裂　较大的表面开裂通常可以采用 VT 发现。但微观开裂需要根据开裂位置（表面、近表面或内部裂纹）及材料（碳钢、不锈钢等）选择超声波探伤、射线探伤、磁粉探伤或渗透探伤等。

（3）冶金学上的失效　检测和监测手段不能够对冶金学上的失效进行风险控制，往往更多的是发现损伤，进而避免危险事故的发生。

应变老化可以采用金相（破坏性检测，因此通常不使用）或硬度检测的方法来间接发现，初步微小裂纹的产生通过 UT、RT、MT 检测发现，但是控制应变老化不采用检查和监测手段。

（4）机械失效　外力导致的机械失效同样无法通过检测和监测对失效进行风险控制，往往更多的是发现损伤，进而避免危险事故的发生。

有些损伤通过简单的肉眼观察或者测量即可发现。

2. 检验周期

在选择检验周期时，通常综合考虑设备的受损程度和腐蚀速率来制定，目的是在设备失效以前发现，避免失效发生，引起事故。

比如某条管道设计使用工况下的最小允许壁厚是 1.5mm，选材为 3mm，现在已经运行 5 年，壁厚减至 2.5mm，则检验周期应考虑：

（1）腐蚀速率为（3mm－2.5mm）÷5 年＝0.1mm/年；

（2）现有壁厚为 2.5mm；

（3）预估的设备失效时间（2.5mm－1.5mm）÷0.1mm/年＝10 年。

检验周期至少要小于 5.5 年才能够在管道失效前发现，进而避免失效事故。当然，不能粗略采用上述计算结果作为制定检验周期的唯一依据，因为腐蚀速率有可能随着腐蚀环境的形成而加剧（如下例）。因此，可将检验周期制定为 3～5 年，根据下次检验数据再更新检验周期。

又如某条管道设计使用工况下的最小允许壁厚是 1.5mm，选材为 3mm，现在已经运行 5 年，该条管道在运行第 1 年测得壁厚为 2.95mm，第 3 年测得壁厚为 2.8mm，第 5 年测得壁厚为 2.5mm，则制定检验周期时应考虑：

（1）第 1 年腐蚀速率为：（3mm－2.95mm）÷1 年＝0.05mm/年；

（2）第 2、3 年腐蚀速率为：（2.95mm－2.8mm）÷2 年＝0.075mm/年；

（3）第 4、5 年腐蚀速率为：（2.8mm－2.5mm）÷2 年＝0.15mm/年；

（4）现有壁厚为 2.5mm；

（5）预估的设备失效时间最长为（2.5mm－1.5mmm）÷0.15mm/年＝6 年。

由上可见，腐蚀速率逐年增加，在判断检验周期时，可保守选取为 1～

2 年。

（六）RBI 工具

针对石化企业的装置，市场上已经有一些比较成熟的软件工具，这些工具基本按照 API 581 来进行开发，协助操作者制订高水平的检验计划并提高生产装置的风险管理水平。

有些软件已经建立起来相关的数据库，包括失效概率、腐蚀速率等。对于一个实施 RBI 的企业，如果建立起自己的数据库，RBI 分析结果将更加准确。

（七）典型 RBI 工作流程

图 8-23 是典型的 RBI 工作流程，包括数据和信息采集、风险评估、风险排序、检测计划、削减、再评价等，是一个不断循环和更新、逐步提高的过程。

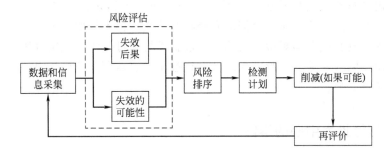

图 8-23 典型的 RBI 工作流程

RBI 的工作量很大，而且要求细致、严谨，因此持续时间较长。

整个 RBI 过程中，最为关键的是数据采集阶段，因为项目结果的质量和可靠性依赖于收集到的数据质量和可靠性，它一直存在并持续于 RBI 策略的全部阶段。

（1）全面性　数据一定要全面才能更准确地进行 RBI 分析。数据主要包括：设备数据，包括设备的投用日期、设计寿命、设计标准、材料、壁厚、体积、热处理状况、保温状况、设计压力、设计温度等；工艺数据，包括物流的组分、含量、状态、杂质及含量、操作压力、操作温度、流速等；历史检验信息，包括检验的时间、位置、方法、结论等。

这些数据主要存在于 PFD、P&ID、设备出厂质量证明文件、工艺说明、设备材料的机械性能报告、物料平衡表、平面布置图、历史检/维修报告等中。

（2）准确性　数据收集完毕，必须对收集信息的准确性进行核对，一般由熟悉装置的本厂操作人员进行审查。

（八）压力容器管理及法规要求

原国家质量监督检验检疫总局颁布的 TSG R0004《固定式压力容器安全技术监察规程》适用范围如下：

（1）工作压力大于或者等于 0.1MPa；

（2）工作压力与容积的乘积大于或者等于 2.5MPa·L；

（3）盛装介质为气体、液化气体以及介质最高工作温度高于或者等于其标准沸点的液体。

这一技术规程规定了固定式压力容器的以下各个方面的管理要求：材料、设计、制造、安装、改造与维修、使用管理、定期检验、安全附件。

这一技术规程引入了机械完整性中的一些新的技术方法与管理要求，如基于风险的检验（RBI）技术、衍射时差法超声波检测、缺陷评定方法等。

对于在役压力容器的检验，由之前的定期检验改为固定式压力容器在投用后 3 年内进行首次定期检验。之后可参照《压力容器定期检验规则》（TSG 127001）的规定，确定压力容器的安全状况等级和检验周期，可以根据压力容器风险水平延长或者缩短检验周期，但最长不得超过 9 年；规定以压力容器的剩余使用年限为依据，检验周期最长不超过压力容器剩余使用年限的一半，并且不得超过 9 年。

二、以可靠性为中心的维修

以可靠性为中心的维修（RCM）是用以确定设备预防性维修需求的一种系统工程方法。

RCM 理论于 20 世纪 60 年代起源于美国的波音公司，最初应用于飞机及航空设施，它以研究设备的可靠性规律为基础，20 世纪 90 年代发展趋于成熟并形成了 MSG-3[7] 等著名的可靠性维修指导性文件。

以可靠性为中心的维修（RCM）是在此基础上针对石化行业的特点来进行研究、更新、开发和应用的，其引入了风险的概念和分析方法。以可靠性为中心的维修（RCM）是一套系统化的方法，可制定出精准、目标性明确及最佳成本效益的维修维护策略。该方法在国外大型石油公司都已成功应用，并被引入欧盟的 RMPC（risk management professional certification）工作标准手册。

在 MI 计划中，RCM 可以识别重要及复杂系统：

（1）有哪些主要的潜在失效（比如高风险的）；

（2）针对失效，需要什么样的 ITPM 任务以及任务频率（如较好的管理失效的策略）。

（一）什么是 RCM

RCM 是建立在风险和可靠性方法的基础上，按照以最少的资源消耗保持装备固有可靠性和安全性的原则，应用逻辑决断的方法确定设备预防性维修需求的过程或方法。

RCM 的基本思路是：对设备进行功能与故障分析和评估，明确设备各故障后果；进而量化地确定出设备每一故障模式的风险、故障原因和根本原因，识别出装置中固有的或潜在的危险及其可能产生的后果；用规范化的逻辑决断方法，确定各故障的预防性维修对策和维修计划；通过现场故障数据统计、专家评估、定量化建模等手段，在保证设备安全和完好的前提下，以维修停机损失最小为目标对设备的维修策略进行优化。

目前的 RCM 应用领域已涵盖了航空、武器系统、核设施、铁路、石油化工、生产制造，甚至房地产、建筑结构等各行各业，特别是流程工业中的设备维护等。

（二）RCM 方法中的 7 个核心问题

1999 年国际汽车工程师协会（SAE）颁布的 RCM 标准《以可靠性为中心的维修过程的评审准则》（SAE JA1011）给出了正确的 RCM 过程应遵循的准则，按照 SAE JA1011 的规定，只有保证按顺序回答了标准中的七个问题的过程，才能称之为 RCM 过程。

RCM 分析的七个基本问题：

（1）功能和性能标准：在具体使用条件下，设备各功能及相关性能标准是什么？

（2）功能故障模式：在什么情况下设备无法实现其功能？

（3）故障模式原因：引起各功能故障的原因都是什么？

（4）故障影响：各故障发生时，都会出现什么情况？

（5）故障后果：各故障发生后引起的严重程度？

（6）需做什么预防性维修措施（主动性工作类型和工作间隔期），才能预防各故障？

（7）暂定措施（非主动性工作）：找不到适当的预防性维修工作应怎么办？

回答上述七个问题，必须对产品的功能、功能故障、故障模式及影响有清楚的定义和了解，为此必须通过"故障模式及影响分析"（FMEA）对所分析的产品进行故障审核，列出其所有可能的功能及其故障模式和影响，并对故障后果进行分类评估，然后根据故障后果的严重程度，对每一故障模式做出是采取预防性措施还是不采取预防性措施待其故障后再进行修复的决策，如果采取预防性措施，选择哪种类型的工作。

（三）RCM 做法和成果

传统的维护和维修策略经历了被动维修、定期维修、预防性维修、主动维修等不同的发展阶段，在减少设备故障、降低维护成本等方面取得了很大的进展。但传统的检验维修规程是基于以往的经验及保守的安全考虑，对经济性、安全性以及可能存在的失效风险等的有机结合考虑不够，检维修的频率和效率与所维护设备的风险高低不相称，有限的检维修资源使用不尽合理，存在检维修过度和检维修不足的问题，维护行为存在一定的盲目性和经验性，即使是主动维修仍然存在维护过度（或不足）、成本高、维护策略主要依靠主观和经验等缺点。另外，由于设备越来越复杂，加之工艺、操作等其他因素，越来越多的故障不符合浴盆曲线，很多故障属于临时突发性非失修类故障，计划维修除造成无谓投入和资金的无效支出，往往还会产生负效应。而连续性大生产对设备的长周期稳定运行提出了更高的要求，维修管理工作的关键是确定维修时机、维修范围及维修级别，因此设备的维护管理理论和方法需要有一个质的发展以适应此要求。RCM 技术在石化、能源、化工、电力等领域实践证明，该技术可以有效地提高设备运行的可靠性并降低维修成本。

RCM 是设备维护管理制度发展的较高层次，通过 RCM 分析所得到的维修计划是基于"知道将来哪些设备会发生故障，在什么时候发生故障，故障后果严重程度如何"的情况下制定的，具有很强的针对性，避免了"多维修、多保养、多多益善"和"故障后再维修"的传统维修思想的影响，实践证明，在保证生产安全性和设备可靠性的条件下，应用 RCM 可将日常维修工作量降低 40%～70%，大大地提高了资产的使用率。

通过在设备上实施 RCM 分析方法，可以做到：

（1）提高装置运行的安全性和环境整体性，完整和系统性地评估装置的风险大小，识别出高风险项目，采取适当措施，以降低装置整体风险，提高装置可靠性。

（2）提高设备运行性能，尽可能排除和预防潜在故障和隐蔽性功能故障；识别和改进与设备可靠性相关的问题，如设计的变化、程序的变化、潜在故障和隐蔽性功能故障、重大的图纸错误等。

（3）提高维修成本效益，能合理优化维修资源，避免过度维修和维修不足。

通过实施 RCM，可以建立维修数据库，全面记录资产的一致性和完整性的维护以及操作计划，提供更加准确、齐全的设备资料和维修数据，减少因人员变动所带来的影响，适应变化的环境。

建立一个准确、优化和适用于系统装置的维修及维护工作包，RCM 针对具体的故障种类制定相应的维修策略，可提出包含故障种类、故障部位、故障解决办法、维修策略和维修计划的具体维修建议书递交 ERP（enterprise resource planning）以工单的形式执行。

　　RCM 分析将产生如下四项具体的成果：供维修部门执行的维修计划；供操作人员使用的改进了的设备使用程序；对不能实现期望功能的设备，列表指出哪些地方需改进设计或改变操作规程；完整的 RCM 分析记录文件为以后设备维修制度的改进提供了可追踪的历史信息和数据，也为企业内维修人员的配备、备件备品的储备、生产与维修的时间预计提供了基础数据。

（四）RCM 维修分类

　　RCM 把预防性维修工作定义为预防故障后果而不仅仅是预防故障本身的一种维修工作。维修工作分为两大类，即主动性维修和非主动性维修（被动维修）。图 8-24 展示了 RCM 维修工作的分类。

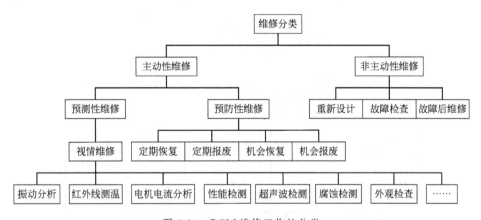

图 8-24　RCM 维修工作的分类

　　主动性维修工作是为了防止产品达到故障状态，而在故障发生前所采取的工作。主动性维修工作包括传统的预测性维修和预防性维修，包括定期恢复、定期报废和视情维修等。

　　定期恢复要求按一个特定的工龄期限或在工龄期限之前对设备进行维修，而不管当时其状态如何。与此相同，定期报废工作要求按一个特定的工龄期限或在工龄期限之前报废，也不管其状态如何。

　　视情维修是通过在线监测或定期检测等手段监控设备的状况，对其可能发生功能故障的项目进行必要的预防维修。视情维修适用于耗损故障初期有明显劣化征兆的设备，但需要适当的检测手段，如状态监测、功能检测和先进的技术等。

　　非主动性维修工作是当不可能选择有效的主动性维修工作时，选择非主动性对策处理故障，也叫被动维修。非主动性维修工作包括故障检查、重新设计和故障后维修。

在 RCM 中，故障检查工作是指定期地检查隐蔽功能以确定其是否已经发生故障，从预防故障的时机上讲，它是在隐蔽功能故障发生后为防止多重故障的后果而进行的一项检查工作。

重新设计需改变系统的固有能力，它包括硬件的改型和使用操作规程的变化两个方面。

故障后维修对所研究的故障模式无须进行预计或预防，因此只是简单地允许这些故障发生并进行维修。

（五）RCM 实施流程

根据 SAE JA1011 给出的 RCM 过程应遵循的准则确定 RCM 实施流程，如图 8-25 所示。

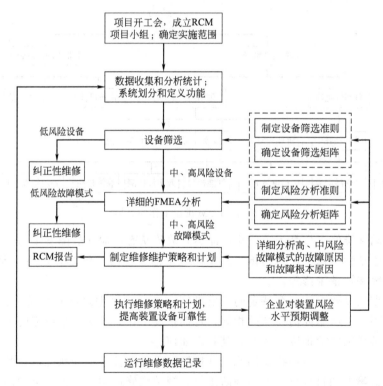

图 8-25　RCM 实施流程

（1）项目开工会　主要内容是成立 RCM 项目组，讨论和确定项目的实施方案，以及人员安排、项目工作进度等。项目组应包括工艺、操作、设备、电气仪表和安全等专业的管理技术人员。

（2）数据收集和分析统计 在 RCM 项目实施阶段需要收集翔实的数据资料，以便 RCM 项目组成员参考并对数据资料进行定性或定量分析。实施过程中主要收集的资料如下：装置生产技术概况，工艺技术概况；设备技术参数表，设备台账；设备运行台账；设备检修台账；设备的装配（简）图，设备使用说明书；设备检修规程（维护原则文件，根据具体的设备编制的检修规程）；设备状态监测技术应用情况；工艺技术规程，工艺操作规程；工艺流程图（PFD）；管道和仪表图（P&ID）；装置设备重要仪表联锁回路及控制回路等；装置 HSE 制度。

（3）设备筛选 RCM 项目组成员以筛选会议形式进行设备筛选工作，确定关键设备。化工装置由大量的设备组成，这些设备都有其具体的功能，也都会发生故障。有的设备发生故障会危及安全、环境及导致停产损失等，会对装置的运行产生直接影响。而有的设备根据其功能，发生故障不会对装置运行产生影响或影响很小，对于这些设备，故障发生后直接排除就可以，其唯一的后果就是产生事后修理的费用，且这个费用一般会比预防性维修的费用低。因此，制定维修维护策略时，没有必要对所有的设备及其故障模式逐一进行分析。详细分析工作只针对一部分设备及故障模式，即关键设备及故障模式，它是指那些故障会影响安全性或环境或有重大经济后果的设备及故障模式。项目组通过设备筛选工作，识别出那些对装置运行风险有较大影响的设备（即关键设备），同时筛选出低风险等级设备，确保进一步的数据分析和风险评估可针对中、高风险设备来实施。对于低风险等级设备维持原有维修模式或采取运转到坏/纠正性维修的措施；对于中、高风险等级设备，进一步进行故障模式和影响分析。

（4）详细的失效模式与影响分析（FMEA） 对于关键设备，通过 FMEA[6] 的方法分析关键设备的功能故障模式，评估功能故障模式发生对安全、环境、生产损失、维修成本等几个方面产生的影响后果及影响程度，然后评估设备各功能故障模式的风险等级。对于低风险等级功能故障模式，维持原有维修模式或采取运转到坏/纠正性维修的措施；针对中、高风险等级功能故障模式，制定预防性维修策略。FMEA 示意图见图 8-26。

（5）制订维修维护策略和维修计划 对于中、高风险等级功能故障模式，进一步分析其故障原因及故障根本原因，根据 RCM 逻辑决断图（见图 8-27）制订预防性维修策略和维修计划。

三、静密封的泄漏检测与修复

泄漏检测与修复（leak detection and repair，LDAR）通过对潜在泄漏源（阀门、法兰、泵密封等）进行常规化巡检和仪器检测，确定泄漏点并及时有

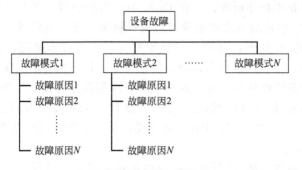

图 8-26 FMEA 示意图

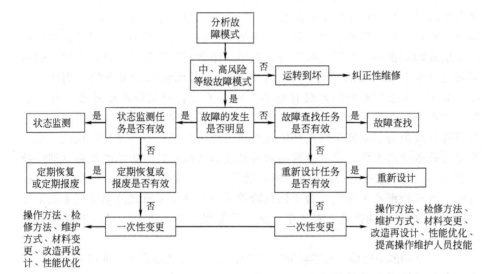

图 8-27 RCM 逻辑决断图

效维修，避免物料以有机挥发分（volatile organic compounds，VOC）的形式泄漏。LDAR 能够减少物料损失，降低 VOC 及温室气体排放，降低装置安全与职业健康风险。环境保护部（现为生态环境部）在 2015 年发布了《石化企业泄漏检测与修复工作指南》，LDAR 执行过程包括：确定工作范围与工作程序、建立台账、实施检测、评估泄漏源、VOC 排放量核算、修复泄漏、记录与报告闭环、质量保证与控制等。

LDAR 需要收集的资料包括工艺流程图（PFD）、管道和仪表图（P&ID）、物料平衡表、操作规程、装置平面布置图、设备台账等。根据装置涉及原料、中间产品、最终产品和各类助剂的组分和含量，确定哪些装置需要进行 LDAR 评估。在任何时间不含涉及 VOC 物料的装置不需要评估。确定装置后，需逐一辨识各装置内接触或流经涉及 VOC 物料的设备或管线。除以下设备与管线外，都应纳入 LDAR 实施范围：

（1）任何时间含涉及 VOC 物料的设备；

（2）正常工作处于负压状态（绝对压力低于 96.3kPa）；

（3）在开停工、故障、应急响应或临时投用期间接触涉及 VOC 物料的设备，且一年接触时间不超过 15 日。

需建立表 8-2 所示密封点台账，并在管道和仪表图上标注密封点：泵（轴封）、压缩机（轴封）、搅拌器（轴封）、阀门、泄压设备（安全阀）、取样连接系统、开口阀或开口管线、法兰、连接件（螺纹连接）、其他。

表 8-2　典型的密封点台账基本信息

位置	区域	楼层	P&ID 图号	设备管线名称	设备管线编号	群组位置/工艺描述	密封点位置/工艺描述	群组编码	扩展编码	密封点类别	物料状态	公称直径	是否保温或保冷	不可达原因	首次受控时间	首次退料时间	第2次受控时间	第2次退料时间
															运行记录			

工艺温度/℃	工艺压力/MPa	运行时间	总有机碳（total organic carbon,TOC）质量分数	甲烷质量分数	VOC质量分数	设备型号	生产厂家	物料名称	VOC组分1	VOC组分1摩尔分数	……	VOC组分n	VOC组分n摩尔分数	备注

常规检测使用氢火焰离子化检测仪，并记录检测值和环境本底值。非常规检测或检查可作为常规检测的辅助手段，发现疑似泄漏点后，应采用常规检测方法定量确认。非常规检测或检查的手段包括：目视检查、皂液检查、红外热成像、傅里叶红外成像、泄漏声波的频率检测，以及其他任何对 VOC 有响应

的仪器（包括催化燃烧式可燃气体检测仪、光离子化检测仪等）辅助辨识泄漏点。

检测浓度超过《石油炼制工业污染物排放标准》（GB 31570）或《石油化学工业污染物排放标准》（GB 31571）规定的泄漏点则判定为泄漏。应对每个密封点编号建立台账。采用挂牌做法有效管理：绿色牌表示无泄漏；黄色牌表示警告，要予以修复；红色牌表示须立即整改。

泄漏点应及时维修，首次维修不得迟于自发现泄漏之日起 5 日内。首次维修未修复的泄漏点，应在自发现泄漏之日起 15 日内进行实质性维修以修复泄漏。

泄漏密封点首次维修或实质性维修后，应在 5 日内完成验证检测（复测）。停工检修期间维修的延迟修复泄漏点，应在装置开工稳定后 15 日内复测。

（1）泵轴泄漏维修　常见泵轴密封故障与故障处理方法如表 8-3 所示。

表 8-3　泵轴密封故障与故障处理方法

故障现象	故障原因	处理方法
进料或静压时泄漏	密封端面损坏	修理或更换动、静环
	密封圈损坏	更换损坏的密封圈
	动、静环端面有异物	清理密封腔体，去除异物；检查密封面是否损伤，若损伤则更换
	动、静环 V 形圈方向装反	按正确方向重新装配
	动、静环密封面未完全贴合	重新安装
	弹簧力不均	更换弹簧
	密封端面与轴的垂直度不符合要求	调整
运转时经常性泄漏	端面比压过大引起的密封端面变形	减小压缩量
	摩擦热引起动、静环变形	保证封液充足，密封辅助系统畅通
	摩擦副磨损	修理或更换动、静环
	弹簧比压过小或封液压力不足	增加端面比压
	密封圈老化、溶胀	更换密封圈
	有方向性要求的弹簧其旋向不对	更换弹簧
	动、静环与轴或轴套间结垢或结晶，影响补偿密封面磨损	清理
	安装密封圈处的轴或轴套配合面有划伤	清理或更换划伤设备
运转时周期性泄漏	转子组件轴向窜量过大	调整，使轴向窜量符合要求，重新找正
	联轴节找正不好，造成周期性振动	检查清洗叶轮
	转子不平衡	叶轮及转子进行静、动平衡

续表

故障现象	故障原因	处理方法
运转时突发性泄漏	弹簧断裂	更换弹簧
	防转销脱落	重新装配
	封液不足,密封件损坏	检查封液系统,更换密封件
	因结晶导致密封面损坏	更换密封件,调整工艺
停用一段时间再开动时发生泄漏	端面比压过大,石墨环损坏	减小比压,更换石墨环
	弹簧锈蚀	更换弹簧
	弹簧卡死	清洗或更换弹簧
	介质在机泵密封摩擦面上凝固或结晶	检修

（2）阀门泄漏维修 阀门阀杆与填料压盖或压板之间泄漏的修复，通常可以通过适当扭紧压盖或压板螺栓上的螺母消除泄漏。采用压盖直接压紧填料的阀门，需要注意两侧螺母应平衡扭紧。在上紧螺母的同时，应检测泄漏点，直到净检测值低于泄漏控制浓度。对于通过扭紧螺母无法消除泄漏的阀门，则需要退出阀门上下游物料，打开阀门填料压盖或压板（取出压套），检查并更换阀门填料或阀杆。

（3）法兰、连接件泄漏维修 法兰泄漏维修，首先应对称逐步扭紧螺栓螺母，同时检测泄漏点，直到净检测值低于泄漏定义浓度。通过扭紧螺栓螺母无法消除泄漏，则需要退出法兰上下游物料，更换垫片。连接件泄漏维修，首先应适当扭紧螺母。若无法消除泄漏，则需要退出连接件上下游物料，在确保螺纹无损的前提下重新缠绕密封生料带或涂抹密封胶，将螺母上紧。在扭转螺母过程中，软管不应联动而使螺母受到反向扭矩。

（4）开口阀或开口管线泄漏维修 开口阀或开口管线泄漏，首先应检查末端阀门是否关紧。如果在阀门关紧情况下泄漏依然存在，则可以加装一道阀门或根据阀门、管线的末端实际状况安装盲板或丝堵。

（5）泄压设备（安全阀）泄漏维修 泄压设备（安全阀）泄漏维修，应切换到备用泄压设备（安全阀），检查整定压力、实际工况压力是否符合相关设计规范要求。拆下有问题的泄压设备，应由具有相关资质的机构检查、维修并重新设定整定压力。

泄漏检测与修复 LDAR 项目，在执行的过程中应建立以下内容的完整记录：

（1）资料审核记录，内容包括但不限于：通过审核的资料、资料名称、修正情况简要说明、审核时间、审核人等。

（2）受控装置清单，内容包括但不限于：装置名称、装置编码、加工或生产能力、受控原因（物料分析简要结果）、清单建立人、建立时间、审核时间、审核人等。

（3）设备分析记录，内容包括但不限于：装置名称、该装置 LDAR 范围（宜通过 P&ID 图标注）确认、物料状态、分析人、分析时间、审核时间、审核人等。

（4）豁免设备记录，内容包括但不限于：设备或管线名称、工艺编号、豁免原因、记录人、记录时间、审核人、审核时间；情况发生变更，应有变更记录。

（5）装置编码，应结合企业管理现状，建立企业装置编码表。

（6）现场采样记录，内容包括但不限于：群组现场采集信息、密封点采集信息、采集人、采集时间、审核人、审核时间。

（7）不可达密封点记录，内容包括但不限于：装置名称及编码、密封点编码、不可达原因、变更时间、变更结果等。

（8）不可达密封点指标控制记录，内容包括但不限于：装置名称、装置编码、建设或改扩建时间、密封点类别、密封点类别对应的密封点数量、密封点类别对应的不可达点数量、统计人、统计时间、审核人、审核时间等。

（9）密封点检测台账，内容包括但不限于：装置名称及编码、密封点总数、开始建立时间、完成时间、编制人、审核人、变更时间、变更内容、变更人、审核人等。

（10）检测记录。

（11）维修记录。

四、振动失效的预防性管理

英国 HSE 在 2002 年及 2008 年对海洋石油行业的泄漏数据[9,10]分析表明，工艺物料泄漏最主要的原因及其分布比例为：腐蚀与冲蚀 23%，振动疲劳 12%，材料性能下降、错误安装 16%，操作人员失误 12%。在流程工业的装置中也经常在几个阶段发生振动疲劳导致的泄漏，特别典型的阶段是：新装置或改造装置的开车与运行初期；工艺参数调整后；小幅振动未及时发现或处理，长期运行后发生管线疲劳、磨损并导致泄漏。

典型的振动损伤部位包括：

（1）与主工艺管线相连接的小尺寸管线的断裂，如仪表接管、取样点、温井等，通常直径小于 DN80；

（2）主工艺管线的焊缝、法兰、三通接头的开裂；

（3）管道支架的损坏；

（4）管廊结构的过载；

（5）仪表、旁路线、压力安全阀（pressure safety valve，PSV）、控制阀、关断阀的故障；

（6）启停泵、开关阀门、两相流等造成的水击，导致管线应力或压力超过设计值。

（一）管线振动疲劳原因

英国能源研究院（Energy Institute）在 2008 年发布了避免管线振动疲劳失效的工作导则[11]，建立了一个包含设计建设阶段以及运行阶段的管线振动疲劳失效评估与管理的工作方法。典型的振动疲劳原因见表 8-4。

表 8-4 典型的振动疲劳原因

典型的振动源	描述
往复式压缩机或容积式泵	活塞运动和气阀开启、关闭所产生的脉动
离心式压缩机或泵叶片的通过频率	叶轮叶片通过流体时产生的脉动
螺杆压缩机或泵的通过频率	当每个气体口袋被释放时产生的脉动
流动引起的湍流（flow induced trubulence，FIT）	湍流流体产生的能量
流致振动（flow induced excitation，FIE 或 flow induced vibration，FIV）	流体流经死区或插入的物体（例如温井）导致在特定频率下的涡流
声致振动（acoustic induced vibration，AIV）	安全阀、控制阀或孔板的减压所产生的高频声能
水锤-阀门开启和关闭	当液体被迫突然停止或改变方向时，由运动液体的动能引起的压力冲击
动量变化-阀门开启	气体系统中突然打开阀门造成的压力冲击
汽蚀	液体内气泡的突然形成和破裂，可能发生在局部压降时（例如离心泵、阀门、孔板）
设备不平衡	旋转设备造成的不平衡
传动	旋转运动转化为往复运动时产生的力
气缸推力	由于压缩机气缸或泵活塞内的压力而产生的力
温度和压力差	温度和压力变化对管道、支撑、设备造成的载荷
螺栓连接	法兰和夹具的螺栓连接之间的偏移和不对中导致的载荷
吊装	由于吊装而对设备和设备基础造成的载荷
环境载荷	由于运输、地震位移、风载而对设备和设备基础造成的载荷

续表

典型的振动源	描述
设备恒定扭矩	由于持续的扭矩对管道、设备和设备基础造成的静态载荷
设备扭矩变化	由于扭矩变化对管道、设备和设备基础造成的动态载荷

（二）管线振动疲劳分析方法

根据装置与设施的情况，应采取不同的分析与评估方法。在设计阶段应采取预防性评估；而对于在役运行阶段当发现振动问题后，需要进行的是控制性评估，以实现有效的解决与修复。

管线振动疲劳分析的工作流程见图 8-28。

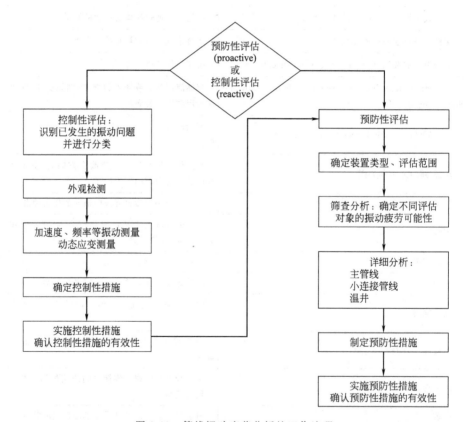

图 8-28　管线振动疲劳分析的工作流程

在预防性评估中，通常会根据评估的详尽程度分为两个不同的评估阶段，即筛查分析与详细分析。详细分析的工作量很大，通过筛查分析明确哪些管道需要进行详细分析，可以避免无效工作。

筛查分析所需的输入信息较少，而详细分析的输入信息则详细得多。表8-5 罗列了不同阶段、不同分析的振动疲劳分析的输入信息要求。

表 8-5　振动疲劳分析的输入信息要求

筛查分析	
FIV 流致振动的输入数据与资料	AIV 声致振动的输入数据与资料
P&ID 物料平衡表 管道等级(标称管径和厚度) 流体密度和速度 流体相态	P&ID 物料平衡表(进出口压力、质量流率、进口温度、分子量) 设备产生的声功率 管道直径/厚度

详细分析	
FIV 流致振动的输入数据与资料	AIV 声致振动的输入数据与资料
小管径连接/分支的位置与管径 支撑位置 ASME B31.3管道灵活性分析的模态形状和固有频率 应力轴测图,与 ASME B31.3 管道灵活性分析位置相对应	声功率级 管径 管壁厚度 管道的不连续性和类型 管材类型,管道等级分隔点 管道长度引起的声功率衰减

1. 流致振动分析

流致振动（FIV）分析通常是将最大动能 ρV^2 $[kg/(m \cdot s^2)]$ 作为筛查分析的第一步。对于不同流体状态的计算公式如下：

单相流　　　　　$\rho V^2 =$ 实际密度 × 实际速度^2　　　　　(8-1)

多相流　　　　　$\rho V^2 =$ 有效密度 × 有效速度^2　　　　　(8-2)

根据表 8-6 的流致振动（FIV）的风险判据，如果管线的 FIV 风险为中、高风险，则管线应进行详细 FIV 分析。

表 8-6　流致振动（FIV）的风险判据

项目	低风险管线	中风险管线	高风险管线
气相管线			
$\rho V^2/[kg/(m \cdot s^2)]$	≤10000	10000~20000	>20000
多相流与液相管线			
$\rho V^2/[kg/(m \cdot s^2)]$	≤5000	5000~20000	>20000

流体黏度对流致振动的能力有很大影响，因此详细 FIV 分析中首先计算

流黏参数 FVF：

$$FVF = \frac{\sqrt{\mu}}{\sqrt{1 \times 10^{-3}}} \qquad (8\text{-}3)$$

式中，μ 为动态黏度。

进一步通过管径、结构支持的硬度情况等输入条件，查表计算得到流致振动因子 F_v，最终计算得到流致振动失效可能性（likelihood of failure，LOF）：

$$LOF = \frac{\rho V^2}{F_v} FVF \qquad (8\text{-}4)$$

当流致振动失效可能性（LOF）小于 0.3 时，管线安全。

如 LOF 值在 0.5～1 之间，则需要重新考虑各种管道支撑、管道壁厚、小管径连接管线的位置与加强，甚至考虑降低管道流速及持续的振动监控。流致振动失效可能性（LOF）的数值仅用于评估，而不是精确描述管道的失效概率。

2. 声致振动分析

声致振动（AIV）分析中，通常不需要考虑以下管线：

（1）液体或多相流管线；

（2）没有任何节流与减压的气体管线，同时管线内流速也不超过声速。

有些评估案例中对以下类型的气体管线也不做评估：

（1）经短管直接对大气排放的气体管线；

（2）与气体管线相连的控制阀是唯一噪声源，且噪声的声功率级在 1m 距离低于 110dB(A)。

AIV 的筛查分析以声能量（PWL）为依据：

$$PWL = 10 \times \lg\left[\left(\frac{\Delta P}{P_1}\right)^{3.6} W^2 \left(\frac{T}{M_w}\right)^{1.2}\right] \times 126.1 + SFF \qquad (8\text{-}5)$$

式中　PWL——内部管道声功率级；

　　　W——气体的流速，kg/s；

　　　ΔP——阀门压降，bar；

　　　P_1——上游绝对压力，bar；

　　　T——上游气体的温度，K；

　　　M_w——流动气体的分子量；

　　　SFF——校正因子，如果存在超声速条件，则 SFF 为 6dB，否则 SFF 为 0。

类似于流致振动失效可能性（LOF），PWL 的数值仅用于评估，而不是精确描述实际的声能量强度。

对于管道系统中某一点的 PWL 值，还需要考虑噪声随着噪声源距离延长的衰减以及多点噪声源的叠加影响。

因此需计算衰减：

$$PWL_L = PWL - \frac{60}{D}L \tag{8-6}$$

式中，D 为管径，mm；L 为关注点距离噪声源的距离，m。

计算噪声叠加：

$$PWL_T = 10 \times \lg(10^{\frac{PWL_{L1}}{10}} + 10^{\frac{PWL_{L2}}{10}} + \cdots + 10^{\frac{PWL_{Ln}}{10}}) \tag{8-7}$$

式中，PWL_T 为管道内关注点总声功率级；PWL_{L1} 为距离关注点 L_1 距离的噪声源声功率级。

如果管道系统内某一点的 PWL_T 数值大于 155dB，则需要进行详细分析。详细分析的过程需要考虑分支连接、管道材料类型、动态应力等多个因素。最终计算得到声致振动（AIV）失效可能性（LOF），当：

LOF≥1，应采取措施；

LOF<1，建议采取措施；

LOF<0.3，不存在声致振动（AIV）风险。

（三）振动疲劳处理措施

常见的管线振动疲劳的处理措施参见表8-7。

表 8-7　常见的管线振动疲劳的处理措施

设备类型	解决振动的措施	说明
主管线	减少管道的自由度	
	减少金属对金属的直接接触	管道与管架支撑等，设置缓冲垫
	降低流速	将一条管线改为多路管线分级的泄压
	减少流动冲击	改变管道弯头半径
	改变阀门形式	使用降噪阀门
	更换阀芯或孔板	使用多级孔板
	增加管道尺寸或壁厚	
	设置管道的阻尼缓冲	
	管道增加复合包覆，结构增强	
	设置波纹管，隔离振动源	
小尺寸连接管线	取消	拆除小尺寸连接管线，或改变小尺寸连接管线的接管位置
	支撑	在主管道上安装小口径连接管道的支撑
	增强	例如局部加强

续表

设备类型	解决振动的措施	说明
温井或其他 插入流体 的设施	降低流速	
	改变位置	改变温井或其他插入流体的设施位置
	增强	增加套管,改变固有频率

第四节　与 PSM 其他要素的关系

机械完整性管理程序要与工厂其他管理程序相配合,如过程安全管理(PSM)、风险管理计划(RMP)、可靠性管理及质量管理等。负责建立机械完整性管理计划的人,应充分了解工厂现有的各类管理程序,并在此基础上不断优化机械完整性管理程序。表 8-8 列出了机械完整性管理程序与其他过程安全管理要素的关系。

表 8-8　机械完整性管理程序与其他过程安全管理要素的关系

其他过程安全管理要素	与机械完整性管理的关系
员工参与	来自各类部门的员工应该纳入机械完整性管理计划中
过程安全信息	(1)设计标准和规范都影响着机械完整性管理的行为,比如设备设计、检查和修理 (2)机械完整性管理中的质量管理(QA)行为可以确保设备满足预期使用要求 (3)机械完整性管理行为可以反映出设备的安全操作上限和下限变化
过程危害分析(PHA)	(1)过程危害分析有助于确定机械完整性管理计划所包括的设备范围 (2)过程危害分析有助于机械完整性管理中的设备风险或设备关键性排序 (3)机械完整性管理所积累的设备及设备维护信息有助于过程危害分析团队明确安全措施是否充分
操作规程	操作规程可能涵盖与机械完整性管理相关的活动,比如员工巡检过程中对设备情况的监控、报告操作中的异常现象、记录设备历史运行数据、为设备维护和维修工作做准备
员工培训	机械完整性管理中的培训与操作培训,在工艺及过程危害方面应保持内容一致

续表

其他过程安全管理要素	与机械完整性管理的关系
承包商	(1)机械完整性管理中的检查和维护任务可能需要有相应技术的承包商来执行 (2)鉴于承包商经常会承担机械完整性管理中的一些任务,承包商的选择过程需要同时考虑承包商的安全行为和工作质量
开车前安全审查(PSSR)	机械完整性管理中为了确保设备按照设计进行制造和安装所进行的质量保证(QA),将在 PSSR 中进一步跟踪
动火作业管理(和其他作业许可)	作业许可是执行机械完整性管理活动的安全保障
变更管理(MOC)	(1)变更管理应在机械完整性管理计划和文件中体现(如任务频率的变化、程序) (2)当评估工艺变更时,应考虑机械完整性管理相关的问题(比如腐蚀速率和腐蚀机理) (3)评价危害的小组成员应包括工艺和机械完整性管理人员 (4)变更管理能够协助设备缺陷管理 (5)在设备更换时,要确定机械完整性管理记录是否同步更新(比如检验记录和检验计划是否更新)
事故调查	(1)调查团队可能需要机械完整性管理的记录 (2)调查建议可能影响机械完整性管理计划
应急准备和响应	在机械完整性管理计划中需要纳入应急设施
符合性审核	机械完整性管理计划将被审查,审查结果可以完善机械完整性管理计划
商业机密	机械完整性管理执行过程中所需的信息如为商业机密,应提供给机械完整性管理使用

参考文献

[1] CCPS. Guidelines for Mechanical Integrity Systems [M]. 2006.

[2] Damage Mechanisms [S]. API RP 571, 2003.

[3] John M. Reliability-Centered Maintenance [M]. Industrial Press, 1997.

[4] Risk-based Inspection [S]. API RP 580, 2002.

[5] Risk-Based Inspection Base Resource Document [S]. API 581, 2007.

[6] Analysis techniques for system reliability——Procedure for failure mode and effects analysis (FMEA) [S]. IEC 60812, 2006.

[7] Fitness-for-Service FFS [S]. API 579, 2007.

[8] Air Transport Association of America. Maintenance Program Development Document MSG-3

Revision 2 [M] . 1993.

[9] UK Health and Safety Executive. Research Report RR672, Offshore hydrocarbon releases 2001—2008 [R] . 2008.

[10] UK Health and Safety Executive. HSR 2002/002, Offshore hydrocarbon release statistics and analysis [R] . 2003.

[11] Energy Institute. Guidelines for the avoidance of vibration induced fatigue failure in process pipework [M] . 2008.

第九章

动火作业管理

根据美国化学品安全与危害调查委员会（CSB）的统计数据[1,2]，从1990～2010年这20年间，仅涉及储罐顶部区域动火作业事故导致的死亡人数就超过60人。

根据我国2018年化工事故统计数据，全年共发生化工事故176起，死亡223人。较大及以上事故中涉及动火作业的事故为3起，占较大及以上事故起数的23.1％，死亡13人，占较大及以上事故起数的14.6％。从化工企业的事故统计情况来看，因动火作业引发事故的概率是最高的。因此，动火作业相关管理工作仍需要进一步加强及改善。

2010年11月9日，在美国纽约州布法罗市的杜邦Yerkes化工厂，负责检修的承包商的一名焊工和一名监工在对一个含氟乙烯的常压储罐顶部的搅拌器支撑进行维修工作时，发生了一起爆炸事故（见图9-1）。

焊工被爆炸产生的碎片当场击中致死，监工受到了一级烧伤及轻微擦伤。爆炸几乎将储罐的顶部完全掀翻，罐顶及搅拌器与罐体的连接部位仅剩约60cm。爆炸产生的冲击波波及了罐区及邻近生产区域，并造成破坏。聚氟乙烯（polyvinyl fluoride，PVF）装置的部分生产流程见图9-2。

装置在2010年10月22日至11月6日进行了一次计划性停车，此次停车中1♯及2♯浆料罐的石棉保温被拆除并更换为新的非石棉保温层。10月29日，在保温层拆除后杜邦工程师发现1♯及2♯罐顶部的搅拌器支撑出现损坏。杜邦工程师要求现场施工的承包商负责人对搅拌器支撑修复工作进行工作范围确认，并收集需要的物料。杜邦公司最终确认由已经在停车现场进行部分动火作业的承包商Mollenberg-Betz来执行此项修复工作。

11月1日，在满足杜邦现场动火作业程序的条件下，承包商完成了对2♯浆料罐顶部搅拌器支撑的修复工作。但是由于修复材料的不足，1♯罐的修复工作被暂停。杜邦工程师决定将1♯罐的修复工作推迟到生产阶段（11月9日）进行，届时修复所需材料已到位。

11月3日，在2♯浆料罐进行内部检验时，杜邦工程师发现闪蒸罐至2♯

图 9-1　2010 年杜邦 Yerkes 化工厂爆炸事故

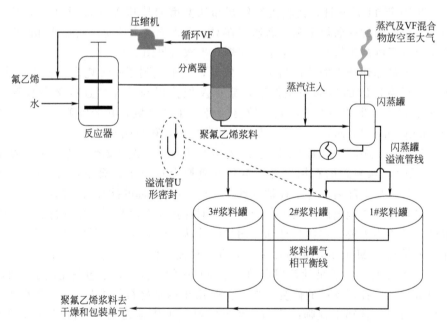

图 9-2　聚氟乙烯装置的部分生产流程

浆料罐的溢流管线 U 形液封管上出现了鱼嘴状开裂，见图 9-3。发现开裂的杜邦工程师认为此开裂可能会导致少量蒸汽由此开裂进入浆料罐，随即认定即使不对此开裂进行修复，系统也处于安全状态。但他们没有想到的是，3 个浆料罐的气相可以经此开裂旁通直接相连。杜邦工程师决定在下一次停车检修时对 U 形液封管线进行修复，但没有将这个 U 形液封管线泄漏纳入变更管理范围。

图 9-3　溢流管线 U 形液封管的开裂

　　杜邦维修人员重新连接了 2♯罐和 3♯罐的工艺管线，去除了阀门锁关并准备装置重启。1♯罐维持停用状态并等待修复其搅拌器支撑。闪蒸罐至 3 个浆料罐的溢流管线上并没有设置盲板或其他隔离阀门，在动火作业许可批准前也未将 1♯罐的气相平衡管线进行隔离，由此导致了 2♯罐及 3♯罐中的可燃氟乙烯蒸气进入本该是"低风险"的、不含可燃性物质的、未投用的 1♯罐。

　　11 月 8 日，聚氟乙烯装置中的循环压缩机故障，装置重新启动采用无循环压缩机模式运行。根据杜邦的模拟结果，由于氟乙烯蒸气循环中断，PVF 浆料中的氟乙烯（vinyl fluoride，VF）蒸气含量是正常运行工况下的两倍多。直到事故发生时装置一直处在此操作模式。

　　11 月 9 日早上，一位杜邦实验室技师对维修作业区域（1♯浆料罐的罐顶）以及 2♯罐和 3♯罐的顶部区域进行了可燃气体检测以确认可燃气体浓度。

检测结果表明，浆料罐顶部不存在任何可燃物质。对 1♯ 浆料罐顶也进行了连续空气检测，但是并没有对罐内部进行可燃气体检测。虽然维修工作包括在储罐顶部直接进行的打磨及焊接，但是不管是杜邦施工现场工程师还是承包商作业人员都没有要求实验室技师对储罐内部进行可燃气体检测。

早上 9 时左右，承包商作业人员来到了 1♯ 浆料罐，将他身上的安全绳系在 1♯ 罐顶部的搅拌器上，快速登上罐顶，开始打磨及焊接修复作业。监护人员作为看火人在邻近作业区域的人孔旁边的通道处进行监管。事故发生时作业人员正在使用电弧焊对 1♯ 浆料罐顶部的 C 形槽钢和搅拌器金属支撑进行焊接，接下来再将 C 形槽钢与搅拌器支撑焊接到一起以完成修复。

早上 11 时 04 分，控制室内的 1♯ 浆料罐液位检测到了由于罐内着火导致的液位异常升高。爆炸导致罐顶部的金属人孔盖飞出超过 30m 远。罐顶部几乎完全被冲击波撕开，近 8m 长的罐顶和壳侧的环焊缝仅剩下约 0.6m 还连接在一起。作业的焊工在爆炸中直接死亡，事故中的闪火导致邻近的监护人员手臂及头部烧伤，耳膜破裂，眼部受伤。由于可燃气体的量有限，在罐内可燃气体很快消耗完后，火灾自己熄灭了。

第一节　动火作业的定义和相关要求

根据 GB 30871《化学品生产单位特殊作业安全规范》[3]，动火作业的定义如下：直接或间接产生明火的工艺设备以外禁火区内可能产生火焰、火花或炽热表面的特殊作业，如使用电焊、气焊（割）、喷灯、电钻、砂轮等进行的作业。

根据《中国石化用火作业安全管理规定》，动火作业是指在具有火灾爆炸危险场所内进行的涉火施工作业。动火作业的主要类型：

（1）气焊、电焊、钎焊、锡焊、塑料焊等各种焊接作业及气割、等离子切割机、砂轮机、磨光机等各种金属切割作业；

（2）使用喷灯、液化气炉、火炉、电炉等明火作业；

（3）烧、烤、煨管线，熬沥青，炒沙子，铁锤击（产生火花）物件、喷砂和产生火花的其他作业；

（4）生产装置和罐区连接临时电源并使用非防爆电气设备和电动工具；

（5）使用雷管、炸药等进行爆破作业。

第二节　作 业 分 级

固定动火区外的动火作业一般分为二级动火、一级动火、特殊动火三个级别，遇节日、假日或其他特殊情况，动火作业应升级管理。固定动火区及禁火区由企业自行划分。

（1）二级动火作业　除特殊动火作业及一级动火作业以外的动火作业。凡生产装置或系统全部停车，装置经清洗、置换、分析合格并采取安全隔离措施后，可根据火灾、爆炸危险性大小，经所在单位安全管理部门批准，动火作业可按二级动火作业管理。

（2）一级动火作业　在易燃易爆场所进行的除特殊动火作业以外的动火作业。厂区管廊上的动火作业按一级动火作业管理。

（3）特殊动火作业　在生产运行状态下的易燃易爆生产装置、输送管道、储罐、容器等部位上及其他特殊危险场所进行的动火作业，带压不置换动火作业按特殊动火作业管理。

第三节　安全作业程序

一、范围及定义

通常来说，与化工生产安全相关的程序被分为三大类[4]：用于指导正常生产过程的操作程序，涉及设备测试、检验、维护或维修的检维修程序，以及安全作业程序。

安全作业程序通常与安全作业许可（如包括所有审批步骤的检查表等）结合起来使用，用来指导不属于常规操作程序和检维修程序的作业（即特殊作业）。特殊作业指的是生产单位设备检修过程中可能涉及的动火、进入受限空间、盲板抽堵、高处作业、吊装、临时用电等，对操作者本人、他人及周围建构筑物、设备、设施的安全可能造成危害的作业。安全作业程序为特殊作业提供了危害识别及风险控制手段[5]。

举个简单的例子来解释操作程序、安全作业程序及检维修程序是如何结合在一起以帮助预防事故和/或工艺异常。比如我们需要在装置运行期间对工艺设备上的一块压力变送器进行校验：

（1）操作程序指导操作人员如何将这个变送器相关的压力控制回路切至手动模式，并在变送器校验完成后切回自动模式。根据变送器安装位置的风险不同，操作程序可能会进一步对如何吹扫、置换、排净离这个变送器最近的手阀及变送器间的管段给出指导。

（2）安全作业程序及许可可以帮助确认操作人员与被指定完成此校验工作的仪表工间的有效沟通。安全作业程序可以帮助确认仪表工拆卸了正确的变送器，并且在变送器拆卸前与工艺系统间相关的隔离有效完成。如果这一作业过程中不可避免地涉及在防爆区域的开罐操作，安全作业程序还应该包括如何应对潜在火灾的防护步骤。

（3）检维修程序可以帮助确认变送器校验工作被正确完成，以及仪表工如何在这一校验过程中避免潜在的危害。

二、角色与责任

安全管理规定通常由企业的安全部门制定。考虑到不同装置的差异性和装置内物料的差异性，具体的安全作业程序通常由各装置负责安全的人员开发。也有的企业是先制定一个较为通用性的安全作业程序，再由各装置具体负责人员对其进行修改/调整以适应装置具体情况。安全作业许可通常需要由受过培训的操作人员、监管人员或安全专家来授权管理。

有效地应用以及正确执行安全作业程序往往是装置操作人员、维护人员及承包商多方共同的责任。

三、作业基本要求

（1）动火作业应有专人监火（还可以利用人工智能技术进行火灾监测和自动报警[6]），作业前应清除动火现场及周围的易燃物品，或采取其他有效的安全防火措施，并配备消防器材，满足作业现场应急需求。

（2）动火点周围或其下方的地面如有可燃物、空洞、窨井、地沟、水封等，应检查分析并采取清理或封盖等措施；对于动火点周围有可能泄漏易燃、可燃物料的设备，应采取隔离措施。

（3）凡在盛有或盛装过危险化学品的设备、管道等生产、储存设施以及处于甲、乙类区域（参见 GB 50160、GB 50016 等标准）的生产设备上动火作业，应将其与生产系统彻底隔离，并进行清洗、置换、分析合格后方可作业；因条件限制无法进行清洗、置换而确需动火作业时应按特殊动火作业要求执行。

（4）拆除管线进行动火作业时，应先查明其内部介质及其走向，并根据所要拆除管线的情况制定安全防火措施。

（5）在有可燃物构件和使用可燃物作防腐内衬的设备内部进行动火作业时，应采取防火隔绝措施。

（6）在生产、使用、储存氧气的设备上进行动火作业时，设备内氧含量不应超过 23.5%。

（7）动火期间距动火点 30m 内不应排放可燃气体；距动火点 15m 内不应排放可燃液体；在动火点 10m 范围内及动火点下方不应同时进行可燃溶剂清

洗或喷漆等作业。

（8）铁路沿线 25m 以内的动火作业，如遇装有危险化学品的火车通过或停留时，应立即停止。

（9）使用气焊、气割动火作业时，乙炔瓶应直立放置，氧气瓶与其间距不应小于 5m，二者与作业地点间距不应小于 10m，并应设置防晒设施。

（10）作业完毕应清理现场，确认无残留火种后方可离开。

（11）五级风以上（含五级）天气，原则上禁止露天动火作业。因生产确需动火，动火作业应升级管理。

四、特殊动火作业要求

特殊动火作业在符合本节的作业基本要求的同时，还应符合以下要求：

（1）在生产不稳定的情况下不应进行带压不置换动火作业；

（2）应预先制定作业方案，落实安全防火措施，必要时可请专职消防队到现场监护；

（3）动火点所在的生产车间（分厂）应预先通知工厂生产调度部门及有关单位，使之在异常情况下能及时采取相应的应急措施；

（4）应在正压条件下进行作业；

（5）应保持作业现场通排风良好。

第四节　动火分析及合格标准

一、动火分析

动火作业前应进行动火分析，要求包括：

（1）动火分析的监测点要有代表性，在较大的设备内动火，应对上、中、下各部位进行监测分析，在较长的物料管线上动火，应在彻底隔绝区域内分段分析。

（2）在设备外部动火，应在不小于动火点 10m 范围内进行动火分析。

（3）动火分析与动火作业间隔一般不超过 30min，如现场条件不允许，间隔时间可适当放宽，但不应超过 60min。

（4）作业中断时间超过 60min，应重新分析，每日动火前均应进行动火分析；特殊动火作业期间应随时进行监测。

（5）使用便携式可燃气体检测仪或其他类似手段进行分析时，检测设备应经标准气体样品标定合格。

二、合格标准

动火分析合格标准为：

（1）当被测气体或蒸气的爆炸下限大于或等于 4% 时，其被测浓度应不大于 0.5%（体积分数）；

（2）当被测气体或蒸气的爆炸下限小于 4% 时，其被测浓度应不大于 0.2%（体积分数）。

第五节　其他特殊作业

常见的特殊作业根据作业特性，可以分为以下几种。

（1）涉及在潜在危害环境下进行的作业，包括：

① 用于能量隔离的安全上锁挂牌作业；

② 工艺设备/管线开罐检验/检修作业；

③ 进入受限空间作业；

④ 动火作业，包括在电气防爆区域内使用不符合防爆要求的设备等；

⑤ 非授权人员的工艺区域访问控制以及进入特定危害区域的访问控制等；

⑥ 设备/框架顶部作业；

⑦ 高处作业/坠落防护。

（2）可能造成严重二次伤害的作业，包括：

① 在工艺区域内或附近进行的挖掘作业；

② 工艺区域内的机动车辆作业；

③ 工艺设备吊装作业；

④ 在工艺区域内或附近使用大型建筑施工设备作业；

⑤ 工艺设备及管线的带压开孔作业。

（3）涉及特殊风险的作业，包括：

① 涉及使用爆炸物的作业；

② 涉及使用电离辐射的作业（如对设备进行 X 射线探伤等）。

（4）可能涉及安全系统非授权破坏的作业，包括：

① 消防系统检修；

② 为了校验或其他目的临时隔离安全泄放设施；

③ 临时旁路安全联锁系统。

第六节 如何提高安全作业程序有效性

对于制造、储存或在其他应用过程中使用危险化学品的装置来说，装置的安全操作及维护需要从管理人员、工程师到操作工、技师在内的所有人员的有效参与。安全作业程序与操作程序和检维修程序以及培训一起构成了人员有效、可靠参与的基石。

通常我们可以从如下两个大的方面来开发、评估及提高安全作业程序：
（1）对有效、可靠的作业程序进行维护；
（2）有效管控特殊作业活动。

一、对有效、可靠的作业程序进行维护

应当通过书面程序来明确：（1）特殊作业涉及的范围；（2）具体的特殊作业活动应当依据哪种安全作业程序及许可进行管理；（3）实施特殊作业活动中相关的角色与职责，包括谁可以对此项作业进行授权，此授权是否可被委托以及如何控制等。

1. 定义范围

特殊作业的范围定义需要考虑：首先，需要确认哪些特殊作业需要得到监控。通常这些特殊作业包括动火作业、能量隔离、高处作业、受限空间进入、特定工艺区域进入、工艺设备相关的破管或打开等。其次，需要确定在哪些情况下适用安全作业程序。运行装置区域的风险可能和存储最终产品仓库的风险差异非常大。但是一般来说，动火作业程序是对全装置适用的。

2. 明确此安全作业程序在装置全生命周期内的适用性

装置开车期间、运行期间及停车期间涉及的危害可能差异比较大，同样的作业在不同运行阶段的危害可能也会存在差异。

3. 确保实施的一致性

通常安全作业程序需要一整套系统的支持，包括以安全作业程序、检查表、具体的工单及安全作业许可或其他程序来明确：
（1）需要实施的作业内容；
（2）实施作业的区域（邻近的设备、设备位号）；
（3）实施此作业的潜在危害；
（4）涉及设备的排净、吹扫、置换步骤；
（5）对于潜在危害的保护措施（如能量隔离或工艺物料的隔离等）；

　　（6）对于实施此作业的现场条件监控（如氧含量检测或可燃气体检测等）以及作业人员的能力要求（如焊工证书等）；

　　（7）作业人员需要配备的个人防护设备（PPE）；

　　（8）设备由操作人员移交至检维修人员的方法、步骤和确认项；

　　（9）实施此作业依据的安全作业程序；

　　（10）设备由检维修人员移交回操作人员的方法、步骤和确认项，包括开车前检查、检验及测试（如泄漏检测、单机试运）等。

4. 确保合适能力人员的参与

　　需要强调的是，对于某些作业来说，安全作业许可的授权和作业的实施是必须具备特殊专业知识的。举例来说，某些装置经常需要使用爆炸性物质来对设备内部某些固化的物料进行松动清除或使大块物料破碎以便于清除。这类型的操作在缺乏有经验的特殊作业人员的参与下会变得极度危险。德国路德维希港的奥堡化工厂有450t已经固化的硝酸铵和硫酸铵，1921年9月21日，该工厂使用爆炸物爆炸的方法来松动这些已固化的物质，但在作业时产生了超出预期的剧烈爆炸，导致超过500人死亡。根据潜在风险的不同，装置可能需要依据变更管理程序来进一步确认特定作业的危险性，而不是仅仅签发一个安全作业许可。

二、有效管控特殊作业活动

　　有效管理特殊作业的风险要求健全的管理系统[7]，完整的意识及技术培训，企业安全文化，以及管理层承诺。

　　（1）建立安全作业程序、作业许可、检查表及其他相关书面程序　书面程序及许可是确保作业活动得到有效、一致控制的必要手段。一项安全作业程序可能适用于整个装置或某个设备的特定部件。如果作业过程中的危害是具有普遍性的，比如动火作业事故通常会引发火灾或爆炸，那么装置级别的作业程序配合作业许可和检查表通常就足够了。不管怎样，在可能的情况下，标准化的作业程序和作业许可对于维护人员、承包商人员以及其他需要在装置区域内执行特殊作业的人员是很有帮助的，可以尽量避免由于装置内各单元标准及程序的差异所导致的误解。安全作业程序需要装置操作人员以及维护人员/承包商人员间的双向沟通，特别是申请或发送作业许可的过程。签发许可应当授权给予作业人员非相关、经过培训、具备相关知识与经验来识别作业过程中危害的人员，通常是经过培训的一线经理或指定操作人员，其应当具备的能力包含：

　　① 对作业所在区域负责；

　　② 非常熟悉这一区域的危害，特别是火灾危害；

③ 熟悉邻近区域可能受动火作业影响造成的危害，并且与邻近区域的负责人员有定期的沟通；

④ 了解与此动火作业相同时间开展的其他计划工作，及其对此动火作业的影响；

⑤ 能够提供独立的验证，以确保针对计划动火作业中潜在危害的适当的保护层已具备。

通常来说，作业许可审批前对作业现场进行检查是签发许可的一个重要保护措施，有时许可授权人员可能会发现一些不在许可申请检查表上的不安全状况。

当动火作业结束后，应当由操作方和施工方双方共同确认检查作业现场。除了常规检查现场以外，双方还应负责确认阀门的开关状态是否正确，主工艺管线上盲板是否倒至开位，排净或放空盲板是否倒至盲位，转动设备安装方向是否正确，标识及锁关已去除，临时路障已移除等。这些工作通常与开车准备要素相关，应确保从动火作业到开车准备间的过渡被充分监控，避免造成潜在的步骤遗漏。

有时装置会对某些特定低风险作业的作业许可进行豁免，比如说在指定的焊接作业区域进行动火作业等。有时这类豁免会扩展到某些小的调整/维修或是定期检修作业，作业人员仅需获得该区域负责人员的口头授权即可进行作业。对这类高频次、低风险的作业进行豁免有助于消除授权人员对作业许可仅仅是一种纸面工作的认知。不考虑特殊作业的实际风险而将所有的特殊作业都按同样的方式来处理，可能会使许可授权人员逐渐变得自满。当这种自满形成习惯以后，授权人员可能会在未完全理解作业风险或未进行作业现场检查的情况下发出作业许可，从而形成安全隐患。

（2）对员工及承包商人员的培训 和其他任何管理系统一样，系统的绩效很大程度上取决于人员能力。装置操作人员及承包商人员必须了解如何有效授权及执行特殊作业。培训通常包括三个层面的要求：

① 理解安全作业程序及对应许可的完整系统；

② 了解与特殊作业相关的典型风险；

③ 根据特殊作业内容申请对应的作业许可，正确填写许可及检查表。

当特殊作业的许可申请过于复杂时，应考虑简化安全作业管理系统。培训作业人员如何识别危害以及如何识别是否存在未知风险更加复杂，通常作业人员识别危害的能力取决于经验、培训以及相关专业知识。这一能力也和企业安全文化、风险理念及工艺相关知识等有关。对于作业许可授权人员来说，对这些能力或要素的培训或掌握可以帮助他们在签发特殊作业许可时有效地管理风险。

（3）对于接近特定危险区域的访问控制 一般企业对于拜访人员或承包商

人员都有相应的区域进入授权管理。除了对于商业机密的保护之外，区域访问控制可以：

① 避免由于拜访人员或承包商人员的无意行为造成的安全或操作事故；

② 减少事故发生时可能影响到的人员数量。

很多企业甚至将他们的访问控制系统扩展到那些与工艺操作非直接相关的员工上，比如维修人员、技师、实验室人员及经理。对非操作人员的访问控制可以：

① 对工艺区域进入进行授权/控制；

② 知道这些人员何时离开受控区域。

授权进入时，操作人员可以向进入人员告知此区域内的特殊危害。进入人员也可以说明进入目的、具体工作区域以及具体工作内容，这些信息可以在出现紧急情况或非预期操作问题时帮助操作人员。

在某些特殊的关键操作时，操作人员或监管人员甚至可能要求作业人员先行退出特定区域，待危害或敏感操作结束后再次进入。

（4）强化安全作业程序、作业许可及其他标准的应用　保证安全作业程序及作业许可的一致性需要：

① 具有良好设计且被充分理解的书面程序及许可；

② 对企业内所有人员提供任职培训；

③ 对操作人员、维护人员、许可授权人员、承担作业的承包商人员及监管人员提供详细培训；

④ 对工作现场进行定期检查。

由于企业内执行安全作业程序以及签发/授权作业许可可能涉及数十人甚至上百人，培训不足、过于复杂的系统、职能分工不清或缺乏专注都可能在安全作业执行过程中出现不一致的情况。确认这些不一致或较差的作业执行的第一步就是识别哪里会出现这种情况。应有专人对安全作业进行定期审核，确保许可中详细记录了适当的作业条件，作业人员遵循程序及符合许可要求。定期审核的频率应与作业风险状况相匹配。例如，装置正常生产期间可能每周30min的审核时间就已经足够。但是当一套大型装置停车时，可能会有上百名承包商人员需要在停车窗口期在现场进行工作，此时定期审核可能需要每天进行多次。

（5）检查已经完成的作业许可　作业许可中可能包含错误，比如遗漏了必填内容，作业条件看上去不满足作业要求或许可签发人员/作业实施人员没有经过相关培训。对已完成的作业许可进行审核可以：

① 识别系统性缺失或个体的培训需求；

② 确认作业许可是否完全满足程序要求。

某些作业许可可能在某段时间内连续出现字迹不清、难以辨识，尽管提交作业许可的人员可对许可进行解释并阐述其符合安全作业程序要求，难以辨识的许可仍然会导致对现场危害、安全措施以及安全作业条件等内容的沟通出现困难。这些情况都可以通过在作业完成后对许可重新审核来识别并修正。许可审核通常由监管人员、维修计划人员或其他对此项作业、作业区域以及作业危害较为了解的人执行。许可检查还可以提供关于安全作业的关键绩效指标（KPI）以及确认是否员工需要接受关于安全作业的再次培训。

第七节　避免动火作业事故的七个关键因素

一、本质安全设计

从本质安全的角度出发，避免动火作业事故最好的手段就是减少动火作业，或者在指定动火作业区域（不涉及可燃物质生产、储存的区域）进行动火作业。

在设计阶段，通过有意识的设计手段来尽量减少需要现场焊接的部位。满足工艺及密封等级要求的情况下，设备间尽可能考虑使用法兰或短节连接。装置设计中应合理考虑吹扫、置换及导淋要求，设置开停车用管线以满足开停车时流程要求，减少临时设置开停车用管线、检维修跨线等。多期建设的项目应合理设置预留接口，减少后期建设时额外的开口及焊接。

二、作业危害分析

在开展任何动火作业之前，进行作业危害分析（JHA 或 JSA）。危害分析包括确认动火作业范围，辨识动火作业中可能产生的潜在危害，以及针对这些潜在危害的控制或缓解措施。

作业危害分析可分为以下步骤：

1. 定义阶段

确认作业危害分析团队，确认具体作业内容及范围，收集必要的背景信息（包括历史事件/事故回顾，作业可能影响区域的相关信息），选择合适的作业危害分析表格/作业许可证。

2. 将作业划分成若干作业任务

作业任务是整体作业的一部分，按照一定的顺序完成所有的作业任务也就意味着作业的完成。划分出的作业任务不应过于复杂或过于简单，通常来说一个作业不应超过 10 个作业任务。如果确实超过 10 个作业任务，应考虑将其划分为两个或多个作业进行分析。

应按实际顺序从头到尾列出所有作业任务，在完整列出作业步骤前不要直接跳到后续危害识别步骤，避免遗漏作业任务。作业任务描述应关注需要完成的事项，而不是为什么需要这么做。作业任务通常应包括明确的动作指令，如插入、安装、吊装、打开、移除等。

完成作业任务划分后通常需要一个或多个作业人员进行复核，确保作业任务的完整性与准确性，并记录在作业危害分析表格或作业许可证中。

3. 风险辨识

识别每一作业任务的潜在危害，不安全的现场条件，以及每一作业任务中不安全的做法。危害识别中应充分考虑各种潜在的危害种类，包括但不限于：机械伤害、化学伤害、触电、火灾爆炸、辐射危害、环境危害、高处坠落、健康危害等。

可使用故障假设分析法（参见第三章）对作业中各种作业任务的潜在偏离带来的危害进行辨识，对非预期的能量传输及能量隔离进行评估。有关消防单位通过历史上的动火作业事故，识别出动火作业的高风险情景，发布了"动火作业十不干"应急科普读物（http://www.mem.gov.cn/kp/sgzn/202011/t20201105_371410.shtml），供读者参考：

（1）无特种作业操作证，不焊割；

（2）雨天、露天作业无可靠安全措施，不焊割；

（3）装过易燃、易爆及有害物品的容器，未进行彻底清洗，未进行可燃浓度检测，不焊割；

（4）在容器内工作无 12V 低压照明和通风不良，不焊割；

（5）设备内无断电，设备未卸压，不焊割；

（6）作业区周围有易燃易爆物品未消除干净，不焊割；

（7）焊体性质不清，火星飞向不明，不焊割；

（8）设备安全附件不全或失效，不焊割；

（9）锅炉、容器等设备内无专人监护、无防护措施，不焊割；

（10）禁火区内未采取安全措施、未办理动火手续，不焊割；

4. 确认保护措施或提出建议措施

确认针对上一步识别出潜在危害的可以起到控制或缓解作用的设备或控制手段/程序，必要时提出建议措施。建议措施可能包括：

（1）选择新的作业方法或修改部分作业任务；

（2）消除可能造成潜在危害的作业条件；

（3）降低作业频次；

（4）增强作业前培训；

（5）加强作业时的监测及监控；

（6）在工程控制手段无法消除风险时使用管理控制手段；

（7）准备适用的个人防护装备（PPE）；

（8）识别出的控制措施或提出的建议措施应具体、可执行，明确时间、任务、行动，避免使用"工作要小心""注意安全"等作为控制或建议措施。

5. 作业危害分析的跟踪及审核

建立作业危害分析的跟踪及审核流程是有效管理作业危害分析中识别出的控制手段/程序的关键点。有效的跟踪和审核可以确保作业过程中不出现新的危害，收集作业实施人员的反馈，以及确认作业人员遵循了特殊作业程序及许可要求。

以下情况发生时可能需要重新进行作业危害分析：

（1）当作业过程发生变更（可能是新的物料、新的设备或新的作业方法）时；

（2）发生重大作业事故后；

（3）一定时间后需要进行作业危害分析复审。

6. 作业危害分析表示例

现以10万吨含硫原油储罐检修为例，采用作业危害分析表的方法进行作业危害分析说明（见表9-1）。

表9-1　10万吨含硫原油储罐检修的作业危害分析表

作业危害分析记录表			编号：	
作业区域:原油罐区			邻近设备(含位号)：	
作业内容:10万吨原油储罐检修,作业内容包括吹扫、置换,罐顶喷砂除锈,使用电焊、气焊进行罐底板消漏				
历史事故及作业区域变更回顾(如有)：				
分析人员：			日期：	
序号	作业步骤	危害因素	控制措施	建议
1	作业前安全措施确认	动火点周围存在易燃物	动火作业前,对现场进行隐患排查,清除动火现场及周围的易燃物品,配备足够适用的消防器材	
		动火部位与其他含易燃易爆物质的设备设施相通	办理《抽堵盲板作业许可证》,切断与动火设备相连通的设备管道并加盲板隔断,挂牌	

序号	作业步骤	危害因素	控制措施	建议
1	作业前安全措施确认	作业人员无资质或对安全操作规程不了解	(1)作业人员必须持《特种作业人员操作证》等有效证件上岗作业； (2)外来作业人员进入现场前,须通过作业现场单位组织的进入作业现场前安全培训教育； (3)作业前作业现场单位工艺技术人员应对作业人员进行技术交底	
		作业设备设施不合格	入场前检查电焊、气焊和手持电动工具等动火工具的本质安全程度,设备检查合格后方可入场	
2	储罐吹扫、置换	吹扫置换不完全,罐内残留可燃或有毒物质,潜在火灾爆炸或人员中毒风险	动火作业前 30min 内进行动火分析,分析合格方可作业	作业人员配备便携式有毒气体检测仪
3	检查焊接回路	泄漏电流(感应电流)危害,易造成人员触电身亡	电焊回路线应接在焊件上,把线不得穿过下水井或与其他设备搭接	
4	检查高处动火作业情况	高处动火作业火星飞溅易引发火灾事故,人员烫伤	(1)高处作业办理《高处作业许可证》； (2)作业人员使用个人防护设备,防止火花飞溅、散落造成烫伤； (3)检查动火点周围及其下方地面的可燃物、空洞、地沟、水封等,并做好封堵,防止火花溅落引起火灾或爆炸	
5	检查气焊、气割气瓶安全情况	安全附件损坏或未安装	气焊、气割等动火设备使用前须检查附属配件完好	
		气瓶间距不足或放置不当造成爆炸事故	乙炔瓶应直立放置,氧气瓶与之间距不应小于 5m,二者与作业地点间距不应小于 10m,并应设置防晒设施	
6	动火作业	动火作业过程中窜入易燃易爆有害物质,引发着火、爆炸等事故	专人监火,监火人不得离开现场,动火过程中如有易燃、易爆等物质窜入,应立即通知动火人停止作业	
		动火部位环境发生异常变化	(1)当作业现场出现异常,可能危及作业人员安全时,应立即停止作业,迅速撤离,许可证同时废止； (2)如在夜间作业,作业现场应有充足的照明	
		罐内进行检修时,人员窒息风险	进入受限空间动火,须办理《受限空间作业许可证》	

序号	作业步骤	危害因素	控制措施	建议
6	动火作业	砂轮切割、抛光作业机械伤害	(1)使用砂轮作业时,作业人员必须偏离砂轮片正面; (2)作业人员应穿着防护服,佩戴防护镜	
		动火作业中,无关人员进入动火区域,造成伤害	作业现场设置警戒区域、警示标志和危险危害告知牌	
7	作业完成后,清理现场	人员绊倒或滑倒	(1)作业完成后,操作方和施工方双方共同确认检查作业现场,所有动用的设备设施全部复位; (2)将废料、杂物、垃圾、油污等清理干净	
		与储罐相连的管线、设备连通状态未复原,影响储罐再次投入使用	(1)操作方和施工方共同确认阀门的开关状态,主工艺管线上盲板已导通,排净或放空盲板已倒至盲位,警戒区域、警示标志和危险危害告知牌已移除等; (2)验收合格,签字确认	

告知确认:

注:本示例仅用于作业危害评估方法说明,不具备评估范本作用。

7. 作业危害分析相关事故案例分析

以杜邦 Yerkes 化工厂动火作业事故为例,此次动火作业事故的燃料源是1♯浆料罐内的可燃氟乙烯气体。杜邦工程师在事故发生前的过程危害分析中假设所有罐内残留的氟乙烯气体都应从比作业区域高约 2.5m 的闪蒸罐放空至大气。但是,2♯浆料罐上 U 形密封开裂为氟乙烯泄漏提供了一个直接通路。杜邦错误地决定在不修复 U 形密封的情况下重新开车,最终导致可燃的 VF 蒸气及未冷凝的蒸汽由闪蒸罐漏入浆料罐。

事故时由于装置在无循环压缩机工况下操作,气相氟乙烯的含量是正常的两倍多。闪蒸罐中的氟乙烯蒸气经过 2♯浆料罐开裂的 U 形密封进入了浆料罐系统。3♯罐中 VF 气体及 2♯罐中由 U 形密封漏入的 VF 气体由未被隔离的气相平衡线漏入了 1♯浆料罐。由于氟乙烯气体的密度比空气大,氟乙烯气体在 1♯浆料罐的底部发生积聚直至超过爆炸下限。由于停车时 1♯浆料罐的保温还处于拆除状态,罐内蒸汽的冷凝加速了氟乙烯向 1♯浆料罐的流动。

1♯浆料罐顶搅拌器的轴承是通过一个约 15mm 的非密封孔与罐顶部相连接,这为焊接火花进入储罐或可燃气体进入动火作业区域提供了通道。焊接作业时使用电弧焊方法可将金属加热到 1538℃,金属表面形成的局部热点温度通常超过 650℃,远远超过了氟乙烯的自燃温度 385℃。当焊接火花或金属表面热点与氟乙烯气体接触时就会立即产生燃烧。

危害分析时不应仅对正常操作模式进行分析，还应考虑一些特殊操作模式下可能出现的极端场景。作业区域内相关的改造变更或设备失效带来的隐患应当进入变更管理流程，并对其危害进行评估。而后在作业许可审批过程中对变更管理危害评估的结论进行确认，并且进行现场检查。从某种角度上来说，由于 U 形密封的破损变更管理执行不到位，危害评估不充分导致了本次事故的发生。

事故发生前在此装置的过程危害分析（PHA）中，杜邦考虑了氟乙烯可能进入浆料罐的可能。但是在过程危害分析报告中，杜邦认为反应器后的分离器可以将浆料和氟乙烯有效分离，且分离器出口浆料中少量残留氟乙烯可以被注入的蒸汽在闪蒸罐中汽化放空至大气。根据杜邦的经验，以往从未对浆料罐内部的气体进行可燃气体检测。PHA 分析中也考虑了循环氟乙烯压缩机故障的工况，评估结果认为此工况下多余的氟乙烯也会闪蒸罐的放空管线放空，而没有考虑到其可能由闪蒸罐带入浆料罐。

杜邦在评估浆料中氟乙烯含量升高带入浆料罐工况时分析了蒸汽中断的原因，但是基于理论计算，杜邦认为浆料中残留的氟乙烯体积分数不会超过 300×10^{-6}，因此并未将其作为安全风险考虑。杜邦在 2010 年 7 月根据浆料取样分析的数据对装置工艺进行了模拟，随浆料带入浆料罐中的 VF 蒸气量大约为 0.009kg/h，杜邦认为 0.009kg/h 的 VF 蒸气量低于氟乙烯的爆炸下限。因此在事故发生前，杜邦假设所有浆料夹带的 VF 蒸气会从闪蒸罐的顶部放空至大气，而杜邦的工艺模拟仅仅模拟到分离器为止。杜邦没有考虑到氟乙烯蒸气可能在浆料罐顶部的气相空间积累从而达到其爆炸下限的可能。

三、可燃气体检测

特雷弗·克莱兹教授在其《What Went Wrong》（2009 年，第五版）[8] 一书中指出：当在检维修中需要进行焊接或其他动火作业前，应当进行可燃气体检测以确保作业区域内无可燃气体存在。

需要特别指出的是，即使作业区域可能不存在可燃性气氛，也必须进行可燃气体检测，并且通常在动火作业前及作业过程中都需要进行可燃气体检测。用来进行可燃气体检测的可燃气体检测仪应校验合格并在校验有效期内。

美国环保署（Environmental Protection Agency，EPA）在 1997 年发布的化工安全警示[9] 中就推荐了一系列的危害消减措施，其中最重要的就包括提高作业危害分析（JHA）水平及适当地对作业区域可燃气体浓度进行检测。

很多国际标准中都对使用可燃气体探测器来预防火灾爆炸风险。比如 NF-PA（National Fire Protection Association）326[10] 中要求，对于涉及可燃物质存储或生产的储罐或其他容器，在其附近或内部实施清洗、维修或动火等作业时需要进行可燃气体检测。根据NFPA 326的要求，当作业区域中的可燃物质浓度达到其爆炸下限（LEL）的10％时，应当立即停止动火作业，直到可燃气体氛围被消除或控制之后才能恢复作业。有效的动火作业管理系统，包括危害评估和正确使用可燃气体探测器，有助于提醒及警示作业人员在其作业区域中的可燃气体氛围，从而避免事故发生。

在美国国家防火协会（NFPA）发布的标准NFPA 51B[11]中，对承包商或装置经理管理、监管和实施动火作业提供了指导。标准中明确了开展动火作业需要确认的检查表，其中包括：①确保设备中所有的可燃物质已被清除干净；②对所有涉及可燃气体或可燃液体的设备进行吹扫。该标准中4.1.6章节增加了"储罐或容器上进行的动火作业必须在作业前对设备内部的气相进行可燃气体检测"。

NFPA 326中明确要求实施动火作业的设备或容器的放空口应进行隔离。为了确认作业区域的空气氛围满足作业要求，在动火作业开始前以及动火作业过程中，储罐或容器内部排净后，其他任何可能导致储罐或容器内部气体组成发生变化的工艺过程或作业后应使用适当的测试仪表对氧含量和其他可燃、易燃或其他危害物质的蒸气、烟雾或粉尘进行测试。

四、区域测试

当确实无法避免而需要在生产、储存可燃性液体或可燃性气体的区域进行作业时，应当在动火作业前对所有相关设备或管道进行排净或吹扫，并与其他工艺设备或管道进行有效盲板隔离[12]。当在储罐或其他存储设施上或邻近区域进行动火作业时，在具备条件的情况下，应考虑对所有邻近区域储罐或相邻空间（而不仅仅是作业所涉及的储罐）进行连续的可燃气体检测，以确保消除潜在的可燃物质来源。

以杜邦事故为例，杜邦的实验室人员已经根据企业动火作业程序对作业区域附近的空气进行了可燃气体检测，但问题在于，不管是杜邦员工或是承包商作业人员都没有能够发现氟乙烯蒸气有进入罐内的可能。虽然动火作业是在罐顶部实施的，但是作业人员认为待检修罐与其他罐已经进行了完全隔离，因此测试程序并没有要求对罐内的气体进行检测。如果在开始动火作业前对1♯浆料罐内气相进行检测，那么可能就能够发现罐内的氟乙烯气体，从而避免此次事故的发生。

杜邦指定了作业区域负责人，通常是由现场工程师担任，作业区域负责人和安全监护人员应确保锁关程序被完整执行。由于风险识别过程中没有评估出介质通过溢流管线互窜的可能性，1♯浆料罐的锁关卡并没有包含盲断溢流管线的要求，也就是说，1♯浆料罐实际上并没有被完全安全隔离。

后续事故调查提出建议在动火作业实施前，应当将作业所在设备/储罐以及其他类似条件下运行的设备/储罐间所有的工艺管线连接完整切断（包括采取关闭阀门，安装盲板/盲法兰，以及断开管线等措施）以确保所有可能的、已知的可燃性物质源无法进入需要实施动火作业的设备/储罐，并且需要确认设备在动火作业前已将设备内介质完全放空/排净。应对企业动火管理制度和程序进行修订，在容器表面实施任何焊接、切割或打磨等动火作业时，需要对容器内部的气相进行持续的可燃气体监测。

五、合理使用作业许可

确保所有作业许可的批准由指定的具备资质且熟悉特定作业现场潜在危害的人员实施，作业许可的批准过程应包括现场危害识别及现场检查。作业许可的内容应包括实施的具体作业内容以及需要的作业环境和安全保护措施。

典型动火作业许可证样式如表 9-2 所示。

表 9-2　典型动火作业许可证样式

动火作业许可证				编号：	
动火作业形式			作业地点		
作业部门				作业总人数	
作业申请人		作业项目负责人		动火监护人 （签名）	
作业人员姓名					

动火作业级别：1. 二级动火作业□　2. 一级动火作业□　3. 特殊动火作业□

有效期：＿＿＿年＿＿＿月＿＿＿日＿＿＿时＿＿＿分至＿＿＿年＿＿＿月＿＿＿日＿＿＿时＿＿＿分止

工作步骤详细描述：（请附草图）

（填写不下，可另附纸）

危险有害因素识别：
作业区域。作业过程是否有下列危险有害因素（若"有"打√）：
□腐蚀性物资　□易燃、易爆物体　□有毒性气体　□窒息性气体　□高压气体/液体　□高温
□低温　□明火　□灼烫　□噪声　□高处坠落　□物体打击　□机械伤害　□起重伤害
□电危害　□电磁辐射　□其他（请注明）：＿＿＿＿＿＿＿＿＿＿＿＿＿＿＿＿＿＿＿＿＿＿＿＿

采取的安全措施（请在下面需要的栏目内打"√"）：
□保护罩　□手套　□焊接面罩　□防护眼镜　□灭火器　□清理周围可燃物,地沟和阴井加盖
□设备减压/放空　□能源隔离、锁定　□排放/清洗　□检查作业工具完好情况　□防爆对讲机
□警示牌、围栏　□准备急救药品、急救器材　□其他：＿＿＿＿＿＿＿＿＿＿＿＿＿＿＿＿＿＿＿＿

续表

补充措施及注意事项：

_____

作业中可能涉及的应急程序：

_____

工艺班组工况条件沟通情况	
	操作(输气末站)班长签字：_____ 日期：_____
作业部门审核意见	
	审核人签字：_____ 日期：_____
属地部门审核意见	
	审核人签字：_____ 日期：_____
复审意见(二级动火不适用)	
	复审人签字：_____ 日期：_____
批准意见	
	批准人签字：_____ 日期：_____

能源隔离与锁定记录

隔离类别：□电力   □工艺/气动/热   □机械能

编号	隔离锁定时间	隔离锁定人签名	解除时间	解除人签名	备注

气体检测记录

日期/时间	位置	可燃气体	氧含量	有毒气体	检测仪编号	检测人签名

工作完毕,设备恢复,工人离开,设备备用。	申请人验收签字：_____	时间：_____
现场检查验收合格。	作业项目负责人验收签字：_____	时间：_____
现场作业完工确认。	作业区域负责人验收签字：_____	时间：_____

　　以杜邦事故为例，杜邦的安全作业许可中要求动火作业监管人员与作业区域负责人员进行沟通以确认此项动火作业可以以正确的方式实施。作业许可中包括了作业范围和需要的安全措施等内容。作为动火作业许可程序的一部分，承包商需要填写安全作业卡（STA）来列出动火作业区域所有的潜在危害。所有涉及动火作业的人员被要求在作业前阅读并进行签字确认。

　　在承包商完成这些纸面工作的时候，作业区域负责人将签发作业许可并提示承包商可能影响作业的任何工艺变更或安全信息。这需要作业区域负责人应当对作业区域的工艺较为熟悉和了解。承包商在之前停车阶段对 2♯浆料罐进行动火作业时已经填写完成过类似的作业许可。在这些书面文件的准备过程中，杜邦已经发现承包商对作业区域的过程安全信息并不熟悉。杜邦决定由其现场施工工程师以及作业区域负责人来帮助承包商人员了解现场潜在的危害情况。但是事故发生的当天，出于各种各样的原因，不管是现场施工工程师或者是作业区域负责人都没有到场。

事故发生当天，承包商负责人完成了 1♯浆料罐的动火作业许可。作业许可中一部分要求去确认作业区域 10m 范围内是否存在可燃物质。实际上此时由于装置在运行过程中，浆料闪蒸罐的放空口存在气相氟乙烯放空，且放空口位置距离作业区域不足 10m。但可惜的是，作业许可中的这部分内容并没有被填写，由于承包商人员不熟悉聚氟乙烯流程，他们并不知道闪蒸罐内有什么介质。

根据杜邦的作业许可管理规定，动火作业许可应该包括至少作业区域负责人及施工现场工程师两人的签字确认。通过此规定可确保这些人员都了解此项作业内容及其潜在危害。除此之外，负责浆料罐作业的杜邦施工工程师其实并不熟悉聚氟乙烯工艺流程。他对于装置在无氟乙烯循环压缩机工况下系统内氟乙烯含量会升高并不知情。事故当天早上他审核了此次动火作业许可。考虑到此承包商已经成功完成了 2♯浆料罐的类似动火作业，他错误认为承包商已经获得了相关作业区域负责人的许可，并且作业区域负责人已经对承包商提供了所有动火作业必需的装置相关的过程安全信息。当施工工程师签发作业许可后，他让服务部门的其他人代替作业区域负责人进行了作业许可的签发。服务部门实际上对聚氟乙烯工艺流程并不十分熟悉。虽然根据杜邦的程序要求，作业区域负责人应熟悉该区域的工艺流程及潜在风险，并对作业区域进行现场检查。可惜的是，事故当天，这些要求并没有得到落实。

承包商对装置工艺流程并不了解，他们不知道现场可能涉及哪些危险化学物质以及这些化学物质是否可燃，他们也不知道浆料罐附近可能出现可燃氟乙烯蒸气。除此之外，在他们实施作业之前并没有得到熟悉作业区域工艺及危害的杜邦员工的许可。

此次事故以前，杜邦布法罗工厂允许了由服务部门的并不了解该区域风险的人员来签署这些作业许可。这名服务部门的员工并不了解聚氟乙烯装置的工艺流程以及此作业区域的潜在危害。由于此前该承包商已经在厂内的其他区域提供了几个月服务，他认为他的工作就是批准许可来让承包商人员去开展他们的工作。有关作业区域相关的危害会由施工工程师告知。他没有发现他应当在批准作业许可之前了解这些作业的内容及危害，他也没有发现实际上这些作业许可的批准已经超出了他的能力范围。实际上当事故发生当天他批准作业许可的时候，他还认为承包商是需要在蒸汽管线上进行动火作业。

从此事故案例的教训中，我们建议企业应建立并强化企业级别的制度和程序文件以确保所有装置作业现场对动火作业许可系统进行定期审核以确保：

（1）所有与动火作业相关潜在火灾爆炸危害都已被识别且采取了适当保护/减缓措施；

（2）所有作业许可的内容都应被完整填写，且需满足企业制度和行业标准法规的相关要求；

（3）所有被授权批准作业许可的人员具备符合企业制度和作业程序要求的必要能力。

六、完整的培训

对作业相关人员进行动火作业制度及动火作业程序的培训，培训应使用受训人员容易理解的语言表达，培训内容应特别关注：

（1）作业区域的特定危害及保护措施；

（2）安全设备的正确使用方式（安全喷淋、正压呼吸器等）；

（3）可燃气体检测器的使用与标定等。

JHA 的培训人员本身应当与时俱进。某种程度上来说，人员误操作是事故发生的最主要原因之一，很多时候这些操作失误是因为危害辨识的失效导致的。举例来说，几乎所有的人员都非常了解窒息的危害，但还是经常会发生监护人员去主动救助受限空间内倒下的作业人员，从而导致两人死亡而不是一人死亡。应当对所有涉及特殊作业的人员进行培训，使其充分了解作业中的潜在危害。

JHA 培训过程中尽量使用实际发生的案例，尽可能与受训人员充分互动。帮助受训人员理解危害的一个好办法就是总结其他实际发生事故的经验教训。企业安全部门可以对企业内部发生的事故进行整理，或收集一些国内外类似行业的事故调查报告来获取相关信息。如果培训时间允许的情况下，可以先对事故进行基本描述后，引导受训人员识别此事故中的潜在危害，从操作和机械设备等多角度对事故进行分析，并提出危害缓解/控制措施。受训人员中近期涉及装置未遂事故的员工可以提供非常好的培训素材，甚至可以作为培训教师，因为他们对安全保护措施对避免事故发生或降低事故严重性的重要性有更深刻的理解。

七、承包商监管

对于实施动火作业的外部承包商应进行安全监管（详见第十章），并向其知会包括可能存在的可燃物质在内的作业区域特殊危害。

在正常生产过程中动火作业的频次相对较低，各种类型的特殊作业的频次可能每天1～2次，并且大多数的现场作业都是由装置操作/维护人员来完成的。作业的频次较低，作业人员的受培训程度和对装置了解程度相对较高，作业人员注意力可以相对集中。通常这种情况下安全作业管理系统的可靠性较好。但是当装置处于停车检修时，安全作业管理系统的压力会明显加大。停车检修时，装置内可能会有数十个作业在装置区域内同时开展，每天可能超过上百个不同类型的作业许可被批准，装置内可能有上百个承包商人员。在这种恶劣的操作条件下人员误操作的概率会加大。

在这种较高特殊作业需求的时候，企业可能需要实施额外的可视标识来降低误操作的概率。例如，企业可以对不同的作业组成员分配一个特定的颜色。当批准一个破管作业许可时，许可审批人员可以使用与作业组同样颜色的胶带来标识需要破管区域的法兰。同样，作业人员可以对他们安装或操作的盲板把手喷上他们作业组的颜色。后续其他组作业人员如果被要求操作不同于他们小组颜色的盲板时，他们就可以发现可能什么地方的交接出了问题。或者，当他们发现其他颜色盲板的位置和正常状态不一致时，可以较为容易地判断出前一组的工作可能还没完全结束。

第八节　典型实施案例

一、确保实施的一致性

（1）建立高级别及低级别管理程序，规定动火作业的授权及控制原则，包括建立与之配套的程序及许可的支持系统，确保动火作业的授权及管理过程明确可控。

① 动火作业程序应符合法规规范要求；

② 企业政策应明确规定动火作业应根据动火作业程序进行管理；

③ 装置层面应该建立具体操作级别的执行程序，明确描述动火作业的管理要素，特别是明确各个要素对应的范围、角色及职责。

（2）动火作业程序应包括实施动火作业及申请作业许可所需要的必要信息。

① 所需的信息应至少满足法规规范的最低要求；

② 具体操作级别的动火作业程序应基于统一的格式，并且使用统一的用语/要求；

③ 具体操作级别的动火作业程序、检查表及作业许可应详细列出实施动火作业所需具备的最低要求。

二、定义范围

（1）明确哪些特殊作业属于动火作业程序管辖范围（或明确哪些作业不属于动火作业程序管辖范围）。

① 动火作业程序的适用范围应基于法规、规范要求；

② 动火作业程序的适用范围可以包括近期事故调查产生的新的作业范围；

③ 装置层面的具体作业程序应对其如何使用给出示例及解释。

（2）如果装置内的某区域不属于动火作业程序管辖范围，应在书面动火作业程序中列明。

① 具体作业程序应包括表格（或类似形式）来明确描述在装置中此作业程序适用或不适用；

② 各级动火作业程序应包括范围项内容，在其中明确描述装置内哪些区域适用（或不适用）。

（3）对于工艺流程中含有剧毒物质或其他高危害物质的作业区域应建立特殊的作业流程，以确保这些高危害性物质相关的风险可控。

① 在高危害工艺区域进行的作业应设置监管人员，此监管人员应了解此工艺区域的危害以及一旦发生事故时的应急处置方法。

② 对高危害工艺区域内的作业，作业程序中应明确一系列完整的特殊作业要求。这些作业要求可能包括作业许可审批权限的变更等。

三、确保参与人员的能力

（1）确保签发作业许可的授权人员：接受过各类型危害的培训且具备相关经验；了解相关危害的合理预防、管控及缓解措施。

① 作业许可可由装置内的任何操作人员、维护人员、监管人员或维修负责人签发。通常这些人员了解装置内的危害以及应对措施。

② 作业许可的签发必须经过作业所在区域安全代表/操作代表的确认。这些安全代表/操作代表应定期参加相关培训以增加其危害识别以及安全管理能力。

③ 应制定各级作业许可授权人员及其授权范围的清单。应通过书面程序确认在各级清单中应包括哪些人员，授权人员的确认应基于他们的知识、能力及完成作业相关特殊培训（如 JHA 培训等）。

（2）建立一种欢迎对特殊作业中任何关于安全方面的挑战或质疑的工作氛围，即使这些特殊作业是由业内专家所计划并执行的。

① 建立"安全第一"的企业文化；

② 所有员工被鼓励提出问题以完善现有安全管理制度，鼓励敢于质疑的正面态度，但是也需要确认问题的有效性；

③ 企业员工有权在他们相信此项作业不安全时暂停作业，直至相关潜在危害被消除。

四、建立安全作业程序、作业许可、检查表及其他书面标准

（1）建立作业程序及作业许可来控制适用的特殊作业活动。

① 作业内容通常由装置生产人员和维修监管人员在控制室或每日早会上进行讨论确认。由作业人员确保作业过程中的有效控制。

② 作业授权及控制程序包括书面作业许可的申请及签发。

③ 完整的作业安全管理控制手段包括作业程序、作业许可、检查表以及作业过程中的一些物理控制手段（比如锁开/锁关、围栏等）。

（2）负责作业区域生产运行的操作人员及特殊作业人员间需建立直接沟通。

① 作业人员在作业前需确保操作人员已经将工艺切至可作业的安全状态（工艺物料已置换、系统已盲断等）。如果作业可能影响到其他工艺区域，需要与那些区域的操作管理人员进行确认。

② 安全作业程序应规定在签发作业许可时需对作业现场进行检查。

（3）确保正在进行的作业与作业区域操作人员及其他潜在受影响人员的充分沟通。

① 作业人员在作业开始前应至少口头通知作业区域操作人员；

② 正在进行作业的已批准的作业许可应当张贴在作业现场以及指定位置（如中控室内的告示板）；

③ 还应设置明确的标识方法来提醒操作人员作业是否已完全结束，是否存在影响设备重新投用的行动项未完成，包括在动火作业时采取的临时保护措施等。

五、员工及承包商培训

（1）对所有员工提供特殊作业认知培训。

① 于在职培训中培训作业许可系统相关内容；

② 新员工入职培训时应提供安全作业制度、作业程序以及作业许可相关信息；

③ 培训应包括安全作业制度、作业程序以及作业许可等内容，并包括实际应用示例以确保所有受训人员对安全作业管理系统有相同的认知。

（2）对于需要签发作业许可的人员或是需要执行特殊作业的人员来说，需要接受完整的安全作业管理系统相关培训。

① 通常只有经理、工程师、监管人员、资深操作人员及安全技师才可进行作业许可的审批签发。管理层通过许可授权人员的教育背景、经验以及接受的安全相关培训来确保他们具备签发作业许可的资质。

② 对于被授权签发作业许可的人员来说需要接受额外的培训，以确保理解如何正确填写作业许可。

③ 被授权的许可签发人员需要定期接受培训以强化：对程序变更的了解；行业内、企业内或装置内近期发生的与特殊作业相关的事故及事故分析；作业许可检查时发现的安全作业程序中可能导致误解或错误的部分。

（3）确保作业许可授权人员明确特殊作业过程中可能出现的特殊危害。

① 对于装置内可能出现的特殊作业，作业许可应该得到装置或单元经理级别人员的批准；

② 许可授权人员通常会参与作业过程的危害识别及风险分析工作，确保对于作业中可能出现的危害及保护措施有充分的认知；

③ 许可授权人员还应定期参与装置内其他工艺区域（类似装置或行业内其他企业）进行作业许可的经验分享及检查。

六、特定过程危害区域的访问控制

（1）针对非区域生产操作人员进入指定区域建立访问控制系统，通过访问控制系统至少确保该区域操作人员与需要进入此受控区域的作业人员间建立正确的口头沟通。

① 工艺区域的门口及步道处应贴有"仅限授权人员进入"的标识。

② 承包商人员应先到控制室签到后再进入工艺区域。访问人员除非有操作人员陪同，否则禁止进入工艺区域。

③ 经理、维护人员、技师、实验室人员及其他非操作人员应在进入工艺区域前通知该区域操作人员。

④ 所有非操作人员应当先到中控室进行签到后才可进入工艺区域，从工艺区域离开时应进行签出。签到和签出可通过电子门禁卡实现。电子门禁系统日志应可在控制室或装置其他关键区域进行查看，以确认装置指定区域内存在的人员。

（2）涉及特殊危害的工艺区域的访问控制。

① 根据装置监管人员或项目工程师的判断，特殊危害区域应当考虑设置围栏或警示带以避免人员进入；

② 应对特殊危害区域的危害进行识别，尽量避免人员进入该区域作业；

③ 确实需要进入该区域作业时应提前通知该区域负责的操作人员并获得许可。

七、强化安全作业程序、作业许可及其他标准的使用

定期检查作业区域以确认：作业遵循安全作业程序；作业许可条件的适当性；作业时遵循安全作业许可条件要求。

① 监管人员定期对作业区域进行检查以确认所有纠正措施是否及时到位，但通常监管人员仅需记录安全作业程序或作业许可条件的明显违背项。

② 应定期进行安全审核，审核内容应包括检查特殊作业以确保安全作业条件已满足。审核结果应由安全部门进行汇总并确认安全作业管理趋势。

③ 定期安全审核应建立完善的方法并对相关审核人员进行培训。不管审核结果是安全的或不安全的，均应进行记录及跟踪以改善安全作业管理系统。

八、已完成作业许可的审查

对已完成的作业许可的存档或废弃进行审查，基于审查结果采取措施以提高作业许可的准确性和完整性。

① 作业许可的废弃通常因为作业许可已过期或作业已完成。

② 作业许可通常在作业完成后指定时间内进行收集和存档。

③ 作业许可存档后将一份副本返还至作业许可检查人员以确认：满足作业许可条件；表格中的必填项没有遗漏；作业许可清晰可读。如果检查中发现不一致项，应向此作业许可签发人员提供反馈及建议。

④ 如果在检查中发现系统性问题，应当对作业许可签发人员进行特殊培训，更新工具库或更新安全作业程序。

第九节　与PSM其他要素的关系

动火作业为事故多发环节。尽管有动火作业的标准和规范，但是如何把标准和规范落实，需要企业和个人去深入实践。建立和健全PSM风险管理体系，不断强化PSM各个要素管理，是管控动火作业的基础。动火作业与PSM其他要素的关系如下：

（1）过程安全信息是动火作业危害分析的基础。如果过程安全信息不准确、不系统，那么将会影响动火作业的JHA。

（2）动火作业危害分析所利用的方法就是过程危害分析（PHA）的一种危害分析方法。深入掌握PHA科学方法，高质量完成JHA是管控动火作业风险的前提。

（3）变更管理的实施过程中可能会涉及动火作业，因此，动火作业是安全实施变更的一个关键。

（4）良好的机械完整性管理有助于减少不必要的动火作业，动火作业有时也是修复机械完整性的手段。

（5）经验教训表明，很多动火作业事故就是由动火作业相关人员素质和技能过低造成的。做好有关动火作业的培训工作，提升动火作业管理人员和工作人员的技能水平和风险意识，是提高动火作业工作质量的关键。

（6）很多动火作业是由承包商执行的，做好承包商管理有助于减少承包商动火作业的风险。

（7）历史上国内外发生过无数起动火作业事故，如何做好事故调查，分析动火作业事故原因，总结事故经验和教训，有助于提高动火作业管理水平。

（8）每个动火作业都必须有应急预案，做好动火作业应急预案的演练和提高动火作业应急预案质量是减少动火作业事故损失的关键。

（9）符合性审核是及时发现动火作业管理漏洞和提升动火作业质量的有效手段。

参考文献

[1] US Chemical Safety and Hazard Investigation Board（CSB）. Case Study 2011-01-I-NY［R］. 2010.

[2] US Chemical Safety and Hazard Investigation Board（CSB）. Safety Bulletin No. 2019-01-SB ［R］. 2010.

[3] 化学品生产单位特殊作业安全规范［S］. GB 30871—2014.

[4] American Petroleum Institute. Safe Welding, Cutting, and Hot Work Practices in the Petroleum and Petrochemical Industries 7th edition［S］. API RP 2009, 2002.

[5] Center for Chemical Process Safety（CCPS）. Guidelines for Risk Based Process Safety［M］. 2007.

[6] Wu Hao, Wu Deyang, Zhao Jinsong. An intelligent fire detection approach through cameras based on computer vision methods［J］. Process Safety and Environmental Protection, 2019, 127: 245-256.

[7] FM Global. DS 10-3 Hot Work Management（Data Sheet）［Z］. 2006.

[8] Trevor K. What went wrong 5th edition［M］. 2009.

[9] United States Environmental Protection Agency（EPA）. Catastrophic Failure of Storage Tanks Caused by Vapor Explosion［M］. 1997.

[10] Standard for the Safeguarding of Tanks and Containers for Entry, Cleaning, or Repair［S］. NFPA 326, 2005.

[11] Standard for Fire Prevention During Welding, Cutting, and Other Hot Work［S］. NFPA 51B, 2019.

[12] OSHA. Welding, Cutting, and Brazing, General Requirements［S］. 29 CFR 1910. 252.

第十章

承包商管理

2005 年 11 月 5 日，美国瓦莱罗能源公司特拉华炼油厂，两名承包商由于氮气窒息死亡（见图 10-1）。事故发生时，两人正准备为一台经过氮气置换的压力容器安装管线。第一人在试图取出掉落在该设备内部的一卷胶带时，发生窒息；第二人在试图救援第一人时发生窒息[1]。

图 10-1　美国瓦莱罗能源公司特拉华炼油厂氮气窒息事故现场

无独有偶，2018 年 11 月 26 日，上海赛科石化公司两名承包商由于氮气窒息，送医抢救无效死亡。事故发生时，两人正准备对经过氮气置换的设备进行人孔复位。第一人在试图取出设备内的警示牌时，发生窒息；第二人在试图救援第一人时发生窒息[2]。

2010 年 11 月 9 日，美国杜邦公司在纽约州布法罗的一家化工厂，两名承包商在对一台可燃液体常压罐进行维修的过程中，由于该罐发生闪爆，导致在罐顶作业的两人一死一伤。在维修过程中，打磨和焊接作业产生点火源，导致罐内的可燃气体发生闪爆，造成进行打磨焊接作业的人员死亡，监护的人员受伤[3]。

2018年5月12日，上海赛科石化公司在对一台苯罐进行检维修作业过程中，该苯罐发生闪爆，造成在该苯罐内进行浮盘拆除作业的6名作业人员当场死亡。根据专家意见，由于该罐的浮盘铝合金浮箱组件有内漏积液（苯），在拆除浮箱过程中，浮箱内的苯外泄在储罐底板上且未被及时清理。由于苯易挥发且储罐内封闭环境无有效通风，易燃的苯蒸气与空气混合形成爆炸环境，局部浓度达到爆炸极限。罐内作业人员拆除浮箱过程中，使用的非防爆工具及作业过程可能产生的点火能量，遇混合气体发生爆燃，燃烧产生的高温又将其他铝合金浮箱熔融，使浮箱内积存的苯外泄造成短时间持续燃烧，导致6名作业人员当场死亡[4]。

虽然这四起事故发生在不同的时间，但是它们却有着很明显的共同点：第一，事故造成的死亡或者受伤人员都是承包商；第二，事故都是发生在设备的检维修作业中；第三，从事故发生过程来看，相关人员似乎并不完全了解所面对的危害。

为什么此类事故一直以来在世界各地不断发生？如何避免此类事故发生？这正是本章要讨论的问题。

第一节 承包商管理的概念

根据AQ/T 3012《石油化工企业安全管理体系实施导则》，承包商就是"合同情况下的供方，即由业主或操作者雇佣来完成某些工作或提供服务的个人/部门或者合作者"。在石油化工行业中，由于装置、设备和作业的复杂性和专业性，业主往往不具备完成所有任务所需要的专业技能和资源，此时，就要依赖于承包商的协助；另外，石油化工企业在停产大修期间，会有大量的临时性工作需要完成，此时正常生产阶段的人员配置是无法完成这些工作的，需要雇佣大量的承包商在这一阶段完成大量工作。图10-2是石油天然气生产商国际协会（International Association of Oil and Gas Producers，OGP）统计的每年业主和承包商的总工时。可以明显看到，自20世纪80年代起，承包商的总工时发生了显著的增长，在近30年的时间里承包商总工时和业主总工时之比已经由大约1∶1增长到4∶1。可见，承包商对于石油化工企业来说，是必不可少的资源。

承包商通常是临时雇佣，一般不是长期在某个工厂进行工作，因此会导致

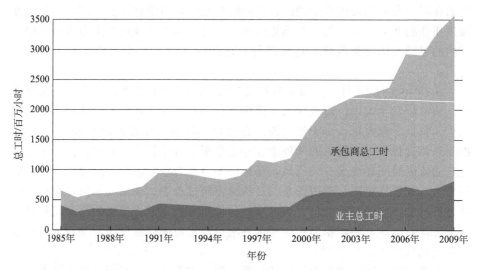

图 10-2　业主和承包商总工时（来自 OGP 报告 423，图 1）

其对该工厂的危害了解不够；承包商通常大量参与停产期间的检维修工作，而这些工作本身并不是经常开展，因此熟练程度也会相应降低；检维修阶段需要将设备打开，操作稍有不慎，就会导致有毒有害可燃物料的泄漏，其操作危害是很高的。正是由于上述原因，才导致和承包商有关的事故不断发生，悲剧不断重演。因此要建立完善的承包商管理机制，避免事故的发生，避免承包商、业主和公众的健康、安全以及环境（HSE）受到影响。

　　承包商管理是一个系统性的工作，在标书和合同准备阶段就要开始考虑，并贯穿招标、评标、合同签订、项目执行和结束合同的整个过程。承包商管理要考虑标书和合同中需要包括的 HSE 条款，承包商的选择，合同签订中 HSE 条款的约定，承包商的培训，承包商作业的监督，承包商绩效的评估，与承包商的沟通等。

　　承包商管理的目的就是要确保承包商在作业期间，充分理解现场的相关危害和预防保护措施，从而达到预防事故发生，控制作业场所的风险，保护自身、业主方人员和公众的安全和健康，避免环境影响和财产损失的目的。

　　在承包商管理中，业主和承包商作为两个主体，分别有各自的责任。

　　业主的责任包括：

　　（1）根据安全绩效和安全管理水平来选择承包商；

　　（2）告知承包商在作业过程所应承担的 HSE 责任，通常这应在合同中进行约定；

　　（3）告知承包商在作业场所和作业过程中存在的危害及其防范措施，通常这应通过正式培训来完成；

（4）根据公司要求，对承包商的相关作业进行管理和监督；

（5）定期评估承包商的安全绩效。

承包商的责任包括：

（1）根据合同的约定，承担相应的 HSE 责任；

（2）接受业主方提供的培训，理解作业场所和作业过程中存在的危害及其防范措施；

（3）在作业过程中接受业主的管理和监督；

（4）定期向业主汇报安全绩效，包括事故。

第二节　承包商管理的法规及行业规范要求

为了系统化管理承包商，各个国家和行业都以相应要求对其进行规范。本节就美国和中国的相关法规和规范做一简介。

一、美国对承包商管理的法规及行业规范

美国职业安全与健康管理局（OSHA）在其联邦法规 29 CFR 1910.119《高危化学品的过程安全管理》（Process Safety Management of Highly Hazardous Chemicals）中将承包商管理作为过程安全管理的 14 个要素之一[5]。在该法规中，明确了该条款的适用范围是提供维修、大修、重大改造或者特殊作业的承包商，不包括为不影响过程安全的工作提供服务的承包商，例如办公室的清洁工作、餐饮供应等。同时该法规还规定了业主（employer）和承包商（contract employer）的责任。

业主的责任包括：

（1）在选择承包商时，业主必须收集承包商的安全绩效和安全管理的信息并加以评估；

（2）业主必须将其所知的与承包商工作相关的火灾、爆炸和有毒物质泄漏等危害进行告知；

（3）业主必须向承包商解释与其相关的应急响应预案的内容；

（4）业主必须编写并执行安全工作规程，对承包商及其雇员在工艺区的进出及停留加以控制；

（5）业主必须定期对承包商所应履行职责的绩效加以评估；

（6）业主必须保存承包商员工在工艺区发生的与工作相关的伤病记录。

承包商的责任包括：

（1）承包商必须确保其雇员获得相关的培训以便能安全进行工作。

（2）承包商必须告知其雇员已知的与其工作相关的火灾、爆炸和有毒物质泄漏等危害信息和与其相关的应急响应预案的内容。

（3）承包商必须书面记录其雇员已经接受规定的培训并理解相关内容。承包商必须准备一份包括其员工身份证明、培训日期、培训成果验收方法的记录。

（4）承包商必须确保其雇员遵守业主的安全规则。

（5）承包商必须告知业主其作业过程中所特有的危害，或者其作业过程中发现的任何危害。

上述法规明晰划分了业主和承包商之间的职责，使得管理起来更加有效。例如，如果将信息告知全部规定为业主责任，则由于业主和承包商雇员没有直接雇佣关系，而且业主也不可能完全知晓承包商雇员的流动情况，那么信息告知的执行就面临很大的困难；现在法规规定业主有义务将危害信息告知承包商，而将相关信息告知承包商雇员则是承包商的责任而非业主的责任，使得信息告知变得落实容易。

美国石油协会（API）作为行业协会，专注于方法论，因此针对 OSHA 的要求，提出了相应的规范，对如何进行承包商的安全绩效管理给出指南[6]，指出承包商的安全管理要素可以包含以下内容，见图 10-3。

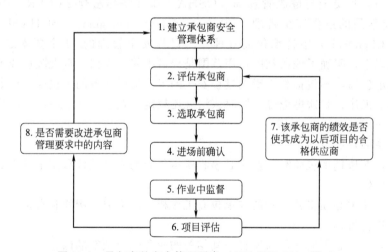

图 10-3　承包商的安全管理要素（API STD 2220 图 1）

（1）建立承包商安全管理体系　业主要建立一个体系，确定具体的目标和需要实施的程序。清楚地定义和确认相关各方的职责，建立评估机制和标准，提供反馈和自我改善机制。这个体系同时要考虑合规方面的要求。

（2）评估承包商　业主要建立承包商的评估机制并根据该机制对承包商进行评估。

（3）选取承包商　选取承包商的过程中，业主要确保承包商充分理解工作内容，并且确认承包商的雇员能够胜任相关工作，以及承包商能够满足法律法规及公司的安全健康要求。

（4）进场前确认　业主要在工作开始前确认承包商已经熟悉和工作相关的地点、设施、人员、管理体系、现场的相关危害信息、现场的作业要求和其他有关信息。

（5）作业中监督　业主要监督承包商的活动，包括定期评估承包商的安全绩效和合规性。

（6）项目评估　在承包工作完成后，业主要对承包商的总体绩效进行评估。

（7）根据其安全绩效来确定该承包商是否可以继续留在合格承包商名录中。

（8）在承包商绩效评估之后，业主要根据评估决定是否需要对现有的承包商安全管理体系进行改进。

该指南还提出作为业主，可以采取很多行动来提高承包商安全管理的绩效，例如：

（1）对承包商安全管理绩效做出承诺并持续支持承包商安全管理体系；

（2）在招标文件中明确其对安全健康的要求，并在招投标会议中阐述对安全健康的具体要求，在合同中以具体的条款规定承包商的义务和责任；

（3）收集投标对象的过往安全绩效并在评标过程中作为重要指标；

（4）为承包商开展有针对性的培训，包括现场安全等；

（5）定期回顾承包商在现场的安全绩效，包括 OSHA 规定的安全绩效指标，并帮助承包商持续改进。

承包商作为在一线的作业方，其主观能动性决定了其安全绩效，可以开展相关活动来提高其安全绩效，例如：

（1）严格遵守法律法规和业主对安全健康的要求；

（2）开展安全培训，告知承包商雇员相关危害信息和应急响应预案的相关内容；

（3）开展作业危害分析工作，确保相关危害被识别，相关保护措施已经到位；

（4）开展安全检查，对日常作业进行有效的检查并进行改善，而不是等待业主的定期检查；

（5）积极向业主汇报事故、未遂事件，并对相关事故、事件进行调查分析，避免其再次发生；

（6）建立奖励机制来鼓励达成安全目标的个人或者团队。

二、中国对承包商管理的法规及行业规范

2008 年发布的 AQ/T 3012《石油化工企业安全管理体系实施导则》[7] 和 2010 年发布的 AQ/T 3034《化工企业工艺安全管理实施导则》[8] 都提出了对承包商管理的要求。

AQ/T 3034 指出承包商为企业提供设施维护、维修、安装等多种类型的作业；并且指出企业的过程安全管理应包括对承包商的特殊规定，确保每名工人谨慎操作而不危及工艺过程和人员的安全；同时明确指出承包商管理中业主和承包商各自的责任。

AQ/T 3012 对承包商管理给出更加具体的指引，根据项目的实施阶段将承包商管理划分为：

（1）资格预审　企业应制定承包商资格预审标准或要求，通过对承包商的审查建立企业认可的承包商名册，并保存相关的资料和文件。审查可以是书面的，也可以将书面审查和现场审核相结合。预审核的内容包括但不限于相关证照，HSE 管理体系，过往安全业绩，设施设备和劳动保护用品，员工保险和体检报告等。

（2）选择承包商　由安全及业务主管部门审查承包商是否具备承担项目的能力。

（3）开工前准备　签订安全协议，向承包商介绍与施工或作业过程有关的概况和危害，进行安全培训教育；确定就安全事务进行沟通和交流的方式和内容要求；完成对承包商安全作业计划和应急预案的审查。

（4）作业过程监督　在项目实施过程中对承包商的作业过程进行检查监督，记录其安全表现，包括但不限于作业过程的危害识别和风险控制，安全准则的遵守情况，事故、事件的报告和处理等。

（5）作业协调与交流　企业应与承包商建立作业协调联系制度，使承包商及时了解企业的安全要求和需要业主配合的事项。承包商应向企业安全管理部门及相关部门报告所有与承包商现场工作有关事故和未遂事件。

（6）安全表现评价　企业应定期审查和记录承包商安全表现并将意见进行反馈，督促和鼓励承包商制订自己的安全改善计划，必要时可组织对承包商的安全管理体系进行审核。企业应将承包商在作业期间安全表现记录存档，并作为以后选择承包商的重要依据。

第三节　承包商管理的实际应用

各个企业都根据法规要求、标准指南，结合自身情况编制承包商管理的程

序来实施承包商管理。以下就结合法规、标准和企业程序对承包商管理的内容加以说明。由于承包商管理和项目的实施密切相关，因此结合项目阶段，将承包商管理工作分为规划、资格预审、招投标及评标授标、项目实施和项目评估五个阶段。

一、规划

1. 确定 HSE 要求对承包合同的范围、时间表和策略的影响

承包合同确定了可能外包的项目活动。对于每一份合同，都应对项目所有阶段的工作进行简短但全面的说明。往往在工作描述说明中会发现相关的 HSE 要求。合同执行的时间表也要考虑 HSE 的影响，尤其要注意项目启动和收尾阶段可能需要额外的时间。合同策略可以成为项目最重要的战略管理决策，其中一个主要考虑因素是项目管理在多大程度上交给承包商，这往往和资源、项目进度、承包商的水平等相关。如果业主深入项目管理，就可以具体落实其 HSE 要求。如果过度依赖承包商实施项目管理则意味着业主的影响力减弱，导致业主的 HSE 要求无法完全被满足。此时，业主只能寄希望于承包商能够认真执行其自身和法律法规的 HSE 要求，并以此来满足业主的相关要求。

2. 评估每份合同的 HSE 内容

应根据结构化、正式的 HSE 评估文件对每份合同进行评估。应正式记录评估内容，包括需要采取的行动项以及相关责任人。正式评估的主要目的是制订一个计划，其中包括与合同工作范围相关的所有业主和承包商 HSE 方面的要求。

评估的内容包括合同中对于作业危害分析及控制的要求，识别适用的法律法规和业主的 HSE 要求，项目中业主的 HSE 部门的组织架构及其权责分配，发现可能会导致影响进度和资源的关键 HSE 问题，确定在以后阶段的沟通机制等。

最终，根据 HSE 评估的结果，确认合同范围、时间表和策略的适宜性。

3. 准备与 HSE 相关的合同文件

HSE 评估结果可转化为项目的 HSE 规格书，作为招标文件的一部分，包括：

(1) 界定 HSE 计划的范围，特别需要考虑如何管控危害；

(2) 确定合同的 HSE 法规和程序；

(3) 确定业主和承包商如何对接以及业主的监督策略；

(4) 确定和计划业主和承包商的培训要求；

（5）确定在项目工作开始前必须要完成的事项。

在编制规格书时，尤其要注意清楚阐述业主的责任，HSE 最低要求，承包商的责任，承包商应该汇报的 HSE 绩效，承包商的绩效，其他特殊的 HSE 要求。

二、资格预审

在资格预审阶段，对潜在承包商进行筛选，以确定他们具有承担有关合同的必要经验和能力。只有符合必要的 HSE 标准的承包商才应列入资格预审名单。业主应保持以前雇用的所有承包商的 HSE 业绩的记录，以便在资格预审时使用。

资格预审通常是由承包商填写业主提供的标准格式文件，必要时提供历史业绩记录支持。有时，项目组会根据规划阶段的发现在标准格式文件中增加其他的具体 HSE 要求。可用于承包商预审的安全体系和绩效信息见表 10-1。

表 10-1　用于承包商预审的安全体系和绩效信息[9]

序号	内容
1	工伤和事故率
2	工伤保险费率变化情况
3	承包商的 HSE 人员配置,包括组织架构、人员职责、关键人员的经验和授权范围
4	针对违规行为的处理方案
5	关于避免受控物质(例如违禁药物、酒等)滥用的方针和管理体系
6	承包商自有的安全设备
7	承包商关于作业危害的评估以及预防和控制措施
8	承包商关于遵守相关法律法规的承诺和计划
9	承包商的培训计划
10	承包商雇员入场教育、培训及上岗的程序

在对新的或未知的承包商进行资格预审时，一般需要安排对承包商的基地进行视察访问（特别强调确保承包商拥有足够的资源和相应的组织架构来符合业主的 HSE 标准）。如认为有必要，应对承包商的现有场地进行审计，以核实其 HSE 标准是否达到要求。承包商的 HSE 记录若不令人满意，可以将其排除在投标名单之外。应明确告知承包商其 HSE 管理的缺陷，将其列入随后

的投标清单中作为需要改进的 HSE 事项。

承包商资格预审对于大型或特殊项目合同是必要的，在这些合同中，必须根据对应的工作范围对新承包商或现有承包商管理 HSE 事项的能力进行审查。对于更多的日常合同，业主可以编制一个清单用于记录所有被评估为有能力、有效进行某些类型工作（包括 HSE 方面的管理）的合格的承包商。

有时候，可以采用评分机制来评价承包商提交的材料，达到可接受分数的承包商将被判断为符合 HSE 要求，计分规则、HSE 计划文件评分项目、业绩和经验因素评分项目示例见表 10-2～表 10-4。这种方法最大限度地减少了主观判断。

业主的最终目的是确保参与投标的承包商能够按照所要求的 HSE 标准进行工作。

表 10-2　计分规则

项目	A	B	C	D
HSE 计划文件	0	3	7	10
业绩和经验因素（HSE 事故）	0	6	14	20

注：任何一项得分为 0，该承包商即被认定为不满足项目 HSE 要求。

表 10-3　HSE 计划文件评分项目（部分）

A	B	C	D
第 1 部分：领导力和管理层承诺			
通过领导力对 HSE 的承诺			
高级管理层没有承诺	HSE 的职责下放给各级管理人员，高级管理层没有直接参与	证据显示高级管理层积极参与 HSE 方面的工作	证据显示高级管理层和各级管理层建立了积极的 HSE 文化
第 2 部分：方针和战略目标			
HSE 方针及其应用			
没有书面的 HSE 方针	有 HSE 方针，但没有进行广泛发布	HSE 方针明确了 HSE 相关责任，但没有进行广泛发布	HSE 方针明确规定责任和负责制；广泛分发给所有员工并张贴在布告栏供阅读
第 3 部分：组织、职责、资源、标准和文件			
HSE 沟通和会议			
无	仅为特别业务定期举行 HSE 会议	在管理层和主管一级定期举行 HSE 会议	除了 C 外，采取轮换机制安排员工参与不同主题的讨论

表 10-4 业绩和经验因素评分项目（部分）

A	B	C	D
第1部分:HSE 绩效管理			
工作活动的管理和业绩监测			
没有正式的 HSE 绩效指标	有几个 HSE 绩效指标	在关键领域有系统性的 HSE 绩效指标	在全部范围内形成完善的 HSE 绩效指标并在全公司范围内沟通
第2部分:HSE 事故			
法规规定需要上报事故的数量			
过去三年发生多起重大事故	过去三年发生一起重大事故	仅发生过轻微事故	过去五年中没有发生任何事故
损工事故率			
承包商提供的资料不足以确定事故率上升或下降	事故率没有下降	事故率有缓慢下降的趋势	事故率下降迅速,达到每年 20%

三、招投标及评标授标

1. 招投标

在招投标阶段，相关的 HSE 活动包括承包商根据业主要求准备 HSE 计划及相关文件，而业主则需要对承包商提出的问题加以澄清。业主应将回复发送给所有承包商，而不仅仅是提出问题的承包商。如有必要，可以召开澄清会。业主应保留所有的来往信件及会议纪要。

承包商的 HSE 计划必须涵盖合同的所有阶段（从启动到收尾），并应明确说明合同每个阶段将采取的政策、程序、标准等。承包商可以根据业主招标文件中的 HSE 计划编制自己的 HSE 计划，但是必须根据自身情况对相关项目进行说明，尤其是合同工作范围内的危害辨识和控制，以及执行计划。

投标文件中应包括 HSE 相关的费用，其目的是提供一个清晰的方法来评估每个承包商在提交的文件中对 HSE 的重视程度，并能够证明已分配了足够的资源来令人满意地执行 HSE 计划。

2. 评标和授标

在评价阶段，业主要全面评估每个承包商的 HSE 计划，应确认 HSE 计划是否达到了最低可接受的标准，包括拟参与项目的关键人员的能力、分包商、人员配置水平、厂房和设备资源等；记录对所有承包商 HSE 计划的澄清，以便纳入合同；确定每个标书中 HSE 活动的费用；通过评分机制和比较机制对标书的 HSE 方面进行评估，以确定该投标方是否满足 HSE 要求。HSE 评价的核心就是对承包商的 HSE 计划进行评估。业主需要明确投标方的 HSE 计划是否满足要求，如果不满足，是否可以通过改善现有状况，包括但不限于增加人力、资源和费用等以满足要求；如果可以通过改善来满足条件，那么相应的安排和要求也必须包括在合同中。关于 HSE 部分的评估结论，将会作为整个项目评标的输入。在评标中胜出的投标方将获得该合同，并正式成为承包商。

四、项目实施

1. 启动

启动阶段，业主和承包商需要单独或者联合开展以下活动：

(1) 举行启动会议（业主与承包商）；

(2) 开始动员（承包商）；

(3) 审查并最终确定承包商的 HSE 计划（业主和承包商）；

(4) 开始上岗培训（业主和承包商）；

(5) 监督、检查和监测进度（业主）；

(6) 落实项目实施前的要求（承包商）；

(7) 进行项目实施前的 HSE 审核（业主）。

针对承包商的培训一般包括两部分：一部分是必须时刻要遵守的安全规定和管理流程；另一部分是与承包商工作地点相关的培训。具体内容包括：

(1) 可能发生的紧急情况和预防措施；

(2) 安全距离；

(3) 避难场所；

(4) 疏散路线；

(5) 入场安保控制措施；

(6) 消除污染的措施；

(7) 紧急医疗救护措施；

(8) 紧急警报和响应流程；

(9) 个人防护用具；

(10) 应急装备。

项目实施前的 HSE 审核，是用来确认承包商是否实现了 HSE 计划中规定的必要目标，以及启动工作是否全部完成。审计的程度取决于合同的规模和复杂性。对于小合同，可以通过简单的检查表进行审计。对于大型和复杂的合同，可能需要一种更具分析性的方法。

如果审计结果不能令人满意，则应认真审查承包商的进展情况。此阶段可用的选项是：

(1) 轻微缺陷　对于相对较小的缺陷，应要求承包商采取纠正行动，并再次审计。这可能是与开始执行阶段同时进行的。

(2) 严重缺陷　如果发现严重缺陷，可能需要暂停项目，甚至终止合同。

2. 执行

在项目执行阶段，对于承包商雇员的 HSE 相关行为的监督是承包商的责任。不过，业主代表需要确保承包商的监督工作符合承包商 HSE 计划中规定的要求。

业主应在现场派驻一名或多名代表来完成合同中约定的业主对于现场 HSE 事务的责任，这也是业主践行其 HSE 承诺的表现。业主代表在监督过程中可以通过以下行动来体现对 HSE 的承诺：

(1) 验证合同中与 HSE 有关的所有条款是否得到遵守；

(2) 业主项目经理或业主代表的定期和随机现场检查；

(3) 出席与承包商举行的 HSE 定期会议；

(4) 跟踪所有事件报告的后续行动；

(5) 为 HSE 事项提供资源和咨询；

(6) 不削减 HSE 方面工作的成本；

(7) 定期评估承包商的 HSE 绩效；

(8) 提出促进 HSE 绩效改善的措施；

(9) 在极端情况下，针对某些 HSE 原因，限制或暂停承包商的工作等。

业主可以通过定期检查和审计监督承包商的 HSE 活动。定期检查是确认承包商日常活动是否符合合同要求的常规手段，审计则是对承包商是否遵守合同要求（承包商的 HSE 计划）更正式和更全面的评估。

承包商应在其 HSE 计划中确定其检查/审计计划。相关检查/审计应该有书面记录，并按要求提供给业主。承包商日常检查应包括：

(1) 相关活动对于工作许可的符合性；

(2) HSE 设备的运行状态；

(3) 工具和设备的可靠性、可维护性和维护状况；

(4) 应急预案的准备和演习，包括消防设备和现场医疗设备的使用；

(5) 正确使用防护设备的情况（可以利用人工智能和摄像头进行智能视频监测[10]，提高检查的效率和效果）；

(6) 员工对 HSE 的认识和对安全工作实践的理解等。

通常可以通过突击抽查和承包商监督人员的参与来提高检查的效果。承包商负有现场 HSE 管理的责任，检查和审计是其中的首要责任。业主方监督人员的任务应该是监督承包商 HSE 计划的执行情况，并确保承包商的系统能保障其 HSE 计划的执行。所有检查和审计的结果以及后续报告应反馈给承包商的现场和办公室管理部门。业主可通过将合同付款与完成审计后改进项目的比例挂钩，来提高审计的影响力。

值得注意的是，任何人发现承包商员工在现场的工作过程中有违反安全规章制度的行为，都有权报告给管理层。如果发现该承包商员工的行为可能产生非常迫切的危害，就应该立即制止该行为，然后再上报。

3. 收尾

在此阶段，承包商的 HSE 计划仍然是监测其 HSE 活动的工具。此时，两个新问题会出现：

（1）现场恢复；

（2）废弃物的管理和处置。

业主应继续对照承包商的 HSE 计划监测其绩效，包括 HSE 事件的报告。在合同结束前，对 HSE 事项保持警惕是很重要的。

五、项目评估

业主应根据日常 HSE 绩效监测的内容，包括但不限于以检查记录、事故记录、培训记录、审计报告等对承包商的 HSE 表现进行评估。业主应将评估结果反馈给承包商以供其持续改进，还应反馈给企业内部其他相关部门供其更新合格供应商名单。

所有相关的评估都应该有书面记录，并根据企业文档管理的要求进行保存。

第四节　承包商管理要素实施的评估

承包商管理作为过程安全管理体系的一个要素，和体系一样，其实施效果也应该获得评估。对于体系及其要素，最常见的评估方法就是持续监测日常绩效和定期审核。由于系统性的审核周期通常比较长，基本上每 2～5 年进行一次审核，往往无法有效地应对那些需要及时发现并纠正的问题，因此对于体系及其要素也需要设定一些可供监测的日常绩效指标。目前，如何通过审计来实现评估，已经获得广泛深入的讨论，也有大量针过程安全管理体系和承包商管理要素的审计表，但是监测日常绩效的指标却不常见。本书的第十四章会重点讨论如何建立有效的过程安全管理绩效指标，而本节主要讨论如何建立承包商管理要素的绩效指标。

在规划阶段，确定 HSE 对承包合同的范围、时间表和策略的影响，对于之后合同的签订和项目的顺利执行有着重要影响。因此引入量化的日常绩效指标就非常重要了。就这一阶段，可以考虑设定以下日常绩效指标：

（1）项目招标文件经过正式 HSE 评估的占所有项目的比例：比例越高，说明在项目计划阶段对 HSE 的考虑越充分；

（2）项目的招标文件中有 HSE 规格书的占所有项目的比例：比例越高，说明在项目计划阶段对 HSE 的考虑越充分。

在承包商资格预审和招投标阶段，评估预审的执行效果是非常重要的，因此可以考虑设定以下指标：

（1）通过 HSE 资格预审的承包商占投标的承包商的比例：比例太低，说明承包商普遍 HSE 素质较低；比例太高，有可能是 HSE 资格要求较低，可以适当考虑提高标准。

（2）被免除提供过往安全绩效和/或现有安全管理机制的承包商的数量：数量越大，说明被免除评估的企业越多，这意味着一些安全绩效较差的承包商可以很容易地参与项目。

（3）根据项目后安全绩效评估的结果选择的承包商占承包商总数的比例：比例低，说明选取承包商阶段的工作完成得不好，导致有不合格的承包商被授予合同，而在执行过程中无法满足项目的 HSE 要求，以至于项目完成后由于绩效不合格而被排除在下一次合同之外；比例高，说明选取承包商阶段工作完成得较好；比例极高时可能反映项目后评估标准太低，以至于无法排除安全绩效表现不太好的承包商。

在项目实施阶段，承包商对于人员和现场的管理尤为重要，因此对此方面绩效的监控也非常重要，可以考虑设定以下日常绩效指标：

（1）接受入场培训并通过考核的承包商员工占所有承包商雇员的比例：如果该比例太低，则反映承包商安全管理和安全文化差，此时需要启动调查机制，必要时可以暂停作业。

（2）业主代表每月现场随机抽检的次数：该数值越高，说明业主对一线的情况越了解。

（3）业主代表每次随机抽检发现的不符合项的数量：该数值越高，说明现场安全越差；如果数值过低，也需要分析是否是承包商故意隐瞒或者现场抽检覆盖面不够。

（4）召开安全会议的频率：频率低反映安全文化差，频率高则反映安全文化好。不过如果频率过高以至于影响正常作业，可能反映承包商在安全会议上流于形式。

（5）安全会议中人员的出勤率：出勤率低，反映安全文化差，员工参与度低；反之，则反映安全文化好，员工参与度高。

（6）有作业危害分析（JHA）的作业占作业总数的比例：比例越高，说明作业危害辨识越充分。

（7）承包商员工提出的安全改善建议的数量：数量越大，说明员工参与度越高。

（8）未落实的安全改善建议的比例：比例越大，说明业主和承包商管理层对安全的响应滞后，这将严重影响员工参与的积极性。

（9）承包商员工的事故率（含未遂事件）：事故率作为滞后指标，充分反映承包商的安全管理、作业监督和安全文化的情况。

（10）经过调查并提出整改意见的事故（含未遂事件）占所有事故（含未遂事件）的比例，该数据可以反映承包商持续改进的情况。

（11）定期抽查中发现承包商员工按许可证制度完成作业占总作业数量的比例：许多事故的发生都和未严格执行工作许可制度有关，因此这个指标对于避免事故发生有着重要意义。

在项目评估阶段，业主根据承包商日常 HSE 绩效对其评估，并得出结论。此时可考虑设定以下指标：

（1）编写承包商评估报告的项目占所有项目的比例：比例越高，说明项目评估阶段的工作完成得越充分。

（2）日常绩效指标收集频率的间隔时间应该远小于两次审核之间的间隔时间，以实现及时性和快速响应。具体的间隔时间可根据企业情况和指标的性质确定，可以是一个月、三个月或半年。

（3）监控日常绩效指标，并结合定期审核，就能对承包商管理的实施进行有效可靠的管理。

第五节　承包商管理评估表格示例

一、承包商 HSE 预评估问卷

表 10-5 展示了承包商 HSE 的预评估问卷格式。

表 10-5　承包商 HSE 的预评估问卷格式

1	公司信息	
1.1	公司名称	
1.2	公司注册地址	
1.3	公司联系地址	

1.4	公司负责人	姓名		职务		电话	
1.5	HSE 负责人	姓名		职务		电话	
1.6	公司从事本行业的年限						
1.7	提供过往项目经验(项目名称、联系人姓名、职务、电话)						
1.8	公司保险(提供保险合同复印件)						
1.9	工伤保险(提供保险合同复印件及过往三年的保险费率)						
1.10	判决、声明、未决诉讼或显著不利于公司的事件						
2	HSE 管理体系						
2.1	HSE 管理体系(如有,提供体系的描述)						
2.2	HSE 方针政策及其定期更新(如有,提供方针政策文件)						
2.3	HSE 组织机构(如有,提供 HSE 组织架构图以及相关人员的职责)						
2.4	HSE 人员配备(提供 HSE 人员配备的原则及比例)						
2.5	遵守的 HSE 法律法规及规范(提供遵守 HSE 法律法规及规范的清单)						
2.6	定期开展审核和管理层评审(如有,提供审核报告和管理层评审摘要)						
2.7	跟踪管理审核和评审的行动项(如有,提供行动项管理的记录)						
3	HSE 管理						
3.1	安全培训(提供安全培训的描述,包括培训内容、培训方式、培训计划和培训记录)						
3.2	安全手册(safety manual)及标准作业程序(standard operation procedures)(提供安全手册及标准作业程序清单)						
3.3	工作许可证制度(提供工作许可证制度管理文件,包括许可证样张以及相应记录)						
3.4	JHA 工作(提供 JHA 程序和相应记录)						
3.5	现场安全的检查、审核和评估(提供程序和相应记录)						

3.6	危害沟通（提供危害沟通程序和相应记录，现场危害标志）				
3.7	安全设备设施，包括个人劳动保护用品、消防设备、急救设备等（提供管理程序、维保计划及记录）				
3.8	工具及设备（提供管理程序、维保计划和记录）				
3.9	应急预案（提供应急预案、演练计划及记录）				
3.10	安全会议（提供计划及记录）				
3.11	员工健康（提供：工作时间，带薪休假病假，法定节假日信息；员工职业健康管理计划，包括但不限于听力、化学品暴露、呼吸保护、体检项目及周期；为员工配备的个人防护用品清单）				
3.12	分包商管理（提供分包商管理程序和相应记录）				
3.13	杜绝酒精及毒品滥用（提供管理程序和相应记录）				
3.14	管理事故的报告，调查及行动项的跟踪关闭（提供事故管理程序和相应记录）				
4	安全与健康绩效（过往三年及本年度截至目前）				
		本年度截至目前	年	年	年
4.1	员工人数				
4.2	分包商/承包商人数				
4.3	总工作时间（含分包商/承包商）				
4.3.1	员工工作时间				
4.3.2	分包商/承包商工作时间				
4.4	事故死亡人数（含分包商/承包商）				
4.4.1	员工死亡人数				
4.4.2	分包商/承包商死亡人数				
4.5	可记录事故数（含分包商/承包商）				
4.5.1	员工可记录事故数				
4.5.2	分包商/承包商可记录事故数				
4.6	损失工时事故数（含分包商/承包商）				
4.6.1	员工损失工时事故数				

续表

4.6.2	分包商/承包商损失工时事故数				
4.7	仅需现场处理的事故数（含分包商/承包商）				
4.8	未遂事件数（含分包商/承包商）				
4.9	可记录事故率（含分包商/承包商）				
4.9.1	员工可记录事故率				
4.9.2	分包商/承包商可记录事故率				
4.10	损失工时事故率（含分包商/承包商）				
4.10.1	员工损失工时事故率				
4.10.2	分包商/承包商损失工时事故率				
4.11	死亡事故的事故调查报告（含分包商/承包商）（如有）				
4.12	损工事故及原因的清单（含分包商/承包商）（如有）				
4.13	在过去的三年里接受过的政府部门针对安全、健康、环保违规的处罚（如有，提供相关处罚文件）				
4.14	目前尚未关闭的政府部门针对安全、健康、环保违规的处罚（如有，提供相关处罚的文件，以及关闭处罚的方案和时间表）				

填表人		姓名		职务		电话	
填表日期			年		月		日

二、承包商现场作业检查表

表10-6展示了承包商现场作业检查表格式。

表 10-6　承包商现场作业检查表格式

日期			承包商		
项目名称			区域		
检查人员					

类别	编号	项目	合格	不合格	不适用	评价及建议
培训及持证上岗	1	接受安全教育培训取证入场				
	2	特种作业人员持证上岗				

类别	编号	项目	合格	不合格	不适用	评价及建议
现场标识	3	现场危害警示标识				
	4	疏散路线				
	5	应急电话				
消防	6	灭火器及其他消防设施				
	7	易燃物品的存储				
	8	消防通道畅通				
	9	义务消防员				
劳动保护用品	10	安全眼镜				
	11	安全帽				
	12	手套				
	13	面罩				
	14	听力保护				
	15	呼吸保护				
	16	防坠落安全保护				
	17	其他				
许可证管理	18	按规定办理许可证进行作业				
	19	按规定变更作业许可证内的作业内容				
	20	按规定将许可证张贴在作业现场				
	21	按作业许可要求提供危害控制措施				
	22	按作业许可要求使用非防爆工具				
	23	按作业许可要求在作业过程中进行气体检测				
	24	按作业许可要求在作业过程中进行监护				
	25	作业完成后按要求关闭许可证				
受限空间	26	作业开始前进行受限空间的气体检测				
	27	非防爆器具的使用(内部可能存在可燃介质时)				
	28	进入人员、工具、设备的登记				
	29	建立应急救援预案				
	30	能量隔离并上锁挂牌				
	31	使用安全电压				
	32	维持通风措施				
	33	连续/定期监测受限空间的气体				

类别	编号	项目	合格	不合格	不适用	评价及建议
动火作业	34	现场按要求配备消防器材				
	35	作业时,气瓶之间、气瓶与动火点的安全间距				
	36	高处动火时的防火花溅落措施				
	37	气瓶现场的存储与管理				
	38	动火完成后现场清理,尤其是火种的处理				
挖掘作业	39	基坑周边护栏牢固				
	40	机械挖掘与周边作业交叉时安排专人指挥				
	41	提供上下通道并充分放坡				
施工用电	42	配电箱管理良好				
	43	提供漏电保护				
	44	使用安全电压				
	45	电气元件、电缆接头完好				
高处作业	46	按要求佩戴安全带从事高处作业				
	47	通道、平台设置护栏				
	48	悬空或无依托高处作业设置生命线等防坠落设施				
	49	安装牢固的硬临边保护设施				
	50	工具/材料采取防坠落措施				
	51	交叉作业设置有效隔离措施				
	52	脚手架搭设牢固				
	53	作业平台满铺固定跳板				
起重作业	54	设置警戒区				
	55	吊车支腿按要求				
	56	起吊声音警告				
	57	按要求配备指挥及监控人员				
	58	起重臂和吊起的重物下面清场				
能量隔离	59	管线按要求加设隔离盲板				
	60	电气开关隔离上锁				
现场交通/车辆	61	货运车辆未人货混装				
	62	使用专业车辆运输乙炔、氧气瓶				
	63	遵守车速限制和按规定路线行驶				
	64	吊车、叉车、铲车等工程车辆按章作业				

类别	编号	项目	合格	不合格	不适用	评价及建议
其他	65	危险化学品设置专门存放点				
	66	危险化学品管理［化学品安全技术说明书（MSDS），台账，防泄漏，应急预案及措施］				
	67	规范使用合格梯子作业				
	68	按要求实施射线作业				

第六节　与 PSM 其他要素的关系

由于承包商广泛参与到危险化学品设施的研发、设计、建造、运营、检修和拆除等活动中，因此许多过程安全要素都和承包商相关。承包商管理要素作为过程安全管理要素之一，和过程安全管理中的其他要素共同作用，避免重大过程安全事故的发生；同时承包商管理要素和其他许多要素都有着密切的联系。

对于过程安全信息来说，承包商需要对其提供的过程安全信息的准确性和合规性负责，例如工程设计承包商对其设计文件负责，化学品供应商对其提供的化学品安全技术说明书（MSDS）的合规性负责等。

对于过程危害分析而言，承包商的参与对于过程危害分析的质量有着重大影响，例如在危险与可操作性分析（HAZOP）中工程设计承包商的工艺工程师、工艺包的技术人员等的参与是非常重要的。

对于培训来说，承包商的培训是很重要的一部分。对于在现场施工的承包商而言，他们一般都是临时进场，因此通过培训在开始作业前就充分了解现场的危害信息和安全规定是至关重要的。在本章一开始描述的氮气窒息事故中，对于危害理解得不充分是导致事故发生的原因之一，而这和培训不到位是有关系的。

动火作业管理作为过程安全管理中管控非常规作业风险的要素，和承包商管理也是息息相关的。现场施工承包商一般在工厂检修和大修期间大量进场，从事一些非常规的并且风险较高的作业，例如进罐清洗作业、焊接切割等动火作业等。对于此类作业，通常会通过许可证制度来管理。在本章一开始描述的闪爆事故中，都是和业主/承包商未有效执行动火许可管理有关，而作业人员的培训不到位也在一定程度上导致事故的发生。

承包商管理作为过程安全管理体系中的要素，其绩效表现需要获得评估。最常见的评估方法就是持续监测日常绩效指标和定期审核。由于系统性的审核周期通常比较长，往往无法有效地应对那些需要及时发现并纠正的问题，因此可以通过设定一些可供监测的日常绩效指标来评价体系要素的有效性。

因此，在过程安全管理体系建设中，要建立完善的承包商管理机制，同时将承包商管理要素和其他要素有机地结合在一起，以避免重大过程安全事故的发生，从而实现对安全、健康、环境的保护。

参考文献

[1] US Chemical Safety and Hazard Investigation Board. Case study-Confined Space Entry-Worker and Would-be Rescuer Asphyxiated, Report No 2006-02-I-DE [R]. 2006.

[2] 上海市人民政府. 关于同意《上海赛科石油化工有限责任公司"5·12"其他爆炸较大事故调查报告》的批复 [Z]. 2018.

[3] US Chemical Safety and Hazard Investigation Board. Case study-Vapor Cloud Explosion, Report No. 2011-01-I-NY [R]. 2010.

[4] 上海市应急管理局. 关于《上海赛科石油化工有限责任公司"11·26"中毒和窒息死亡事故调查报告》的批复 [Z]. 2019.

[5] Occupational Safety and Health Administration. Process safety management of highly hazardous chemicals [S]. 29 CFR 1910. 119.

[6] Contractor Safety Performance Process [S]. API Standard 2220—2011.

[7] 石油化工企业安全管理体系实施导则 [S]. AQ/T 3012—2008.

[8] 化工企业工艺安全管理实施导则 [S]. AQ/T 3034—2010.

[9] 美国化工过程安全中心. Guidelines for Risk Based Process Safety [M]. 2007.

[10] Wu Hao, Zhao Jinsong. An intelligent vision-based approach for helmet identification for work safety [J]. Computers in Industry, 2018, 100: 267-277.

第十一章

应急准备和响应

人类社会的任何生产活动（比如农业收割、房屋建筑、交通运输、石油炼制、炼钢炼铁、医药化工等）都存在一定的风险，没有一项活动是绝对安全的。因此，为了以防万一，都要做好应急准备，积极推进应急管理体系和能力现代化。

第一节　基本概念和定义

应急管理[1,2]是指为了迅速、有效地应对可能发生的事故，控制或降低其可能造成的后果和影响而进行的一系列有计划、有组织的管理，包括准备、响应、恢复、调查四个阶段。应急管理主要步骤见图 11-1。

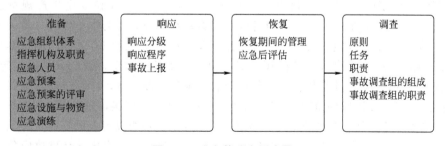

图 11-1　应急管理主要步骤

应急管理的主要内容包括：

（1）对可能发生的事故做好应急预案；

（2）为应急预案的执行提供必要的资源；

（3）不断演练并完善应急预案；

（4）通过不断培训与沟通，使员工、承包商、相邻单位、政府管理部门了解应急响应中应该做什么、如何做、如何沟通；

（5）事件发生以后有效地与相关方沟通。

应急预案：应急预案是为有效预防和控制可能发生的事故，最大限度地减少事故及其造成的损害而预先制定的工作方案。

生产经营单位安全生产事故应急预案是国家安全生产应急预案体系的重要组成部分。制定生产经营单位安全生产事故应急预案是贯彻落实"安全第一、预防为主、综合治理"方针，规范生产经营单位应急管理工作，提高应对风险和防范事故的能力，保证职工安全健康和公众生命安全，最大限度地减少财产损失、环境损害和社会影响的重要措施。生产经营单位的应急预案体系主要由综合应急预案、专项应急预案和现场处置方案构成。

应急准备：针对可能发生的事故，为迅速、有序地开展应急行动而预先进行的组织准备和应急保障。

应急响应：事故发生后，有关组织或人员采取的应急行动。

应急救援：在应急响应过程中，为消除、减少事故危害，防止事故扩大或恶化，最大限度地降低事故造成的损失或危害而采取的救援措施或行动。

恢复：事故的影响得到初步控制后，为使生产、工作、生活和生态环境尽快恢复到正常状态而采取的措施或行动。

第二节　有关法规介绍

《安全生产法》第二十二条规定：生产经营单位的安全生产管理机构以及安全生产管理人员履行下列职责：组织或者参与拟订本单位安全生产规章制度、操作规程和生产安全事故应急救援预案；组织或者参与本单位应急救援演练。第七十七条规定：县级以上地方各级人民政府应当组织有关部门制定本行政区域内生产安全事故应急救援预案，建立应急救援体系。第七十八条规定：生产经营单位应当制定本单位生产安全事故应急救援预案，与所在地县级以上地方人民政府组织制定的生产安全事故应急救援预案相衔接，并定期组织演练。

《危险化学品安全管理条例》第四十九条规定：县级以上人民政府负责危险化学品安全监督管理综合工作的部门会同有关部门制定危险化学品事故应急救援预案[3]；第五十条规定：危险化学品单位应当制定本单位事故应急救援预案。

其他相关法规中有关编制应急预案的内容还包含：

《国务院关于特大安全事故行政责任追究的规定》第七条规定：市（地、州）、县（市、区）人民政府必须制定本地区特大安全事故应急处理预案。

《消防法》规定：消防安全重点单位应当制定灭火和应急疏散预案。

《特种设备安全监察条例》第三十一条规定：特种设备使用单位应当制定特种设备的事故应急措施和救援预案。

　　《建设工程安全生产管理条例》第四十八条规定：施工单位应当制定本单位安全事故应急救援预案。

　　《石油化工企业安全管理体系实施导则》（AQ/T 3012—2008）中也明确了对化工企业应急预案编制的要求。

　　生产经营单位应当根据法律、法规和《生产经营单位安全生产事故应急预案编制导则》（AQ/T 9002—2006)[3]的要求，结合本单位的风险辨识、风险分析和可能发生的事故特点，制定应急预案。

第三节　应　急　准　备

　　化工装置设施的类型不同，应急预案的内容也不同。但编制及准备应急预案的基本过程是一致的，基本步骤如图 11-2 所示[4-7]。

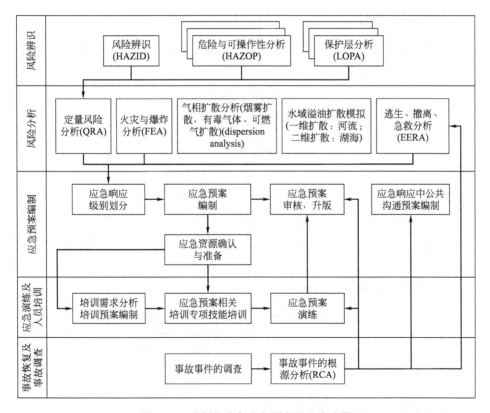

图 11-2　编制及准备应急预案的基本步骤

　　（1）通过不同的风险辨识、风险分析的手段，识别并对潜在的紧急事件进行分类与分级；

（2）明确应急计划中必需的要素；

（3）明确可用于应急的资源；

（4）准备演练测试应急计划；

（5）通过不断培训与沟通，使员工、承包商、相邻单位、政府管理部门了解应急响应中应该做什么、如何做、如何沟通；

（6）不断从紧急事件处理中吸取经验，不断完善应急计划。

应急准备是针对可能发生的事故，为迅速、有序地开展应急行动而预先进行的组织准备和应急保障。

应急准备包括：制定应急救援方针与原则，应急机构的设立和职责的落实，编制应急预案，应急队伍的建设，应急设备（施）、物资的准备和维护，应急预案培训与应急演练等。

一、应急组织体系

应急准备应首先明确应急组织形式、构成单位或人员，以及其相应的职责与分工，并尽可能以如图 11-3 所示的组织结构图表示。

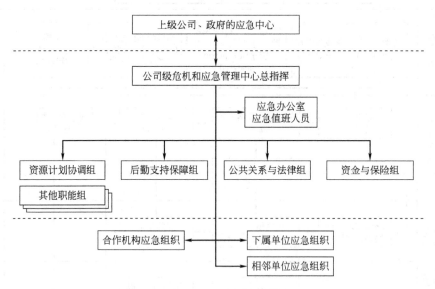

图 11-3　应急组织结构图

1. 事故应急救援系统的组织机构

应急救援中心：负责协调事故应急救援期间各个机构的运作，统筹安排整个应急救援行动，为现场应急救援提供各种信息支持；必要时实施场外应急力量、救援装备、器材、物品等的迅速调度和增援，保证行动快速又有序、有效地进行。

应急救援专家组：对城市潜在重大危险的评估、应急资源的配备、事态及发展趋势的预测、应急力量的重新调整和部署、个人防护、公众疏散、抢险、监测、清消、现场恢复等行动提出决策性的建议，起着重要的参谋作用。

医疗救治组：通常由医院、急救中心和军队医院组成，负责设立现场医疗急救站，对伤员进行现场分类和急救处理，并及时合理转送医院进行救治；对现场救援人员进行医学监护。

消防与抢险：主要由公安消防队、专业抢险队、有关工程建筑公司组织的工程抢险队、军队防化兵或工程兵等组成。职责是尽可能、尽快地控制并消除事故，营救受害人员。

监测组：主要由环保监测、卫生防疫、军队防化侦察或气象等专业人员组成，负责迅速测定事故的危害区域范围及危害性质，监测空气、水、食物、设备（施）的污染情况，以及气象监测等。

公众疏散组：主要由公安、民政部门和街道居民组织抽调力量组成，必要时可吸收工厂、学校中的骨干力量参加，或请求军队支援。根据现场指挥部发布的警报和防护措施，指导部分高层住宅居民实施隐蔽；引导必须撤离的居民有秩序地撤至安全区或安置区，组织好特殊人群的疏散安置工作；引导受污染的人员前往洗消去污点；维护安全区或安置区内的秩序和治安。

警戒与治安组织：通常由公安部门、武警、军队、联防等组成。负责对危害区外围的交通路口实施定向、定时封锁，阻止事故危害区外的公众进入；指挥、调度撤出危害区的人员和使车辆顺利地通过通道，及时疏散交通阻塞；对重要目标实施保护，维护社会治安。

洗消去污组：主要由公安消防队伍、环卫队伍、军队防化部队组成。其主要职责为开设洗消站（点），对受污染的人员或设备、器材等进行消毒；组织地面洗消队实施地面消毒，开辟通道或对建筑物表面进行消毒，临时组成喷雾分队降低有毒有害物的空气浓度，减少扩散范围。

后勤保障组：主要涉及计划部门、交通部门、电力、通信、市政、民政部门、物资供应企业等，主要负责应急救援所需的各种设施、设备、物资以及生活、医药等的后勤保障。

信息发布组：主要由宣传部门、新闻媒体、广播电视等组成。负责事故和救援信息的统一发布，以及及时准确地向公众发布有关保护措施的紧急公告等。

2. 支持保障系统的功能

法律法规保障体系：明确应急救援的方针与原则，规定有关部门在应急救援工作中的职责，划分响应级别，明确应急预案编制和演练要求、资源和经费保障、索赔和补偿、法律责任等。

通信系统：保证整个应急救援过程中救援组织内部，以及内部与外部之间通畅的通信网络。

警报系统：及时向受事故影响厂内及厂外人群发出警报和紧急公告，准确传达事故信息和防护措施。

技术与信息支持系统：可以基于过程安全管理中所积累的过程安全信息、过程危害分析所识别出的风险，结合地理信息系统（geographic information system，GIS）、办公系统（office automation，OA）形成一个应急救援的信息数据库以及决策支持系统。同时建立应急救援专家组，为应急决策提供所需的各类信息和技术支持。

宣传、教育和培训体系：通过各种形式和活动，加强对公众的应急知识教育，提高社会应急意识，如应急救援政策、基本防护知识、自救与互救基本常识等；为全面提高应急队伍的处置能力和专业水平，设立应急救援培训基地，对各级应急指挥人员、技术人员、监测人员和应急队员进行强化培训和训练，如基础培训、专业培训、技术培训等。

二、指挥机构及职责

《安全生产法》第十八条规定：生产经营单位主要负责人有组织制定并实施本单位的生产安全事故应急救援预案的职责。应根据法规，明确应急指挥机构总指挥、副总指挥、各成员单位及其相应职责。应急救援指挥机构根据事故类型和应急工作需要，可以设置相应的应急救援工作小组，并明确各小组的工作任务及职责。

通常企业会针对突发事件危害程度、影响范围和控制事态能力的差别确定响应级别，同时可根据公司的内部组织结构与组织的规模大小划分不同响应级别的指挥机构，并明确其职责。

三、应急参与人员

应急预案的执行需要所有相关方人员的参与。人员对预案的了解程度，以及其自身的知识水平与技术能力，决定了预案能否正确实施。

应对化工企业的所有员工、承包商、周边社区的人员进行有针对性的培训。根据其在应急中的角色与职责制订不同的培训计划，并明确培训的频度和考核要求。

四、应急预案的分类

制定事故应急救援预案的目的有两个：采取预防措施使事故控制在局部，消除蔓延条件，防止突发性重大或连锁事故发生；能在事故发生后迅速有效控制和处理事故，尽量减轻事故对人和财产的影响。

应急预案按照执行主体划分为：国家预案、省级预案、市级预案、机构/企业/个人预案。

应急预案按照应急对象的类型划分为：自然灾害预案、事故灾难（生产）预案、公共卫生预案、社会安全预案。

应急预案按照功能与目标划分为：综合应急预案、专项应急预案和现场处置方案。

风险种类多、可能发生多种事故的生产经营单位，应当组织编制本单位的综合应急预案。综合应急预案应当包括本单位的应急组织机构及其职责、预案体系及响应程序、事故预防及应急保障、应急培训及预案演练等主要内容。

对于某一种类的风险，生产经营单位应当根据存在的危险源的特性和可能发生的事故类型，制定相应的专项应急预案。专项应急预案应当包括危险性分析、可能发生的事故特征、应急组织机构与职责、预防措施、应急处置程序和应急保障等内容。

对于危险性较大的重点岗位，生产经营单位应当制定重点工作岗位的现场处置方案。现场处置方案应当包括危险性分析、可能发生的事故特征、应急处置程序、应急处置要点和注意事项等内容。

生产经营单位编制的综合应急预案、专项应急预案和现场处置方案之间应当相互衔接，并与所涉及的其他单位的应急预案相互衔接。

五、应急预案的编制

应急预案的编制应当满足下列基本要求：

（1）符合有关法律、法规、规章和标准的规定；

（2）结合本地区、本部门、本单位的安全生产实际情况；

（3）充分考虑了本地区、本部门、本单位的风险辨识、风险分析的结果；

（4）充分考虑了历次应急演练的结果；

（5）充分考虑了以往事件与事故的原因分析；

（6）借鉴了行业内的良好作业实践，考虑了在其他地区、其他公司出现过的事故；

（7）应急组织和人员的职责分工明确，并有具体的落实措施；

（8）有明确、具体的事故预防措施和应急程序，并与其应急能力相适应；

（9）有明确的应急保障措施，并能满足本地区、本部门、本单位的应急工作要求；

（10）预案基本要素齐全、完整，预案附件提供的信息准确；

（11）预案内容与相关应急预案相互衔接；

（12）预案中应包含在应急准备、应急响应、应急恢复与事故调查各个阶段的信息沟通与公众信息通报的内容。

案例-1：

美国政府应急中心（Office of Response and Restoration）将应急响应区域级别划分为应急响应区 ERPG-1～3 级。其中，ERPG-3 为最高响应级别，这个区域的风险最高，因此所要求的防护水平最高，响应时间最短。ERPG 区域的划分以人员在该区域活动 1h 的人体反应为基础。ERPG-3 为在该区域活动 1h 以上会导致人员死亡；ERPG-2 为在该区域活动 1h 以上导致人员受伤；ERPG-1 为在该区域活动 1h 以上轻伤，或受到明显的气味影响。

以液氯储罐的应急预案编制为例，通过风险辨识已经识别出液氯泄漏为主要风险，在风险评价中所分析的风险场景为在风速 5m/s、大气稳定度 D 的条件下，存量约 900kg 液氯储罐发生 15mm 破口的持续泄漏。如图 11-4 所示的应急响应区域划分，最外层曲线所表示的是在下风向、人员不受事故影响的安全区域界限，可称为安全线。通常在应急预案中可以将安全线距离作为应急疏

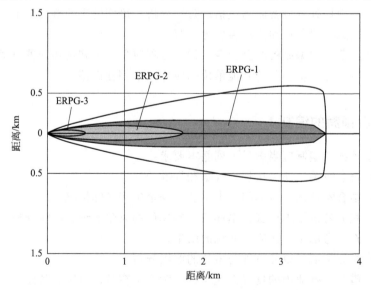

图 11-4　应急响应区域划分

散范围的参考值。ERPG-1～3级的距离分别为：

ERPG-1：3.5km $[0.5×10^{-6}$（体积分数）$]$；

ERPG-2：1.7km $[2×10^{-6}$（体积分数）$]$；

ERPG-3：470m $[20×10^{-6}$（体积分数）$]$。

应在应急预案内对应急响应级别、人员疏散范围、不同区域的个人防护用品要求、公众广播系统的覆盖范围、通信与告知的单位等做出相应考虑。

六、应急预案的评审

应当组织有关专家对本部门编制的应急预案进行审定；必要时，可以召开听证会，听取各个利益相关方的意见。涉及相关部门职能或者需要有关部门配合的，应当征得有关部门同意。

七、应急设施与物资

《安全生产法》规定危险物品的生产、经营、储存运输、单位以及矿山、金属冶炼、城市轨道交通运营、建筑施工单位应当建立应急救援组织并配备应急救援器材、设备。

应明确应急救援需要使用的应急物资和装备的类型、数量、性能、存放位置、管理责任人及其联系方式等内容。主要包括：

（1）准备用于应急救援的机械与设备、监测仪器、材料、交通工具、个人防护用品、医疗、办公室等保障物资等；

（2）列出有关部门，如企业、武警、消防、卫生、防疫等可用的应急设备；

（3）列出应急物资存放地点及获取方法；

（4）对应急设备与物资进行定期检查与更新。

案例-2

2010年4月20日当地时间晚上21:45左右，位于美国墨西哥湾BP石油公司的深水地平线号（Deepwater Horizon）钻井平台发生爆炸，导致11人失踪、17人受伤。钻井平台作业水深为1524m。4月22日平台沉没，24日海面开始出现溢油，情况不断恶化，并演变成美国历史上最严重的环境灾难。

截至2010年6月5日，这次事故动员的应急资源包括：

动用船只：超过2700艘。

已使用的围油栏：超过216万英尺（1ft＝0.3048m）；库存超过68.2万英尺。

已使用的吸附围油栏：超过239万英尺；库存超过240万英尺。

总围油栏布放：超过 455 万英尺；库存：超过 308 万英尺。

含油污水回收：超过 1548 万加仑（1US gal＝3.78541dm³）。

海面消油剂使用：接近 77.9 万加仑。

水下消油剂使用：接近 30.3 万加仑；库存：超过 24 万加仑。

动员人员：超过 20000 人。

（案例数据引自 www. deepwaterhorizonresponse.com）

这次事故后 BP 石油公司总结其经验与教训，认为应在五个方面提高应急处置能力：意外事故防范和钻井安全、关井、救援井、泄漏处理及危机管理。

为了提高深水救援井的技术和能力，BP 石油公司在美国休斯敦部署了可以在 3000m 水深使用的深水井罩（见图 11-5）及安装工具，并保持日常的维护和保养，随时待命。

图 11-5　BP 石油公司在美国休斯敦使用的深水井罩

一旦事故发生后，BP 石油公司可以在几天时间内以空运的方式，快速部署至其从事海洋石油深水作业的任何地点。

八、应急演练

应急演练是指按一定的程序所开展的救援模拟行为。

应急演练的目的是检查应急培训的效果，检验应急组织和个人的应急响应能力，验证应急计划的有效性和可行性。需要强调的是，没能发现应急预案和应急准备薄弱环节的应急演练不能算作成功的应急演练。

应急预案中应明确应急演练的规模、方式、频次、范围、内容及要求、组织、评估、总结等内容。

案例：

2010 年江苏某化工园区在联合国环境署阿佩尔计划（APELL）框架下的专家支持下，进行了一场没有事先排练的应急演练，周边三个化工企业参与了联动响应。

通过现场的演练，针对应急的不同关键要素发现了 20 多个应急响应的问题。

（1）前期风险辨识及风险分析不足导致的问题，例如：泄漏的化学物质是什么不清楚，针对不同的化学物质应该有不同的响应策略。

（2）应急指挥职责与分工不清晰导致的问题，例如：

① 现场指挥部的少部分人员职责不清，应该尽量减少不必要的人员；

② 企业的现场指挥与应急总指挥的交流不多，影响应急的及时性与有效性；

③ 现场没有人员通过监测确定危险区域和安全区域。

（3）应急资源与设施保障不足导致的问题，例如：

① 环境监测人员和装备不足，仅设置了一个环境监测点，应根据装置特点及周边人员分布增设；

② 现场总指挥使用的对讲机、中控室的对讲机信号性能不佳，很多时候听不清楚；

③ 现场的警笛声太响，但应急语音广播响度不足，根本听不清楚。

（4）相关人员、相关方的通知沟通问题，例如：

① 相邻企业接到通知较晚，超过 20min；

② 企业向园区的报告滞后；

③ 有的企业接到疏散的命令，但是不清楚具体情况（什么物质泄漏、什么事故），相关企业竟然决定停留室内避难；

④ 相邻企业针对外单位事故的应急准备不足，没有预案。

（5）人员培训与演练不足的问题，例如：

① 现场总指挥由于要用对讲机，摘掉了防毒面具，并且在泄漏物的高浓度区活动；

② 消防队到达后，没有对现场的危险区域和安全区域进行确定；

③ 只有两名消防员佩戴防毒面具和防护服，其他消防员没有佩戴防毒面具，但是仍在高浓度区域内工作；

④ 在转移伤员过程中穿过危险区域，没有应急人员帮伤员戴上任何个人防护用品（PPE）；

⑤ 储罐着火后，等到现场总指挥到达下达命令才开始对附近储罐进行冷却保护；

⑥ 现场人员还存在质疑：人员都疏散了，生产装置怎么办？

（6）应急预案内容不足或错误的问题，例如：

① 仅知道疏散，但是不知道如果疏散路径处于下风向应该如何应对。

② 现场总指挥部的人员除了佩戴安全帽和安全眼镜外，没有佩戴防毒面具，没有穿戴防护服等其他个人防护用品，并且指挥部就设在下风向。现场的风向变化较快，但是现场指挥部的地点却固定不动。

通过这次演练发现了该化工园区应急响应的漏洞，为提高应急能力找到了方向，对所有参加者起到了警示和培训的作用。

九、应急准备中的培训

在 NFPA 1600（Disaster/Emergency Management and Business Continuity Programs）程序中，对于应急准备中的培训有如下要求：

应制定培训与教育计划用于支持应急管理程序。培训与教育的目的是提高应急意识与应急能力。明确应急培训与教育的频率、范围，明确应急计划中所有相关人员的培训要求。培训记录应长期保留。

第四节 应 急 响 应

一、响应分级

应急响应是指事故发生后，有关组织或人员采取的应急行动。针对事故危害程度、影响范围和单位控制事态的能力，将事故分为不同的等级。按照分级负责的原则，明确应急响应级别。

应急响应的级别划分，需要风险辨识与风险分析的输入，只有了解了可能会出现什么事故，事故的后果严重性可能会达到什么程度，才能够有效地划分响应级别。

典型的四级响应分级如下所示：

（1）一级应急响应（一般事故）　一次事故造成3人以下死亡或10人以下中毒或重伤的。

（2）二级应急响应（较大事故）　一次事故造成3人以上10人以下死亡或10人以上50人以下中毒或重伤的。

（3）三级应急响应（重大事故）　一次事故造成10人以上30人以下死亡或50人以上100人以下中毒或重伤的。

（4）四级应急响应（重特大事故）　一次事故造成30人以上死亡或100人以上中毒或重伤的。

当事故的影响范围超出企业厂界，企业已无法及时有效处置，需依靠地方政府救援力量。根据2013年发布的《国务院安委会关于进一步加强生产安全事故应急处置工作的通知》：国务院安全生产监管监察部门和国务院负有安全生产监督管理职责的有关部门要对重特大事故或全国社会影响大的事故应急处置工作进行指导；省级安全生产监管监察部门和负有安全生产监督管理职责的有关部门要对重大、较大事故或本省（区、市）社会影响大的事故应急处置工作进行指导；市（地）级安全生产监管监察部门和负有安全生产监督管理职责的有关部门要对较大、一般事故或本市（地）社会影响大的事故应急处置工作进行指导。

令人遗憾的是，事故应急救援响应或升级响应级别往往依据事故事态的发展情况或指挥者个人判断作出，缺少在事故发生初期快速确定应急响应级别的科学方法。清华大学化工系赵劲松教授团队在这方面做过一些基础研究，在现场的传感器数据基础上，利用人工智能和大数据技术开发了人工神经网络模型，可以快速预测有毒化学品扩散影响范围[8]，帮助应急人员判断可能造成的伤害，进而提前做出适当级别的应急响应。但是此项研究成果还需实践检验。

二、响应程序

根据事故的大小和发展态势，明确应急指挥、应急行动、资源调配、应急避险、扩大应急等响应程序。典型的响应程序可能包括：

（1）应急响应流程；

（2）报告、接警和记录管理程序；

（3）公司危机和应急管理机构启动及响应程序；

（4）领导和相关人员赴现场确定程序；

（5）应急专家联系协调程序；

（6）向上级机构初步报告管理程序；

（7）媒体信息沟通管理程序；

（8）公司内部员工的情况告知管理程序；

（9）公司外部投资者、业务伙伴情况告知管理程序；

（10）总部应急响应后勤保障管理程序；

（11）政府部门、相关组织机构以及受影响居民安置管理程序；

（12）总部危机和应急状态终止及所属单位的恢复管理程序。

发生事故或险情后，企业要立即启动相关应急预案，在确保安全的前提下组织抢救遇险人员，控制危险源，封锁危险场所，杜绝盲目施救，防止事态扩大；要明确并落实生产现场带班人员、班组长和调度人员直接处置权和指挥权，在遇到险情或事故征兆时立即下达停产撤人命令，组织现场人员及时、有序撤离到安全地点，减少人员伤亡。表 11-1 给出了一个加热炉紧急停车的应急响应流程示例。

表 11-1　加热炉紧急停车的应急响应流程示例

应急响应流程名称	加热炉 F-1 紧急停车流程
编号	YJ-005
编制时间	2020 年 5 月 1 日
人员	动作
技术员张三	拉响紧急警报
技术员李四	关闭加热炉
技术员李四	通过控制器 FCV-03 停止加热炉进水
技术员李四	关闭向其他单元(换热器 1 和换热器 2)的蒸汽输送管线

要依法依规及时、如实向当地安全生产监管监察部门和负有安全生产监督管理职责的有关部门报告事故情况，不得瞒报、谎报、迟报、漏报，不得故意破坏事故现场、毁灭证据。

上报事故的首要原则是及时。快速上报事故，有利于上级部门及时掌握情况，迅速开展应急救援工作；有利于快速、妥善安排事故的善后工作；有利于及时向社会公布事故的有关情况，引导社会舆论。《生产安全事故报告和调查处理条例》（国务院令第 493 号）的有关规定如下：

事故发生后，事故现场有关人员应当立即向本单位负责人报告；单位负责人接到报告后，应当于 1h 内向事故发生地县级以上人民政府安全生产监督管理部门和负有安全生产监督管理职责的有关部门报告。情况紧急时，事故现场有关人员可以直接向事故发生地县级以上人民政府安全生产监督管理部门和负有安全生产监督管理职责的有关部门报告。

安全生产监督管理部门和负有安全生产监督管理职责的有关部门接到事故

报告后，应当依照下列规定上报事故情况，并通知公安机关、劳动保障行政部门、工会和人民检察院：

（1）特别重大事故、重大事故逐级上报至国务院安全生产监督管理部门和负有安全生产监督管理职责的有关部门；

（2）较大事故逐级上报至省、自治区、直辖市人民政府安全生产监督管理部门和负有安全生产监督管理职责的有关部门；

（3）一般事故上报至设区的市级人民政府安全生产监督管理部门和负有安全生产监督管理职责的有关部门。

安全生产监督管理部门和负有安全生产监督管理职责的有关部门依照前款规定上报事故情况，应当同时报告本级人民政府。国务院安全生产监督管理部门和负有安全生产监督管理职责的有关部门以及省级人民政府接到发生特别重大事故、重大事故的报告后，应当立即报告国务院。

必要时，安全生产监督管理部门和负有安全生产监督管理职责的有关部门可以越级上报事故情况。

安全生产监督管理部门和负有安全生产监督管理职责的有关部门逐级上报事故情况，每级上报的时间不得超过 2h。

报告事故应当包括下列内容：

（1）事故发生单位概况；

（2）事故发生的时间、地点以及事故现场情况；

（3）事故的简要经过；

（4）事故已经造成或者可能造成的伤亡数（包括下落不明的人数）和初步估计的直接经济损失；

（5）已经采取的措施；

（6）其他应当报告的情况。

自事故发生之日起 30 日内，事故造成的伤亡人数发生变化的，应当及时补报。道路交通事故、火灾事故自发生之日起 7 日内，事故造成的伤亡人数发生变化的，应当及时补报。

事故发生单位负责人接到事故报告后，应当立即启动事故相应应急预案，或者采取有效措施，组织抢救，防止事故扩大，减少人员伤亡和财产损失。

事故发生地有关地方人民政府、安全生产监督管理部门和负有安全生产监督管理职责的有关部门接到事故报告后，其负责人应当立即赶赴事故现场，组织事故救援。

三、应急结束

明确应急结束的条件。事故现场得以控制，环境符合有关标准，导致次生、衍生事故隐患消除后，经事故现场应急指挥机构批准，现场应急结束。

应急结束后，应明确：

（1）事故情况上报事项；

（2）需向事故调查处理小组移交的相关事项；

（3）事故应急救援工作总结报告。

四、其他突发事件的应急管理

应急预案主要针对流程工业中的化学品所引起的事件。但是也应充分辨识可能因其他突发事件引起的应急事件，如重大自然灾害、安保事件等。

美国石油协会在 2013 年发布了第一版针对石油与流程工业的安保风险评估标准，即 API 780[9]，这一标准适用于从盗窃、人为破坏到恐怖袭击等多种可能的威胁。将安保风险评估系统划分为五个相互衔接的步骤：关键设施识别、威胁识别、脆弱性评估、风险评估及风险处置。在前四个辨识与评估的步骤中，应急处置的人员、能力与管理程序都是安保风险辨识与评估的重要输入与评估对象。在风险处置环节原则性地将处置策略分为以下 5 类：阻止（deter）、发现（detect）、延迟（delay）、响应（respond）、恢复（recover）。

企业、化工园区、长输管线运营单位、城市燃气、地方政府等应根据所属区域的情况，在更多维度上系统地考虑应急预案的涵盖范围。

第五节　应急后恢复

应急恢复从应急救援工作结束时开始，使事故影响区域恢复到相对安全的基本状态，然后逐步恢复到正常状态。立即进行的恢复工作包括：事故损失评估、事故原因调查、清理废墟等。

当应急阶段结束后，从紧急情况恢复到正常状态需要时间、人员、资金和正确的指挥，这时对恢复能力的预先评估将变得很重要。例如：已经预先评估的某一易发事故公路，如果预先制订了恢复计划，就能在短短的数小时之内恢复到原来的交通流量。

决定应急恢复时间长短的因素包括：破坏与损失的程度；完成恢复所必需的人力、财力和技术支持；相关法律、法规；其他因素（天气、地形、地势等）。

通常情况下，恢复活动主要有以下几种：恢复期间管理、事故调查、现场警戒和安全、安全和应急系统的恢复、员工的救助、法律问题的解决、损失状况评估、保险与索赔、工艺数据的收集以及公共关系等。

一、恢复期间的管理

恢复期间的管理具有独特性和挑战性。由于受到破坏，生产不可能会立即恢复到正常状况。另外，某些重要工作人员的缺乏可能会造成恢复工作进展缓慢。

恢复工作的成功与否，在很大程度上取决于恢复阶段的管理水平，在恢复阶段，需要一位能力突出、具有大局观的人员（恢复主管）来主持恢复阶段的管理工作。管理层还需要专门组建一个小组或行动队来执行恢复功能。

在恢复开始阶段，接受委派的恢复主管需要暂停其正常工作，集中精力进行恢复工作。恢复主管的主要职责包括协调恢复小组的工作，分配任务和确定责任，督察设备检修和测试，检查使用的清洁方法，与内部（企业、法律、保险）组织和外部机构（管理部门、媒体、公众）的代表进行交流、联络。恢复主管不可能独自完成一个重大事故恢复工作的全部内容，因此必须组建恢复工作组。工作组的组成要根据事故的大小确定，一般应包括全部或部分的以下人员：工程人员、维修人员、生产人员、采购人员、环境人员、健康和安全人员、人力资源人员、公共关系人员、法律人员。

恢复工作组也可包括来自工会、承包商和供货商的代表。在预先准备期间企业应确定并培训有关恢复人员，使他们在事故应急救援结束后迅速发挥作用。如果事前没有确定恢复工作人员，恢复主管首先要指定组员并分派工作任务。在企业最高管理层支持下，恢复主管应该保证每个组员在恢复期间能够投入足够的时间，直到恢复工作结束。

恢复主管在恢复工作进行期间应该定期召开工作会议，了解工作进展，解决新出现的问题。恢复主管的主要职责之一是确定重要恢复功能的优先性并协调它们之间的关系。

二、恢复过程中的重要事项

1. 现场警戒和安全

应急救援结束后，由于以下原因可能还需要继续隔离事故现场：

（1）事故区域还可能造成人员伤害；

（2）事故调查组需要查明事故原因，因此不能破坏和干扰现场证据；

（3）如果伤亡情况严重，需要政府部门进行调查；

（4）其他管理部门也可能要进行调查；

（5）保险公司要确定损坏程度；

（6）工程技术人员需要检查该区域以确定损坏程度和可抢救的设备。

恢复工作人员应该将事故现场区域隔离成警戒区。安保人员负责防止无关人员入内。管理层要向安保人员提供授权进入此区域的名单，还要通知安保人员如何处理管理部门的检查。

安全和卫生人员应该确定受破坏区域的污染程度或危险性。如果此区域可能给相关人员带来危险，安全人员要采取一定安全措施，包括发放个人防护用品，通知所有进入人员受破坏区的安全限制等。

2. 员工救助

员工是企业最宝贵的财富，在完成恢复过程中对员工进行救助是极其重要的。然而，在事故发生时，大部分人员都在一定程度上受到影响而无法全力投入工作，部分员工在重特大事故过后还可能需要救助。

对员工援助主要包括以下几个方面：

（1）保证紧急情况发生后向员工提供充分的医疗救助；

（2）按企业有关规定，对伤亡人员的家属进行抚恤；

（3）如果事故影响到员工的住处，应协助员工对其住处进行恢复。

除此之外，还应根据损坏程度考虑向员工提供经济帮助，以及心理咨询等方面的帮助。

3. 损失状况与恢复评估

损失状况评估是恢复工作的另一个功能，主要集中在事故后如何修复的问题上，应尽快进行，但也不能干扰事故调查工作。恢复主管一般委派一个专门小组来执行评估任务，组员包括工程、财务、采购和维修人员。只有在完成损坏评估和确定恢复优先顺序后，才可以进行清洁和初步恢复生产等活动。损失评估和初步恢复生产密切相关，因而需要评估小组对这些活动进行监督。而长期的工程建设和复杂的重建工程则需转交给企业的正常管理部门进行管理。

损失状况与恢复评估的典型工作流程为：

（1）根据装置的功能与事故影响范围划分不同的事故影响区。

（2）将区域内的资产进行分类，并编制不同类型资产的评估程序，评估程序内应包含评估方法与评估标准，以及恢复策略，如报废、维修、局部更换、降级使用、保持等。

评估小组可以编制损失评估检查表来评估受影响区域，检查表中所列各项可作为事故后需要考虑问题的参考。评估组据此确定哪些设备或区域需进行修理或更换及其优先顺序。对于压力容器及管道类的资产，可以根据 API 579-1FFS 和与实用性分析的方法进行评估。评估的过程可以分为几个不同的级别：

（1）首先开展外观与内部的目视检查，以及外形尺寸检查。

（2）进一步进行损伤设备的功能性测试。

（3）基于前两步的检查与测试结果，进一步进行各种无损探伤、材料化学及机械性能、金属表面金相裂纹的检测。并采用应力计算、FEA 有限元计算等手段进行分析评估以确定恢复策略。

损失评估完成后，评估组应召开会议进行核对。每个需要立即修理或恢复的项目都应该分派专人或由专门部门负责，而采购部门则应该尽快办理所有重要的申请。

确定恢复、重建的方式和规模时，通常需要做好以下几个方面的工作：确定日程表和造价；雇佣承包人或分派人员实施恢复重建工作；确定计划、图纸和签约标准等。

恢复工作前期，相关人员应确定有关档案资料的存放工作，包括档案的抢救和保存状况、设备的修理情况、动土工程的实施状况、废墟的清理工作等。在整个恢复阶段要经常进行摄录像，便于将来存档。

4. 工艺数据收集

事故后，生产和技术人员的职责之一是收集所有导致事故以及事故期间的工艺数据，这些数据一般包括：

（1）有关物质的存量；

（2）事故前的工艺状况（温度、压力、流量）；

（3）操作人员（或其他人员）观察到的异常情况（噪声、泄漏、天气状况、地震等）。

另外，计算机内的记录也必须立刻恢复以免丢失。收集事故工艺数据对于调查事故的原因和预防类似事故发生都是非常重要的。

5. 事故调查

事故调查主要集中在事故如何发生以及为何发生等方面。事故调查的目的是找出操作程序、工作环境或安全管理中需要改进的地方，以避免事故再次发生。一般情况下，需要成立事故调查组。事故调查组应按照《生产安全事故报告和调查处理条例》（国务院令第 493 号）等规定来调查和分析事故。事故调查组要在其事故调查报告中详细记录调查结果和建议，详见第十二章。

6. 公共关系和联络

在恢复工作过程中，恢复主管还需要与公众或其他风险承担者进行公开对话。这些风险承担者包括地方应急管理官员、邻近企业和公众、其他社区官员、企业员工、企业所有者、顾客以及供应商等。

公开对话的目的是通知他们恢复行动的进展状况。一般情况下，公开对话可采用新闻发布会、电视、电台广播等向公众、员工和其他相关组织介绍情况，也可以组织对企业进行参观视察等。

此外，企业还应该定期向员工和所在社区通报恢复工作的最新进展，其主要目的是采取必要措施避免或减少此类事故的再次发生，并保证公众所有受损财物都得到妥善赔偿。

如果事故造成附近居民财物或人身的损害，企业应考虑立即支付修理费用和个人赔偿。

三、应急后评估

应急后评估是指在突发公共事件应急工作结束后，为了完善应急预案，提高应急能力，对各阶段应急工作进行的总结和评估。

应急后评估可以通过日常的应急演练和培训，或通过对事故应急过程的分析和总结，结合实际情况对预案的统一性、科学性、合理性和有效性以及应急救援过程进行评估，根据评估结果对应急预案以及应急流程等进行定期修订。对前一种方式而言，生产经营单位可以按照有关规定，结合本企业实际通过桌面演练、实战模拟演练等不同形式的预案演练，经过评估后解决企业内部门之间以及企业同地方政府有关部门的协同配合等问题，增强预案的科学性、可行性和针对性，提高快速反应能力、应急救援能力和协同作战能力。

第六节　相关应急预案的衔接

根据《生产经营单位生产安全事故应急预案编制导则》（GB/T 29639—2020)[10]的有关规定：应急预案编制应注重系统性和可操作性，做到与相关部门和单位应急预案相衔接。根据《生产安全事故应急预案管理办法》的有关规定，生产经营单位编制的各类应急预案之间应当相互衔接，并与相关人民政府及其部门、应急救援队伍和涉及的其他单位的应急预案相衔接。

这一点对于化工园区内企业或者周边有其他单位和社区的企业尤为重要。2019 年 3 月 21 日，江苏盐城响水生态化工园区天嘉宜化工有限公司发生了爆炸事故，导致相邻的十几家企业受到严重破坏。如果周边企业的应急预案与天嘉宜化工有限公司的应急预案衔接，就可能事先了解到该企业潜在的爆炸风险，做好事故预防工作。

早在 20 世纪 80 年代，联合国环境规划署就推出了"地方应急意识和准备计划"（简称 APELL 计划），旨在鼓励各利益相关方之间进行沟通、对话和合作，制定综合性社区应急规划。该计划给出了做好应急准备的十个步骤[11]，见图 11-6。

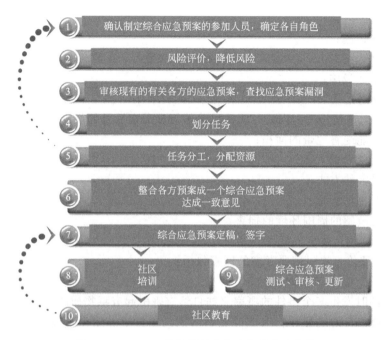

图 11-6　APELL 计划做好应急准备的十个步骤

1. 步骤 1

明确应急参与人员，确定他们的作用、资源和责任。

潜在的应急参与人员面很广泛。重要的是要尽早地明确下来，以便他们的资源被纳入计划，他们所关注的问题也能被考虑进去。有些人也许有现成的应急计划，这些计划应被容纳进来。

按下列建议的活动完成步骤 1：

（1）根据协调小组的知识，编制一个可能参与应急活动人员的名单；

（2）取得现有应急计划的复印件，复查这些计划寻找额外的参与者；

（3）准备一份所有参与人员和他们的作用及他们现有的资源（人员、装备、设施、专门知识等）的简介材料；

（4）进入步骤 2。

2. 步骤 2

评价可在社区造成紧急情况的风险和危害，应找出可能的事件，确定其发生的概率和产生的后果，根据风险级别来确定应急响应计划中的优先等级。

按下列建议的活动完成步骤 2：

（1）按照协调小组的意图列出可在本社区产生紧急情况的潜在危险。应考虑以下各项：

 a. 化工厂；

 b. 核设施；

 c. 自然灾害；

 d. 工业设施；

 e. 交通运输。

（2）通过估计下列因素，明确风险等级和潜在后果的严重性：

 a. 可能受害地带的面积；

 b. 受威胁的人数；

 c. 受害的方式；

 d. 长期的影响；

 e. 对敏感的周围环境的损害。

（3）为确定发生的概率，要研究定性分析的方法是否够用，或是否要用定量的风险评价方法。需要考虑的因素包括：

 a. 各个独立事件发件的概率；

 b. 同时发生多个事件的概率（如自然灾害引起有毒物质的泄漏）；

 c. 由独特的地理环境造成的复杂因素，如位于易遭洪水袭击的平原、山谷等。

（4）列出所有可能发生的事故场景，以便在整个计划过程中参考。

3. 步骤 3

让参与者复查自己的应急计划是否足以完成综合应急响应。不同的地区，应急预案会有不同的形式。在 APELL 计划过程中，参与者应审查所有的现有计划，看它们的可靠性以及这些计划如何在联合响应中发挥作用。对于此处的讨论，应把重点放在互相之间的关系、责任和联系上。需要审查的计划有区域和地区紧急事故管理计划、公安消防计划、县及城市计划、企业计划、医院计划及其他计划（例如：对居民进行教育怎样对警报之类的紧急信号做出相应反应）。

4. 步骤 4

明确那些现有计划没有涉及的而必要的应急任务。

对步骤 3 的复审应明确：是否所有可能发生的风险都已经被提出来。如果还没有，那么需要明确必须完成的任务。这一步骤要求，对于什么必须要做，一定要有一个广泛的和详尽的定义。

按下列建议的活动完成步骤 4：

（1）按步骤 3 的结果，为每个参与人员准备一份尚不具备的要素或尚未被包括进来的任务清单；

（2）确定尚不具备的要素是否对参加人员发挥其功能非常重要（例如：消

防队也许没有扑灭某种化学物质燃烧的设备）；

（3）从综合响应的角度，明确并列出那些尚没有被分配给任何组织的必要任务；

【范例】未包括在现有计划中的最常见的应急任务/设备包括：

a. 总指挥权；

b. 能联系所有参加人员的通信设备；

c. 专业性的危险监测及培训；

d. 向公众报警和联合疏散。

（4）进入步骤 5。

5. 步骤 5

参加人员的任务要与现有的资源配套。每一项确定的任务应该布置给最能胜任的参与者。任务的布置应以权力、法律、专业或资源为依据。

按照下列建议的活动完成步骤 5：

（1）复审参加人员名单（步骤 1），评价每一项还未布置的任务（步骤 4），以决定为完成任务如何最佳分配现有的资源；

（2）与参与者讨论所布置的任务，确定他们愿意接受的态度，可利用的资源和妨碍资源使用的制度上的障碍；

（3）结合综合社区的应急计划，制定参加者完成其任务的细节；

（4）确定任务分配方案的得与失；

（5）这样分配任务是否会带来任何新的问题、新的任务或资源方面的约束，如果是这样，就要考虑解决这些将出现的新的问题；

（6）监督每项任务，以保证按时完成这些任务；

（7）进入步骤 6。

6. 步骤 6

改进现有的计划，把它们整合为综合社区的应急响应计划并获取广泛的支持。

步骤 4 和步骤 5 的完成应解决与资源相关的问题。把所有计划综合为社区计划又将暴露出一些责任重叠和比较复杂的对接等问题。

按照下列建议的活动完成步骤 6：

（1）准备一份综合计划草案，其格式应能为政府机构所接受；

（2）复核该草案，保证它的完整；

（3）进行桌面角色演习，检查计划（主要参加人员应在桌子周围，描述他们在不同的紧急情况下如何反应和互相协作）；

（4）明确计划的缺陷，如必要，重复步骤 4 和步骤 5 来解决这些问题；

（5）保证这个综合社区的计划和任何区域灾难准备计划以及化学品/公用

设施/工业计划的一致性；

（6）有必要经常修正计划草案，直到弥补所有漏洞之后，协调小组同意了这个计划为止；

【范例】这一步骤的中心思想是"简明"和"妥协"。成功的计划要简明，当需要详尽的信息时，可由必要的附录加以补充。

根据社区需要，成功的计划一般包括：

a. 电话和联络表；

b. 行动指南/检查表；

c. 同意共享的资源/能力表；

d. 供现场使用的行动项目表。

（7）进入步骤 7。

7. 步骤 7

这个综合社区计划要形成书面文件，并获得地方政府的通过。

一旦在综合计划上取得一致意见，最终的计划应通过修正现有社区计划，或准备一份新的计划来形成文件，之后应征得政府的批准。

按照这些建议的行动完成步骤 7：

（1）派一个小组人员把计划形成最后的文档；

（2）安排参与人员之间的书面合同（互助、通知的方法，宣传通知渠道的使用，专业应急人员及设备）；

（3）准备一份标准报告给有关官员以获取计划的批准；

（4）在所有辖区做报告，召开会议、审议，获得地方官员的同意和签字；

【范例】为获得批准，各个社区的关键组织人员是不尽相同的，在某社区的示范研究中有：

a. 消防队负责人；

b. 地区官员；

c. 企业经理。

高层次的政府领导能够加快社区标准的制定。如果期望私企提供紧急事故援助，例如提供技术人员或特别设备时，那么经常需要有书面协议。

（5）进入步骤 8。

8. 步骤 8

使参与者接受有关综合计划的教育培训，保证所有应急人员接受训练。

在整个计划过程中，社区的参与是很重要的。然而，待到步骤 8 时，协调小组应当拿出一个确切的宣讲报告，这个宣讲报告应当强调应急人员训练的重要性。

按照下列建议的行动去完成步骤 8：

（1）编辑一个需要进一步了解综合计划的参与团体或机构的名单；

（2）为这些机构/团体做报告，向他们解释这个计划，明确他们的职责和他们应进行或接受的训练类型；

（3）决定谁应接受训练并准备一个训练日程安排；

（4）制订和实施训练计划，如地方政府没有训练关键人员的设备，企业也可以提供设备并实施培训；

（5）完成亲自动手的室外培训，培训内容包括监测、通信设备的使用、交通控制等；

（6）完成综合桌面演习，对负责人进行协调和联络方面的培训；

【范例】一个地区的规划团队举办了一次半天培训班，对市长、主管官员和部门主管进行有关他们的职责的教育培训，包括与新闻媒体的关系。团队还对主要工业发言人和所有主要应急机构进行了培训。

（7）进入步骤9。

9. 步骤9

建立适当的管理程序，定期测试、审查并更新综合应急计划。

应急人员应有规律地经常测试他们的计划，最初的测试应该在项目公布于众之前在内部进行。测试演习应该是为发现各个部门合作之间的漏洞以及在训练方面的不足而设计的。所有漏洞或不足都应在应急计划中或培训中纠正。

按照下面建议的行动去完成步骤9：

（1）授权一个委员会准备一份测试演习景情，委员会成员不应该是应急响应人员（注意：如果让应急响应人员自己给自己制定测试题目，无法真正保证演习的质量）。

（2）准备一份书面说明，具体列出演习的目的，要测试的应急计划中的哪一个环节，要参加演习的人员，事件的顺序，假想的危险程度。

（3）指定一个由非应急响应人员组成的观察小组，用准备好的检查表评价测试演习。

（4）通过适当的地方官员、新闻及其他渠道让公众和全体参与者知道将要对应急响应计划进行测试演习。很关键的一点是，公众不要把演习和真实的事故混淆。惊慌失措会引起紧急情况而造成灾难性后果。

（5）用准备好的书面说明进行演习。

（6）演习后立即举行评议会评审演习结果。

（7）指定适当的组织或人员负责改正应急响应计划中的不足。

（8）修正综合应急响应计划，纠正不足。

（9）制定管理程序，要对综合应急响应计划进行正式的年度审查，以保证该计划与时俱进。

（10）进入步骤 10。

10. 步骤 10

对社区的民众进行有关综合应急响应计划的教育。

在上述的所有步骤中，应不断为社区的参与和公共教育提供各种机会。有效的社区应急的一个重要的部分就是教育公众在紧急情况发生时需要做什么，怎样获得更多的信息，以及必要时怎样和何时疏散。

按照下列建议的行动完成步骤 10：

（1）准备一份标准的应急宣传手册，发给可能受影响范围内的所有居民。

（2）采用最合适的方式发放应急宣传手册（通过邮寄等）。

（3）准备一个标准的媒体宣传工具，列出获取地方政府和工厂信息的联系方式，提供企业应急计划和综合应急计划的背景信息，解释紧急情况发生时到哪里获得信息。

（4）进行媒体宣传培训，向媒体解释在紧急情况下媒体起什么作用。

（5）实施公共教育计划的其他项目，大致包括：

a. 地方市民小组、校区等的发言人；

b. 危险物品咨询委员会；

c. 关于演习、培训、给地方政府的报告等的新闻宣传；

d. 参观工厂；

e. 关于化工企业的报告会，讨论它们给人们带来的好处和风险。

（6）定期审查和努力改善公共教育状况和社区应急意识计划。

【范例】某公司与新闻界在紧急事故响应计划中的合作，其结果是在紧急事故期间有较高质量的信息发布和沟通。这一点对于某些地区可能不能全做到。

一些社区通过消防部门和工厂人事部门讲授关于"紧急事故现场媒体报道的安全"的课程，提高了他们的安全感，讲述了操作过程，并建立了关系。这种课程应得到支持，并经常举办，因为记者的轮换是很经常的。

为保证企业的员工了解和支持紧急事故的准备工作，在企业内部报纸上撰写文章宣传是很重要的。

应急预案的衔接质量，需要靠相关企业、单位和社区定期进行综合应急演练来检验和持续提升，以便使所有利益相关方都做好应急准备。2009～2010年在陶氏化学公司的资助下，在联合国环境规划署和环境保护部的领导下开展了 APELL 计划示范项目，2010 年 9 月 10 日在江苏省张家港扬子江国际化工园区进行了一次涉及相邻四家化工企业的综合应急演练，国内外专家（清华大学赵劲松教授受邀任中方首席专家）被分配到四个观察组，中央控制室观察组、现场观察组、环境监测观察组、相邻企业观察组发现了 20 多个问题，例如：相邻企业接到通知较晚，晚了 20 多分钟；有的相邻企业接到疏散的命令后，不清楚具体情况（什么物质泄漏、什么事故），所以决定室内避难；有的相邻企业针对外部事故的应急准备不足，不知道疏散后生产装置怎么办，缺乏应急预案等。

从以往的历次重大事故中不难看出，不论是天津港爆炸事故、江苏盐城响水爆炸事故等重大化工事故，还是重症急性呼吸综合征（又称传染性非典型肺炎，简称"非典"）、新型冠状病毒肺炎等重大突发公共卫生事件，有关各方都做好应急准备对于事故预防、及时控制事故、减少事故损失等都是至关重要的。而要做好应急准备工作，就是要以对所有潜在的风险场景进行充分的、科学的辨识和评估为前提，并以对人民群众生命安全高度负责的精神，坚持生命至上，在应急物质、应急装备、应急人员等各方面做好保障，建立强有力的应急体制和机制，通过综合应急演练，不断提升应急能力。

参考文献

[1] Thomas D S, Larry C. Disaster Management and Preparedness [M]. LEWIS PUBLISHERS.

[2] Joseph F G. Safety Management: A Guide For Facility Managers [M]. The Fairmont Press, 2008.

[3] 国家安全生产监督管理总局. 危险化学品事故灾难应急预案 [M]. 2006.

[4] The Energy Resources Conservation Board, CANADA. ERCB Directive 071 Emergency Preparedness and Response Requirements for the Petroleum Industry [M]. 2009.

[5] AIChE CCPS. Guidelines for Technical Planning for On-Site Emergencies [M]. 1995.

[6] AIChE CCPS. Guidelines for Investigating Chemical Process Incidents [M]. 2nd Edition. 2003.

[7] Bernard T L, Richard P P. The Facility Manager's Emergency Preparedness [M]. American Management Association.

[8] Bing Wang, Bingzhen Chen, Jinsong Zhao. The real-time estimation of hazardous gas dispersion by the integration of gas detectors, neural network and gas dispersion models [J]. Journal of Hazardous Materials, 2015, 300: 433-442.

[9] American Petroleum Institute. Security Risk Assessment Methodology for the Petroleum and Petrochemical Industries [S]. API 780, 2013.

[10] 生产经营单位生产安全事故应急预案编制导则 [S]. GB/T 29639—2013.

[11] Zhao Jinsong, Joas Reinhard, Abel Jochen, Marques Tomas, Suikkanen Johanna. Process Safety Challenges for SMEs in China [J]. Journal of Loss Prevention in the Process Industries, 2013, 26 (5): 880-886.

事故调查

在石油和化学工业的发展过程中，国内外都出现过一些灾难性的过程安全事故。如果回顾以往这些事故，我们会发现，导致这些灾难性事故的原因与一些普通事故（包括未遂事故）的原因具有某些相似性，如果我们能够对这些事故开展必要的分析，识别出造成它们的原因，就可以及时弥补过程安全管理系统所存在的危害，帮助我们预防灾难性的过程安全事故。

每一起过程安全事故都是一种或多种根源所导致的结果，这些根源往往是 PSM 管理系统本身存在的缺陷。发掘这些导致事故的根源并及时改进 PSM 管理系统，不但可以预防同类事故，还有助于预防因这些 PSM 管理系统缺陷可能导致的其他事故。所以，从表面上看，事故调查是对事故的管理，但实质上它是一种事故预防的途径，是完善 PSM 管理系统和预防类似事故及相同根源事故的重要机制。

本章我们首先通过典型的过程安全事故阐述及时开展事故调查和根源分析的重要意义，然后讨论如何落实事故调查要素及开展事故调查相关的实践做法。

第一节 事 故 案 例

一、聚氯乙烯工厂爆炸事故

2004 年 4 月 23 日，在美国伊利诺伊州的 F 工厂发生了一起爆炸事故，导致 5 人死亡和 3 人重伤。爆炸几乎摧毁了整个反应工段和邻近的仓库，引燃仓库中的聚氯乙烯（PVC）树脂，持续燃烧了数小时，并产生了大量浓烟，附近居民被迫从他们的住处撤离（见图 12-1）。

发生事故的工厂利用氯乙烯单体（VCM）聚合生产聚氯乙烯（PVC）。氯乙烯单体、水、乳化剂和反应引发剂等在一个高温和带压的反应器内完成反应

图 12-1　美国伊利诺伊州 PVC 工厂爆炸事故引发火灾的情景

过程。在反应单元的下游，除掉残留的氯乙烯单体，并经干燥和过筛后，产品
PVC 被送到料仓（见图 12-2）。

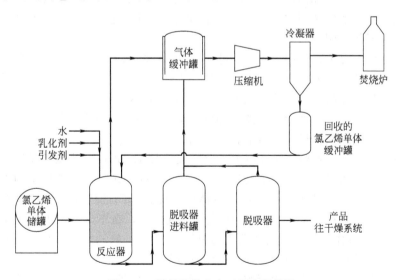

图 12-2　聚氯乙烯生产工艺流程简图

　　该生产过程是间歇操作。聚合操作工先清洗准备好反应器，然后往反应器
中加入原料，加热反应器并监控其中的温度和压力，直到反应完成。之后，打
开反应器放空管上的阀门释放压力，并通知脱吸操作工把反应器内的物料转移
到脱吸器。

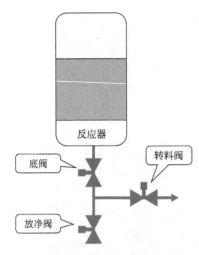

图 12-3 反应器底部阀门分布情况

脱吸操作工打开反应器底部的转料阀和底阀，把反应器内的物料转移到脱吸器。当转料完成后，脱吸操作工就关闭转料阀；聚合操作工则通过吹扫排掉反应器内残留的有毒气体（见图 12-3）。

此后，脱吸操作工打开反应器的人孔，清洗掉反应器内壁上的残留物，再打开反应器的底阀和放净阀，把反应器内的清洗水排到车间的地沟里（明沟）。之后，他会关闭反应器的底阀和放净阀，把反应器交付给聚合操作工，准备下一批反应。

操作人员从反应器排放清洗水时，如果选错反应器，所选中的反应器正好处在反应过程中，打开它的底阀（在排放反应器的清洗水时，会先打开放净阀）就会导致氯乙烯单体大量泄漏到车间内。为了避免出现上述情形，在反应器底阀处设置了一个联锁，只要反应器内压力超过 69kPa（表压），就不允许打开反应器的底阀（反应器上的压力变送器把反应器内的压力值传送到控制系统，当压力超过上述设定值时，控制系统禁止开启该反应器的底阀）。

在紧急情况下，反应器内压力很可能会超过 69kPa（表压），需要把反应器的物料转移到另外一个备用的反应器。上述联锁就会妨碍操作人员在紧急情况下打开反应器的底阀。为了确保操作人员能在紧急情况下打开反应器的底阀，在底阀处设置了联锁的旁路，操作人员只要将应急仪表空气供应软管连接到反应器底阀的执行机构，就能打开底阀。

事故发生前，在晚上 10:30 左右除了反应器 D306 外，其他反应器都处在反应过程中。当时，反应器 D306 在接受清洗。过了几分钟，工厂里的人就听到了很大声响，而且闻到了氯乙烯单体的气味；车间的气体报警仪也响起警报。大量氯乙烯单体从反应器 D310 底阀泄漏出来，在车间地面上聚集了大约 450mm 深的液体（温度较高的氯乙烯单体）。随后，氯乙烯单体和空气混合形成的蒸气云团被点火源引燃，在车间内发生了蒸气云爆炸。

事故调查小组认为，脱吸操作工在清洗完反应器 D306 后，就走到楼下，打算排放反应器清洗后的污水。但是，他走错了地方，错误地选择了反应器 D310，试图打开反应器 D310 的底阀排放其中的清洗污水，但最初他未能打开该底阀。因为当时反应器 D310 正处于反应阶段，里面的压力大约是 483kPa（表压），高于禁止开启反应器底阀的联锁起作用的压力设定值 69kPa（表压），控制系统阻止操作人员开启反应器 D310 的底阀。那时，脱吸操作工很可能认为是反应器底阀出了故障，于是把应急仪表空气连到了该阀门的执行机构上，将联锁旁路，打开了该底阀。

当反应器 D310 的底阀被打开后，大量易燃液体从底阀泄漏出来，直接流淌到车间地面上，并迅速挥发成易燃蒸气，这些蒸气与空气混合形成了爆炸性混合物，导致了后来的蒸气云爆炸。

导致这起事故的原因有多方面，包括某些管理上的缺陷。其中一个重要的原因是 F 公司没有吸取类似事故的教训及时弥补管理上和技术上的缺陷。

在这起事故发生之前（即 2004 年 4 月 23 日前），F 公司在美国的两家工厂都发生过操作工错误打开反应器底阀的类似事故。其中一起事故发生在 F 公司的其他工厂，它与本章中所介绍的这起事故很相似。该事故发生在 2003 年 6 月，当时一名操作工打开反应器人孔完成了反应器的清洗，然后走下楼去排放清洗污水，但他走到了邻近的另一个反应器，拆除了该反应器排放管的端部盲板，打开反应器底阀（是一个电动阀），把反应器内的物料放了出来。发现开错阀门后，操作工试图设法关闭阀门，但没有关上，他马上逃出来向主管报告。主管立即把底阀切换到远程操作模式，在控制室关闭了该阀门。在事故中泄漏了大约 3600kg 物料，幸好泄漏出来的物料没有被引燃，避免了一次后果严重的事故。

另一起事故发生在 2004 年 2 月，就发生在本次事故的工厂。当时，一名操作工将正处于反应阶段的一个反应器内的物料错误地转移到了脱吸罐，导致脱吸罐内超压，脱吸罐的安全阀起跳泄压，氯乙烯单体泄漏到大气中，造成一名操作工死亡。在那起事故中，操作工在没有许可的情况下，把应急仪表空气管连接到反应器底阀的执行机构上，打开了底阀（与本章所说的后来发生的这起 5 人死亡事故如出一辙）。在事故调查后，工厂重新培训操作工，要求没有主管批准不得使用应急仪表空气管，而且建议在 2004 年 4 月 1 日前重新设计底阀的联锁，但在 4 月 23 日发生本章所述事故前，没有采取什么具体的措施。

在本章所述这起严重事故前，F 公司发生了两次非常类似的事故，但没有及时找出导致事故的根源和吸取事故教训，错失了避免后续事故的良机。

二、杰斐逊纪念馆事件

杰斐逊纪念馆是一座高约 29m 的白色圆顶大理石建筑（见图 12-4）。位于美国华盛顿，是为纪念独立宣言撰写人美国第三任总统托马斯·杰斐逊诞生 200 周年而建立的，于 1943 年落成。每年 4 月，纪念馆附近的湖畔樱花盛开，配上湖中纪念馆的倒影，景色十分秀丽。但是，到了 20 世纪 80 年代管理人员发现纪念馆的白色大理石表面出现加速老化的迹象，有些地方甚至产生了裂缝。

图 12-4　杰斐逊纪念馆的照片

最初，管理人员以为是酸雨造成的。但令人不解的是，当地其他类似的建筑物（如林肯纪念馆）却没有出现类似的情况。甚至有人怀疑这是附近港口的防波堤塌陷引起纪念馆地基沉降而造成的结果，并提出了耗资数百万美元的防波堤加固计划。

后来，朱兰研究院（Juran Institute）的专家通过对比研究，发现杰斐逊

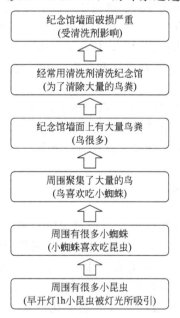

图 12-5　造成杰斐逊纪念馆事件的原因链

纪念馆外墙的清洗频率远高于周围其他纪念馆，而化学清洁剂正是造成大理石表面老化的元凶。经过仔细研究，人们发现了导致这一事件的原因链（见图12-5）。

这个事件的最终解决方案简单得令人难以置信，就是在天黑前拉上窗帘，把该纪念馆开灯的时间尽量往后延一点。这个方案落实后，不仅有效地保护了这一标志性建筑，而且节省了费用（采取其他措施来解决这个问题会产生可观的成本）。杰斐逊纪念馆问题的解决，对我们有哪些启发？

在流程工厂，发生了事故以后（包括未遂事故），如果通过系统分析找出事故的根源，就可以提出解决问题的正确方法；反之，如果没有识别问题的根源，有时不但会浪费资源，而且问题可能仍没有得到妥善解决。

第二节　事故调查的基本概念

在讨论事故报告和调查之前，我们首先要弄清楚事件、事故和未遂事故这几个基本概念。

事件（incident）是指意外发生的事情，可能（但不一定）造成坏的后果。事件的范围非常广泛。譬如，一台储罐进料管道上的调节阀故障开启，导致储罐内液位不断升高，有人发现了这种情况，及时关闭了入口管道上的其他阀门，这是一起事件。这起事件还可能有其他的结果，进料管道上的调节阀故障开启，导致储罐内液位不断升高，没有及时切断进料，储罐溢流，化学品从罐顶流出来进入大气，甚至引起火灾或爆炸，这是另一起事件。这两起事件的原因相同，但结果却差异很大。

事故（accident）是人们不愿意看到但意外发生的事件，而且导致了负面的后果。它有两方面的特征：一方面它是意外发生的（不是计划的也不是人为预期的）；另一方面是导致了负面结果，也就是有了一定的后果。后果通常是指人员伤亡、财产损失、环境破坏或生产中断等。事故是一类特殊的事件，所以事故属于事件的范畴。前面对事件的举例中，化学品从储罐溢流进入大气，甚至引起火灾或爆炸，就是事故。

未遂事故也属于事件的范畴，有些工厂称之为险兆事故或未遂事件。它是意外发生的事件，没有导致后果，但如果环境条件发生些许改变，就很可能演变成事故。譬如，驾驶员看到前方有其他车辆，紧急刹车，终于把车子停下来了，距离前车只有几厘米的距离，还好没有撞上，这是一起未遂事故。如果环境条件有些许改变，假如当天下雨，路面比较湿滑，在同样的情形下，可能就撞上了前面的车辆，那就会是一起事故了。

对一起事故进行调查的时候，我们不但要找出导致事故的直接原因，而且要尽量识别事故的根源。

事故的直接原因通常是与事故的后果直接关联的行为、物的状态或环境条件。譬如，操作人员开错阀门导致化学品泄漏，开错阀门的行为是导致化学品泄漏这一后果的直接原因；管道腐蚀破裂，里面的化学品泄漏出来，管道破裂是一种物的状态，是导致此后果的直接原因；装化学品的容器在阳光直射下，温度与压力均升高，或化学品发生自聚反应，导致容器超压破裂和化学品泄漏，导致这一后果的直接原因是阳光直射，它是一种环境条件。

事故根源（root cause）是指那些导致事故的与 PSM 管理系统相关的深层次原因。事故的根源往往都是管理上的缺陷。通常造成事故的根源不止一个。例如，管道腐蚀破裂，其中的化学品泄漏出来，直接原因是管道破裂，它的根源可能是管道缺乏适当的检验和维护，是机械完整性管理方面存在缺陷；又如，一台工艺设备内发生爆炸，它的直接原因是静电引燃了在设备内形成的爆炸性混合物，但它的根源可能是变更管理存在缺陷，对设备做了不适当的变更，操作人员没有接受必要的培训，因而对操作过程中的危害缺乏足够认知，操作过程存在失误（如没有按照要求完成氮气置换操作）。

事故调查的一个重要目的是找出导致事故的根源，然后落实相应的整改措施。这么做不但可以避免类似的事故，而且可以堵住管理上的漏洞，避免与这些漏洞相关的其他潜在事故。

第三节　相关法规对事故调查要素的规定

事故调查的有关法规有《安全生产法》和《生产安全事故报告和调查处理条例》（国务院令第 493 号）等。《安全生产法》规定，事故调查处理应当按照科学严谨、依法依规、实事求是、注重实效的原则，及时、准确地查清事故原因，查明事故性质和责任，总结事故教训，提出整改措施，并对事故责任者提出处理意见。事故调查报告应当依法及时向社会公布。事故调查和处理的具体办法由国务院制定。事故发生单位应当及时全面落实整改措施，负有安全生产监督管理职责的部门应当加强监督检查。《生产安全事故报告和调查处理条例》规定，事故调查组应当自事故发生之日起 60 日内提交事故调查报告；特殊情况下，经负责事故调查的人民政府批准，提交事故调查报告的期限可以适当延长，但延长的期限最长不超过 60 日；等等。

在过程安全管理系统中，事故调查这个要素主要是从工厂自主调查事故这个角度来提出要求的。换言之，所调查的事故通常不是后果特别严重的事故。比较常见的由工厂自己调查的事故有化学品泄漏、人员受伤或中毒（含承包商员工）、设备损毁或设备故障导致生产中断，以及可能导致严重后果的未遂事故等。

美国 OSHA PSM 对于事故调查要素有明确的要求[1-3]，我们国内的工厂可以借鉴，但只能作为一种实践经验来参考。

OSHA 认为工厂对发生的事故进行全面调查，并掌握事故发生的经过和原因，提出和落实改进措施，可以有效地防止再次出现类似的事故。事故调查要素是过程安全管理系统的重要组成部分。OSHA 要求：

（1）工厂应该调查每一件造成（或者可能造成）严重后果的危险化学品泄漏事故（或未遂事故）。

（2）事故调查工作要及时开展，最晚应该在事故发生后 48h 内就开始。

（3）事故调查应该由一个调查小组来完成，至少有一名小组成员熟悉相关的工艺过程，其他小组成员要有事故调查与分析相关的知识与经验。如果事故涉及承包商，事故调查小组还应该至少包括一名承包商的代表。

（4）事故调查完成后，要编制调查报告，事故调查报告至少应该包括以下内容：

① 事故发生的日期；

② 开始调查的日期；

③ 对事故的描述；

④ 造成事故的原因；

⑤ 调查过程中提出的改进措施。

（5）工厂应建立相关的制度，及时解决事故调查所发现的问题，并落实提出的改进措施。应该以书面形式记录解决问题的办法和已经完成了的改进措施。

（6）事故调查报告要经过那些工作任务与事故调查结果相关的人员的审阅（包括承包商的员工）。

（7）事故调查报告应该至少保留五年。

我国《化工企业工艺安全管理实施导则》AQ/T 3034—2010 规定，事故调查要确定事件的性质、直接原因和根本原因，并采取纠正行动以防止事件的再发生。为了辅助事故调查，该导则也给出了一个原因综合分析表。

第四节　建立事故调查制度

事故调查的首要目的是弄清楚造成事故的原因并提出改进措施，以防止今后再次发生类似的事故。此外，事故调查还能发现一些其他的安全隐患，及时将它们消除，这样有助于防止发生新的事故。

对事故进行调查，也是安全生产法规的要求，如果发生事故，工厂应该及时对事故进行调查，必要时需要积极配合有关政府部门开展事故调查工作。

事故调查还可以满足某些特殊情况的需要，例如出于保险索赔的目的，需要弄清楚事故原因和造成的损失，以便于保险理赔的取证和调查。

在事故调查中，必然要对生产过程和作业现场仔细查看和分析，因此，它也有助于改进操作规程和安全作业程序、改善作业场所的安全条件、提高生产效率以及提升员工的安全意识。工厂对安全事故的及时积极调查，也体现出工厂对员工安全和切身利益的关心及责任！

为了有效地开展事故调查，工厂要建立一套事故调查制度。这套制度应该有助于实现下面这几个目标：

（1）要鼓励员工报告事故和未遂事故；

（2）针对发生的事故，要通过事故调查找出导致事故的直接原因和根源，并提出相应的改进措施，以防止发生类似的事故，或者减轻潜在事故发生时的后果；

（3）要及时跟进和落实事故调查报告中所提出的改进措施。

事故调查要素的管理制度为工厂的事故调查工作提供必要的指南，并提出具体的工作要求。通常把它们包括在一份制度文件里，这份文件也就是事故调查管理要素的程序文件，在这份文件中通常包括下面这些内容：

（1）清晰定义事故的类别。大多数公司都是按照事故的后果严重程度对事故进行分类，也可以考虑其他的分类方法，如综合考虑事故的复杂性（涉及事故的工艺系统的危害程度）和事故的种类（包括未遂事故在内）来划分事故的类别。

（2）说明组建事故调查小组的要求，明确事故调查小组的职责。说明如何组建事故调查小组，并明确小组成员的职责，特别是调查小组组长的职责。

（3）明确事故调查过程中的工作要求，包括开展根源分析的具体要求。

（4）说明事故调查的文件要求。明确需要编制和保存哪些与事故调查相关的文件。事故调查报告不同于一般的工作报告，通常应该确定统一的报告格式。

（5）明确落实事故调查所提出的改进措施的要求，包括完成改进措施的时间要求。

（6）说明与事故调查相关的培训要求，包括管理人员、普通员工（含承包商员工）、事故调查小组成员及组长的培训要求。管理人员要了解事故调查的政策与各自的职责；普通员工要掌握如何报告事故及保护事故现场；事故调查小组成员及组长要掌握收集证据、分析证据等方面的知识和事故根源分析的方法。

（7）阐述如何持续改进事故调查管理制度，说明如何通过回顾事故调查工作，持续改进事故调查管理制度。

在事故调查要素的执行过程中，应该把主要的注意力放在调查事故的原因及识别 PSM 管理系统的缺陷上，而不是把注意力放在挖出相关人员的过失这个方面。有些工厂过于强调在事故发生以后对相关人员的惩罚，这样会造成相关人员因为自我保护的需要而有意掩盖事故的真相，往往就很难在事故发生以后找出真正的原因，导致同样的事故还是会再次发生。

我们国内的企业都比较强调事故调查的"四不放过"原则，也就是：事故原因未查清不放过；没有制定出防范措施不放过；事故责任者和群众没有受到教育不放过；事故责任者没有受到处理不放过。但是对于企业内部处理的事故（由政府主导调查的严重事故除外），通常是坚持三不放过，比较弱化对事故责任者的处罚，如果不是责任事故，通常不处罚相关人员，这么做的目的是希望大家可以比较坦然地参与和配合事故的调查，更有助于找出事故的真正原因。

工厂还应该建立必要的管理机制，确保及时落实事故调查报告中提出的那些改进措施。

还有，有必要形成事故教训的交流机制。有些企业会把事故的教训张贴在宣传栏里，这是一种常见的沟通方式。对于比较典型的事故，最好安排专人做宣讲，向相关人员详细讲解，帮助大家理解事故的过程和吸取教训。

第五节　鼓励报告未遂事故

很多灾难性事故的调查工作表明，在大事故发生之前，往往先会发生一些"未遂事故"或者"轻微事故"。由于它们没有造成严重的后果，所以不容易引起人们的注意。但是，导致它们的直接原因或根源与潜在的重大过程安全事故有相同或相似的地方。假如环境条件发生些许改变，这些根源（管理上的缺陷）就有可能导致灾难性的事故。

所以，对未遂事故进行调查，找出相关的直接原因和根源，并及时落实改进措施，非常有助于防止发生重大事故。与事故发生后才采取补救措施相比较，重视未遂事故的调查是更经济、更主动的事故预防策略。

有人做过研究，在一起重大的过程安全事故发生之前，往往先会发生大约100 件未遂事故（见图 12-6）。这个数值未必准确，但它代表了一种趋势，也告诉我们，要防止灾难性的事故，不是直接去抓灾难性事故（想抓也抓不到），而是要通过未遂事故来弥补管理上的缺陷[4]。

工厂应该建立事故报告制度（含未遂事故的报告），鼓励员工报告未遂事故，并对那些可能导致严重后果的未遂事故展开调查。

在建立了事故调查管理制度之后，要安排培训，鼓励大家主动报告事故和未遂事故。在建立起优秀的安全文化之前，员工在报告事故和未遂事故方面往

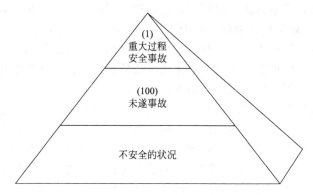

图 12-6　重大过程安全事故与未遂事故的大致关系

往还是很犹豫的。我们该如何鼓励员工积极报告未遂事故呢？可以针对员工不愿意报告未遂事故的一些原因，采取鼓励的措施。例如：

（1）因为担心遭到处罚，员工通常有隐瞒未遂事故的倾向。出现这种情形是人之常情，工厂要有明确的政策鼓励员工报告未遂事故，并且不追究任何与未遂事故相关人员的责任（除非是故意的行为）。工厂管理层一定要认识到，所有的事故（包括未遂事故）都是管理系统本身存在的缺陷所造成的，即使是因为员工出错导致的事故，也只有通过分析员工出现错误的根源（也就是管理上的缺陷）并及时消除它们，才能避免其他员工在今后犯同样的错误。相反，就算今天惩罚了某个出错的员工，如果不弥补管理上的缺陷，今后同样的错误仍然可能发生在其他员工的身上，那时候可能不再是未遂事故，甚至可能是一场灾难性的事故。

（2）员工顾及自己或他人的面子，不愿意报告未遂事故。工厂里的每个员工都希望别人认可自己的工作表现，但又往往容易把"出现未遂事故"与"工作表现不好"联系在一起。为了帮助员工克服这种心理认知，要通过培训帮助他们认识到报告未遂事故的重要性，让他们认识到发生事故的根源是管理上的缺陷，报告未遂事故有助于消除这些缺陷，是非常有意义的事情。

（3）员工不了解如何报告未遂事故，或者工厂没有建立起便捷的报告途径，或者员工报告了之后没有获得积极的反馈。假如存在所说的这些情形，就算员工认识到了报告未遂事故的重要性，想要报告也可能会放弃。因此，工厂要建立简单易行的未遂事故报告方法，培训员工让他们了解未遂事故的报告流程，及时对报告的未遂事故进行分析和组织调查，与员工分享调查的结果并落实改进措施，将整改的情况反馈给报告这起未遂事故的员工。

可以设计很简约的隐患与未遂事故报告表格，大小刚好可以放在衬衣口袋里，这样每个人都可以放一小本在自己的口袋里，在工作当中如果遇到隐患或者未遂事故，随时都可以拿出来填写。而且在工厂一些人员常去的场所（如食堂的入口）可以设置一个信箱，用来收集员工填写好的隐患和未遂事故报告表格。员工中午都要去食堂吃饭，顺便就可以把填写好的表格放在信箱里，在信箱的旁边还可以准备一些表格和笔，方便临时填写。工厂安排人定期从信箱中取出填写好的这些表格，并由专人负责跟踪，包括及时向报告人反馈，调查可能导致严重后果的未遂事故，还可以对相关的事故数据做统计和分析，为安全管理提供参考。有条件的工厂，还可以采用互联网或软件工具方便员工报告未遂事故。

　　未遂事故报告得多，工厂是不是就不安全呢？实际上，我们不能简单地将所报告的未遂事故的数量多少与工厂的实际安全状况好坏画等号。新建的工厂或者才开始重视未遂事故报告的工厂，在执行报告制度的初期，所报告的未遂事故相对而言比较少，主要的原因可能是员工还没有足够好的意识主动报告未遂事故。如果管理层坚持鼓励员工报告未遂事故，经过一段时间，所报告的未遂事故数量就会增加。这并不是工厂的安全状况恶化了，恰好说明员工的安全意识在提高。之前报告的未遂事故虽然比较少，并不是之前比现在更安全，而是因为之前的未遂事故也存在，只是没有报上来而已。

　　通常，经过2～3年的时间，员工报告的未遂事故数量会减少，甚至会相当少。出现这种情况是因为工厂认真对待员工报告的未遂事故，并采取措施完善管理系统或改进工艺系统，工厂的管理系统和工艺系统变得越来越完善，员工的安全意识愈加提高，客观上工厂的安全状况在不断改善，此时未遂事故报告得比较少了，基本上反映了工厂是处在更安全的运行状态[4]。

　　对于规模较大的企业，可以建立事故和未遂事故数据库，通过数据分析，找出一些系统的共性问题，并及时采取预防事故的措施。例如，假设在某一段时间内，与承包商相关的未遂事故比较多，就及时加强承包商的培训和管理，防止因承包商作业发生事故。

第六节　事故调查方法及根源分析

一、事故调查的基本流程

　　图12-7表达了事故调查的基本步骤。

　　根据事故的具体情况，事故调查组由有关人民政府、安全生产监督管理部门、负有安全生产监督管理职责的有关部门、监察机关、公安机关以及工会派人组成，并应当邀请人民检察院派人参加。事故调查组可以聘请有关专家参与调查。

　　特别重大事故由国务院或者国务院授权有关部门组织事故调查组进行

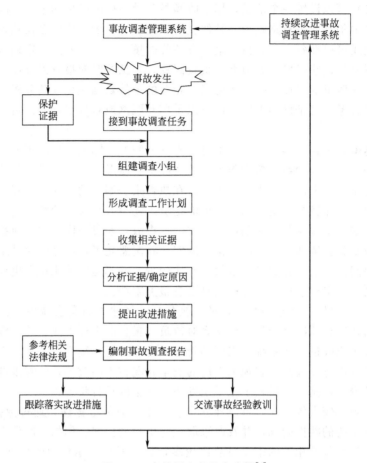

图 12-7　事故调查的基本步骤[4]

调查。

重大事故、较大事故、一般事故分别由事故发生地省级人民政府、设区的市级人民政府、县级人民政府负责调查。省级人民政府、设区的市级人民政府、县级人民政府可以直接组织事故调查组进行调查，也可以授权或者委托有关部门组织事故调查组进行调查。

未造成人员伤亡的一般事故，可委托事故发生单位组织事故调查组进行调查。

无论是直接组织事故调查组，还是授权有关部门组织事故调查组进行调查，组织事故调查的职责都属于县级以上各级人民政府。

事故调查组的组成要精简高效，这是缩短事故处理时限，降低事故调查处理成本，尽最大可能提高工作效率的前提。

事故调查需要严格遵照事故调查管理制度的要求。

　　事故发生后，相关人员要尽量保护好现场，保留各种证据。工厂根据事故的类型组建调查小组，选出小组的组长。

　　调查小组组长与其他成员一起商讨，确定开展调查工作的计划。

　　调查小组成员各司其职，收集事故的证据。

　　调查小组在组长的带领下，采用适当的分析方法，对证据进行分析，确定导致事故的直接原因和根源（不是所有的事故都能找出原因，个别事故只能推测几种可能的原因）。

　　根据调查分析的结果，调查小组编制事故调查报告，并且在报告中提出相应的改进措施。事故调查报告是事故调查工作的"成果"，所有调查的收获都将反映在事故调查报告当中，包括详细的事实说明、所发现的问题和提出的改进意见。

　　调查小组可以在完成调查工作后组织多种形式的、不同层面的交流，吸取经验教训。

　　以上几步完成后，事故调查的工作就算完成了。但是对于工厂而言，还有更多的工作要做，特别重要的是要按照事故调查报告提出的改进意见，及时跟踪和落实调查小组提出的改进措施。工厂要有制度，确保按照要求在规定的时间内完成各项改进措施。

　　在开展事故调查工作时，调查人员需要了解甚至推测事故发生的详细过程，挖掘出隐藏的事故根源，并提出针对性的改进措施。所以，对于事故调查小组的成员有一些基本的要求：

　　（1）需要经过培训，掌握事故调查的工作流程和方法。事故调查是专业、细致且系统的工作，如果没有经过专业培训，仅仅凭直觉或感觉，很难找出事故真正的原因。

　　（2）理解事故调查的重要性，有客观科学的态度和工程伦理素养。

　　（3）要有一定的沟通能力。在事故调查过程中，调查人员需要和许多相关的人员进行交流，而且在调查工作完成后，要把调查的结果写成报告，因此，良好的沟通能力也是必要的。

　　（4）在调查小组中，至少要有一个人熟悉与事故相关的生产工艺过程及操作方法。

二、收集证据

　　证据是事故调查和原因分析的基础。收集证据是开展事故调查非常重要的步骤。如果没有收集有效的证据，很难对事故根源展开全面、深入的分析。因此，事故调查人员要重视证据的收集，需要在证据收集上花费很多的精力。

　　无论事故大小，收集证据的基本步骤是类似的，这里讨论复杂事故的证据收集办法，对于简单的事故，可以适当简化。

原则上，在事故调查小组进驻现场之后，要尽可能多收集各类证据，不要轻易放过可能用到的数据、资料和信息，避免在事故调查结束时才发现遗漏了某项重要的证据。

由于需要获得的证据很多，现场收集证据时，调查小组的成员要有收集证据计划，并且有明确的分工。在收集证据之前，要确定需要获得哪些证据，有具体的计划，并且了解采集证据时需要使用的个人防护用品和有关的安全注意事项。需要强调的是，在开展事故调查之前，必须事先掌握现场的危险状况，以确保调查人员的安全。

进入事故现场时，可以先从远处总体观看事故现场，留意是否观察到异常的状况，记录下所看到的第一印象。注意，只是记录所见到的东西，不要记录认为事故是如何发生的。在收集证据的阶段，不能对事故的原因下结论。事故的原因不是设想出来的，应该由证据来说明。

对于那些随时间可能改变的数据或证据，需要优先收集。例如，爆炸碎片、阀门的位置、燃烧的灰烬、DCS 或可编程逻辑控制器（programmable logic controller，PLC）控制系统内的工艺参数数据、工艺物料的样品以及与关键人员的面谈等。

证据收集可能涉及非常广泛的范畴并超出发生事故的具体区域。常见的证据来源有五个方面[4]：

（1）物理证据　如损坏的设备、残余的物料、未完成分析的样品、事故涉及的仪表等。

（2）位置证据　包括事故发生时人、工具和设备所处的位置，以及工艺系统的某些位置状态。例如，事故发生时受害人的位置、爆炸碎片的分布情况、当时储罐内的液位、阀门所处的开或关的状态位置、燃烧的烟的痕迹、现场作业工具和材料的排放位置等。

（3）电子证据　如控制系统中保存的工艺数据、电子版的操作程序、各种电子文档，还包括相关人员的往来电子邮件和交流信息等。

（4）书面证据　如交接班记录、签发的作业许可证、书面的操作程序、PHA 报告、应急预案、检验报告、培训记录、工厂的相关政策和标准等。

（5）相关人员　如目击者、受害人、现场作业人员及工厂其他人员，与他们面谈是获得证据的重要途径之一。

1. 物理证据的收集

在收集物理证据时，不要仅仅局限于发生事故的工艺区域，还要考虑与之相关联的辅助工艺系统、相邻的工艺系统以及安全控制系统等。

调查小组应该找出并标识出与事故相关的关键设备，在进一步的调查中可能需要对它们进行详细检查。例如，怀疑内部出现损坏的设备、变送器、联锁回路、报警装置及控制阀等，泵、管道、换热器和容器等设备也可能与事故相关。可以采用挂牌的方法对相关设备进行标识，防止他人改变这些设备。在完成标识、检查或检验之前，应该限制无关人员出入有关的设备区域。如果需要从工厂拆除某些设备进行特别的检验，在拆除之前和拆除之后都应该拍照；在对设备进行测试和拆分时，对每一个测试和拆分的步骤都应拍照。

如果事故中发生过爆炸，要尽可能找到散落的爆炸碎片，收集并妥善保管好这些碎片。应该给每个爆炸碎片编号并对现场拍照，绘制爆炸碎片分布图。

残留在工艺设备中的物料也是重要的证据，如液体和固体残留物。事故调查时，要对它们进行取样和分析。在取样前，应该事先采取合理的安全保护措施，防止取样时造成人员伤害。在取样时，要采取正确的取样方法，确保试样具有较好的代表性。可以先取一份较大的样品，然后将它分成若干个相同的样本，对这些样本妥善保管和分析。准备多份完全相同样本的好处，是拿到不同的单位进行分析时，不必担心样本的差异。如果分析方法相同，分析的结果应该很接近。如果需要将样品送到工厂以外的地方进行分析，应该按照处理危险品的要求递送或邮寄，调查小组中需要有成员了解邮寄危险物品的要求，或者寻求其他人员或服务机构协助。

2. 位置证据的收集

位置证据涉及事故发生时人的位置及一些物的位置或状态。事故发生时人的位置包括操作人员所在的位置、目击者所在的位置以及受害人所在的位置等；物的位置和状态，诸如阀门的位置、储罐的液位、控制开关的位置等。

位置证据的一个特点是容易改变。例如，应急反应时对阀门的操作、对伤员的救助和对储罐内物料的转移等，都会造成位置证据的改变。因此，调查小组对事故现场的设备情况进行调查时，要尽量了解事故发生时工厂是如何操作的。需要记录当时手动阀和调节阀的位置，以及调节阀的选择开关位置。在事故的应急反应过程中，工厂应急人员对某些阀门做了操作，调查小组要向应急反应小组求证并准确记录在应急反应过程中是如何对这些阀门进行操作的，需要了解它们在事故发生前的状态。

了解位置证据时，需要向相关的操作人员、维修人员咨询，并尽可能拍照记录。参考或利用工厂平面图或设备布置图，绘制人员、设备、物料和爆炸碎片等的分布图也是记录位置证据的好方法。

收集物理证据或位置证据时，可以对现场进行拍照或者录像。

调查人员在拍照时，需要对照片进行记录，例如记录拍照的编号、照片的序号和拍摄的内容。如果照相机能记录日期和时间，最好使用该功能，在每张照片上显示拍摄的日期和时间，但事先要正确设置好当时的日期和时间；在拍摄时注意显示的日期和时间不要遮住被拍摄对象的关键部位。使用数码相机拍照，不要从相机中删除任何拍摄的内容，即使是模糊的内容也应该一起保留着。

3. 电子证据的收集

要及时保存那些敏感的电子证据，例如电脑里的记录和电子仪表的数据记录。如果担心收集到的证据和资料的安全，可以把它们打印下来或做好备份，并分别保存在安全妥当的地方。

目前，在很多工厂都采用 DCS 集散控制系统或 PLC 可编程控制器来实现工厂的自动化控制。DCS 和 PLC 通常将操作数据存储在硬盘或其他设备上。事故发生后，应该立即将这些存储数据保护起来（包括设定值、报警范围等），防止破坏或丢失；特别是当供电系统遭到破坏的情况下，不间断电源能够支持的时间可能有限，需要及时保存这些数据。如果条件允许，应该将这些存储设施保管在安全、可靠和干燥的地方。这样做是为了尽可能保存所有的数据，以满足进一步事故分析调查的需要。

DCS 系统或控制室内的电脑通常和打印机相连，调查人员需要收集那些打印出来的纸张。除了打印机附近的纸张外，在控制室的工作台、废纸篓、领班或主管的办公室内还可能找出类似的打印纸张，全部收集起来，它们可能包含有用的信息。

以上收集的这些证据，可以帮助我们形象地了解在事故发生前后工厂的一些相关活动，以及事故发生前所存在的问题。

4. 书面证据的收集

可以在很多地方找到书面证据，如控制室、办公室、维修间、现场作业处和工厂的资料室。收集书面证据时，经常会发现所需要的证据只是一大本文件中的一小部分，为了便于事后查阅，应该标明所找到的所有书面证据的出处，最好有一个总的清单。为了便于收集相关的文件，可以由调查小组中一名成员专门负责书面证据的收集。对于后果严重的事故，需要将所有相关的原始资料进行收集和妥善保存。

从控制室和办公室收集操作工和操作主管的生产操作记录和交接班记录。操作工的操作记录通常包括每个班组发生的情况以及维修、设备故障等；交接班记录通常包括操作工接到的一些操作指令，如操作条件、进料量、需要准备进行维修的设备、签发的作业许可证等。对于间歇反应相关的事故，要收集操作期间的批记录文件，它包含操作人员的现场操作记录、每个批次的投料记录和操作步骤等信息。

收集维修记录，如报修单和作业许可证等。这些信息通常可以在生产主管和维修主管的办公室、控制室以及维修作业的现场获得。它们能够帮助我们了解最近完成的和正在进行的维修作业活动，以及事故发生时工厂的生产和维修状况。有些工厂采用电脑系统来管理维修作业，该系统记录和保存着所完成的维修任务记录，调查人员可以采集和利用这些管理系统中保存的信息。

还需要收集与事故装置相关的实验分析报告，包括原料的分析报告。它们一般保存在控制室和分析室。分析报告通常包括产品的质量报告以及生产过程中对工艺物料的在线分析结果。

5. 与目击者面谈

与目击者面谈是获得事故相关证据的非常重要的途径，通过面谈获得的信息可以为事故调查小组进一步深入了解情况提供有关的线索。

与目击者的面谈要及时，力争在目击者没有遗忘时就向他们了解情况，以获取较准确的信息和证据。

这里所指的目击者不仅仅是目睹事故发生的人员，也可以包括那些本职工作和事故相关或者了解事故情况的人，例如：

(1) 受伤的员工；

(2) 相关的主管；

(3) 现场代表；

(4) 前后交接班的班组成员；

(5) 安全负责人；

(6) 工厂经理；

(7) 新加入公司的员工；

(8) 其他任何了解情况的人。

调查人员在和目击者面谈以前，要事先做好必要的准备，包括准备好相关的图纸、照片和提问清单。提问清单包括面谈过程中要提到的问题，它通常需要包括：

(1) 面谈者的情况（如从事的工作及联系电话）；

(2) 目击者看见什么、听到什么、闻到什么和感觉到什么；

(3) 以往通常是如何做的；

(4) 目击者认为事故是什么时候发生的、事故的原因是什么；

(5) 目击者对事故有什么看法等。

面谈时，最好有两个调查小组的成员参加，由一个人负责提问题，另一个人做记录。面谈需要在一个舒适和让人放松的环境中进行，使面谈的人感到轻松，最好不要在工厂领导或经理的办公室面谈。

在面谈前，要消除面谈对象的紧张和对立情绪，最好坐成一圈，在面谈之前首先向目击者解释面谈的方式和面谈所得资料的用途，并说明在事故调查报告中将不会使用他们的名字。

向目击者发问时，先问一些基本的问题，如目击者的基本情况，然后才问与事故相关的具体的问题。交谈时，可以使用工厂或者肇事车间的平面布置图，也可以使用照片，了解在事故发生时目击者以及其他员工所在的位置，以及他们当时都在做什么。在目击者说话时，不要打断他。在问完所有的问题后，最后要问目击者是否需要补充什么内容。在完成面谈之前，和目击者一起核对一遍面谈的记录，防止出现误解；然后，将面谈获得的信息整理成正式的文件，请面谈者过目并签名。

如果需要与几个目击者面谈，应该与他们分别单独交谈。因为同时与几个目击者一起交谈时，目击者在回答问题的时候可能会相互干扰。此外，要为面谈工作准备足够的时间，实际需要的时间可能会比预期的长。

完成面谈工作后，要和其他调查人员分享获得的资料，调查小组要一起对面谈获得的资料进行总结。对于那些重要的信息，如果从不同的目击者获得的信息有矛盾的地方，应该进一步与目击者确认，直到完全弄清楚为止。

调查小组需要对面谈对象所提供的意见保密，这些面谈中获得的信息仅限于事故调查小组内部讨论和参考，不应该泄漏给其他任何人。在事故调查报告中，可以有一个附件包括接受面谈的人员清单，并包括他们所担任的职务。

证据的保全：除了收集证据以外，调查小组还需要妥善保存所收集到的证据，这不仅是法律法规的要求，也是开展事故调查工作的良好实践。应该将收集到的物理证据和书面证据进行编号并列成清单。对于物理证据，还可以采用挂标签或用不同颜色标识的方法妥善保管。

三、事故根源分析方法

事故成因理论有多种，如海因里希的多米诺理论[3]，其假设为：某一事件发生，并逐渐发展，最后形成事故。Recht 提出的系统理论，即事故总是由某一个或多个硬件系统或管理系统的缺陷所导致的。Haddon 所提出的 HBT 危害-屏障-目标理论，从系统所具有的危害开始，进一步分析最终目标如人、环境等，以及危害与目标之间的各种安全屏障，即保护层。

基于这些事故成因理论，直接原因分析或根源分析可采用的分析方法很多，每种方法都有各自的优点和局限性。在实际开展事故调查分析时，可以同时采用多种分析方法。

（1）头脑风暴法（brain storming）　这种方法依靠参与者的脑力激荡，提出关于事故原因的看法。通常的做法是一组人围坐在一起，大家先回顾事故发生的经过，然后围绕所发生的事故，各自提出对于事故原因的看法，并对这些看法进行讨论，找出事故的原因。

这是一种非系统化的事故原因分析方法，讨论得出的结论在很大程度上取决于参与者的知识与经验，不同的小组得出的结论可能不尽相同。如果参与者的经验不足，得到的事故原因可能是不完整的，或找出的并不是事故的真正根源。为了克服"非系统化"这一缺点，可以采用"五个为什么"方法帮助参与者思考，这种方法要求参与者针对某一方面的原因连续问五次"为什么"，通过串级提问的方式找出事故的根源。

（2）时间线法（time lines）　时间线本身不能确定事故的根源，它是帮助探寻事故根源的有用工具。事故调查小组可以根据收集到的各种证据以及与相关人员面谈得到的信息，将事故发生前的一系列事件按照时间的先后顺序进行排列，为后续的根源分析提供参考。这个方法的应用也有助于更清晰地了解事故的发生过程。

在事故调查期间，在获得更多的证据或资料后，可以对已经编制的时间线进行修正。时间线也有助于防止遗漏收集重要的证据。表 12-1 是一个催化剂床堵塞事故时间线表的举例[4]。

表 12-1　催化剂床堵塞事故时间线表

事件对应的时间点	事故过程中的各个事件
19:48:00	操作人员确认反应器内的催化填料床堵塞
19:11:02	填料床反应器压差计 PDI-330(高)报警
18:44:53	立即停止加料螺杆机,不再往配料罐中进料
18:43:01	配料罐的固含率 TSH-300(高)报警
18:42:17	按程序启动搅拌器
18:39:08	发现未启动搅拌器
18:12:33	开动加料螺杆机往配料罐 D-300 进料
17:56:00	确认配料罐中的浆料固含率过低(18%,根据 DCS 记录)
17:55:12	开始从配料罐 D-300 经过换热器向反应器中送料

（3）事故原因图表（cause factor chart）　这种方法运用图表的形式，按照事故发生的时间顺序组织相关的证据。在图表中，将事故发生过程中的"事件"描述在长方形的框内，用箭头按照时间先后次序连接。所谓的"事件"应该是事故发生之前的某个行为，不是状态。将对应的状态记录在椭圆形的框内，如果证据需要进一步确认，则用虚线椭圆，并用虚线与对应的"事件"连接。

图 12-8 是一个催化剂床层堵塞的事故原因图表的举例[4]。

（4）逻辑树方法（logic tree）　头脑风暴法、时间线法和事故原因图表等可以帮助我们掌握事故相关的背景和证据，但它们并不能系统地发掘事故的根源。

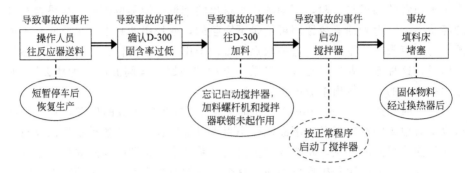

图 12-8　催化剂床层堵塞的事故原因图表

过程安全事故通常比较复杂，其根源往往涉及多处 PSM 管理系统上的缺陷，需要通过系统地分析才能找出这些缺陷。逻辑树方法是系统、全面地确定事故根源的方法，可以采用它推演出事故的直接原因及根源。常见的逻辑树方法有故障树分析（fault tree analysis）和"为什么"树（why tree）。下面简单介绍故障树分析。

故障树分析的具体做法：针对某种结果（事故后果）采用逆推的方式，借助"与"门和"或"门的逻辑运算，反推演出该后果出现之前的各个事件，推演得出的某个事件又可以是下一层其他事件发生的结果。

采用故障树分析方法，可以系统地挖掘出导致事故的管理上的缺陷（根源）。在实际工作时，可以由一名调查小组成员先起草事故的故障树分析，然后调查小组一起讨论和检查，将它完善。

故障树分析及衍生出的一些分析方法，是识别事故根源的良好工具，也是行业中主流的事故根源分析手段。

图 12-9 是故障树分析的举例[4]。

（5）其他方法　目前，还有一些广泛采用的其他事故调查方法，诸如鱼骨图法、蝴蝶结分析法（bow-tie analysis）、事故分析法（acci map）等[5,6]。虽然这些方法的具体做法各异，分析层次有深有浅，但是它们的基本形式都类似于逻辑树方法，或者是逻辑树方法的衍生。

直接原因分析：直接原因是指直接导致事故的事件。例如，事故为化学品泄漏，直接原因是离心泵的机械密封破损。

根原因分析：根原因是直接原因背后的真正因素，揭示了为什么会发生事故，而这些真正的因素往往又是 PSM 管理因素[6]。例如，事故为化学品泄漏引起的火灾，直接原因是离心泵的机械密封破损，间接原因是设计阶段选择了错误的密封形式，或者安装阶段机械密封安装错误。而设计阶段选择了错误的密封形式的根原因又在于设计阶段 PHA 分析质量存在问题，没有及时发现这个错误的密封形式。安装阶段机械密封安装错误的根原因又在于机械密封安装

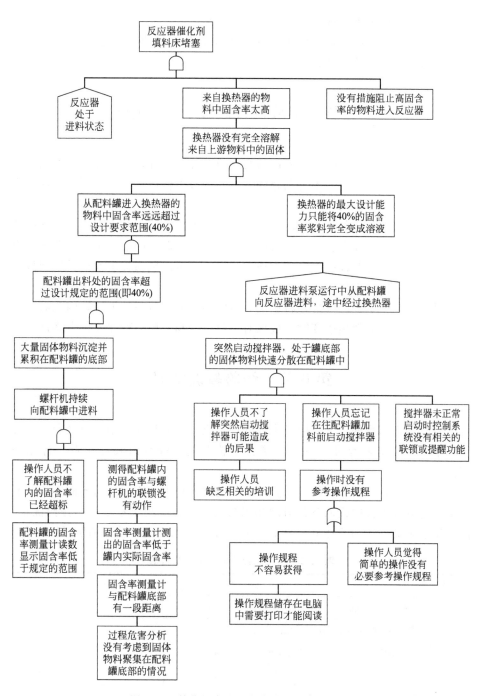

图 12-9 催化剂床层堵塞事故的故障树分析

的操作规程不够清晰，或者操作人员培训不足。

找到这些根原因后，采取纠正措施自然要从 PSM 各个要素上下功夫，进行有针对性的、系统性的整改。

第七节　事故调查制度的持续改进

完成事故调查后，除了开展内部交流或对外交流外，还需要对事故调查工作本身进行回顾，让所有参与调查的人员对调查工作进行客观的评价，共同提出改进事故调查管理的系统建议。

对事故调查工作的评价可以包括值得继续保持的优点和需要改进的某些环节。可能涉及的方面有：小组成员的经验及培训、调查的准备工作、调查小组的构成、现场取证及证据保全、沟通方式等，还可以包括提出改进措施和落实改进措施等阶段的工作。

对事故调查系统的改进，将影响今后的事故调查策略和方法，因此需要慎重对待。确实需要做出改变时，应该对事故报告和管理的程序文件做修订。

第八节　经验教训学习

事故调查的目的不是仅限于事故处理，更重要的是从其中吸取教训。经验教训学习的信息来源可以分为三类：本企业内，行业内其他企业，行业外案例。

为了进行有效的知识管理，企业可以通过检查表的方式，从不同来源的事故案例与调查报告中提取有价值的知识与信息，并应用于本企业的操作优化、隐患排查和员工培训等环节。表 12-2 给出了一个典型的经验教训学习检查表。

表 12-2　典型的经验教训学习检查表

序号	检查表
1	事故案例的企业和本企业之间有什么相似之处？
1.1	事故案例中和本企业是否有相似的化学品？
1.2	事故案例中和本企业是否有相似的工艺或设备？
1.3	事故案例中和本企业是否有相似的总平面布置及区域位置？
1.4	事故案例中和本企业是否有相似的组织架构？
1.5	事故案例中和本企业在运行中是否有相似的趋势或模式？

续表

序号	检查表
2	事故案例是否可能在本企业发生？为什么可能？为什么不可能？
2.1	该事件如果在本企业发生，可能的后果是什么？为什么？
2.2	事故案例中的直接原因是否曾在本企业发生？后果是什么？
2.3	本企业是如何处置这一类的事件？
2.4	本企业如何对这一类的事件进行调查？是否得到了类似的结论？
3	事故案例中企业的过程安全管理系统与本企业有什么不同之处？
3.1	事故案例中是否存在有效的过程安全措施，能够消除事故案例所产生的后果？本企业的设施或操作是否能够限制这样的后果？
3.2	本企业的过程安全管理系统是如何预防发生此类事故的？如何减小在本企业发生类似事故的可能性？
4	由这一事故案例，可以将哪些经验教训应用于本企业的过程安全管理系统（包括硬件设施或操作）？
4.1	事故案例中是否有任何本企业的设施应消除或避免的情况？
4.2	事故案例中学到的教训，本企业应该在自己的设施里实施什么？
4.3	事故案例是否有任何可能影响本企业今后的决策和方向？
4.4	是否还有其他人会从获得这些信息中受益？他们是谁？怎么分享？

经验教训学习的另一个有效的手段是进行数据积累与趋势分析。可以将本企业或行业内的故障数据、事故统计进行积累与分析，用历史数据来修正企业目前的过程安全管理系统与硬件设施。

第九节　与 PSM 其他要素的关系

事故调查要素是过程安全管理系统中一个独立的要素，与其他多个要素都有关联。例如：

（1）过程安全信息要素　在开展事故调查时，需要用到相关的过程安全信息资料。

（2）过程危害分析要素　对于过程安全事故，在事故调查时，要确认是否开展了过程危害分析，如果开展了相关的分析，调查期间应该查阅此前的分析报告。过程危害分析质量不高往往是事故的根源之一。

（3）动火作业管理要素　如果事故涉及动火作业过程，需要调阅作业许可证，了解签发作业许可证和批准作业的过程。

（4）培训要素　事故调查时，往往需要查阅培训记录，了解相关人员是否接受了必要的培训。事故调查也可能会对如何改进培训工作提出整改意见。

（5）承包商管理要素　如果承包商员工与事故相关，在开展事故调查时，要有承包商的代表参与。

（6）操作规程要素　在开展事故调查时，需要查阅操作程序文件。事故调查也可能建议改进当前的操作方法和改变操作程序的管理制度。

本章我们讨论了事件、事故和未遂事故的基本概念，导致事故的原因（直接原因和根源）。事故的根源往往是 PSM 管理上的缺陷。

过程安全管理要求工厂建立事故报告和调查制度，对发生的事故开展全面的调查，防止类似的事故再次发生。

报告和调查未遂事故，可以用最小的代价及时弥补 PSM 管理系统的缺陷，达到预防事故的目的，工厂应该建立起便捷、有效的未遂事故报告制度，鼓励员工报告隐患和未遂事故。

调查事故的方法很多，故障树分析方法等是广泛应用的几种非常系统的根源分析方法，比较适合于过程安全事故调查。国内外也开发了一些事故调查软件工具，提高事故调查的质量和工作效率[6]。

参考文献

[1] US Department of Labor and Occupational Safety and Health Administration. Process Safety Management [S]. OSHA 3132, 2000.

[2] US Department of Labor and Occupational Safety and Health Administration. Process Safety Management Guidelines for Compliance [S]. OSHA 3133, 1994.

[3] Heinrich H W. Industrial Accident Prevention [M]. New York: McGraw-Hill, 1936.

[4] 粟镇宇. 过程安全管理与事故预防 [M]. 北京：中国石化出版社，2007.

[5] Chen Q, Wood M, Zhao J S. Case study of the Tianjin accident: Application of barrier and systems analysis to understand challenges to industry loss prevention in emerging economies [J]. Process Safety and Environmental Protection, 2019, 131: 178-188.

[6] 章展鹏，赵劲松. 化学品事故调查与管理软件平台工具设计与开发 [J]. 计算机与应用化学，2014, 31（11）：1293-1297.

第十三章

符合性审核

符合性审核是过程安全管理系统的一个要素，对应着图 1-6 风险管理过程中的监测与评审。通过审核，可以找出过程安全管理系统本身的缺陷和在执行过程中存在的不足之处。这个要素的主要目的是确保其他要素的有效落实及持续改进。

符合性审核可以分为内部审核和外部审核（第三方审核）。内部审核又可以分为自我审核（第一方审核）和第二方审核（通常是公司总部组织的审核）。在 2005 年 BP 石油公司德克萨斯城炼油厂发生爆炸事故后，美国 OSHA 发起了全国炼油厂和化工厂 PSM 外部审核重点项目。其中有的外部审核耗时近半年时间。审核发现，美国炼油厂和化工厂中存在问题最多的四个 PSM 管理要素：过程安全信息（PSI），过程危害分析（PHA），机械完整性（MI）和变更管理（MOC）。

第一节　过程安全管理符合性审核的概述

一、什么是过程安全管理符合性审核

审核是指系统、独立地对已经制定的标准、指南、规章制度等的实际执行情况进行检查，确认实际执行是否符合相关标准、指南和规章制度的要求。

审核的依据通常是政府的法律、法规、标准以及被审核公司自有的政策、标准和指南等。审核时需要采用明确定义好的审核方法和准则，以确保审核结果的一致性，也便于审核人员得出可靠的结论。

在美国 OSHA 过程安全管理体系和我国工艺安全管理导则 AQ/T 3034 中，符合性审核（compliance audit）都是独立要素之一。

二、过程安全管理审核与过程安全审核的差异

过程安全管理审核与过程安全审核是不同的概念。前者关心的是管理的体

系，是要弄清楚在管理体系的各个方面是否存在缺陷；后者主要关心那些可能会影响过程安全的具体措施是否正确落实了。

譬如，对于一台反应器，需要有适当的进料控制，当反应器内温度过高时，就通过进料管道上的调节阀来调节进料速率；当反应器内温度达到某个更高温度设定值时，就通过安全联锁回路关闭进料管道上的开关阀。过程安全审核主要关心技术细节，这个安全联锁的设计是否合理、触发联锁的温度设定值是否准确等。它的侧重点是控制危害的具体技术措施是否得当，它与过程危害分析要素密切相关。过程安全管理审核则关心工厂是否有适当的管理制度来确保这个安全联锁回路得以合理设计、安装、调试和投入使用。它的侧重点是管理系统的科学性（合理设置管理制度和有效地执行落实）。

这二者对于化工过程的安全运行都非常重要。在过程安全管理系统中的符合性审核，主要是指过程安全管理审核。

三、开展过程安全管理审核的意义

定期开展过程安全管理审核对于工厂安全管理系统的健康运行和持续改进有很重要的意义，也是预防过程安全事故的重要保障。我们都知道，导致灾难性事故的根源是管理上的缺陷，要预防事故，就需要把管理上的缺陷找出来、消除掉。

与日常安全检查不同，审核是系统性的工作，它依据比较完善的审核准则来挖掘出当前运行体系中存在的缺陷，然后提出措施及时弥补，从而达到预防灾难性事故的目的。有一家大型跨国化工公司做过统计，在 1996～2002 年期间，该公司定期开展过程安全管理审核，审核时通过量化打分来衡量过程安全管理的状况。在 1996 年，被审核的企业平均得分是 84 分，当年所有企业发生的过程安全事故（按该公司规定需要上报统计的事故）共有 185 起。通过定期的审核，这些企业的过程安全管理系统不断完善，到了 2002 年，被审核的企业平均得分是 90 分，当年发生的过程安全事故共 54 起。1996～2002 年，审核的平均得分从 84 分增加到 90 分，事故数量则从 185 起减少到 54 起，事故率下降了 70%。

定期开展过程安全管理审核有助于工厂在期望的风险水平下运行。审核有助于确保工厂不降低风险标准来运行。如果没有定期的审核，有些制度的执行会发生变形，可能因此增加运行的风险。通过审核还可以回顾检查，确认以往审核中发现的问题是否已经解决了；如果没有解决，在当次审核中会再次提出来，促使这些措施及早落实，从而降低工厂运行的风险。

定期开展过程安全管理审核还有助于提升工厂员工的安全意识。工厂的管理层和基层员工会参与或接触审核的工作过程，在此期间，他们有机会加深对过程安全管理各个要素重要性的认知，并且了解到自己哪些方面做得比较好，哪些方面很重要但没有做到位，从而提升自己的安全意识和增长过程安全管理的相关知识。

四、对"符合性审核"要素的规定

美国 OSHA 过程安全管理系统对符合性审核要素提出了下列要求[1,2]：

（1）雇主要有证据证明，他们至少每三年完成一次过程安全管理系统的符合性审核，以确认所编制的管理程序和执行落实满足过程安全相关法规的要求；

（2）在开展符合性审核时，审核人员中至少有一个人熟悉审核所涉及的工艺过程；

（3）应该编制审核报告，其中包含审核所发现的问题；

（4）雇主应该及时根据符合性审核提出的每一个不符合项，做出书面的回应，并且书面记录已经整改了的不符合项；

（5）雇主应该保存最近两次的符合性审核报告。

我们国家颁布的工艺安全管理推荐导则 AQ/T 3034 也有类似的规定。

五、过程安全管理审核的类型

通常，过程安全管理审核可以分成以下三类：

（1）内部审核（第一方审核）：工厂自己组织一个小组开展审核；

（2）总部审核（第二方审核）：规模较大的集团公司，由总部组织一个小组对下属的工厂开展审核（小组成员通常来自兄弟工厂）；

（3）第三方审核：委托外部咨询机构开展的审核，审核小组与工厂没有直接关联。

这些审核类型有各自的优缺点。

内部审核（第一方审核）的优缺点如下：

优点：可以自由安排审核的时间和频次；审核的结果只是给工厂内部参考，因此在审核期间，工厂人员通常不会刻意隐瞒和掩盖问题；工厂管理层会直接参与到这个工作过程中，有利于他们熟悉过程安全管理的相关要求；此外，这种内部审核的方式成本也比较低。

缺点：无法识别自身团队认知范围以外的问题，这是内部审核的一个困境；不容易发现某些在外人看起来显而易见的问题，因为"身在此山中"以至于熟视无睹；内部审核还容易本能地忽视那些难解决的问题，审核人员对本工厂的情况很熟悉，很可能本能地跳过那些"老大难"的问题（觉得提出来也解决不了而不如不提它），或忽略一些对利益相关方有影响的问题。

总部审核（第二方审核）的优缺点如下：

优点：在全公司内部采用统一的过程安全管理审核标准来开展审核，不同工厂的审核结果就具有可比性，可以统计审核相关的数据做趋势分析；审核小组都是来自本公司，熟悉本公司的内部标准和一些特殊要求；还可以通过审核，促进不同工厂之间的交流，学习对方的良好实践和做法。

缺点：被审方是兄弟单位，而且被审方也可能在下次成为审核自己的审核方，在审核过程中，有时担心得罪被审方，审核人员在决定是否提出尖锐问题时会出现犹豫的情况；审核人员的知识和经验可能仅限于自己所在的行业；审核人员对新法规的要求可能不够了解；因为是兼职从事审核工作，在审核时间安排上往往受本职工作的制约。

第三方审核的优缺点如下：

优点：相对于前面两类审核而言会更加客观，有助于挖出那些尖锐的、"老大难"的问题；专业的咨询顾问经常对不同行业的工厂开展审核，见多识广，经验比较多，在执行审核方面一般也更加专业；可以帮助工厂从不同的视角来观察存在的问题；被审方可以通过审核过程学习新的知识和方法；外部审核的结果更容易受到管理层的重视。

缺点：需要聘请外部顾问，成本相对较高；外部审核通常比较注重与法规和标准的符合性，可能忽略一些事故预防的良好实践（这取决于对审核团队所提的要求）；如果审核结果与被审核工厂管理层的绩效挂钩，被审方可能会隐瞒一些事实，从而误导或蒙蔽审核人员，影响审核的结果。

在过程安全管理的符合性审核中，通常是指总部审核或第三方审核。本章以第三方审核为例来说明如何开展过程安全管理审核工作。

六、过程安全管理审核的范围

开展过程安全管理审核之前，先要确定审核的工作范围。

有两项因素会影响审核的工作范围，一是工厂适用于过程安全管理系统的工艺装置的数量，二是审核本身的计划。

一方面，对于一家涉及危险化学品的流程工厂，不是所有的工艺系统都需要满足过程安全管理的要求。譬如，在美国 OSHA PSM 的规定中，根据所涉及的危险化学品的品种和数量来定义哪些工艺装置需要从法律上满足过程安全管理的要求。严格意义上讲，审核的对象仅限于这些过程安全管理法规所覆盖的工艺系统。在我们国家目前还没有强制性的过程安全管理法规和标准，开展这类审核还属于一种良好的管理实践。

另一方面，过程安全管理涉及的要素比较多，在开展审核时，可以做全面的审核，有时因为受时间限制或资源的约束，只对部分要素开展审核，这样审核的范围就缩小了。

在确定审核范围时，通常可以考虑下列因素：

（1）政策和法规的要求及公司内部的相关规定；

（2）工厂的类别（是涉及危险化学品的生产加工工厂、储存设施还是其他类型的设施）；

（3）工厂的地理位置；

（4）以往审核的历史（上一次审核的时间和范围）；

（5）符合性审核需要覆盖的装置或设施（是否所有装置都接受本次审核）；

（6）本次审核的要素（审核全部要素还是部分要素）；

（7）人力资源（是否有熟悉相关要素的审核人员）；

（8）被审工厂的现状（工厂的安全绩效和可用的配合审核的人力资源等）。

七、过程安全管理审核的周期

过程安全管理审核的周期通常指相邻两次审核之间的时间间隔。工厂的过程安全管理符合性审核制度（程序文件）要说明如何来确定审核的周期。在确定审核周期时可以考虑以下因素：

（1）法规要求与公司政策　如我国的推荐导则 AQ/T 3034 与美国 OSHA PSM 都要求工厂至少每三年开展一次符合性审核；在有些公司内部有更严格的要求[2]。

（2）被审核工厂的风险大小　如果工厂工艺过程涉及的危险化学品品种较多或数量较大、操作条件危害较大（高温高压），审核的周期就可以短一些（相应的审核频率就高一些）；工厂周边区域有较敏感的社区或单位，如在邻近有居民区、学校或医院等，可以考虑增加审核的频率。

（3）工厂的历史情况　对于新建的工厂，刚开始实施过程安全管理系统；对于新并购的工厂，与本公司的过程安全管理要求存在差异。这两类工厂通常要在建成后或并购后不久就开展一次过程安全管理审核，并根据审核的情况决定下一次的审核日期，必要时可以缩短审核周期。

（4）安全绩效的现状　如果工厂的安全绩效不够理想，发生的事故或未遂事故较多，则需要加大过程安全管理审核的力度。如果频繁出现各种轻微的事故，尽管没有严重的后果，也说明 PSM 管理系统存在值得关注的缺陷，应通过审核及时加以完善，避免发生灾难性的事故。

（5）类似工厂出现的安全事故　如果在行业中同类工厂出现了某些安全事

故，可以借鉴这些同类工厂的事故教训，临时组织审核。这类审核主要是针对某一个或某几个管理要素。譬如，在同类工厂，多次出现操作人员在某个反应工段因操作失误导致事故，那么就可以针对过程危害分析、操作规程和培训这三个要素开展审核。当然，这类审核通常是以内部审核或总部审核的方式来完成。

第二节　过程安全管理审核的基本过程

为一家工厂开展过程安全管理审核，可以分成审核准备、现场审核和编制审核报告这三个阶段。工厂需要根据审核报告编制改进计划并跟踪落实。

一、审核准备

周全的准备工作能使过程安全管理的审核工作按期完成，而且更加高效。准备工作包括确定审核的对象和范围、做好审核的时间计划、组建审核小组、准备审核准则和完成问卷调查。

1. 确定审核的对象和范围

在开展审核之前，首先要确定审核的对象和范围。

审核对象可以是一家工厂内的所有工艺系统（尽管有些工艺系统按照法规并不要求遵守过程安全管理的要求，有些公司仍然会把整座工厂都纳入过程安全管理），也可以是其中部分工艺系统。

还可以按照要素来确定审核的范围，可以包括所有的管理要素，也可以仅对部分要素进行审核。

2. 做好审核的时间计划

审核工作涉及的人较多，要尽量避开工厂的繁忙时段（如大修），因此通常要提前制订审核的时间计划。

一般至少要提前1~2个月确定审核小组的成员及审核的具体日期，有些公司甚至会提前6个月就确定审核的日程安排。

在确定审核时间计划时，需要与被审核工厂的管理层充分沟通并达成一致意见。

3. 组建审核小组

过程安全管理审核以符合性审核较常见，通常符合性审核小组包括几名成员，以3~4人的配置较常见，每人负责审核3~4个管理要素。如果只审核部分管理要素，可以只安排一名审核人员。

审核小组成员可以是全部来自外部咨询机构，也可以部分来自咨询公司、部分来自本公司。

审核小组的成员应有较好的沟通能力，有过程安全管理相关的知识和经验，接受过审核培训，掌握审核的方法。审核小组中至少应该有一名成员熟悉被审核工厂的工艺过程。

审核小组在组长带领下开展工作，在组建审核小组后要确定各成员的具体分工，即明确每个人负责审核哪几个要素。

4. 准备审核准则

审核准则是完成过程安全管理审核的重要工具。审核准则是一份文件，它包括各个管理要素的合规细则，审核时要问到的所有问题，以及如何对发现项进行分类等。

有些公司有现成的审核准则，审核小组可以直接拿过来使用；如果审核小组成员对审核准则不熟悉，在现场审核之前要花一些时间提前熟悉一下。

有些公司没有审核准则，审核小组在进驻工厂开展审核之前要临时编制一份审核准则。通常，一份完整的高质量过程安全管理审核准则大约有 $50 \sim 60$ 页 A4 纸的篇幅，从空白开始编制这样一份审核准则需要很长的时间。如果要在现场审核之前编制这份文件，应尽早计划和开展这项工作。

5. 完成问卷调查

在工厂现场执行过程安全管理审核期间，工作量非常大，往往时间很紧张。为了把时间用在那些重要的审核任务上以提升现场审核的效率，在进驻现场之前，审核小组会通过问卷调查的方式掌握一些基本的情况。

在进驻工厂开展审核前（通常提前一个月），审核小组把问卷发给工厂，请工厂管理层填写好返回给审核小组。审核小组会阅读和分析工厂的答复，在进驻工厂之前初步掌握工厂的基本情况。

问卷中通常包含以下内容：

(1) 工厂的基本情况，包括组织机构图；

(2) 工厂的过程安全管理政策及标准；

(3) 安全管理制度的目录（安全手册目录和应急计划目录等）；

(4) 工厂平面布置图；

(5) 工艺装置基本情况，包括简单的工艺描述和主要化学品的名称；

(6) 与过程安全相关的事故列表；

(7) 上一次过程安全管理审核报告所提出的整改项的完成情况。

二、现场审核

在工厂现场的审核是过程安全管理审核的重要阶段。这个阶段包括三个部分，分别是首次会议、现场审核和总结会议。

1. 首次会议

现场审核时，先召开首次会议，持续时间大约 1～2h。

在会议上，工厂管理层介绍工厂的基本情况，包括在工厂工作期间要遵守的安全要求。审核小组说明本次审核的背景、目的和开展审核的具体计划。

双方还需要确定每天的工作时间安排、人员面谈的计划、审核期间的协调方式（指定双方的联系人），并确定总结会议的时间。

在首次会议后，审核小组会向工厂提供一份文件清单，让工厂准备审核所需的文件、图纸和相关的记录。

2. 现场审核

现场审核可能持续数日。通常在首次会议后，审核小组会在工厂负责人带领下一起在工厂内初步查看一遍，通常需要约 1～2h，这么做是为了帮助审核小组成员初步了解工厂的大致情况。此后，审核小组成员就会按照自己的任务（自己负责审核的管理要素）分别独自开展审核工作。

现场审核包含察看现场、查阅文件记录和人员面谈等环节。

每一名审核人员都要制订好自己的审核计划，安排好各个要素的审核时间。在审核期间，察看现场和查阅文件通常是交互进行的，要多次到现场察看。

因为文件记录非常多，工厂的人员也很多，所以不可能查阅所有的文件记录，也不可能找每一个人来面谈，因此，在审核期间要确定相应的抽样比例，按照比例来抽样查阅文件记录，类似地也按照比例来确定找多少人面谈。

在审核期间，重点是要通过观察找出管理上存在的系统性的问题。审核人员还要阅读前一次审核的报告，确认工厂是否完成了前一次审核提出的整改措施。如果在前一次审核中提出了某个问题，在本次审核中再次出现，称为"重复发现项"。"重复发现项"要引起高度关注，它们的存在说明前一次审核所发现的管理上的缺陷没有及时弥补。

审核过程会持续若干天，通常审核小组每天会内部短暂交流，沟通各成员当天发现的问题及发现项，为第二天的审核工作提供参考。

3. 总结会议

在审核的最后一天，审核小组通常会与工厂管理层一起召开约 1～2h 的总结会议。在总结会议上，重点沟通和澄清审核的发现项和建议的改进措施（如果要求审核小组在本次审核中针对发现项提出改进措施）。

三、编制审核报告

在完成现场审核工作后，审核小组将编制正式的审核报告，分发给相关方。被审核的工厂应该保留最近两次审核的报告。

四、跟踪和改进

针对审核发现项提出和落实整改措施是过程安全管理审核要达到的真正目的。在审核过程中，如果是内部审核或总部审核，审核小组往往会根据发现项提出改进措施。第三方审核时，审核小组可能只提出发现项（发现的问题），不提改进的意见。工厂管理层要自己根据发现项提出相应的改进措施。

在完成审核报告后，对于审核小组而言，任务就完成了。但是，被审核的工厂还要根据审核报告制订行动计划，将任务分配给具体的负责人并确定完成日期，按期落实改进措施。

在行动计划中，可以把改进措施分成不同的优先级，优先等级高的改进项通常在 6 个月内完成，其他的应该在 24 个月内完成。

第三节　过程安全管理符合性审核的要点

在开展过程安全管理符合性审核时，审核人员参考审核准则来完成审核工作。

下面根据 OSHA PSM 系统各个要素的特点，也根据化工过程风险管理的主要逻辑[3]（见图 13-1），简要总结了对这些要素进行审核时需要关注的一些方面。

一、对过程安全管理的承诺

除了对过程安全管理各个要素开展审核外，审核小组需要从总体上了解工厂管理层对过程安全管理的认知及认可程度，也就是通常所说的"对过程安全管理的承诺"。

可以通过与工厂管理层面谈，了解管理层如何在实际工作中领导、决策和参与过程安全管理相关的工作，还可以了解工厂与过程安全管理相关的职责分工、绩效考核指标和考核办法等。

二、过程安全信息要素

过程安全信息包括危险化学品危害相关的信息、工艺技术信息和工艺设备信息等。这个要素的目的是确保工厂编制了或者获取了这些必要的信息，并且

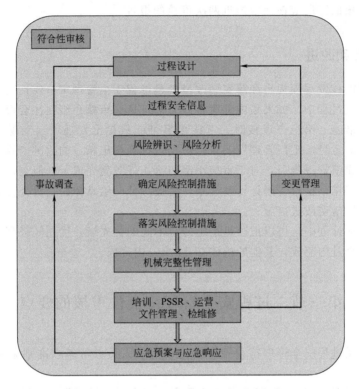

图 13-1　化工过程风险管理的主要逻辑

善用这些信息。在开展审核时，可以从以下方面审查这个要素的执行情况：

（1）了解工厂是否建立了过程安全信息管理制度。通常工厂应该有书面的管理程序文件，在这份文件中对过程安全信息有明确的定义，说明管理过程安全信息的具体要求。

（2）了解工厂是否有过程安全信息的文件清单。工厂应该编制一份过程安全信息的列表（文件清单），在清单中包括所有过程安全信息资料的名称、版本号，有时还会说明资料原件的保存地点。这样的文件清单可以是书面的，也可以是电子文件（便于及时更新和查询）。工厂还要有设计所依据的规范和标准的列表（这些信息也可能包含在初步设计的文件里）。

（3）检查确认工厂在开展过程危害分析之前，是否编制了必需的过程安全信息。过程安全信息是开展过程危害分析的基础。可以通过查阅工厂的过程危害分析报告（例如 HAZOP 报告），了解在开展过程危害分析时，是否有适当的过程安全信息资料，特别是在当时是否有危险化学品的危害信息、信息量足够的带控制点的管道仪表流程图（P&ID 图）和操作规程文件等。

（4）查阅工厂生产、使用和所储存的危险化学品的安全技术说明书（MSDS）。

首先，确认相关危险化学品是否有 MSDS 文件；其次，抽样检查确认这些 MSDS 文件是否包含了必要的信息；再次，确认是否每年检查 MSDS 文件的有效性；最后，了解 MSDS 文件是否存放在操作人员容易取得的地方，而且是否方便使用 MSDS 文件，如果 MSDS 文件是英文版，要翻译成中文版。

（5）查阅确认是否有工艺技术相关的文件资料。这类资料对于了解工艺系统的危害及提出控制危害的策略非常重要，相关文件要包含必要的信息。通常工厂至少应该有完整的工艺流程图、物料平衡表与能量平衡表、工艺系统中所涉及的主要化学反应的说明文件（例如反应机理相关的说明和反应热实验检测分析报告等）、化学品的最大储存量清单，以及说明安全操作范围的资料（例如关键操作参数的安全操作范围一览表）。

（6）查阅确认是否有工艺设备相关的图纸和文件资料。工艺设备相关的资料特别多，这里主要是指那些与过程安全相关联的资料。例如带控制点的工艺管道仪表流程图、设备布置图、主要工艺设备的操作规程、设备规格文件（包含设备规格和建造材质的信息）、爆炸与火灾危险区域划分图、泄压系统的设计资料、通风系统的设计资料、安全联锁功能的说明文件、可燃和有毒气体监测系统的说明文件等。

（7）检查确认工厂是否及时更新了过程安全信息。可以与变更管理要素的审核相结合，查看在相关的变更执行过程中，是否及时更新了受影响的过程安全信息资料，譬如 P&ID 图、操作规程、平面布置图和设备规格文件等。

（8）了解是否存在使用旧版图纸和文件资料的情形，特别是在中央控制室里是否有旧版的 P&ID 图和旧版的操作规程文件。有些工厂把过程安全信息都存放在公司的局域网上，在审核期间可以对比电子文件和书面文件的版本号是否一致（在有些工厂出现过电子文件已经更新，但还在使用旧版书面文件的情形）。

三、过程危害分析要素

过程危害分析是非常重要的一个要素，可以从以下方面审核这个要素的执行情况：

（1）了解工厂是否建立了过程危害分析的管理制度。通常应该有一份程序文件说明本工厂（或工厂所属公司）开展过程危害分析的具体要求。例如，应该说明在哪些情况下需要开展过程危害分析，应该采用什么样的危害分析方法，风险评估时应该使用什么样的风险矩阵，还有对分析小组及组长的要求，对分析报告的编制要求，以及开展过程危害分析复审的要求等。

（2）检查确认相关的工艺系统（指那些过程安全管理所覆盖的工艺系统）是否完成了过程危害分析，是否按期完成了过程危害分析的复审。

（3）可以通过阅读过程危害分析报告，详细了解更多的细节。譬如，分析小组是否包括必要的专业人员，是否采用了适当的分析方法，除了 HAZOP 外是否完成了设施布置分析和人为因素分析等。还可以检查一下报告的完整性和过程危害分析的质量，包括是否在分析时使用了合适的图纸、有没有遗漏特别重要的事故情景、是否提出了适当的工程措施来降低风险等。如果是过程危害分析的复审报告，还需要了解工厂是否在复审期间回顾审查了与工艺系统相关的变更以及与工艺过程相关的安全事故。

（4）检查确认是否按计划落实了过程危害分析所提出的风险控制措施，特别是在工艺系统开车之前是否完成了那些必须落实的安全措施。

（5）结合变更管理要素的审核，了解在变更期间是否对工艺变更开展了过程危害分析。

（6）确认参与过程危害分析的小组成员是否接受过相关 PHA 方法的培训，特别是领导完成过程危害分析的组长是否具有胜任此项任务的知识和经验（如果可能，尽量与过程危害分析小组组长面谈，详细了解工厂开展过程危害分析的做法及某些细节）。

举例：某公司的内部审核发现所有被审核单位的所有风险管理程序文件中，缺乏企业"风险标准"矩阵的制定及管理的相关要求，缺乏风险分析和评估工作方法标准的详细指导手册。

四、变更管理要素

变更管理涉及很多相关的部门和人员，在执行落实过程中往往面临较大的挑战（有一种说法认为，变更管理是 PSM 各个要素中执行难度最高的要素），它也是审核过程中发现项往往较多的一个要素。可以从以下几个方面审核这个要素的执行情况。

（1）检查确认工厂是否建立了适当的变更管理制度。通常工厂应该有变更管理的程序文件，明确定义了什么是变更以及如何管控一个变更的全过程。

（2）检查是否执行了变更但没有履行变更管理的工作流程。譬如，如果在工艺装置区见到新改造的地方，可以要求查看相关变更的记录、图纸和文件。

（3）仔细阅读所有的变更记录，确认是否按照变更管理的要求完成了各个环节的工作。譬如，是否针对变更开展了适当的过程危害分析，评估了变更对安全和健康的影响；是否在投入使用之前开展了变更的开车前安全审查，是否培训或通知了受变更影响的操作人员、维修人员及承包商，是否更新了受变更影响的文件和图纸（包括操作规程），现场核实变更管理项目的执行是否严格按照计划的起止日期执行。

（4）了解工厂是否也对临时变更做了适当的管控。

（5）了解工厂是否有应急变更的相关规定，可以查看应急变更的记录（如果有）。

【举例】伊士曼化学公司通过两年时间在变更管理要素审核方面的持续努力（尽管很难分配人力资源和时间资源），变更管理系统的执行情况得到显著改善（见图 13-2)[4]。

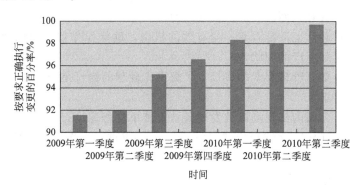

图 13-2　伊士曼化学公司变更管理正确执行率[4]

五、开车前安全审查要素

投产前安全审查主要适用于新建工艺装置或工艺系统较大变更的情形。在审核时，主要关心以下问题：

（1）了解工厂是否有开车前安全审查的制度。工厂应该有一份文件，即开车前安全审查程序文件，它说明如何完成开车前安全审查这项工作及相关的要求。通常，在这份文件中还附有一份详细的开车前安全审查清单。

（2）确认工厂在新装置建成投产前或现有工艺系统变更时，是否在工艺系统投入运行之前完成了开车前安全审查。可以通过查阅开车前安全审查的记录或变更管理的记录来了解上述情况。

（3）可以进一步了解在投产前安全审查期间工厂是否完成了以下任务：确认工艺设备的安装符合设计要求，编制了操作规程并培训了相关员工，落实了过程危害分析报告中所记录的现有安全措施和改进措施。

六、操作规程要素

操作规程要素规范工厂操作规程和维修程序的编制、审查、批准和使用等环节。审核时重点关心以下方面：

（1）了解工厂是否有操作规程要素的管理制度，即该要素的程序文件；

（2）查阅工厂的操作规程和维修程序，确认是否编制了不同生产操作阶段的操作规程，包括首次开车、正常开车、正常操作、正常停车、紧急停车的操作规程；

（3）查阅操作规程文件，确认是否包含了供操作人员参考的必要的信息，包括操作过程中的安全注意事项、关键参数的安全范围以及应急操作指南等；

（4）了解操作人员和维修人员在工作需要时，是否能方便地获得操作规程或维修程序（宜有书面的文件供参考和使用）；

（5）检查确认工厂是否有一套有效的机制，确保操作规程得以及时修订，以准确反映实际生产的现状；

（6）结合变更管理要素的审核，了解操作规程的修订是否遵循了变更管理要素的相关要求。

举例：某公司内部现场审核发现各被审核单位普遍没有按照《化工企业工艺安全管理实施导则》（AQ/T 3034—2010）要求进行操作规程的编制。

七、培训要素

过程安全管理中的培训主要是指操作人员和维修人员的培训。在审核期间，不但要了解工厂是否建立了系统的培训管理制度，还要了解执行培训要素的成效。可以重点关心以下审核要点：

（1）了解工厂是否有一套系统的机制确保操作人员和维修人员获得必要的培训。通常，科学有效的培训管理系统会覆盖培训需求分析、培训计划、落实培训、培训后跟踪、培训记录、再培训及胜任能力评估等方面。

（2）查阅操作人员和维修人员的培训和再培训记录，并通过与他们面谈来了解工厂的培训效果。可以按照一定比例抽样检查：从操作人员和维修人员名单中随机抽取一定百分比的人（譬如 5%～10%），查阅他们的培训记录，并选择与其中部分人面谈。通过面谈，了解他们是否有足够的安全意识，是否掌握本岗位的主要危害及控制措施，以及是否了解应急操作和应急响应的要求等。

（3）确认操作人员是否都接受了工艺系统相关知识和操作规程的培训。工厂应该针对工艺系统的技术知识和操作规程，安排操作人员接受足够的培训。可以通过与操作人员面谈了解这方面的培训效果。

（4）检查确认是否每三年为操作人员提供了再培训。可以检查培训计划和培训记录，确认工厂是否为操作人员安排了定期的再培训。

（5）了解工厂是否采取适当的方式确认操作人员掌握了培训的内容。常见的方式是培训后对操作人员进行考核，有些工厂还对操作人员的胜任能力开展评估。

【举例】某企业内部审核发现新任总经理暂未取得主要负责人资格证，新任副总经理兼 HSE 总监未取得安全生产管理人员资格证。

八、机械完整性要素

　　机械完整性是过程安全管理系统中非常重要的一个要素，也是执行落实难度很大的一个要素。机械完整性包括工艺设备、管道、仪表和安全装置的完好性。对这个要素的审核可以重点关心以下审核要点：

　　（1）工厂是否编制了书面的机械完整性管理制度（程序文件）。机械完整性管理要素本身是一个复杂的系统，一般有一份总体的程序文件，在它的下一层有若干包含详细管理规定及技术细则的子文件。

　　（2）检查工厂是否识别了与过程安全相关的关键设备清单（包括关键设备及关键仪表）。通常根据风险评估的结果来确定哪些设备或仪表要列入关键设备清单，开展过程危害分析时也可以要求把具体的设备、设备部件或仪表加入工厂的关键设备清单。识别关键设备清单是开展预防性维护的基础，也是推进机械完整性要素安全管理的重要步骤。

　　（3）检查确认关键设备（关键工艺设备、管道、仪表和安全装置）是否有预防性维护计划。维护计划还要满足合规的要求，例如，在我国境内的工厂要遵守国家颁布的压力容器定期检验要求。

　　（4）检查是否按照预防性维护计划开展落实了关键设备的维护和维修。一方面要查阅相关的维护计划；另一方面要在现场目视观察设备的现状（是否有腐蚀严重的地方、软管和膨胀节是否正确安装并状态良好、安全装置如安全阀等是否处于可用的状态等）。

　　（5）检查确认工厂是否编制了适当的检验和测试程序，工艺设备的检验和测试频率是否符合设备制造商指南的要求和普遍接受的工程实践的要求，所完成的对工艺设备的检验和测试是否有书面的报告（应该包括检验或测试的日期、检验或测试人员的姓名、被检验设备的编号、对检验或测试的说明、检验或测试的结果等）。

　　（6）确认是否有带病工作的工艺设备，如果有，进一步确认是否开展过风险评估。

　　（7）确认工厂是否添置新设备或做了变更，在增加设备或对设备做改变时，是否符合变更管理的要求。

　　（8）确认工厂是否有质量保障的程序，以确保维修材料、备品备件和备用设备等符合工艺和安全的要求。可以实地查看备品备件仓库，了解备品备件的管理现状。

　　（9）了解工厂是否向从事维护维修的员工（含承包商）提供了必要的培训，包含一般性的基本培训和专业培训，以帮助他们了解工艺系统中存在的主要危害和掌握相关维修程序的要求。

举例：某公司内部审核发现没有基于风险分析的成果，判别安全关键设备设施；缺少设备前半生（设计、制造、安装等）质量管理流程，引入化学品后设备源头的管理问题难以追溯和根除。

九、动火作业管理要素

动火作业许可证通常是工厂作业许可证制度的组成部分。在这个要素的审核中，重点关心工厂是否有适当的机制管控动火作业过程中的风险。审核的要点通常包括：

（1）检查工厂的书面动火作业许可证制度（或作业许可证制度中关于动火作业的要求），确认是否明确定义了哪些作业属于动火作业、在哪些地方作业需要申请动火作业许可证、是否明确说明了动火作业许可的工作流程及要求（包括可燃气体的检测和监测要求、许可证填写和签发要求、现场作业的基本安全要求、中断作业再复工的要求，以及回收的许可证的存放要求等）。

（2）查阅以往签发的动火作业许可证，了解是否按照程序的要求填写和签发，特别是气体检测的结果是否准确填写在动火作业许可证上。

（3）详细了解在签发动火作业许可证之前及作业过程中，工厂是如何开展气体检测及监测的。有必要和负责气体检测的人员面谈，了解他们是否接受过适当的培训、是否了解检测仪的使用方法和掌握正确的气体检测方法。

（4）如果在审核期间，工厂内正好有动火作业，就很有必要前往动火作业的现场，实地了解工厂如何管理动火作业。

十、承包商管理要素

承包商要素的审核主要从三个方面入手，分别是承包商的选择、承包商在现场服务期间的管理以及承包商完成服务并离场后的评估。

（1）检查确认工厂有书面的承包商管理制度；

（2）了解工厂是否建立了选择承包商的安全要求或标准；

（3）确认工厂是否书面告知了承包商其作业所在工艺区域的主要危害，包括化学品的危害和工艺过程中可能给承包商造成伤害的危害；

（4）确认工厂是否给予承包商必要的培训，以帮助他们了解工厂的应急响应计划和应急响应的要求，并鼓励承包商报告事故和不安全的状况；

（5）确认工厂是否有适当的管理措施防止承包商员工进出与其作业活动无关的工艺区域（常见的管理措施如隔离墙、铁丝网、围栏和门禁等）；

（6）了解工厂是否定期对承包商的安全绩效进行评估，是否记录了承包商员工的伤害和职业病；

（7）了解完成现场服务后，是否对承包商的表现进行了评估（作为今后再次选择该承包商的参考依据）。

举例：某公司内部审核发现承包商管理简单化，以罚款为主，较少对符合或遵守安全合同规定的承包商（或承包商员工）提供有效的正激励措施，未开展承包商安全管理能力的评估与审核。

十一、应急准备与响应要素

应急预案与应急响应要素的审核主要关心两个方面：一是工厂是否建立了切实可行的应急响应计划；二是工厂是否通过培训、演练、物资准备和外部协作构建起足够的应急响应能力。

（1）确认工厂是否编制了应急预案，包括是否针对工艺系统中可信的值得关心的事故情景编制了应急处置方案。

（2）了解工厂员工是否都接受过基本的应急响应培训；应急响应小组的成员是否接受过必要的培训，包括化学品暴露危害、事故后果及应急装备的使用等培训内容。

（3）了解工厂是否定期开展应急响应演练，可以查看演练的记录了解演练时的情形。

（4）检查确认工厂是否有适当的报警装置和警报系统，报警能否及时被听到和识别（所有受影响的人员都应该能及时听到报警，或通过第三方知晓现场的紧急状况）。

（5）确认工厂是否有适当的紧急集合点，紧急集合点与工艺装置应有足够的距离。

（6）查看并确认工厂有必要的应急响应物资（应急设备、工具、材料和个人防护用品）并妥善存放在适当的地点，方便获取和使用。可以对照应急响应计划来查看和确认应急响应物资是否满足需要。

（7）查看工厂现场是否布置了适当的风向标。

（8）了解工厂是否有应急指挥中心（如果有，是否有必要的设备和文件资料）。

（9）了解工厂是否与外部机构（包括相邻的其他单位）建立了应急响应的协作机制，是否定期举行联合的综合应急演练。

十二、事故调查要素

事故调查要素的审核主要关心两个方面：一是工厂是否建立了有效的事故

报告机制；二是是否对发生的事故（或可能导致严重后果的未遂事故）开展了适当的调查，找出事故在过程安全管理系统中的根原因（根源），并以此作为事故预防的契机。

（1）确认工厂是否建立了书面的事故报告和调查程序（管理制度）。

（2）了解工厂是否建立了事故报告的机制，包括事故报告的流程和鼓励报告未遂事故。

（3）查阅工厂的事故清单，确认是否对事故和可能导致严重后果的未遂事故开展适当的原因调查。审核时，有必要查阅所有的事故报告，通过它们确认工厂的事故报告是否包含必要的信息（事故发生的日期、开始调查的日期、事故的描述、造成事故的原因及提出的改进措施），了解工厂如何开展事故原因分析，是否识别了造成事故的根源。

（4）检查确认工厂是否建立了适当的机制来落实事故调查提出的改进措施（审核时应参考事故调查报告检查改进措施完成时的书面记录）。

（5）确认与事故有关的人员是否审阅了事故报告，工厂是否适当保存了所有的事故报告（至少应该保留 5 年）。

举例：对某公司的内部审核发现存在事故漏报的情况，已经发生的物料泄漏引发明火并未列入事故台账（台账显示企业未发生任何事故），审核过程中结合不同员工的反馈可以发现安全尚未成为该企业的核心价值观，管理团队中间存在只重视严重后果的事故的现象和报喜不报忧的防御性心理，长此以往，不可避免会形成与公司安全价值观相背离的习惯性瞒报、不报的文化氛围。

十三、商业机密要素

商业机密是美国 OSHA PSM 中特有的一个要素。它强调不能因为保密的理由妨碍正常使用过程安全信息资料。在审核期间主要了解：

（1）在落实过程安全管理各个要素的工作过程中，工厂相关人员是否能获得所需的过程安全信息。譬如，在开展过程危害分析、编制应急预案等工作中，工厂是否向员工提供了完成这些工作所需的信息或资料。

（2）在开展符合性审核期间，企业是否向外部审核人员提供了审核所需的信息资料。

十四、员工参与要素

员工参与是一个重要的要素，但它的实施贯穿在其他要素的执行过程中。这个要素的审核相对比较简单，主要关心以下内容：

（1）工厂是否编制了书面的"员工参与计划"，通常是年度计划。

（2）审阅"员工参与计划"，了解它是否清楚说明了如何鼓励员工参与过程安全管理各个要素的工作。可以和其他要素的实际落实相互对照，譬如，是否安排员工参与过程危害分析、是否安排员工代表参与过程安全管理相关的会议等。

（3）与员工面谈，了解"员工参与计划"在工厂的落实情况。

十五、符合性审核要素

对于已经推行过程安全管理有一段时间的工厂，也可以对符合性审核这个要素本身做审核。主要关心下面这几个方面：

（1）检查工厂是否有书面的符合性审核制度（即程序文件）。在工厂层面也可能没有这样的制度，有些是在总部才有这样的制度。

（2）确认是否每隔3年完成了一次符合性审核（如果工厂推行过程安全管理的时间超过了3年）。

（3）查阅以往的符合性审核报告，确认以往审核中所提出的改进措施是否已经落实。

（4）确认工厂是否妥善保存了最近两次的审核报告。

第四节　与 PSM 其他要素的关系

过程安全管理符合性审核这个要素与其他所有的要素都有关联。它存在的目的就是帮助其他管理要素不断地改进和完善。例如：

（1）过程安全信息要素　可以通过审核促进工厂补足和修订过程安全信息，在过程安全管理过程中充分利用过程安全信息资料，确保每个员工都充分了解工作中的安全信息，提升安全意识。

（2）过程危害分析要素　PHA 质量差是很多化工事故的一个根本原因[5]。可以通过审核使过程危害分析工作更加规范，保障危害分析的效果和质量，避免出现 PHA "豆腐渣"现象。

（3）变更管理要素　通过审核有利于规范变更管理要素的执行过程，包括实施针对变更的有效的危害分析。

（4）事故调查要素　通过审核有助于工厂完善事故报告的流程，提高事故原因分析的质量（促使工厂挖掘出事故的根源）。

（5）应急响应要素　对应急响应要素的审核有利于工厂及时了解应急响应能力欠缺的方面，如应急计划的疏漏、应急物资的短缺和人员培训的不足等。

（6）机械完整性要素　通过对机械完整性要素的审核，有助于工厂把主要精力放在关键设备上，帮助工厂回顾和梳理关键设备的机械完整性管理机制。

（7）动火作业管理要素　通过审核可以评估动火作业管理过程中是否存在关键的系统性的缺陷，有助于切实执行好气体检测、动火作业前的准备工作以及落实作业过程中必要的安全措施。

（8）承包商管理要素　通过审核可以完善承包商管理的各个环节，管控好承包商在工厂作业期间的风险。

（9）操作规程要素　对操作规程的编写和使用进行审核，可以改进操作规程的编写、审查、批准和使用等环节的管理，让操作规程本身更有效、可以用得更好，以发挥更大的作用。

过程安全管理符合性审核是一个特殊的要素，目的是不断促进工厂过程安全管理系统的改进和完善，是 PSM 管理系统的质量保证体系当中最关键的一环。

每隔三年需要开展一次过程安全管理的符合性审核，审核小组参照审核准则完成审核。审核准则对于高效、高质量完成审核工作起着很重要的作用。

与日常的安全检查不同，过程安全管理审核是对 PSM 管理系统开展的细致深入和全面的审察，以识别管理上的缺陷，并为弥补这些缺陷提供依据，从而达到预防灾难性事故的目的。

符合性审核工作包括审核准备、现场审核和编制审核报告等步骤。在完成审核后，工厂应根据审核的发现项制订针对性的改进计划，同时妥善保存最近两次的审核报告。

要做好符合性审核工作，对审核人员在工程伦理素质、客观评价能力、逻辑推理能力、人际交往与沟通能力、辛勤奉献精神、专业直觉、灵活应变能力、时间管理能力和风险管理技术水平等方面也提出了较高的要求。

参考文献

[1] US Department of Labour and Occupational Safety and Health Administration. Process Safety Management [S]. OSHA 3132, 2000.

[2] US Department of Labour and Occupational Safety and Health Administration. Process Safety Management Guidelines for Compliance [S]. OSHA 3133, 1994.

[3] Stephen G. PSM Auditing: Thinking Beyond Compliance [J]. Process Safety Progress, 2016, 35 (3): 295-299.

[4] Wayne R G. Management of change auditing system [J]. Process Safety Progress, 2011, 30 (4): 342-345.

[5] Zhao Jinsong, Suikkanen Johanna, Wood Maureen. Lessons Learned for Process Safety Management in China [J]. Journal of Loss Prevention in the Process Industries, 2014, 29: 170-176.

第十四章

过程安全管理指标

自 20 世纪 90 年代美国职业安全与健康管理局（OSHA）颁布 29 CFR 1910.119《高危化学品的过程安全管理》Process Safety Management of Highly Hazardous Chemicals)[1]起，许多企业就开始实施过程安全管理。经过近 30 年的实践，虽然重大工业事故发生的频率有所下降，但是仍然时有发生，例如：在世界范围内，2018 年 4 月 25 日美国德克萨斯州 Akmer 的过氧化物爆炸、2014 年杜邦化学品泄漏导致 4 人死亡、2010 年 BP 公司墨西哥湾钻井平台井喷爆炸导致 11 人死亡；在国内，2018 年 11 月盛华氯乙烯爆炸 24 人死亡、2018 年 7 月四川宜宾恒达科技爆炸事故 19 人死亡、2019 年 7 月河南省煤气集团有限责任公司义马气化厂空分装置爆炸造成 15 人遇难等。尤其值得一提的是河南省义马气化厂在爆炸前刚获得河南省"2019 年首批安全生产风险隐患双重预防体系建设省级标杆企业"荣誉称号。如何评估过程安全管理体系的绩效，实现持续改进，进一步减少重大工业事故的发生，始终是从业者面临的一个挑战。

2005 年 3 月 23 日，在美国德克萨斯州的 BP 公司炼油厂发生了一起重大工业事故。该炼油厂的异构化装置发生爆炸，导致 15 人死亡，180 人受伤，经济损失超过 15 亿美元[2]。

当天早上，该异构化装置的抽余油分馏塔在完成维修工作之后开车。在开车过程中，操作人员向塔中进料（易燃烃类混合物）超过 3h，但是未按照操作程序要求进行出料。关键报警和控制仪表提供了错误的信息使操作人员无法获悉塔内的液位信息。最终，52m 高的分馏塔被液体充满，并自塔顶的管道向下流到安全阀（低于塔顶管道 45m）。由于管道内充满液体，导致安全阀起跳，将大量可燃液体排放到一个带直通大气的放空管（34m 高）的泄放罐。可燃液体充满该泄放罐后，从放空管泄漏到环境中。泄漏的物料汽化并飘落到地面，形成可燃气体云。可燃气体云被点燃后，发生爆炸，造成在附近临时活动房内（距泄放罐 37m）的 15 名承包商死亡。

事故发生后，美国化学品安全与危害调查委员会（CSB）和 BP 公司的独立调查委员会（Baker Panel，贝克委员会）都对事故进行了深入透彻的调查，他们发现 BP 公司对于传统个人安全绩效指标——可记录伤害事故率非常重视，而且表现得也很好。CSB 的报告提到，BP 公司的该炼油厂在 2004 年的可记录伤害事故率达到该厂历史最低，几乎只有炼油行业平均水平的 1/3。而过程安全领域的专家特雷弗·克莱兹就曾就说过："损失工时率无法反映过程安全的绩效。"这也是 CSB 和贝克委员会的一个共同发现，BP 公司并没有专门的过程安全绩效指标，而是使用传统个人安全绩效指标来评估包括过程安全在内的整个安全管理体系的绩效，这就造成无法及时发现过程安全中的潜在问题。因此，在调查报告中，他们都建议 BP 公司应使用专门针对过程安全的领先和滞后指标，而不是可记录事故伤害率或损失工时率来监测过程安全管理的绩效。

从以上案例可见，传统的个人安全绩效指标并不能准确地显示企业的过程安全表现；而且，相较于机械伤害，高处坠落等企业生产活动中发生的人身伤亡事故，重大工业事故发生的频率很低，但是其造成的后果很严重，这导致传统的以事故后果统计为输入的指标就显得滞后。因此，制定符合过程安全管理特点的绩效指标，从而准确地监测企业的过程安全表现，就显得尤为重要。只有通过正确地对过程安全管理绩效指标进行测量，才能实现持续改进。因此，制定符合企业需求的、有效的过程安全管理体系绩效指标，是实现过程安全管理体系持续改进的重要任务。

第一节　过程安全管理指标的发展

一、传统安全指标

在工业发展的进程中，世界各国对安全的重视程度不断提升，为此，世界各国都立法或者颁布标准对安全绩效进行统计和评估，最常见的就是对工业事故的记录和汇报，这就是传统的安全指标。通过对事故和事故率进行统计和评估，就能获得有效数据，可以用以评估安全绩效和指导安全生产。

这些统计指标可以分为总量指标和相对指标，总量指标一般是指事故起数、死亡人数、损失工作日等绝对数字指标。此类指标，由于无法考虑区域和企业情况的差异，对于整个行业的指导意见就较差。例如，使用死亡人数来评价甲和乙两个企业，两个企业都在 1 年之内死亡 1 人，甲企业有 10 万名员工，乙企业有 100 名员工。如果只看死亡人数，得到的结论是其安全绩效是一样的，但考虑企业规模之后可以明显感觉到两者的安全绩效是不同的。因此，为了消除区域、企业等情况不同对评估结果产生的影响，就需要引入相对指标，即绝对数量和统计总量的比例。仍以上述企业为例，采用千人死亡率（即 1 年之内每 1000 人中的死亡人数）来进行评价，甲企业的千人死亡率为 0.01，而乙企业则为 10。可见，甲企业的安全绩效远高于乙企业。

为此，各个国家除了制定总量指标之外，还制定了大量的相对指标。在中国，有 GB 6441—1986《企业职工伤亡事故分类》，其中包括伤亡事故起数、损失工作日等总量指标，还有以人数统计的千人死亡率、千人重伤率，以工时统计的百万工时伤害率，以及以产量统计的百万吨死亡率等相对指标。

在英国，根据《报告伤害，疾病和危险事件的法规，2013》（Reporting of Injuries，Diseases and Dangerous Occurrences Regulations 2013，RIDDOR）定义的可记录伤害事故，对可记录事故的起数（总量指标）和十万人事故率（相对指标）进行统计。

在美国，根据《联邦法规 1904 记录和报告职业伤害和疾病》（29 CFR 1904 Recording and Reporting Occupational Injuries and Illness）定义的可记录事故，对可记录事故的起数和损工事故的起数（总量指标）和 20 万工时事故率和损工率（相对指标）进行统计。

目前这些指标被国际国内企业广泛使用，传统安全指标能够在一定程度反映企业的安全绩效，但是从过往的经验来看，它们无法反映企业的过程安全管理绩效。这从两个案例可以看出：一个是本章开篇的事故案例中提到的 BP 公司炼油厂，其 2004 年的 OSHA 可记录事件率达到历史最低，其数值接近行业平均值的 1/3[1]。另一个案例是埃索石油公司（澳大利亚），1998 年 9 月 25 日，该公司位于维多利亚州的石油气处理设施发生火灾爆炸事故，该事故导致 2 人死亡和 8 人受伤，大火直到 27 日下午才被扑灭。由于该设施供气量占维多利亚州 98% 的用量，因此该事故导致许多居民和商业用户长达 19 天无法获得燃气供应，造成了严重影响。该公司在 1997 年未发生一起损工事件，实现了 1300 万工时（员工）无损工事件，而且帮助其承包商实现了超过 300 万工时无损工事件。而且，埃索的（良好）绩效是持续的，其损工率在 1990～1998 年期间远远低于行业平均值[3]。

正如贝克委员会报告[4]中指出："人员或者职业安全危害会导致事故的发生（例如滑倒、跌倒/坠落、车辆事故），这类事故每次发生通常只影响到参与活动的人员。过程安全危害会导致重大事故发生，包括有害物质泄漏、能量释放（例如火灾、爆炸），或者两者皆有。过程安全事故会产生灾难性的后果，会导致群死群伤，会造成严重的经济、财产和环境影响。炼油行业的过程安全包括预防物料泄漏，设备故障，系统超压、超温，腐蚀，设备老化及其他类似情况。"

举例来说，所有员工在高处作业时都佩戴安全带从而使得坠落死亡的事故数为 0，反映到上述的传统安全指标，就是非常好的绩效；该工厂的设备一直超期服役，经常泄漏，这些事件只要不造成人员伤亡，就不会被统计到上述的传统安全指标中，但是，设备超期服役和泄漏却是重大过程安全事故发生的前兆。可见，人员或者职业安全的事故机理和过程安全事故机理有很大的不同，因此，使用传统安全指标，例如死亡人数、死亡率、损工数和损工率来评价过程安全绩效是会造成很大偏差的。这也是 2005 年 BP 公司炼油厂事故发生后，相关机构的事故调查报告的发现。美国化学品安全与危害调查委员会（CSB）的事故调查报告[1]和贝克委员会报告[4]都指出导致该事故的发生有众多原因，其中之一就是：依赖工伤率（personal injury rate）作为安全管理指标，导致无法正确了解过程安全和安全文化的表现。两份报告针对上述发现，建议有关机构以及 BP 公司应开发一套包括领先和滞后绩效指标在内的过程安全管理指标来有效地监控 BP 公司以及整个行业的过程安全状态。

二、滞后指标和领先指标

针对 CSB 调查报告和贝克委员会报告的建议，美国的化学过程安全中心（CCPS）和美国石油协会（API）出版更新了相应的手册和推荐方法，包括 CCPS 的《过程安全领先和滞后指标》（Process Safety leading and lagging metrics)[5]，API 的《API 推荐方法 754 炼油与石化行业的过程安全绩效指标》（API RP 754 Process Safety Performance Indicators for the Refining and Petrochemical Industries)[6]，提出领先指标（leading indicator）、滞后指标（lagging indicator）和未遂事件（near miss）等概念。

（1）领先指标　一系列前瞻性的指标，用于显示预防事故发生的关键工作流程、操作纪律及保护层的绩效。

（2）滞后指标　一系列回顾性指标，根据所发生事件的严重程度来确定，并且应作为在行业范围内进行统计的过程安全指标。

（3）未遂事件　一些较轻微的事件（事件的严重性低于行业范围内需要作为滞后指标进行统计的事件），不安全的工况导致一个或多个保护层启动。实际上，这些事件是已经发生的（属于滞后一类），不过尚未产生严重的实质性的后果；行业内通常会认为它们可以很好地作为反映重大事故发生的前兆。

举例来说，火灾爆炸发生的次数和化学品泄漏导致的伤亡人数可以看作是滞后指标，而违反操作规程的次数、关键设备故障的次数则可以看作是领先指标。领先指标就是用来在重大事故尚未发生前来发现体系的恶化或者系统的失效，然后采取相应的纠正措施，从而实现避免重大事故发生的目的。而少量化学品泄漏但尚未达到需要作为滞后指标进行统计的事件，则是典型的未遂事件，因为泄漏的发生可能反映了操作失误或者设备故障，一旦事态进一步扩大，就会成为重大事故。

相对于人员在工作中滑倒、坠落、车辆事故的频率来说，重大过程安全事故发生的频率是非常低的。大家经常在媒体上阅读到许多重大事故发生，感觉这些事故经常发生，有一个原因是较小的事故虽然经常发生，但不会被报道。以 BP 公司为例，自 1999～2017 年，共发生损工事件 4250 起（含员工和承包商），年均 224 起。而在这段时间内，BP 公司共发生了 2 起在世界范围和行业内造成重大影响的极其严重的事故，分别是：2005 年德克萨斯州炼油厂爆炸事故导致 15 人死亡，180 人受伤，经济损失超过 15 亿美元；2010 年深水地平线（Deep water Horizon）钻井平台爆炸事故导致 11 人死亡，17 人受伤，平台沉没，以及严重的环境影响（据当时估计有 500 万桶原油流入墨西哥湾海域）[7]。可以看出，重大过程安全事故的发生频率较低，但是一旦发生，后果是极其严重的。由于重大过程安全事故的特点是频率低，使用滞后指标例如火灾爆炸起数、死亡人数来监控和评估过程安全绩效是无法获得充分数据的；而其另一个特点是后果极其严重，往往是不可接受的，这也使得我们需要使用领先指标来监控和评估过程安全绩效，以预防此类事故的发生。因此，对于过程安全绩效，我们不仅仅要使用滞后指标，也需要使用领先指标。

在 CCPS 发布的《过程安全领先和滞后指标》中，通过安全金字塔建立了滞后指标、领先指标和未遂事件之间的联系。整个安全金字塔可以根据事故的严重性分为四级（见图 14-1 的事件三角形），这四级分别对应了 API RP 754 定义的四个级别。第一级是具有最严重后果的过程安全事件，即典型的滞后指标。第四级是操作纪律和管理体系指标，即典型的领先指标。第一级和第二级指标都是统计已经发生的过程安全事件，因此是典型的滞后指标。而第三级和第四级指标到底是滞后指标还是领先指标，它们之间的界线是很模糊的，往往取决于该企业的过程安全管理的成熟度[8]。下一节会对相关标准和这四级指标作详细的介绍。

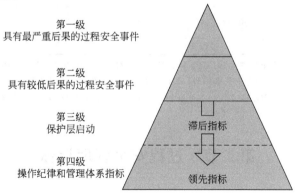

图 14-1　事件三角形：等级及其对应的指标类型（CCPS 2018 图 1[9]）

注：第三级为保护层启动，包括未遂事件；第四级为操作纪律和管理体系指标，包括主动评估和持续改进，例如操作纪律调查、管理评审、过程安全管理体系审核、现场观察等

三、过程安全管理指标的发展

在 2005 年 BP 公司炼油厂爆炸事故之后，各个国家以及行业协会开始加强过程安全管理指标的开发。英国健康与安全执行局（UK HSE）于 2006 年出版了《开发过程安全指标》（Developing process safety indictors）[10]，美国的 CCPS 也于 2007 年出版了《过程安全领先和滞后指标》（Process Safety leading and lagging metrics）[11]，文件的指标和定义被许多公司和组织广泛应用。2010 年，API 发布了 API RP 754《炼油与石化行业的过程安全绩效指标》。这些手册和导则在开发这些指标时，考虑了可靠性、可量化性、可比性以及易理解性。在对滞后指标定义和分级时，主要考虑了事件造成的人员伤害、环境/社区影响、经济损失以及物料泄漏数量。在对领先指标定义和分级时，则只是对原则加以定义，给予企业较大的自由度去选择适合的领先指标。

经过一段时间的应用之后，各个国家和组织希望能够使用一些统一的指标以便于在世界范围内对过程安全管理绩效评估（见表 14-1）。2012 年，国际化学联合会（International Council of Chemical Associations，ICCA）成立工作组，希望能开发全球性的过程安全指标，并于 2016 年发布《报告 ICCA 全球性过程安全指标的导则》（Guidance for reporting on the ICCA Globally Harmonized Process Safety Metric）。CCPS 也分别于 2011 年和 2018 年更新了《Process Safety leading and lagging metrics》，API 也在 2016 年发布了 API RP 754《炼油与石化行业的过程安全绩效指标》的第二版。最终，这三个组织使用了基本一致的指标。以下就将详细介绍这些指标。

表 14-1　各个国家和组织的过程安全管理绩效评估指标的比较

组织	指标			
CCPS	第一级	第二级	第三级	第四级
API				
ICCA	过程安全事件		无	无

注：ICCA 的过程安全事件包括 CCPS 和 API 的第一级和第二级事件，其中在使用化学品泄漏量这一标准来判断某个事件是否为工艺事件时，ICCA 提供两种标准，一是其根据 GHS 分类确定的阈值，二是 API 和 CCPS 根据 UNDG（Uited Nations Development Group）分类确定的阈值。

第二节　过程安全管理指标

一、API RP 754《炼油与石化行业的过程安全绩效指标》（第二版）

本节将介绍在国际上获得广泛使用的 API RP 754《炼油与石化行业的过

程安全绩效指标》（第二版）（以下简称 API RP 754）。

1931 年海因里希提出事故金字塔理论，其中有两个概念。第一个是安全事故可以按照其严重程度来分级；第二个就是一定数量的后果较轻的事故预示着一个后果严重的事故。

API RP 754 认为，轻微后果的过程安全事故和严重后果的过程安全事故之间也有上述的预测关系，建立过程安全金字塔并将其分成 4 级。认为从第一级指标到第四级指标是从滞后到领先，即第一级指标是滞后性最高的，而第四级指标是领先性最高的，见图 14-2。

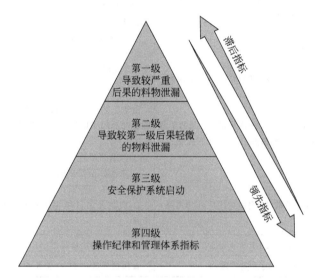

图 14-2 过程安全指标金字塔（API RP 754 图 2[5]）

二、API RP 754 第一级和第二级指标

通常情况下，达到第一级和第二级指标的事件都是造成一定程度后果的事件，因此可以认为是滞后性最高的指标。通过记录研究该类指标，可以避免类似事件的再次发生。

满足此类事件的定义的共同点是：①物料的泄漏是意外发生的；②事件涉及工艺过程；③造成一定程度的后果，如人员伤害、环境污染、泄漏物料数量超过一定数量。例如，按照计划打开反应釜的排污阀将设备内的物料排净，就不属于过程安全事件；在工厂办公室内发生的火灾也不属于过程安全事件；虽然发生泄漏，但是其造成的后果未达到一定标准，也不属于过程安全事件。

API RP 754 中对第一级和第二级指标对应的事件做了定义。为了便于比较，表 14-2 给出 API RP 754 中第一级和第二级事件定义的比较。

表 14-2　第一级和第二级事件定义的比较

第一级：导致较严重后果的物料泄漏	第二级：导致较第一级后果轻微的物料泄漏
涉及工艺过程的、意外的或者不受控的物料泄漏，包括无毒不可燃的物料（例如蒸汽、热水、氮气、压缩空气等）并导致以下后果的事件	
员工或承包商损工或死亡	员工或承包商可记录事故
第三方就医或死亡	无
官方启动社区疏散	无
压力泄放设施释放的物料超过 API RP 754 表 1 的阈值并且造成以下后果的： 1. 泄放带液； 2. 未泄放至安全地点； 3. 厂内人员疏散； 4. 启动公共区域保护措施（例如封闭厂外的道路）	压力泄放设施释放的物料超过 API RP 754 表 2 的阈值并且造成以下后果的： 1. 泄放带液； 2. 未泄放至安全地点； 3. 厂内人员疏散； 4. 启动公共区域保护措施（例如封闭厂外的道路）
由于工艺波动从排放口（法律许可的）泄漏的物质超过 API RP 754 表 1 的阈值并且造成以下后果的： 1. 泄放带液； 2. 未泄放至安全地点； 3. 厂内人员疏散； 4. 启动公共区域保护措施（例如封闭厂外的道路）	由于工艺波动从排放口（法律许可的）泄漏的物质超过 API RP 754 表 2 的阈值并且造成以下后果的： 1. 泄放带液； 2. 未泄放至安全地点； 3. 厂内人员疏散； 4. 启动公共区域保护措施（例如封闭厂外的道路）
物料泄漏的物质超过 API RP 754 表 1 的阈值	物料泄漏的物质超过 API RP 754 表 2 的阈值
直接损失超过 10 万美元的火灾或爆炸	直接损失超过 2500 美元的火灾或爆炸

　　在表 14-2 中提到 API RP 754 的表 1（见表 14-3）和表 2（见表 14-4）的阈值，是根据物料的危害性来确定的。

表 14-3　物料泄漏阈值（第一级事件）（API RP 754 表 1）

编号	物料危害分类①③④⑤	阈值/kg	阈值（室内泄漏）②/kg
T1-1	毒性吸入危害(toxic inhalation hazard,TIH)A 类物质	≥5	≥0.5
T1-2	毒性吸入危害(toxic inhalation hazard,TIH)B 类物质	≥25	≥2.5
T1-3	毒性吸入危害(toxic inhalation hazard,TIH)C 类物质	≥100	≥10
T1-4	毒性吸入危害(toxic inhalation hazard,TIH)D 类物质	≥200	≥20
T1-5	可燃气体，或者沸点≤35℃且闪点<23℃的液体，或者其他包装类别Ⅰ的物质（不包括酸/碱）	≥500	≥50
T1-6	沸点>35℃且闪点<23℃的液体，或者其他包装类别Ⅱ的物质（不包括酸/碱）	≥1000	≥100

续表

编号	物料危害分类①②③④⑤	阈值/kg	阈值(室内泄漏)②/kg
T1-7	闪点≥23℃且≤60℃的液体,或者闪点>60℃并且泄漏时温度不低于闪点的液体,或者强酸/强碱⑦,或者UNDG第2类第2.2小类(不燃无毒气体)不包括空气,或者其他包装类别Ⅲ的物质	≥2000	≥200

注: 所有表中注释见表14-4注释。

表 14-4　物料泄漏阈值（第二级事件）（API RP 754 表 2）

编号	物料危害分类①②③④⑤	阈值/kg	阈值(室内泄漏)②/kg
T2-1	毒性吸入危害(toxic inhalation hazard,TIH)A类物质	≥0.5	≥0.25
T2-2	毒性吸入危害(toxic inhalation hazard,TIH)B类物质	≥2.5	≥1.25
T2-3	毒性吸入危害(toxic inhalation hazard,TIH)C类物质	≥10	≥5
T2-4	毒性吸入危害(toxic inhalation hazard,TIH)D类物质	≥20	≥10
T2-5	可燃气体,或者沸点≤35℃且闪点<23℃的液体,或者其他包装类别Ⅰ的物质(不包括酸/碱)	≥50	≥25
T2-6	沸点>35℃且闪点<23℃的液体,或者其他包装类别Ⅱ的物质(不包括酸/碱)	≥100	≥50
T2-7	闪点≥23℃且≤60℃的液体,或者闪点>60℃并且泄漏时温度不低于闪点的液体,或者强酸/强碱⑦,或者UNDG第2类第2.2小类(不燃无毒气体)不包括空气,或者其他包装类别Ⅲ的物质	≥200	≥100
T2-8	闪点>60℃且≤93℃,泄漏时温度低于闪点的液体或者中度酸和中毒碱⑧	≥1000	≥500

① 许多物质有多种危害性质。如何判断危害分类和包装类别必须根据 DOT 49 CFR 173.2a 或《联合国关于危险货物运输的建议》第二部分来确定。

② 一个四面都有墙（自建筑物地面到屋顶）以及地面和屋顶的建筑物。

③ 对于未在联合国危险货物名录中列出的溶液，必须用其无水溶质的 TIH 分类或者包装类别来确定其分类。溶液的阈值应该根据其无水溶质的阈值和其浓度计算。

④ 对于未在联合国危险货物名录中列出的混合物，可根据混合物中各物质的含量分别计算其值。如果计算所得值大于 100％，则说明该混合物超过阈值。如果混合物有清楚独立的毒性数据或可燃性数据，那么应根据该特性确定其分类。

⑤ 闪点>60℃且≤93℃的液体，如果其泄漏时温度低于闪点，不论其泄漏量多少，都不应该定为第一级事件。

⑥ 中度酸和中度碱的泄漏，不论其泄漏量多少，都不应定为第一级事件。

⑦ 强酸/强碱：pH<1 或者>12.5，或者满足 GHS 皮肤腐蚀性 1A 的酸或碱。

⑧ 中度酸和中度碱：pH≥1 且<2，或者 pH>11.5 且≤12.5，或者满足 GHS 皮肤腐蚀性 1B 的酸或碱。

三、API RP 754 第三级指标

第一级和第二级指标所统计的过程安全事件相对来说不是经常发生的，无法完全依赖第一级和第二级这类滞后指标来评估过程安全管理体系的现状，因此需要进一步扩大指标的范围，例如把导致安全系统启动但未造成实质性后果的事件包括进来，相对于造成实质后果的事件来说，它就是具有领先性的指标。通过这类指标，企业可以在工艺过程发生事故之前，就发现其中的薄弱点而加以改正，以避免事故的发生。

API RP 754 中提出的可以作为第三级指标的包括：

(1) 工艺参数波动并超过安全操作区间的次数。

(2) 设备检验测试过程中发现设备状况不满足目前操作条件的次数。

(3) 安全设施启动（避免事故发生）的次数，安全设施包括以下几类：

a. 安全仪表系统；

b. 机械保护系统；

c. 压力泄放系统。

(4) 其他（不属于第一级和第二级）物料泄漏事件的次数。

四、API RP 754 第四级指标

第四级指标是操作纪律和管理体系指标。各个企业过程安全管理体系和具体实施的不同，使得第四级指标的选取需要结合企业的具体情况。API RP 754 给出了以下几个例子：

(1) 过程危害分析的完成率；

(2) 过程安全审核中行动项的完成率；

(3) 培训按时完成率；

(4) 操作规程按要求更新的比例；

(5) 工作许可证合格率；

(6) 关键安全设备按期检验率；

(7) 关键安全设备的缺陷管理；

(8) 变更管理（MOC）和开车前安全审查（PSSR）的合格率；

(9) 应急响应演习的完成率；

(10) 疲劳管理（如加班小时数、连班数）。

五、API RP 754 的相对指标

在本章第一节提到，使用总量指标有时无法全面地反映一个企业的绩效，

因此有时需要通过相对指标来评估。API RP 754 中的第一级、第二级、第三级过程安全事件的数量是一种总量指标，除了这类指标之外，还提出了第一级和第二级过程安全事件率：

（1）第一级（第二级）事件率（20 万工时）＝第一级事件（第二级事件）数量/总工时×20 万工时；

（2）第一级（第二级）事件率（100 万工时）＝第一级事件（第二级事件）数量/总工时×100 万工时。

第三节 过程安全管理指标的应用

本节着重介绍了 API RP 754 的过程安全管理指标，将给出这些指标在世界范围内企业的应用。

一、API RP 754 中绝对指标的应用

BP、Shell 和 ExxonMobil 是世界上领先的石油公司，他们使用了 API RP 754 的定义，对第一级和/或第二级过程安全事件进行了统计。表 14-5～表 14-7分别给出了 BP、Shell 和 ExxonMobil 公司的过程安全管理指标数据。

表 14-5 BP 的过程安全管理指标数据

项目	2013 年	2014 年	2015 年	2016 年	2017 年
过程安全第一级事件-集团[①]	20	28	20	16	18
过程安全第一级事件-上游[①]	8	8	6	9	13
过程安全第一级事件-下游[①]	12	18	12	7	5
过程安全第一级事件-其他[①]	0	2	2	0	0
过程安全第二级事件-集团[②]	110	95	83	84	61
过程安全第二级事件-上游[②]	41	37	42	48	31
过程安全第二级事件-下游[②]	63	54	37	35	29
过程安全第二级事件-其他[②]	6	4	4	1	1

① 导致较严重后果的物料泄漏。

② 导致后果较第一级较轻的物料泄漏。

注：数据摘录自 https://www.bp.com/en/global/corporate/sustainability/。

表 14-6　Shell 的过程安全管理指标数据

项目	2013 年	2014 年	2015 年	2016 年	2017 年
过程安全第一级事件	65	57	51	39	49
过程安全第二级事件	246	194	169	107	117

注：数据摘录自 https://www.shell.com/sustainability/sustainability-reporting-and-performance-data/performance-data/safety-data.html#iframe=L2NnLWlmcmFtZS9zdXN0YWluYWJpbGl0eS1yZX-BvcnQvMjAxNy9zb2NpYWwxc2FmZXR5Lmh0bWwjL2RhdGFzZVldF9zaGVsbF9zcl9zb2Nic2FmL2xpb-mUvNCw1LzAsMSwyLDMsNCw1LDYsNyw4LDkvcGVyaW9kcy8w。

表 14-7　ExxonMobil 的过程安全管理指标数据

项目	2013 年	2014 年	2015 年	2016 年	2017 年
过程安全第一级事件（根据 API RP 754）	62	65	74	64	63

注：数据摘录自 2017 年可持续发展报告。

二、API RP 754 中相对指标的应用

有许多世界领先的化工公司使用相对指标进行统计，例如 BASF 和 SABIC，表 14-8 和表 14-9 给出了 BASF 和 SABIC 公司的过程安全管理指标数据。

表 14-8　BASF 的过程安全管理指标数据

项目	2016 年	2017 年
过程安全事件率（每百万工时）	2	2

注：数据摘录自 2017 年和 2018 年报告。

表 14-9　SABIC 的过程安全管理指标数据

项目	2013 年	2014 年	2015 年	2016 年	2017 年
过程安全总事件率（每 20 万工时）	0.02	0.02	0.01	0.02	0.01

注：数据摘录自 2017 年可持续发展报告。

三、API RP 754 中第三级和第四级指标的应用

由于第一级和第二级事件的定义相对清晰，便于行业中各企业互相比较，因此绝大多数企业都对这类指标进行统计和公布。

第三级和第四级指标由于和企业的工艺、运行、管理等有关，并不是放之四海而皆准，因此各个企业也并不倾向于向公众公布此类的指标。虽然如此，许多企业仍然参照 API RP 754 制定了一系列的第三级和第四级的领先指标，

现举例如下：

（1）安全设施启动（包括安全阀、联锁等）且未造成严重后果（即未达到 API RP 754 第一级和第二级所定义的后果）的次数（第三级指标）；

（2）物料泄漏且未达到 API RP 754 第二级事件标准（第三级指标）；

（3）定期检验中发现壁厚低于可容许值的压力容器和存储危险化学品的容器的数量（第三级指标）；

（4）检验超期的重要安全设施的数量（第四级指标）；

（5）检验超期的重要安全设施占所有重要安全设施的百分比（第四级指标）；

（6）未按期完成的行动项的数量（第四级指标）。

API RP 754 第四级指标更多关注管理体系的绩效，在文件中也给出了一系列指标。例如：

（1）过程危害评估：完成过程危害评估的单元占单元总数的百分比；

（2）培训：实际完成培训人数占应培训人数的百分比；

（3）变更管理和开车前安全审查：符合规定的变更管理和开车前安全审查占被抽查的百分比。

CCPS 出版的《基于风险的过程安全》（Guidelines for Risk Based Process Safety）对于整个过程安全管理体系的各要素也给出了一系列指标，这些指标都是 API RP 754 的第四级指标，例如：

1. 过程危害分析

（1）超期未完成的过程危害评估的数量/百分比；

（2）过程安全管理体系审核中在该要素中发现问题的数量；

（3）过程危害分析中提出的行动项的数量（每年/每个单元）；

（4）未按期完成的行动项的数量/百分比。

2. 操作规程

（1）每年用于操作规程评审/更新的工时；

（2）过程安全管理体系审核中在该要素中发现问题的数量；

（3）为通过变更管理流程对操作规程进行修改的百分比；

（4）操作人员认为操作规程正确准确有效的人所占的百分比；

（5）未按照规定定期更新的操作规程的占比。

3. 机械完整性

（1）被 ITPM 覆盖的设备占总设备数量的百分比；

（2）持有相应检验维修资质的人员的数量；

（3）超期未完成检验的设备的数量/百分比；

（4）每月计划外维修工单的数量；

（5）带病运转的设备数量；

（6）设备的可靠率/可用率。

4. 变更管理

（1）每月变更管理的数量；

（2）临时变更/紧急变更占比；

（3）实际变更数量与变更管理数量的比值；

（4）变更管理审查中发现不符合规定的变更管理的占比；

（5）超期未关闭的临时变更的数量。

5. 动火作业管理

（1）与动火作业相关的未遂事故起数　这一指标的增长也可能反映出安全作业管理问题。但是，未遂事故通常发生频率较低，如果装置中正在对某一作业程序进行变更，这一指标相对较为滞后。

（2）定期审核时发现的不安全场景或许可偏离　即使动火作业管理系统已经较为完备，定期审核中发现的许可偏离上升趋势也指出了这一管理系统可能需要改善。

（3）作业许可定期审核未按时完成的百分比　此项指标的上升趋势反映出安全作业程序审核所需资源的投入不足或重视程度不够。

（4）计划性作业监管/审核按时执行的比例　如果装置为安全作业的批准许可设置了较多的授权人员，作业现场应当进行定期检查以确保这些特殊作业严格遵循了企业的安全作业政策和安全作业程序。此项指标的下降说明安全作业管理系统可能失效。

（5）交接班不正常的频次　如果交接班沟通以书面报告形式执行，定期比对交接班报告时未完成作业许可的信息有助于发现交接班工作时的信息丢失。此项指标的上升表明可能需要对交接班程序进行重新培训，以确保交接班信息的完整传递。

（6）每年修订的安全作业程序百分比　此项指标的下降可能说明需要加大安全作业程序维护的投入。

（7）从动火作业申请到获得许可的平均时间　装置应尽可能采取措施来减少维护或承包商人员的等待时间。最极端的情况是过长的等待许可时间可能会导致在没有获得许可情况下直接开始作业。

（8）花费在签发许可上的平均时间　比如花费在签发一批许可上的时间除以许可的数量。这一时间的缩短可能意味着被授权签发许可的人员无法仔细检查每一份许可。这一时间的延长可能意味着装置动火作业许可授权的效率降低。当许可需要经过较多人员批准时这一指标可能很难获得。

第四节　过程安全治理指标

理解和实施过程安全管理对于任何一个化工企业来讲都是很大的挑战。美国在 2005 年 BP 公司德克萨斯州炼油厂爆炸后，启动了两个全国性的重点检查项目，检查炼油厂和化工厂的过程安全管理落实情况。检查发现几乎所有企业的 PSM 都有不足之处。因此 PSM 对于为数众多的中小化工企业来讲就更具挑战[12]。

为了引起化工企业的高层管理人员（董事长、总经理、总裁等）对高危行业公司高标准治理的重视，协助这些企业落实 PSM 体系，取得风险和效益之间的平衡，国际经济合作组织（OECD）于 2012 年推出了《调整公司治理结构，实现过程安全——高危行业高层领导指南》，该指南给出了一个简单易行的方法，鼓励他们进行自我评估，检查各自企业的过程安全治理现状。

该指南给出了针对高危行业高层领导的过程安全重点自查问题：

（1）您是否了解本企业的重大事故风险有哪些？

（2）您是否了解本企业的薄弱的过程安全管理要素环节有哪些？

（3）您为弥补这些薄弱要素环节采取了哪些措施？

（4）您对风险等级关心程度如何？

（5）您对本企业的过程安全管理系统能够运转正常是否有信心？

（6）您是否寻找"好消息"，也寻找"坏消息"？

（7）如果出现事故，您会责备谁？其他人还是您自己？

（8）您是否已经竭尽全力避免重大事故的发生？

将上述自查问题的结果汇总，就能反映出公司高层管理人员对过程安全治理的一个指标。如果长期持续对这项指标进行跟踪调查，也能反映出企业过程安全治理水平是在持续改进还是有所退步。

第五节　与 PSM 体系的关系

虽然过程安全管理指标并不是过程安全管理体系中的一个要素，但是其对整个体系的作用却不可或缺。

过程安全管理体系和其他体系一样，都需要持续改进。要实现持续改进，对体系的评估是必不可少的。没有测量和评估，就无法发现不足，提高和改善就无从谈起。对于体系最典型的评估方式就是审核，因此不论是美国的联邦法规[1]还是中国的 AQ/T 3034—2010《化工企业工艺安全管理实施导则》，又或者是 CCPS 的《基于风险的过程安全管理的导则》，都将审核作为过程安全管理体系的一个要素。然而，由于审核发生的频次较低（美国的联邦法规[1]和中国的 AQ/T 3034—2010 要求至少每三年进行一次审核），无法"实时"监控体系的运行状态，一旦体系在两次审核之间发生失效，极有可能会导致过程安全事故的发生，而这类事故往往是具有非常严重后果的。因此，过程安全管理和指标作为审核的补充，可以对体系的运行进行较高频次的评估，例如，通过相关指标的月度报告来诊断体系的状态。通过这样的诊断，可以及时发现体系存在的问题并及时进行纠正，而不是等到体系恶化导致事故后进行补救。因此，过程安全管理和治理指标对于体系的成功运行。预防重大灾难性事故发生有着重要意义。

参考文献

[1] Occupational Safety and Health Administration. Process safety management of highly hazardous chemicals [S]. OSHA, 29 CFR 1910. 119.

[2] US Chemical Safety and Hazard Investigation Board. Investigation report, Refinery Explosion and Fire, BP, Texas City, Texas, Report No 2005-04-I-TX [R]. March 23, 2005.

[3] Hopkins A. Lessons from Longford-The Esso Gas Plant Explosion [M]. 2000.

[4] Baker Panel. The Report of BP US refineries Independent Review Panel (Baker Report) [R]. 2007.

[5] CCPS. Process safety leading and lagging metrics [M]. 2011.

[6] Process Safety Performance Indicators for the Refining and Petrochemical Industries [S]. 2nd Edition. ANSI / API RP 754, April, 2016.

[7] US Chemical Safety and Hazard Investigation Board. Investigation report, Drilling Rig Explosion and Fire at the Macondo Well, Deepwater Horizon Rig, Mississippi Canyon 252, Gulf of Mexico, Report No 2010-10-I-OS [R]. April 20, 2010.

[8] Hopkins A. Thinking About Process Safety Indicators [J]. Safety Science, 2009, 47 (4): 460-465.

[9] CCPS. Process Safety Metrics-Guide for selecting leading and lagging indicators [M]. 2018.

[10] UK HSE. Developing process safety indictors [M]. 2006.

[11] CCPS. Process Safety leading and lagging metrics, Initial release [M]. 2007.

[12] Zhao Jinsong, Joas Reinhard, Abel Jochen, Marques Tomas, Suikkanen Johanna. Process Safety Challenges for SMEs in China [J]. Journal of Loss Prevention in the Process Industries, 2013, 26 (5): 880-886.

索　引

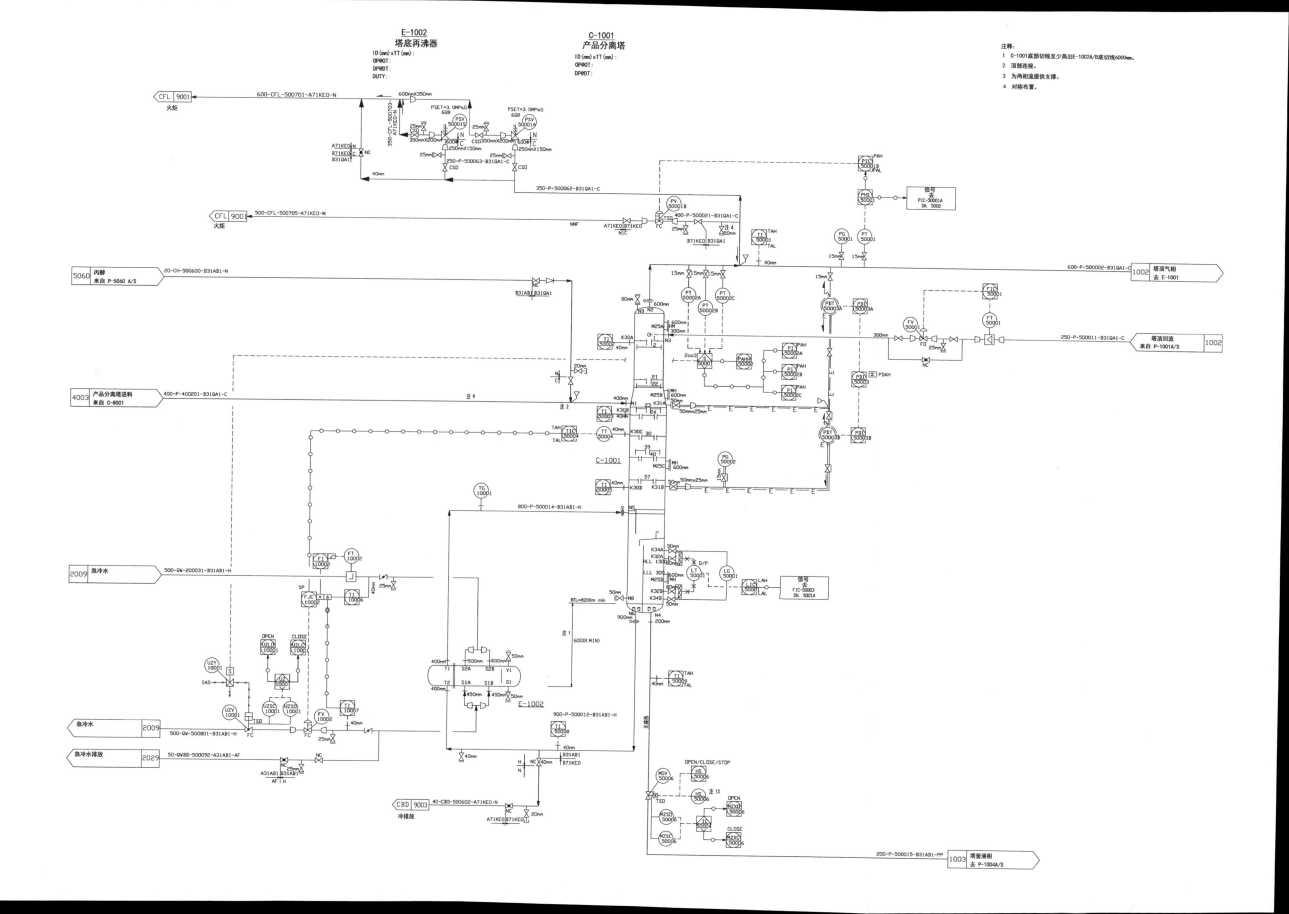